科学文化译丛

王春法 主编

实验是如何终结的?

【美】彼得·伽里森 著
董丽丽 译
李正风 校

上海交通大学出版社
SHANGHAI JIAO TONG UNIVERSITY PRESS

内容提要

本书系“科学文化译丛”之一。作者聚焦于“理论如何从现代物理实验室产生”这一问题，通过对20世纪三个不同时期的微观物理学实验的刻画，勾勒出物理学实验中理论、仪器与实验三种文化之间相互交织的复杂关联，展现了物理学实验由工作台逐步发展为耗资不菲的大型加速器的物质文化史。本书兼具历史及哲学的分析视角，适合具有相关学科知识背景的从业者，以及对历史、哲学和实验室文化感兴趣的读者。

图书在版编目(CIP)数据

实验是如何终结的？/(美)彼得·伽里森著；董丽丽译.
—上海：上海交通大学出版社，2017
(科学文化译丛)
ISBN 978-7-313-15057-8

Ⅰ.①实… Ⅱ.①彼…②董… Ⅲ.①科学实验—研究
Ⅳ.①N33

中国版本图书馆 CIP 数据核字(2016)第 119977 号

实验是如何终结的？

著　　者：[美]彼得·伽里森　　译　　者：董丽丽
出版发行：上海交通大学出版社　　地　　址：上海市番禺路 951 号
邮政编码：200030　　电　　话：021-64071208
出 版 人：郑益慧
印　　制：常熟市文化印刷有限公司　　经　　销：全国新华书店
开　　本：787mm×960mm　1/16　　印　　张：27.5
字　　数：328 千字
版　　次：2017 年 1 月第 1 版　　印　　次：2017 年 8 月第 2 次印刷
书　　号：ISBN 978-7-313-15057-8/N
定　　价：78.00 元

建设科学文化，增强文化自信
（代序）

一

科学文化本质上是一套价值体系、行为准则和社会规范，蕴含着科学思想、科学精神、科学方法、科学伦理、科学规范、价值观念与思维方式，是人们自觉或不自觉遵循的生活态度和工作方式。在现实生活中，科学文化可以进一步细分为价值理念、制度规范、活动载体、基础设施四个层面，其中价值理念和制度规范属形而上层面，活动载体和基础设施属形而下层面，但无论在哪一个层面上，科学精神都发挥着主导和核心作用，它源于人类的求知、求真精神和理性、实证的传统，并随着科学实践不断发展，内涵也更加丰富。[①] 作为人类文明形态演进的高级形式，科学文化始终以理性主义为特征、以追求真理和至善为目的，在汇聚人类科学思维与思想成就的基础上，依托逐步形成的系统化科学知识体系及其应用的制度化形式，在科学发展的历程中逐

① 中国科学院学部主席团：中国科学院关于科学理念的宣言，2007 年 2 月 26 日。

步凝炼沉淀、演进和发展,并对一个国家和民族的现代化进程产生着越来越重要的影响。从一定意义上来说,科学文化是塑造现代社会和促进科技发展的重要力量,科技事业的发展又反过来推动着科学文化的兴起和发展进程。

科学文化因科学的产生而产生,因科学的发展而发展,没有科学就没有科学文化。科学作为系统化的知识体系,同时也是融知识、观念、精神于一体的独特文化形态。回顾近现代科学发展历程,它发轫于16、17世纪欧洲的科学革命时代,伽利略、牛顿、笛卡尔等天才人物取得的伟大成就明确了人在宇宙中的真实位置,使自然科学成为重要的文化力量;科学承认自然规律而否认造物主的设计,破除了许多迷信和传统信仰;科学提倡观察和实验,反对崇尚权威,使自由民主的观念深入人心。进入19世纪特别是20世纪以来,现代科学蓬勃发展,科学对社会影响的程度更加全面深入,科学文化的认知功能、方法论功能、创造功能、整合功能、渗透功能日益凸显,并在改革教育模式、优化思维方式、培育先进文化、促进人的全面发展等诸多方面,越来越充分地展现出它的时代价值,成为社会文化系统的重要组成部分。正因为如此,爱因斯坦明确指出:“科学对于人类生活的影响有两种方式。第一种方式是大家熟悉的,科学直接地并且在很大程度上间接地生产出完全改变了人类生活的工具。第二种方式是教育性的,它作用于心灵。尽管草率看来,这种方式不大明显,但至少同第一种方式一样锐利。”从这个意义来说,科学不仅创造了物质财富,也创造了全新的文化形态,影响着我们的价值取向。

另一方面,科学文化通过多种方式影响着科学技术的发展。我们知道,人是一切生产力和创造力的核心,一部科技发展的历史就是科技工作者以自己的智力施之于自然现象的历史。在这个过程中,科学家既是科学知识和科学精神的直接载体,也是科学方法和科学思想的直接践行者，其思维模式和行为方式不可避免地会受到科学文化的直接、间接影响。科学文化的方法论功能使得科学家即使在面对暂时的成功、局部的胜利、认识上的一时通透和似乎难以质疑的权威时，也不会放弃对精确性和准确性的追求，始终保持着怀疑、批判和探索的态度；科学文化的价值观整合功能则能够把没有任何血缘、地缘、民族、国家、宗教这些传统联系纽带的人们联合在一起，使得不断有高度智慧和出众才华的杰出人士抛弃地位、名声、财富、荣耀、舒适、安逸这些世俗价值而投身到艰苦异常的科学事业中来，使得性情、偏好、兴趣、才能各不相同的人相互信任、相互交流、相互合作、相互提携、相互欣赏、相互赞誉，构成拥有共同目标和共同工作方式的科学共同体，从而为科学过程的参与者提供了一个共同的家园。①

科学文化和社会文化的关系是复杂的，既相互影响、彼此渗透，又相互促进、融合共生。一方面，科学文化依托于科学活动，而科学活动的范围、规模又取决于社会支持，这就要求科学活动必须向社会公众展示它的价值和意义，争取社会公众对科学文化的认同和接纳。同时，科学文化中的制度规则能够长期践行，客观上也需要经济、社会、法律、政治制度的配套支撑，需要社会文化与科学文化中的不同制度因素相互对接、彼此适应。另一方面，随着人们社会生活和生产活动的演变，社会文化在相应调整并走向更高形态的过程中，也会广泛认同接受科学文化中的世界观、价值观和方法论，逐步摒弃、淘汰与科学文化内容相抵牾的非科学因素，或者重新调整民族文化中各种要素之间的关系，使科学文化逐步成为社会文化的核心要素，继而推动社会文化的整体变革。

---

① 胡志强：科学文化建设的当代意义，研究报告（未刊稿），2014年4月。

二

科学文化是人类经过长期生产生活实践的磨砺，在创造和使用工具的活动日益发达，自我意识和认知能力长足发展，公共语言极大丰富，社会分工格局初步形成等因素的共同作用下，经过多次思想革命之后才从朦胧到清晰、从零星要素到系统组合、从个体观念到群体信念逐步演进而来，有一个形成、制度化和社会化甚至国际化的历史过程。在人类文明总体演进的过程中，科学文化是在相当晚近的时期才开始成长出来的，包括希腊文化、中华文化、印度文化、阿拉伯文化等民族文化都贡献出了自己特有的精华要素，使之融入科学文化之中，成为各具特色的民族文化中的共同成分。

科学文化的形成始于价值观念层面。由于科学对象的复杂性、无限性，科学活动的探索性、不确定性，以及科学劳动的创造性、艰巨性，使得科学过程必须有一些基本的信念和情感来支持其长期延续和传承，这些基本信念和情感就构成了科学过程的基本价值理念。这些价值理念首先在科学共同体内部确立了“求真知”这一普遍遵循的文化共识，并把尊重科研人员的学术自主和学术自由，倡导相互宽容、相互尊重、诚实守信、理性质疑，以科学的评价体系为导向，以民主的学术批评与监督机制为支撑等作为基本遵循，促进了优良学风和治学氛围的形成，充分激发起科研人员的创新潜力。正如中国科学院学部主席团关于科学理念的宣言所说，科学及以其为基础的技术，在不断揭示客观世界和人类自身规律的同时，极大地提高了社会生产力，改变了人类的生产和生活方式，同时也发掘了人类的理性力量，带来了认识论和方法论的变革，形成了科学世界观，创造了科学精神、科学道德与科学伦理等丰富的先进文化，不断升华人类的精神境界。[1] 这样一些基本价值理念构成了科学文化的核心内涵，具有超越国界的普遍意义。

相比之下，科学文化的制度化在科学文化的发展过程中更具有决定意义，因为只有把价值理念形态的内容固化在具有一定约束力的制度规范之中，才能通过一定标准识别、评价和指导科学活动参与者的科研行为和交往方式，并通过一定的教化、规训程序使新进入者理解并身体力行科学活动的要求，进而有效调节和规范科学活动的认知行为和社会行为，保证科学文化以至科学活动作为整体的延续性。一般来说，科学文化的制度规范是多层面、多维度制度的总和，既包括正式的制度规定，也包括非正式的行为规则。一是科学共同体内部的制度规范，包括对科学家科研过程和结果的要求，比如观察的可靠性、推理的严密性、结果的可检验性等等，这些要求在某些情况下甚至进一步细化为对实验设计的规定、对实验过程的规范、对重复试验的强调等等。二是关于科学家之间合作、交流、评价、监督的行为规范，包括关于科学知识共享的安排，同行评议的质量保障机制，优先权的确认，科学奖励制度等等。三是关于科学共同体与社会之间的制度规范，包括国家对科学活动的法律规定如宪法保证思想自由和言论自由，专业机构的特殊组织原则如把研究和人才培养结合起来的大学制度等等。需要说明的是，由于科学文化在价值理念层面的内容往往具有总括性、模糊性、多义性，不可能通过条理清晰、整齐划一的制度充分表达出来，有关科学活动的各种制度规范并不完全是从科学文化的价值理念中简单推演出来的，也不是来自某些聪明人的整体设计，而是在科学实践中不断试错、逐步改进而来的，至今仍处于调整完善之中。正

---

① 中国科学院学部主席团：中国科学院关于科学理念的宣言，2007 年 2 月 26 日。

因为如此,科学文化的制度规范不能完全代替科学文化的价值理念,对科学文化的践行不仅包括遵循制度规范,同时也包括对价值理念的理解把握。这些价值理念和制度规范共同构成了科技界必须遵守的普遍规则,具有广泛的行为约束力。[①]

孕育并形成于科学共同体内部的科学文化从来不甘寂寞,总是持续不断地由科学共同体内部向社会延伸、向其他民族国家扩展,这就是科学文化的社会化和国际化。在这个过程中,科学文化争得了社会对科学价值与意义的广泛认同,催生了与科学知识生产相辅相成的社会文化,并确立了科学知识的"功利主义"价值观念。[②] 而融入了科学文化内涵的社会文化则充分理解、信任和支持科学进步的社会价值,相信科学能够为人们提供理解自然世界的智慧,提供思考未来世界的理性启迪,支持使科学成为公众的常识和思维习惯,从而形成尊重、宽容、支持、参与科学活动的良好社会氛围。某种意义上说,正是这种科学共同体文化的社会化过程构成了科学文化的民族特色或者说国别特征,国情、文化和历史的差异决定了科学共同体文化社会化进程的路径方式甚至具体表现形式,而这又在很大程度上影响甚至决定着一国科技发展模式和进程。

世界科技发展的历程表明,一个国家要成为世界科技强国,一个民族要屹立在世界科学之林,离不开科学文化的发展。英国成为近代科学强国,皇家学会成为现代科学组织的典范,培根等思想家的实验哲学及其关于知识价值的新理念居功至伟;法国科学强国地位的确立,与笛卡尔理性主义文化密切相关;德国在 19 世纪后来居上成为新的科学中心,洪堡等思想家倡导的科学文化精神及其在大学体制改革

① 胡志强:科学文化建设的当代意义,研究报告(未刊稿),2014 年 4 月。
② 清华大学课题组:科学文化建设研究报告(未刊稿),2014 年 4 月。

中的具体实践是重要基础；美国在20世纪中叶崛起成为世界科技强国，主要依赖于科学文化的引领和对科学发展规律的不断探索。可以毫不夸张地说，世界科技强国的形成无不伴随着科学文化变革和制度创新，而制度创新往往源于科学文化理念的创新和引领。我们说科学因其理性精神而熠熠生辉，因其文化传统而历久弥新，个中道理也就在于此。如果不能在科学文化上做好准备，不能在科学文化的引领下进行必要的制度创新，就很难摆脱跟踪模仿的发展轨迹，真正成为开拓科学发展新道路的世界科技强国。

三

中国现代科技事业发展的过程，一定意义上讲就是科学文化兴起并发展繁荣的过程，没有科学文化的充分发展和广泛弘扬就没有科学技术的长足进步。中国传统文化有值得我们自豪的丰富内涵，也有制约民族进步的消极因素。李约瑟曾经说过："从公元1世纪到公元15世纪的漫长岁月中，中国人在应用自然知识满足于人的需要方面，曾经胜过欧洲人，那么为什么近代科学革命没有在中国发生呢?"这就是著名的李约瑟难题，曾经引发国内外学术界对中国近代科学技术落后原因的广泛探讨。钱学森也曾发出过类似的疑问，那就是"为什么我们的学校总是培养不出杰出人才"？这是钱老作为当代中国杰出科学家代表的锥心之问。2015年中国科学家屠呦呦获得诺贝尔生理学或医学奖，进一步激起了国内关于中国科研体制、科学文化的大讨论。无论是李约瑟难题、钱学森之问还是屠呦呦引起的讨论，都无一例外地指向了科学文化，或许这不是唯一的答案，但一定是最重要的答案。

毋庸讳言，现代科学技术系统引入中国至今不过150多年的时间，相应的科学建制化进程则更是只有刚刚100年的历史。直到今天，一些制约科学发展的传统文化因素仍未得到根本突破。在科学共同体内部,源自西方的科学价值观和科学方法论还没有充分发育起来,以诚实守信、信任与质疑、相互尊重、公开性为主要内容的科学道德准则还没有充分确立其主导地位,对尊重知识、尊重人才、尊重劳动、尊重创造的倡导,激励探索、鼓励创新的价值导向,弘扬求实求真、通过经验实证与理性怀疑不断推进科技进步并造福社会的精神理念,还不足以形成相对独立的科学文化形态。在社会文化层面,西风东渐、欧风美雨虽然推动着科学文化与中国传统文化的融合共生,但却始终未能使其成为主流文化的核心内涵;科学理性弘扬滞后于科学事业发展,科学精神的缺失成为中国科学文化的最大缺憾,民众科学素养长期在较低水平徘徊。① 虽然党和政府一再大力倡导,保障探索真理的自由、支持科学事业的发展、尊重专家尊重专业、通过科技进步实现国家富强的理性态度尚未成为社会价值观的主流,科学文化在保障科学事业健康发展、提升社会文明水平、增强民族理性方面的重要作用尚未充分发挥出来。正因为如此,国家科技部原部长徐冠华曾经大声疾呼:“观念的创新、科技创新、体制的创新都要回归于文化的创新,这不仅是逻辑的必然,也是历史的必然。因为文化是民族的母体,是人类思想的底蕴,要实现科技创新和体制的创新,必须把建立创新文化当做一个重要前提。这不仅是历史的经验,也是现实的迫切需要。”从这个意义来说,对于中国这样一个有着深厚历史文化背景和灿烂文明的国家,如何让科学文化不断发扬光大,如何让科学塑造个人的文化品格,进而锻造我们民族的文化性格,不仅是一个重大而迫切的话题,同时也是面向未来、加快现代化进程的一个重要标志。

当前,中国正以史无前例的速度加快现代化建设,科技创新正在步入由跟踪为主转向跟踪和并跑、领跑并存的新阶段,处于从量的积

---

① 杨怀中:中国科学文化的缺陷及当代建构,载《自然辩证法研究》2005 年 2 月号。

累向质的飞跃、从点的突破向系统能力提升的重要时期，我国已经成为有重要影响力的科技大国。特别是党的十八大以来，肩负着实现中华民族伟大复兴中国梦的历史使命，党中央果断作出实施创新驱动发展战略、加快进入创新型国家行列、建设世界科技强国的重大战略部署，强调创新是引领发展的第一动力，人才是支撑发展的第一资源，要求把创新摆在国家发展全局的核心位置，大力推进以科技创新为核心的全面创新。现代化建设需要科学技术的支撑，科学技术的发展呼唤科学文化的发展繁荣。习近平总书记突出强调，文化是一个国家、一个民族的灵魂，文化自信是更基础、更广泛、更深厚的自信，是更基本、更深沉、更持久的力量，坚定文化自信是事关国运兴衰、事关文化安全、事关民族精神独立性的大问题。[①] 面对我国科技创新可以大有作为的重要战略机遇，面对经济社会发展对科技创新的巨大需求，必须充分认识科学文化建设的重要性和紧迫性，全面提高建设科学文化的自觉意识，厚植科学文化的土壤，为科技创新和经济社会发展提供源源不竭的动力，使科学文化建设成为创新自信、文化自信的重要源泉之一。

建设中国特色的科学文化，首先要在广大科技工作者中形成有认同感的文化共识、有凝聚力的共同价值观、有归属感的科学传统和有感召力的科研环境，培育既能担当国家使命和社会责任，又能最大限度激发科技工作者创造活力和不断造就杰出科技人才的科学传统，调动激发广大科技工作者的创新热情和创造活力；[②]同时还要让科学的价值理念注入传统文化的机体，让科学文化成为文化传承的核心要素，提高全民科学素质、提升民族理性，参与塑造民族的文化品格，催

---

① 习近平：在中国文联十大、中国作协九大开幕式上的讲话，2016 年 11 月 30 日。
② 袁江洋：中国科学文化建设纲要，研究报告（未刊稿），2014 年 4 月。

生理性平和、富有活力和创新意识的社会文化形态,引导社会文化走上科学与民主之路,推动形成为科技工作者创新创造提供良好保障的社会文化氛围,为我国迈入创新型国家行列和建成世界科技强国提供坚实的文化基础和肥沃的社会土壤。

四

在过去十年多的时间里,我一直非常关注科学文化和创新文化问题,其间除发表过一篇不成样子的关于创新文化的文章外,一直结合科协工作实际在学习、在思考,越学越觉得研究这个问题很有现实意义,越思考越觉得这个问题博大精深,有些问题甚至到了令人痴迷不觉的地步。比如:

其一,如何理解科学文化与科学传统及科学观之间的关系?无论处在何种发展阶段,社会公众对于类似科学技术一类的知识系统都有自己的看法,由此产生的科学文化应该是本土固有的,是这个民族与生俱来的,而不可能是输入的;如果我们把科学严格限定在科学革命以来兴起的近现代科学,那么,以科学共同体内部文化为核心的科学文化就不可避免地会随着科学技术的扩散而向社会延伸、向国际转移,这种意义上的科学文化则必然是外源的,并在这个过程中形成相应的科学传统及其国别特色。恰如有学者所说,文化的核心是传统,科学文化的核心是科学传统。[①] 在这种情况下,一国的科学文化究竟是如何建构的?其共性特征和国别特性又是如何体现的?

其二,中国科学文化的特点是什么?中国古代确实有技术文化没有科学文化,缺乏对事物本质的深刻探究和理论说明,有经验积累没有理论假说。鸦片战争后,西方科学大规模输入,对科学功能性应用

① 袁江洋:科学文化研究,载《科学》2015 年 7 月号(67 卷 4 期)。

的执着追求以及对科学精神有意无意的抑制，不尊重专家、不尊重专业，科学活动缺乏积累机制和传承机制，流量很大而存量很小，每一代人几乎都是从原点做起，找不到甚至也不知道巨人的肩膀在哪里。这到底是中国科学文化的特点还是缺失？

其三，是否有中国特色的科学文化？如何构建中国特色的科学文化？有人提出科学文化启蒙一说，科学可以起到启蒙的作用，但科学文化如何启蒙？几乎所有科学文化学者都认为中国最应该补上科学精神这一课，让科学精神归位，可是抓手在哪里？科学家既是科学知识、科学思想、科学态度和科学精神的直接载体，也是科学方法和科学活动的直接践行者，从科技人物研究和宣传入手来培育中国特色的科学文化是否一条切实可行的途径？

为全面贯彻落实中央关于深化科技体制改革、加快建设创新型国家的战略部署，切实承担起推进科学文化建设的历史重任，中国科协调研宣传部于2014年8月启动了“科学文化译丛”项目，旨在通过引进翻译国外优秀科学文化研究成果，为我国的科学文化建设提供更多可资借鉴的学术资源。这项工作启动以来，其困难和艰辛远远超出预期。一个主要原因在于，科学文化研究有着极为宽阔的学术边界和丰富的研究主题，科学的本质及其在人类文化中的地位与作用、科学探索与发现、科学的自组织与社会化、科学文化与社会文化之间的互动等等，都是科学文化研究的重要内容。所幸这项工作得到国内致力于科学文化研究的专家学者们积极响应，也得到出版界人士的大力支持，经过共同商议，我们从科学文化的历史、哲学、社会学、传播学及计量学研究入手，扣住科学文化发生发展史、科学文化的哲学解析和文化学解析，科学文化在各国工业革命与现代化进程中的地位与作用、科学文化传播(包括科学文化与其他文化的相互作用进程)与新文化塑造等主题，选择优秀著作加以翻译出版。

在译丛编委会、译者和出版社的共同努力下，经过两年多的艰辛工作，第一批成果即将面世。作为译丛主编，我要真诚感谢郝刘祥、袁江洋两位教授和所有参与译、校工作的研究人员，这套丛书高度得益于他们的专业精神、学术造诣和倾心奉献。感谢中国科协调研宣传部提供经费支持，中国科普研究所承担了主要的组织协调工作，罗晖、王康友同志积极推动，特别是郑念研究员的辛勤劳动，正是大家的无私奉献才使翻译任务如期高质量完成。感谢上海交通大学出版社原社长韩建民先生、现社长郑益慧先生、总编辑刘佩英女士和副社长李广良先生，正是他们的认真负责和积极推进，我们才得以较高效率出版发行本套译丛。借此机会，我还要感谢袁江洋、李正风、胡志强三位教授，正是他们在过去几年对中国科协科学文化研究项目的积极参与和深入研讨，使我对这个问题的认识和理解不断深化，他们的若干观点和本人的学习心得已经在这篇小文中有所体现了。当然，还有很多同志在这个过程中付出了心血，在此就不一一列举了。

今后，我们将继续推进这一项目的实施，把更多更好的成果呈现给大家。热情期待有更多的研究人员以宽容和多元的理念去审视和考量科学文化问题，理性观察和评判科学文化建设进程，努力撰写出中国人自己的科学文化研究专著。我相信，“科学文化译丛”作为我们研究科学文化的重要参考文献，必将成为传播科学文化的有效载体，建设科学文化的助推器，它不奢求面面俱到，但希望能够提供一个独特的视角；它可能给不出答案，但希望有助于思路的拓展；它未必绝对正确或准确，但希望能给我们留下更为广阔的思考空间。

中国科协　王春法

前　　言

尽管宣称“科学进步源于实验”，但实际上整个科学历史文献都在关注着理论的发展。无论研究者的对象是17世纪的科学革命、19世纪的场论，还是20世纪的相对论和量子力学，他们谱写的历史都突出概念的演变，而非实验室实践。正如爱因斯坦所言，似乎有一种不对称性只存在于历史分析中，而非存在于事件本身。

本书适合于对“理论如何从现代物理实验室产生”这一问题感兴趣的读者。它既不是对粒子物理学的概述，也不是物理教学中引用的对“伟大试验”成果的总结。① 相反，这本书是写给那些对历史、哲学和实验室科学社会学感兴趣的读者，以及工作中的物理学家。本书源于对以下几个问题的思索：是哪些理论让实验者坚信微观物理作用？他们可以借助于何种实验仪器？在获得具有说服力论据的过程中，从实验工作台到工厂实验室这种势不可挡的历史扩张趋势产生了什么

① 美国的物理学界和体系的通史可参见 Kevles，*Physicists*（1978）；Segrè，*X-Rays to Quarks*（1980），其中对许多粒子发现背后的基本思想给出了清晰的物理学解释。Pickering，*Constructing Quarks*（1984），本书是对20世纪60年代粒子物理学向20世纪70年代早期“新物理学”过渡的一部非常好的历史分析著作。对经典物理实验得出的结果的总结非常有启发意义的著作可参见 Shamos，*Great Experiments*（1959）；Trigg，*Landmark Experiments*（1975）。罗姆·哈里从《伟大实验》（*Great Experiments*，1981）中吸收了哲学方面的经验。

样的影响?

和大多数对物理学如何发展的解释不同,本书不仅将目光投注于实验室,对1926年之后的20世纪物理学发展也采取了不同的对待方式。长久以来,物理学发展史一直深陷在狭义相对论与非相对性量子力学的争论中。若没有经历第二次世界大战,谁能想象20世纪的政治格局会是怎样?毋庸置疑,量子力学的提出是一项具有划时代意义的伟大成就,但它只是20世纪物理学研究的开始,而非结束。我们的工作不是喟叹大型加速器的高昂造价,而是到实验室内部,去探究物理学家们如何在一亿分之一秒内发生的数十个相似过程中辨别出某一个过程的存在。

为了刻画大型实验,历史学家需要丰富的文献。部分素材来源于笔记、信函或发表的论文。此外,还有一些源于爱因斯坦的专利著作、巴奈特对地磁学的研究以及密立根的宗教著作。然而,常规的科学史研究方法并不适用于大型实验。之后的物理学家不再沿用笛卡尔或是爱因斯坦书信的沟通方式,在他们著作中可获得的有关其日常工作的内容也越来越少。20世纪70年代的实验者不再像密立根或卢瑟福那样,用笔记忠实地记录日常事项了。

本书三分之一的内容是关于高能物理实验的。事实上,当我开始探索高能物理实验时,常常有人告诫我,与此相关的文献匮乏,不可能对20世纪后期的物理学开展研究。所有重要的信息,基本都是通过电话沟通。事实并非如此。相比于更早期的物理学,高能物理学实验的相关文献更为丰富。问题在于我之前不该只寻找笔记和信件这样比较古老的文献类型。在将实验一点一点拼凑起来的过程中,我发现了项目建议书、进度报告、会议记录、计算机输出材料、数据磁带、胶片记录、流程图、电路图、蓝图、扫描记录、管理信件、报告幻灯片,甚至放在仓库中的设备的考古学遗迹。

然而，最重要的一种证据源于科学团队不可分割的社会化关系成分。团队成员必须一起工作。他们在会议上争论不休，并通过会议记录进行总结；他们对团队内部流通的技术备忘录提出建议和对策建议；当数据经过多层分析之后，他们提出要求和反驳。这样的论文构成一种由物理学家创造的新型科学文献，以应对协作性实验的爆炸性增长。对于历史学家，这种新颖的人工产物是一个福音，不仅因为他们跟踪了科学家之间的日常交流，还因为它们是通过团队共同创造：即使某个参与者丢弃了一个副本，其他人通常还有保留。因为备忘录通常是相互的，我可以发现记录中的漏洞，并且在过去七年里，我已经把数百个记录几乎完整地拼接在一起。它们在一起组成了文献记录，并占据了这本书的大部分内容。

这个项目是以哈佛大学科学历史系的一篇博士论文开始的。我最应感谢的是欧文·希伯特、杰拉尔德·霍尔顿、爱德华·M. 珀塞尔，他们在我的研究过程中给予了重要建议和帮助，多年之后我仍发现与他们之间的讨论大有裨益。关于科学史方法的一般问题，我与包括伯纳德·科恩、伊恩·哈金、托马斯·S. 库恩和亚瑟·I. 米勒在内的很多学者展开过无数次的讨论，并从中受益颇多。西尔万·S. 施韦伯和史蒂芬·温伯格支持我继续攻读高能物理学第二学位；与史蒂芬·温伯格的谈话让我第一次接触了中性流实验的历史，继而接触了弱电交互现象学中的问题。1981 年至 1983 年间，霍华德·乔吉和约翰·裴士基几乎每天和我讨论并耐心地指导我的研究。之后的三年，我对该项目进行了重建。

若非获得美国国家科学基金会（NSF）研究生奖学金、美国物理学会（AIP）的援助、霍华德基金会研究补助金，以及皮尤基金会和美国国家科学基金会（SES 8511076 号拨款和总统青年研究员奖）的帮助，我很难在这条艰难曲折的道路上坚持下来。哈佛学会从 1981 年到

1983 年授予了我初级奖学金，给予了我从事这项研究的自由，这里我还要特别感谢主席伯顿·德雷本对我跨学科研究的支持；感谢我的初级研究员同伴们，特别是苏珊·布劳斯坦、特里·卡斯尔、莫蒂·范戈尔德、理查德·加纳、保罗·金斯帕、尼特·卡伦凡斯、路易斯·阿尔瓦雷斯-高梅、阿尼施·马诺哈尔、唐·里德、利昂·维森特尔和马克·怀斯，感谢他们给了我一段美好的友谊和表达自己想法的机会。

在斯坦福大学，很幸运能够与哲学系、历史系和物理系，以及科学历史委员会的同事一起工作，特别是南希·卡特赖特、弗朗西斯·埃维里特、威尔伯·克诺尔、罗伯特·普洛克特和帕特里克·苏佩斯。阿诺德·戴维森对早期草稿提出过许多建议。我还要向我的东湾同事约翰·海尔布伦表达我最真诚的谢意，感谢他不管在总体上还是具体方面提出的建议。

我还要感谢对这本书的特定章节给予帮助的人。对于第 2 章的讨论，我感谢 J. Z. 布赫瓦尔德、D. 卡西迪、P. 福曼、P. 霍夫曼、A. 派斯和 J. 施塔赫尔的帮助。我非常感谢 A. J. 科克斯、昂德里克·安东·洛仑兹、富兰克林·玻图加尔、H. J. 特雷德以及美国物理学会尼尔斯·玻尔图书馆、华盛顿卡内基研究所、爱因斯坦档案馆和以色列耶路撒冷希伯来大学的工作人员帮助我获得了档案资料。在第 3 章宇宙射线材料的工作过程中，与 C. D. 安德森、H. A. 贝特、L. 布朗、D. 卡西迪、W. 弗里、D. 凯夫利斯、G. 罗契斯特、R. 塞德尔、E. C. 史蒂芬孙和 J. C. 斯特里特的交谈和通信让我受益匪浅；康奈尔大学图书馆档案室汉斯·阿尔布雷希特·贝特的论文、罗伯特·A. 密立根和卡尔·D. 安德森在加利福尼亚技术研究所档案馆的论文、哈佛大学档案馆的希欧多尔·莱曼、杰贝兹·科里·斯特里特和温德尔·弗里的论文也让我受益很多。

对于他们在帮助我重建第 4 章阐述的 E1A(Experiment 1A)和加尔加梅勒实验室的工作中所付出的时间和精力,我特别感谢两个合作单位的所有成员。在我完成有中性流发现的第一篇文章之后,我给团队的每个成员和许多允许我看他们的论文的参与者写了信。特别荣幸地感谢以下两个合作单位中给予格外帮助的参与者:B. 奥伯特、C. 巴尔塔、E. 贝洛蒂、F. W. 布洛克、U. 卡梅里尼、D. 克莱因、D. C. 卡恩迪、H. 费斯奈尔、E. 菲奥里尼、W. 福特、W. 弗莱、D. 海德特、P. 霍伊斯、R. 伊姆利、T. W. 琼斯、A. M. 卢茨、A. K. 曼恩、F. 梅辛、J. 莫芬、P. 缪塞、G. 米亚特、R. 帕尔默、D. H. 帕金斯、A. 普利亚、D. 里德、M. 罗伊里尔、A. 鲁塞、C. 鲁比亚、J. 萨克顿、L. R. 苏拉克斯和 J. P. 维亚莱。原来没有合作过,但给了我很大帮助的物理学家有:B. C. 巴里什、M. K. 盖拉德、D. 莫雷莱、E. A. 帕施奥斯、C. 贝鲁、J. 普伦特基、C. 普莱斯考特、K. H. 瑞什、C. 奎格、W. 斯莱特恩、M. 索尔达特、V. 魏斯科普夫、沢田山之内、J. K. 沃克以及 B. 朱米诺。我非常感谢欧洲核子中心(CERN)的档案记录和历史项目,并特别感谢 A. 巩特尔、约翰·克里格、多米尼克·佩斯特和 R. 拉姆。费米实验室档案馆和欧洲核子中心档案馆提供了有价值的照片,沢田山之内帮助我从费米实验室主管办公室获得了一些有用的文献。

这些年来,我与保罗·米赛尔多次见面。他帮我收集档案记录,我们有过许多为期一天的会议,用于苦思文件和探讨物理学,那些都是我无比美妙的时光。可 1985 年夏末,他逝世于一次登山事故中,看不到这本著作的完成,对此我深感遗憾。

第 3、4、5 章的部分内容是以文章形式呈现的。我感谢《物理科学的历史研究》(*Historical Studies in the Physical Sciences*)、《半人马座》(*Centaurus*)和《现代物理学评论》(*Reviews of Modern Physics*)的编辑允许我复印相关材料。参见《爱因斯坦和旋磁实验:1915—

1925》(*Einstein and the Gyromagnetie Experiments: 1915—1925*)①,《μ介子的发现和量子电动力学失败的革命》(*The Discovery of the Muon and the Failed Revolution against Quantum Electrodynamics*)②和《第一次中性流实验如何结束》(*How the First Neutral Current Experiments Ended*)③。在手稿准备的不同阶段,L. 布朗、Y. 爱尔卡纳、A. 富兰克林、L. 霍德森、A. 皮克林、D. 夏佩尔、R. 斯图埃沃和 N. 怀斯都提供了很有帮助的建议。1982 年 5 月,我有机会在凡利尔基金会和特拉维夫大学赞助的一系列讲座中介绍本书的主要内容。对于在收集材料和准备手稿过程中得到的宝贵援助,我要特别感谢 A. 阿斯穆斯、M. 琼斯、F. 基辛、K. 彼得森和 C. 朗格塞夫。

本项目历时漫长,在途中遭遇到各式各样的困难时,我向家人和朋友倾诉,他们给予了我莫大的鼓励,使我相信这一切都是值得的。

向 C. A. J.(卡罗兰·A. 琼斯)致以最真诚的感谢。

① *Historical Studies in the Physical Sciences* 12 [1982]: 285 - 323, © 1982 by The Regents of the University of California, reprinted by Permission of The Regents.

② *Centaurus*, 26 [1983]: 262 - 316

③ *Reviews of Modern Physics* 55 [1983]: 477 - 509.

目 录

第1章

引　　言

人的结局总是比先前的一生更受人瞩目。

——莎士比亚《理查二世》

论证的策略

1974年11月9日，还未到凌晨4点，在斯坦福直线加速器——一台足有2英里长的装置——一旁，夜班实验人员正在准备一项重要实验的启动运转。实验人员认真地在小组工作记录中写下了这样的警示故事：

> 他在这片区域勤奋地工作了几周，已经很累了。他俯身观察流水上的淘盘，发现了两小块闪光的黄色团块。“出现了！”他叫出声来，直起身仔细地观察盘子里的物质。众人都跑过来观看，在混乱中淘盘和里面的东西一同掉进了水里。这些团块物质是金吗？还是硫化铁？他开始重新细细地筛查淤泥。①

---

① 斯坦福直线加速器中心和劳伦斯伯克利实验室，1974年11月3日至25日日志。

“我们的首要任务是确定探测器是否仍然在工作中,还有三联部件的标准分析程序功能是否正常……”记录手册里又这样写道。由此,我们又一次投入到了检查和常规实验操作中。这样的工作已经持续了数年,而就在几个小时之后我们将发现 *psi* 粒子。这一发现将开启夸克和计量物理学的“新时代”。通过整个夏天不间断地检查、复查和数据分析,实验人员渐渐意识到,一个新的奇迹已渐露头角。在接下来的几个小时之后,人的想法将被证明是真实的。这样的论证状态改变肯定在每一次实验中都会发生,也决定着实验的结果。本书关注的正是这一转变。

从历史的观点来看,“实验是如何终结的”这一问题之所以会引发我们的兴趣,是因为它将关注点引领到了实验中的一个瞬间,在这一瞬间里,仪表、经验、理论、计算法和社会科学等聚集到了一处,具有了引人入胜的魅力。为了了解实验是如何终结的,我们必须缩小历史性的关注范围,了解实验中的参数、证据、技术和硬件等,正是这些内容推动了实验人员前进,给予他们信心,让他们相信面前的淘盘里是金而不是硫化铁。对于任何一个实验者而言,要做出终止实验研究的决定并不容易,需要投入的东西很多,一旦项目终止也将面临许多风险。研究人员何时能列举出足够的实验证据,对这一点的评判决定了他们的信誉程度。在20世纪末期,投入到粒子物理学实验研究中的资源量十分庞大,从开始计划到成果发表需要五至十年的时间,花费上千万美元的经费,动用几十甚至上百名研究人员进行通力合作,因此研究涉及的风险和赌注也大大增加。人们协同合作发表了研究结果后,压力也随之上升了。理论家们将努力去了解这些新的数字代表的含义,其他实验小组也将重新审视自己的实验日程。

从哲学原因和历史原因而言,“实验是如何终结的”这一问题意义十足。实验者对客观事实、对人造之物,以至于对一种效果、一个粒子的论证均将不会以演绎论证的封闭形式进行。长期以来,围绕着一个话题——有限的事实集合将不足以证明一般结论——哲学家们一直未曾停止争论;而迪昂(Duhem)、奎因(Quine)和帕特南(Putnam)等人却着重强调,实验面对的不是单一的假设,而是互相联系的判断网络。[①] 但更严重的问题在于,这一网络中不仅包括明确的判断,也包含了无数的辅助性假设。正如迪昂所言:

> 同几何学家使用的归谬法不同,实验中的矛盾现象并无将物理假设转为无可辩驳的真理这样的能力;为使其具有这样的能力,需要列举出全部的假设情况,覆盖一定的现象集群;但是物理学家们永远无法确定自己是否已经穷尽了所有可想象出的假设。物理理论真相的决定也并不是像投掷硬币一样非正即反。[②]

在这里我们应该加上一句:这一真相也不是实验结论的正确性所决定的。

虽然穷尽并列出所有假设是不可能的任务,但是研究者们可以以先导性或平行研究的方式来说明,特定的模仿和“背景”效应是足可以忽略不计的。在实验者试图将信号从噪声中分离出来时,可以采取的策略至少有三种:构建装置设备以排除背景噪声的影响,或者对背景噪声进行测试或计算以将其从观察中排除出去。下面谈到的这个范例十分直观地说明了这一点:亨利·卡文迪什(Henry Cavendish)是18世纪末期的一名出色的实验者,一直以来他在实验室中寻求着物体万有引力的测算方法。他将木棒用细金属线悬吊起来,在木棒的两端各悬挂一个铅球,用两个较大的静止铅球靠近悬挂着的铅球砝码。若悬挂着的球被吸引,木棒将出现扭转。为了测算牛顿万有引力理论下

---

① 参见 Duhem, *Aim* (1977), esp. part II, chaps. 4 and 6; Quine, *Logical* (1963); Putnam, *Mathematics* (1975)。

② Duhem, *Aim* (1977),190.

微小的力的值,即悬挂着的铅球重量的五千万分之一,即便是极微小的温度改变也需要避免,否则空气中将出现电流,妨碍木棒的旋转,进而阻碍实验正常效果的出现。鉴于此,卡文迪什自行建造了实验仪器设备,将仪器关闭在房间内,通过远程控制调整大球的位置,使用望远镜观察并测量仪器臂,进而阻断了背景的影响。①

当构建设备这一方法无法控制背景因素时,实验者通常会以测量的方式将其解决。仍然以卡文迪什的实验为例,他使用磁体对实验设备进行测试,以了解磁力是否会导致其发生扭转运动;他还测量了金属线,以了解其是否会产生永久性扭曲——这样的扭曲将会使实验结果出现系统性错误。卡文迪什甚至担心红木箱(用于保护仪器臂不受风力影响)是否会对仪器产生重力效应。通过严密的计算,他将这一可能的干扰原因排除在外,说明箱体对实验的影响可以忽略不计。②虽然做出了这样的种种努力,但即便从原则上讲,这位科学家仍然无法完全证明实验未受任何因素的干扰。世界如此复杂,无法将所有可能的背景因素都归至有限的类别中去。因此,在实验过程中并没有一个固定的、严格符合逻辑的终点。在包含多样因素的实验研究中,也没有一个可遵循的通用发现准则,更无法以演绎逻辑为基准进行事后再构建。

尽管如此,即便研究证据偶尔会同预期效果不一致,包括卡文迪什在内的所有实验物理学家、生物学家、化学家、地质学家以及其他学科相应的研究人员,也将其视为有说服力的证明。在初次的怀疑和最终的论证之间存在着多层次的研究过程,在这样的过程中,人的想法

---

① Cavendish, "Density," *Philos. Trans.* 18 (1798. reprinted 1809): 388 - 408. McCormmach, *Dictionary of Scientific Biography*, s. v. "Cavendish."

② Cavendish, "Density," *Philos. Trans.* 18(1798, reprinted 1809): 388 - 408. 关于红木箱,406 - 408.

渐渐得到了证实和巩固。"唯心的发现逻辑"下的论证仅仅是发现者自己武断的和特殊的成见，而"合理化逻辑"是正式的、具有完全说服力的逻辑，是实验结果得以发表的途径。在论证的构建中，那些多个中间阶段的存在证明了将这两种逻辑进行极端二分法是错误的。在对任何实验机构中进行的繁复试验和论证中，实验者必须——无论是含蓄地暗示还是清楚地明示——承认他们的实验结论仅代表同等条件下的结果，即所有其他因素均相同的情况下的结果。虽然实验论证结束时的结果并不是、也不可能仅仅是封闭实验基础上的结果，实验者们仍然必须这样承认。[①]

鉴于以上所述的各种原因，若欲决定终止调查研究，则需要全套的技术、策略、信念以及受实验人员支配的实验设备。若非如此，实验又将如何继续？"理论性假说"开创出了充满趣味现象的世界一角；测量步骤和阐释方法也是由这些假说塑造。在下文我们将更详细地对此加以阐释，即若无某种类型的实验假说，那么即便是物质的总体性能都无法确定，某些种类仪器的相关度和适用性（正如某种仪器的具体性能）也都将受到质疑。这些基础保证并不都是可有可无的，也不可以被认作是对"偏见"的扭转，它们是开始和结束实验的必要条件。

对一些问题和因素的把握应该坚定不移，否则任何实验结果对实验者而言都成为了不可靠的结论。对仪器、计算、假设和论证这些因素的操作和把握是实验者自信的来源：它们是什么？这是实验者们需要面对的迫切问题。对于像莎士比亚笔下的刚特（Gaunt）一样的实验者而言，他们清楚地知道，自己被人铭记的只是最终得出的观点。实验者何时能证明实验效果的真实状况？何时他们才能断言，计数器

---

① 安德鲁·皮克林在他的文章中进行了一次关于开放式、封闭式、"相对封闭式"系统的有趣讨论，参见 Pickering, "Hunting", *Isis* 72(1981): 216 - 236.

的跳动和图表中的尖峰值不只是仪器或环境引起的假象?简而言之就是:实验是如何终结的?

实验误差与终结

实验者将自己认可并接受的部分论证和步骤纳入了发表的文章中。在卡文迪什关于重力的论文中,记录下来的论证是来自于实验设计、辅助性测量及理论和经验假定基础上的计算。但是,很多内容并没有被囊括在发表的文章中,尤其是在近代物理学中,大型探测器同加速器一同使用的情况下,这一情况尤为多见。但早在 18 世纪的工作台实验中,最终的实验论文中就曾省略了实验条件和步骤的一些重要特征。这些未写入文章的信息中包含着实验者对实验结果产生信任的原因,因此,我们必须尝试重现这些理论假说、试验、测量步骤及仪器的异常。未发表的内容无论是传统形式(如笔记和书信等),还是大型粒子物理实验催生的新形式(如资助申请和计算机程序等),对于这一重现均具有帮助作用。

此外,若想发现这些未记录的内容,还有另一个方法。长期以来,这一方法的有效性已被研究理论物理学的历史学家们证实,对于对科学史并不了解的历史学家而言确实大有用处。这些历史学家的关注点在现在看来是"错误"的,甚至在同时代人眼中也具有争议性,但若不是出于此种关注,这些内容可能仍被深埋。一位文学史家将此种关注描述为"那些偏离常规的表达方式被标出来,但从整体角度来看它们又具有某种一致性"。[①] 在物理史中,这种"偏离常规"的表达可能是在提醒我们一种新类型物理学的诞生,如爱因斯坦在 1905 年发表的

① Spitzer, *Literary History* (1948), 11.

文章中使用的对称论点。

科学史学家，特别是其中对观点的发展感兴趣的人们一直坚持称，若忽略那些曾被认作是错误的内容，则任何历史重构的说服力都是不足的。正如亚历山大·柯瓦雷(Alexandre Koyré)在1939年所写：

> 花时间去研究那些错误有什么意义呢？重要的不是最终的成功和发现吗？难道是研究中可能会使人迷惑的曲折经过吗？……对于后代而言，实际的发现和发明才是重要的吧。虽然如此，但(至少对于历史学家、哲学家而言)陷入的僵局和错误……有时和成功的结果一样重要，甚至可能更加重要。它们具有启发意义，让我们可以了解(科学家的)不为人知的想法是如何演变的。[①]

与伽利略"自由落体在相同时间内获得的加速度相同"的观点不同，列奥纳多(Leonardo)认为"自由落体在相同距离内获得的加速度相同"，柯瓦雷对这一"错误观点"进行了追溯。通过对列奥纳多提出的这一猜想进行原因重构，我们深刻地了解了早期科学思想的论证假设和论证标准。虽然当时柯瓦雷正在撰写的是关于伽利略的书籍引言，他仍查阅了关于那些明显错误的观点的记载，可以说沿袭了当代物理史学家基本的方法论概念。引用托马斯·库恩(Thomas Kuhn)的话：

> 在重构的过程中，历史学家应对研究对象曾出现的明显错误加以特别关注，这不是为了他们自己，也不是仅仅重复书写那些近代科学尚存留的研究结果或论证记录，而是为了更多地展示研

① Koyré, *Etudes Galiléenes* (1939), 77.

究对象在工作过程中的思想。①

当柯瓦雷和库恩这些历史学家提到那些历史上的"错误"观点时，他们不是为了评价那些已经过时的理论，而正相反，他们是在寻找那些未被接受的理论性问题和答案，进而把它们变成现下重要规律的指引。在勾勒具有历史相关性的问题轮廓时，我们可以更加注重那些被遗忘的原始状态下的思想架构。同理而言，在对实验进行探讨时，就像地质学家寻找指示矿物一样，我们也寻找着历史性的"错误"，它和指示矿物一样都是具有深层力量的指示线索。

之所以研究这些教科书未收录、现在也不被接受的实验，还有另一个原因。当实验如预期一般继续，或是迅速在其他地方获得证实，它将被我们以及实验者同时代的人们认作是对自然中某种东西的必然认可。对研究成果的集中关心使得实验论证中的疑问、试验和推论过程都被归入了背景范围。当实验结果对基础物理问题造成影响、受到同时代的挑战时，社会的关注点就集中在了实验的早期阶段——一些具有决定性的想法和实践埋藏着的地方。当被广泛认可的理论受到怀疑威胁，新猜想得到较大程度的确认即便没有特定模型，或是观察到惊人的新实验成果时，质疑可能就会出现。面对矛盾，结束实验显然并不是无法逃避的决定。

在争议出现之时，实验者将不得不明确地发出询问：他们的哪些数据应该保留，而哪些应该抛弃？在这种情况下，若要了解某些"偏离常规"的结果应该如何处理，我们可以强行将这些与广受认可的结论共有的、隐藏着的理论和实践假说摆到桌面上来。为了和其他种类的假设区分开，可以使用更有辨识度的语言表达方式，这有助于理解为何实验可以在没有严格推论的情况下即具有说服力。

① Kuhn, "History of Science," in *Essential Tension* (1977), 110.

预设与实验自主性的范围

一般来讲,实验者在构建论证体系之时,论证的说服力至少有一部分是来自过去既有成果中所获得的理论和实验知识。[①] 那么预设有哪些种类?他们又对实验论证造成哪些影响呢?

虽然这些问题一开始貌似只有哲学意义,但它们的解决方式却会产生直接的史学影响。举例而言,假设史学家采信了这样的观点:实验事实反映的是公开的、一定程度上毫无疑问的经验,那么实验史的范围将十分有限,历史书写的任务也将变成记述实验技术要求、列举实验结果的理论性应用。

与此相反,如果实验结果不具有独立于理论之外的自主性,那么书写出的物理史将是另一种模样。这样的历史阐释将肩负不同的重任:实验的历史将几乎仅仅集中于实验的概念框架中,即对实验自主性范围的评判是与"哪些历史因素需要被纳入到实验考量中"这一决策紧密连结在一起的。

---

① 大量的历史学家和社会科学家已经对假说在20世纪物理学中所起的作用进行了探讨。特别是杰拉尔德·霍尔顿著有大量关于此话题的文章,参见"Kepler's Universe"(1956年首次出版,1973年作为 *Thematic Origins* 的第2章重印)and "Hypothesen," in *Eranos Jahrbuch* 31(1963):351-425.其他关于假说的作品将会在后续章节中提及,典型案例参见 Holton,"Millikan," in *Scientific Imagination* (1978);Stuewer. "Controversy," in *Experiment* (1985); Wheaton. *Tiger* (1983); Trenn, *Self-Splitting* (1977); Franklin. "Millikan's Data," *Hist. Stud. Phys. Sci.* 11(1981);185-201; Pickering "Monopole," *Soc. Stud. Sci.* 11(1981):63-93; Pickering, "Quark," *Isis* 72(1981): 216-236; Pickering, "Against Phenomena First," *Stud. Hist. Philos. Sci.* 15(1984):85-117; Collins, "Tacit knowledge," *Sci. Stud.* 4(1974):165-186; Collins, "Replication," *Sociology* 9(1975):205-224; Collins. "Destruction," *Soc. Stud. Sci.* 11(1981):33-62.为了得出扼要的评论和文献,历史学和社会学试图把许多科学领域的科学结果与科学利益相连接,参见 Shapin, "Sociological Reconstructions," *Hist. Sci.* 20(1982):157-211.

虽然理论和实验的哲学阐释范围较宽,但也并没有必要对观察的哲学或“理论”自“观察”中的分离等相关著述进行过多的回顾。[①] 实验者是如何使用(或不使用)理论的?具有这两个方面的宽泛梗概就已足够。对于逻辑实证主义者而言——尤其是鲁道夫·卡尔纳普(Rudolf Carnap)等——实验者无需诉诸理论即可说明现象。当然,从实际角度而言,实验物理学家会使用“铜”这样的简略词来代表一长串的感官数据语句,但这仅仅是出于节约时间、简便易行的考虑。真正粗糙的“观察报告”中没有理论的存在,从卡尔纳普的观点来看就像是这个例子:“现在指针指向 5,出现火花,同时发生爆炸,然后出现了臭氧的气味。”[②]

理论与实验的严格分离是卡尔纳普纯粹以逻辑(归纳法或推论法)为基础进行科学重构的基石。观察用语可以转化为不含理论用语的习语,那么它也可以是针对备择假定的一个通用、中立的裁决者。因为记录的原因理论假说也会对选择、阐释和数据成果造成影响,即便是这一点也受到了厌弃。这将累及科学研究经验基础的自主性。从逻辑实证论者的角度来看,当实验者已经充分地整合了相关的报告内容时,决定实验何时终结并不是问题,实验的终结是独立于理论之外的。

卡尔纳普试图通过逐渐积累基本观察报告来证实理论,这一计划被卡尔·波普尔(Karl Popper)否定了。波普尔之所以否定,其中的一个重点就在于,卡尔纳普将观察和理论阐述严格区分开来。波普尔认为,即便是“桌子上有一杯水”这样的简单阐述也是在一系列设置处理的基础上才能够使人了解的。比如,如果温度下降到华氏 32 度以下,那么液体会结冰;如果水杯受到撞击,那么凝固的冰块将会破碎。虽然波普尔对不成熟的观察报告所处的状态有疑问,但他并没有妨碍到逻

---

① 针对区分“理论的”和“观察的”的术语引发的问题进行的清晰争论,参见 Achinstein, *Science*(1968).

② Carnap, “Protocol,” in *Logical Positivism* (1981),153.

辑实证论者的基本信仰——实验毫无疑问的是理论的仲裁者。波普尔曾提出过一个著名的论断：理论可通过"证伪"——即理论在面对实验不一致时的开放程度——来进行评价，从本质上而言，这一评价是基于在面对清晰的实验证明结果时，是否与其他矛盾理论具有匹配性。①

非常讽刺的是，那些自认是逻辑经验主义者的哲学家们实际上对实验行为并无兴趣。布雷思韦特(Braithwaite)就是一个例子，他认为应该研究观察的基础——感知心理学，或者观察实验检验与科学定律之间的联系。② 但是正如我们一直以来所见，实验的内容实际上与"观察"——例如仪表读数的感知——并无关联。实证主义者的言论中真正缺少的是感知与确立的"实际"之间的论证场所。实验室聚集了所有的兴趣点，是实验者集合论证、重组设备、测试仪器、修改说明技巧的地方。

而对于历史文献中理论重视程度的不对称或许正是源于实证主义者的观点。科学理论的构建具有至高的重要性，科学家们寻求的更多是伟大观点的产生，而非实验"事实"的发展。一直以来这一观点较为盛行。成千上万的文章和书籍已然详尽记录了狭义相对论和非相对论量子力学的发展历程，但介绍实验成型阶段演化进程的资料却少

---

① Popper, *Logic* (1968), e. g. , chap. 5 and 424ft.

② 即使他们不同意他们中存在的其他观点，却没有任何经验主义者，尤其是亨普尔、布雷思韦特、内格尔、波普尔，注意真实的实验情况。沉默的背后是假定，当观察(他们常常提及的观察，频率比实验多)成为科学的基础时，对被观察物体的评估往往是相对没有问题的。所以，在他们为面对的理论提供不容置疑的"事实"时，便有了实验的兴趣。在这种情况下，布雷思韦特反驳卡尔纳普的还原论与波普尔不谋而合。布雷思韦特想要避免自己对将实验数据简化为"直接经验"的可能性负责，但他却不想挑战逻辑实证主义者的实验结果即明显"事实"的观点。因此，布雷思韦特在《诠释》(*Explanation*, 1953)第 4 期中写到："我们现在关心的是科学定律的属性，以及科学定律与观察到的事实之间的关系。观察到的事实通常是关于实物的行为的事实——物体运动，是测量仪器指针所指的范围标记，是原子弹爆炸；亦是我们对事实之间的关系的兴趣，是被科学定律约束的事实。"

之又少。鉴于这一史学上的倾向性,实验的历史性问题很自然就被限定在这两个问题上:“从技术上而言,一项特定的实验何时能具有可行性?”——这一问题的实质往往会沦为对机器何时第一次被使用的历史研究;而另一个问题是“实验结果如何?”这些问题再一次被限定在了理论的发明和试验上。实证主义者相信实验触及了实证工作的本质,但若将重点直接放在以理论为目标的实验上,这一看法的基础就岌岌可危了。

对逻辑经验主义的反驳是不可避免的,其影响力较大且被广泛传播。传统实证主义者坚信观察先于理论。托马斯·库恩在其1962年的作品《科学革命的结构》(*The Structure of Scientific Revolutions*)中,对实验的通用性裁决能力及其独立于理论外的情况进行了抨击。库恩并不认为观察必须先于理论的建立,正相反,他主张理论应先于观察。库恩认为,科学史已经充分地证实了理论在进行实验、判读数据和定义相关现象时所具有的不可或缺的地位。在天王星这一天体被认作是恒星的时候,库恩在观测中未能发现它的运动。当天文学家对该天体的真正身份产生质疑时,人们才能“见证”它的运动。同样道理,在探讨化学变革时,库恩多次指出了拉瓦锡(Lavoisier)和普利斯特列(Priestley)所发现和未发现的问题,即普利斯特列意识到的是燃素的不足,而拉瓦锡预见到的是氧气。

为了把握预期在观察力构建中的作用,库恩和诺伍德·罗素·汉森(Noruood Russell Hanson)使用了感知心理学的著名结论作为理论与实验间的关系模型。① 两人均使用了格式塔意象图(Gestalt

① 库恩认为:“科学家在使用熟知的仪器在曾经观察过的地方进行观察时,他们会发现新的、不同的事物……这是科学家的世界转变的最基本原理,使用视觉格式塔进行类似展示可以引发兴趣。在进化之前,科学家的世界是微不足道的。”参见Kuhn, *Structure*(1970),111. 亦可参见Kuhn, *Structure* (1970),62-65 and 110-115, and Hanson,*Patterns*(1958),chaps. 2 and 3.

images)，如既可以被视作鸭子也可以被视作兔子的意象。在不同的“理论假说”下，意象中的纹路和曲线将具有完全不同的意义。首先，格式塔比喻法显示，某些线条元素并不是人脑中所想的它在图中的位置，困境在于：你看见的可能是鸭子或兔子，但不能同时看见两者。在库恩的眼中，这并不仅仅是一个比喻，也描绘出了科学的画卷——稳定的理论框架逐渐发生改变，最终完全崩塌。这样的整体更迭式科学实践图景中存在很多问题，具体内容我们将在后文中继续探讨。

库恩援引了另一个心理学实验以详细说明想法的惯性。实验者在实验对象面前快速地展示按顺序排列好的一副扑克牌，牌面为同一花色。若其中混杂了一张不同花色的纸牌，则在对象眼前飞速闪过之后，对象会简单地认为这只是多数正常纸牌中的一张多余的牌，这张牌闪过之后原先的序列将会继续。[①] 由此可见，先入为主的预期可能会将实验者对世界的观察局限在已有的经验性现象中。同样，若在基础理论发生改变之前，研究者对一组实验结果进行观察，那么观察到的状态和理论改变后观察到的结果将并不相同。

在这些心理学模型中，库恩着重强调了理论性预期是如何，以及何时深刻地影响了观察结果的确立。然而，虽然他提及了感知心理学实验，但并没有继续深入地了解其影响机制。理论假说到底是如何影响实验的？一些史学家和社会学家已经试图对此做出完整清晰的阐释。在后面几章的内容中，我们将了解到，在物理学科内外的普遍关注点是如何像贴切地定义特定理论预言一样，决定了实验的设计、实施和阐释的方向。通过这些历史性材料，我们将可以得出相应的结论，可以概括出不同级别的理论对结束实验这一决定产生的影响。

某些科学社会学家支持库恩的看法，认为理论(或基于理论的“范

---

① Kuhn, *Structure* (1970), 62 - 63.

例")远远先于观察。他们还使用社会学的语言对"先验信念"进行了重述：科学上的想法或投入都应该被解释为对先前的社会学"利益"的满足。这一利益大到阶级或宗教利益，小到专业利益。[①] 对于狭义的专业利益而言，争论的焦点在于：前沿科学家努力投入数载获得了特定的技能后，对这来之不易的技能的使用前景的利益将促使他们会以此为基准选择接受或拒绝新的科研工作。[②] 虽然许多社会学家会拥护这一观点，但巴里·巴恩斯(Barry Barnes)辩称，科学家是通过观察外部自然来获得知识的，这一看法并不正确，知识应该以社会利益来阐释，就如同社会力量设置的"常规性的艺术表现形式"一样确信不疑。[③]

以这一较为激进的立场而言，不仅假说会影响特定时间进行的调查研究——这一观点甚至连最为保守的实证主义科学哲学家也可以接受，在更激进的情况下，利益-理论这一解释还会贬低自然的地位，假设科学家(被兴趣支撑)的假说是取决于可接纳的现象，那么会表现为特定的理论及封闭、自我指涉的相关实验。这样看来，理论观点连同拥护者所认为的相关实验均将从后续的理论与实验的结合中完全分离出来。

同实证主义者形成鲜明对比的是，一些利益理论者采纳了这样的观点：实验测试并不具有在理论间进行裁判的能力。安德鲁·皮克林(Andrew Pickering)所著的关于当代物理学史的作品令人印象深刻，他的理论也被吸收到了本书的第 4 章中，在这个问题上他的立场尤为鲜明："科学团体常常会拒绝与团队理念相矛盾的数据，可是与

① 关于"利益"的不同感知，参见 Shapin, "Sociological Reconstructions," *Hist. Sci.* 20 (1982): 157 - 211, 159 - 164。对"利益"思想的严谨评价参见 Woolgar, "Interest," *Soc. Stud. Sci.* 11(1981): 365 - 394.

② Shapin, "Sociological Reconstructions," *Hist. Sci.* 20(1982): 164 - 175.

③ Barnes, *Interests* (1977), 2.

此相反，对待与理念相符的现象时他们会调整实验技术和方法，以便与其保持协调。”①这样的阐述显然是与实证主义者的想法大相径庭：卡尔纳普认为观察是完全独立的，而皮克林则认为它完全不具有独立性。

援引皮克林的话来说，“科学家们只重视他们可以理解的那部分世界，这并没有问题，为了这个世界他们奉献出文化资源，但他们唯一无法胜任的就是(让高能物理学家)无论何时均无法以易于理解的形式来描述事实”。由此来看，现象的自由选择和解读具有相当重要的意义：

> 所以任何人在尝试构建对世界的看法时，都没有重视20世纪科学内容的义务。在20世纪70年代末，粒子物理学家们乐于摒弃大多数的现象世界和解释架构，而这些被摒弃的也正是他们在前一个10年间自己建设起来的。一个局外人是无需对当下的高能物理学(HEP)世界观具有什么敬意的。②

皮克林还辩称，若确保实验具有理论符合性，则不同的体系间确实没有一个共同的衡量标准。

这一看法中存在着三个方面的问题：

其一，在实验论证中追寻颠扑不破的内涵，发现实验无法获得逻辑性结论时就将实验者的信念完全归因于“利益”，这样是有失公允的。但是谁又能想到实验同数学运算如此相像？纵然实验者对自己想法的信任并不是基于数学论证的形式，但在笔者看来，了解实验者是如何进行推论、建立和自主测试，进而将具有说服力的证据整合起来的，这一点所具的意义更深。

---

① Pickering, “Hunting,” *Isis* 72(1981): 236.

② Pickering, *Constructing Quarks* (1984), 413.

其二,利益-理论归因方式夸大了理论的灵活性。由此,“理论脱离实验即无效”并非造成各种针对粒子物理学可行阐释无法共存的唯一原因,数学和物理学上的限制条件并不能被轻易忽视。在利益理论家眼中,理论仅仅是一个模具,凭借其将黏土一样的现象世界锻造成既定的模样。我们赞美锻造者与被锻造者之间的严丝合缝,在他们看来这并不足为奇。[1] 在格式塔图景中,当实验结果与理论模型假设相契合时,实验宣告结束;在社会建构图景中,当实验结果与处于优势地位的理论家利益相一致时,实验宣告结束。

最后一方面的问题与第二点紧密相关。利益理论者对实验技巧与技术对实验结论的约束关注不够。其不会因为新理论的出现而突然完全改变。在这方面,理论优位者同逻辑实证主义者一样,相对于实验操作过程本身而言,他们对理论家对实验的应用兴趣更浓。在大卫·布鲁尔(David Bloor)所著的《知识与社会意象》(*Knowledge and Social Imagery*)一书末尾,作者将社会学家(受到作者支持)与波普尔派哲学家(受到作者反对)的缺点进行了对比,得出的结论是:这两个群体都是理论相对论者,对技术力量、实用性和手工艺的地位都进行了弱化。引用作者的原话即:

> 知识在社会学家的眼中是可推测的理论,任何东西都不是绝对的或不可更改的。因此,所有的知识都和思想者创造它时的具体情况有关,包括他们可能怀有的观点和猜想、困扰他们的难题、周围环境中假定与考证间的相互作用、创造知识的目标与用途,以及他们具有的经验,采用的标准和含义。[2]

笔者并不同意布鲁尔做出的“知识是相对的”这一结论。当然它

---

① Pickering, *Constructing Quaxks* (1984), 410.

② Bloor, *Knowledge* (1976), 142 - 143.

具有一定的正确性，就如同前文引用的迪昂的话中提到“实验中的矛盾现象并无将物理假设转为无可辩驳的真理这样的能力”。而且我们可以发现，即便是实体间的基本区分偶尔也会取决于工作的概念框架。普利斯特列和拉瓦锡的化学研究工作即是如此。在历史上，阐释性框架、测量方法和实验设计均会出现、也确实出现了改变。但这并不能说明实验的重要性是如此“狭隘”，以至于仅仅可以通过一个或多个支持性理论来进行衡量。理论家和实验家都已经打破了各自的传统，但两者仍未能保持典型的同步性。

在20世纪物理学的多个分支中，实验家与理论家的分立现象在学科的知识、社会和教育结构中均是重要部分。在20世纪的前20年，从根本上讲物理学还是一门实验科学，集中于理论研究的科学家少之又少，主要是欧洲的一些物理学家。后文中也将提到，即便是爱因斯坦也进行过实验活动。在战争的间隙中，理论物理学的分支渐渐出现，集中点主要是对量子物理学相关问题的研究。直到“二战”之后，理论物理学家的数量才与实验家的数量渐渐持平。尽管如此，我们对近代物理学史的了解主要还是通过理论的眼睛和理论家的回忆录。物理学领域内发展出了两个文化群落，但这并不代表它们互相之间毫无往来，事实上两者会共享体系、经费和世界观。但是，这的确说明了捕捉到浅显易见兴趣点的实验生活值得讲述，而关于实验者确信中微子、正电子和中性流存在的一切却并非如此。

为了捕捉这些想法，有必要避开两个观点的误区，即欲将观察或理论“置于首位”。无论是认为观察先于理论，还是认为理论先于观察，这两种观点都仅仅是对实验特征的片面理解。若认为理论先于观察，则许多理论性和实验性假说被纳入实验是不言自明的。这些投身实验室的假说被用于科学“真相”的建立。这些先验知识是由实验工作的测量、阐释和构建阶段生产出来，后文中也将加以详细讨论。此外,这些“颠覆”了实验过程完全自主性的理论假说并不仅仅是“偏见”,同其他方面较为清晰的自然观间具有抵触性。如果没有假说的存在,实验无法开始,更无法结束。

从某种意义上来说,实验是现象空间中设立的精密过滤器。通过实验的构建具化了实验者头脑中的知识,如老生常谈的现象规律、由经验中吸取的材料工艺知识,以及群体为了判断物理规律的合理性而援引的形而上学原则。但这并不代表实验仅拘泥于先前的投入。实验者不会因循守旧,对理论家们亦步亦趋,他们的实验常常会涵盖特定的多个甚至成组的理论。理论性和实验性的改变一般不会同时出现。当理论家摒弃传统时,不一定会引起实验物理学主题、方法、步骤和仪表的混乱,特别是在近代物理学中,当理论家与实验家是两个独立的群体时,认为它们会同时改变研究方向这一看法就越来越不合适了。

因此,理论上出现了概念性改变后实验上也会出现改变,这一主张很难成立。巴恩斯所理解的库恩理论是:

> 在真实的历史情况中,新的理论框架出现时,整个概念结构将会出现相应的改变。论述与活动的二选一框架不得不经受评估。两者的整体模式将被重构。①

在史学条件下,虽然在物理学发展过程中并没有做出明确假设,但对抽象性较强的理论领域的恰当划分并不一定是对实验的恰当划分。因此,某些实验值得加以详尽探讨,以了解其理论假说和技术连续性。

概述

编写本书的首要目标有二:一是凭借充分的细节分析微观物理

---

① Barnes, *T. S. Kuhn* (1982), 67.

学中的近代实验,进而捕捉实验者做出的影响“不会消失”这一决定背后的讨论和假说;二是指出20世纪实验投入方向的改变过程。后续的三章内容将分别着重介绍微观物理学的3次进步。第2章介绍了基于宏观力量和效果的实验行为,第3章介绍了宇宙射线和放射性物质相关的小尺度散射实验,而第4章介绍了20世纪晚期基于巨型加速器的实验。

在每次实验研究中,都面临着终结实验的决定,尤其是当主题涉及物理学发展的重要问题时,就会具有特别的利害关系。为了对不同实验时代进行比较,在对每个时代的本质进行简要讨论后,后三章的内容范围将进一步缩小,来详细探寻在微观物理学某些方面具有决定性的实验问题。各章的关注点分别是两个研究群体,通过介绍它们在同一问题上相反的研究途径,突出了具有说服力的各自的特色论证方式。在每一项研究中,均包含了至少一项重要的、在同时代实验者中引发过激烈争论的观察言论。这一论战元素将有助于重构相关实验者的理论和实验导向。

即便是简单浏览后文中的图片资料,也无法无视那些我们感兴趣的时期内实验环境出现的重大变化。在20世纪30年代,先后出现了爱因斯坦/德哈斯实验和μ介子实验。在这个时期,绝大多数的实验工作在室内进行,实验室面积不过几百平方英尺,实验设备的尺寸也较为有限。与此形成鲜明对比的是后来建设的费米实验室,它覆盖了千余英亩分散的土地,周边被主要的环形实验场地环绕,成群的水牛在这里觅食,这里的单项实验探测器就花费了成百上千万美元。后文中将介绍在此进行的一项高能实验。随着实验器材的规模明显扩大,器材对实验操作的协助也确保了探测的进行。在接下来的几章内容中,我们将首先对实验物料限制相关情况进行回顾。

在第2章的开端,笔者对19世纪末实验物理学的发展情况进行了简要描述，这也是本书将要讨论的三个实验时代中的第一个。在这一时期，微观物理学实验还依赖于由宏观数量的原子行为进行的推论。根据麦克斯韦(Maxwell)的描绘，仪器设备的本质即分析物理效应。这一本质是20世纪末实验测量的基准，将在第2章实验设备相关内容中加以阐释。在19世纪40年代，詹姆斯·普雷斯科特·焦耳(James Prescott Joule)所做的摩擦力相关实验就是这一类宏观实验中的典型范例，实验论证了热量只是一定规模的原子运动的结果。其他宏观实验，如光谱学研究，在原子模型的建设中也起到了协助的作用。通过麦克斯韦对19世纪使用的仪器设备的描述，我们可以发现，首个个案研究中运用了典型的19世纪物理学仪器，仪器的功能目的是通过物质宏观特性的研究探寻磁性和原子结构的本质。在爱因斯坦和万德尔·德哈斯(W. J. de Haas)的磁性实验中，两人试图试验的想法之一便是安德烈·玛丽·安培(André Marie Ampère)的猜想——永磁性是磁铁中小的环形电流指示方向一致时的结果。借助于电子理论，爱因斯坦和德哈斯将安培的猜想更加深入地展现出来。他们推测，安培猜想的环形电流正是电子环绕原子核运转产生的。更重要的是，通过电子轨道运转的猜想，他们说明了角动量和磁矩的比值与环绕运动的电子数量无关，与环绕运动的轨道半径、形状和速度也无关系。由此，这两名物理学家预测旋磁比(即角动量与磁矩的商)为定值。

两位物理学家为了对模型进行测试，将未磁化的铁制圆柱体悬浮于导体线圈中。线圈中电流为通路时，环形电流的磁矩将被定向，进而角动量也被定向。由于角动量守恒，他们推断铁磁体将会发生转动，以抵消电子轨道定向引起的角动量增长。

自1914年起，爱因斯坦和德哈斯多次更换不同的实验仪器，重复进行了这一实验，结果发现测出的铁磁体转矩确实符合实验预期。但在之后的数年中，他们的研究结果同其他一些科学家的研究成果间出现了直接矛盾。15年后，量子力学的模型显示出的答案与爱因斯坦两人的研究结果并不一致，反而与此正相反。我们不禁要问，爱因斯坦和德哈斯是如何发现预期的比值的呢？我们心中的迷惑又加深了一层。与爱因斯坦和德哈斯协力进行实验几乎同期，美国物理学家塞缪尔.J.巴奈特(Samuel J. Barnett)也独立完成了一系列的实验，但却检测到了相反的效应：转动引起磁化，而非磁化引起转动。1914年，巴奈特对他的研究数据进行了简化，他的研究结果同后来被认作是正确的旋磁比数值是一致的。但是，在爱因斯坦和德哈斯实验后不久，巴奈特却获得了符合爱因斯坦理论预期的结果。期间发生了什么？巴奈特的理论假说又是什么？

在20世纪20年代，又有一些实验家使用不同的实验仪器重复了这一具有难度的磁性实验，总体的结果也渐渐清晰：爱因斯坦、德哈斯和巴奈特所宣称的旋磁比数值并不正确。在第3章中，笔者将介绍为何爱因斯坦对自己的预测具有如此强的信心，以及他的理论信心是如何影响他自己和另两名科学家对数据的解读和错误的处理的。通过了解这些物理学家获得实验结果的理论和实验性假说前提，我们可以追溯那些意义重大的力的统一、物质结构、爱因斯坦的专利工作和地球物理学的相关内容等，这些都已被后来的物理学所遗忘，在这些物理学家发表的作品中也未有明确的显现。

在1910年至1930年间，第二个实验时代逐渐取代了宏观实验的时代，代之以单个原子级别的观察实验。基于19世纪末期放射性的发现，物理学家们设计制造了不受热、光、力、电等宏观效应影响但对单条射线或单个粒子的通过具有灵敏度的仪器。除了粒子放射源外，奥地利物理学家维克托·赫斯(Victor Hess)很快又发现地球一直处于宇宙射线的照射下。在20世纪的前几个十年中，物理学家们开始通过这些粒子来探索原子世界,并对制造和观测出来的各种实体形象进行描绘。在 α 射线、β 射线、X 射线、γ 射线和电子、质子这些原有的已知射线和粒子的基础上,实验者们在 30 年代又连续发现了中子、正电子、μ 介子等。

20 世纪 30 年代初期,理论物理学经历了相对论和量子力学的双重剧变,量子力学的部分内容被应用到了科学实际中。但即便是在量子力学中,粒子间的多元性相互作用仍然在科学家的计算能力之外。在这一时期,实验物理学中开始推行更为先进的实验仪器,如盖革计数器和云室等,获得了相当多的实验现象。计算的难题和令人困惑的现象将科学家们带至了剧变的边缘,这也正是众多科学家一直期待的,足以与量子力学的诞生相匹敌。

由实验角度来看,第 3 章中的内容是这一危机面临变革和解决的顶点。从单一层面来讲,20 世纪 20 年代至 30 年代间进行的宇宙射线和放射性实验中,实验者力图对宇宙射线的组成加以分析,这也是由传统实验基本过程向量子力学方法转变的过程。在数年时间里,物理学家罗伯特 · A. 密立根(Robert A. Millikan)和他的同事、合作者、学生对量子力学显示出了不接受的态度。但其他宇宙射线研究领域的物理学家却频繁地使用了这一新兴理论,至少在实验规划阶段进行了利用。我们可以对这两个科学家群体进行比较,概括而言,即一方是密立根、赛斯 · 内德梅耶(Seth Neddermeyer)、维克多 · 内尔(Victor Neher)、伊拉 · S. 鲍恩(Ira S. Bowen)、G. 哈维 · 卡梅伦(G. Harvey Cameron),另一方是汉斯 · 贝特(Hans Bethe)、布鲁诺 · 罗西(Bruno Rossi)、杰贝兹 · 科里 · 斯特里特(Jabez Curry Street)、爱德华 · 卡尔 · 史蒂芬孙(Edward Carl Stevenson)和托马斯 · 约翰逊(Thomas Johnson)。虽然他们并非两种不同理论和实验传统的拥护者,但却几乎同时得出了相同的结论,即物理学的效果解释并不需要量子力学带来的彻底重构，需要的是一种新的粒子。

密立根和他的实验团队对宇宙射线本质的基础研究作出了许多巨大贡献，他们还发表了许多研究结果，这些结果很快就在其他实验科学家中引发了争论。举例而言，当下人们已经广泛地认可了，宇宙射线粒子中撞击高层大气的绝大多数是质子。由于质子带电，在通过地球磁场时，多数会以漏斗的排列形状流向南北两极，流向近赤道纬度的粒子较少。密立根的研究团队认为这样的“纬度效应”并不存在，他们通过实验论证获得了满意的结果。他们还主张，宇宙射线中并无穿透力强或高能量的带电粒子。同时，他们还发现了宇宙射线的带状能谱等“效应”，这些在现代已经被公认是并不存在的。只有了解了这些多样的“错误”是如何获得“确信的一致性”的，我们才能辨识出实验操作的理论假说前提。就爱因斯坦和德哈斯的实验而言，我们可以厘清这些强势的理论假说的本质和角色，其中密立根长期演绎着时刻存在且活跃的神一般的角色，他相信宇宙终结理论，坚持使用特定的实验仪表，相信多种实验证据的说服力。

例如，使用盖革计数器的实验家们报告称，带电粒子可以穿透几米厚的铅层，这一观点在多个领域内都引起了反响。密立根和他的伙伴们对这些实验家的实验技术表示了怀疑。密立根称，计数器显示的数据对观察者产生了误导，这就和伽利略时期一些人认为望远镜会误导天文学家一样。与此同时，绝大多数的理论家将具有穿透力的辐射物的发现视为量子电动力学灭亡的前兆。根据量子电动力学理论的计算结果，电子是无法穿过厚铅板的。在众说纷纭的30年代中期，实验的哪些部分基础坚实，哪些部分又是沙上之城，这样的区分并不清楚。那么是这一理论无法被人接受？还是这些现象，这些仪表数据？理论家和实验家们一点一滴地拼凑出了他们的计算技术、实验仪表、数据整理方式，以及对粒子相关新学说具有的潜在信心。当我们沿着他们对问题和争论的构建进行观察,就可以回溯到有说服力的实验论证的建设过程。

新粒子的呈现方式集中在独立实验上。一项实验结果显示,宇宙射线足以穿透厚铅板,另一项实验说明宇宙射线丛中的粒子可以引发更多的簇射。其他实验者还论证出,这种具有诱发能力的粒子的穿透力并不强。多项实验显示:在同等能量条件下,簇射和无诱发能力的粒子在穿透能力方面具有区别。同X射线、γ射线的简单指数吸收定律相比,宇宙射线与物质间的相互作用更为复杂。这样复杂的射线几何学对实验设计专业度的日益提高起到了积极效果,这也是一个意料之外的后果。

理论的进步也对实验的专业化造成了压力。在20世纪20年代末至30年代,理论家开始将狭义相对论和量子力学综合为量子电动力学。这一新理论的发展主要集中在电子和质子间的基本相互作用上。这些基本作用过程与照相底板中的核“爆炸”、核“爆发”间的关系还不清晰。这些令人瞩目的核能现象是多个简单作用过程的集合吗?还是证明了这是迄今为止物理学界仍然未知的一种新型作用过程呢?新的理论工作亟待展开,基本量子场-理论过程需要获得足够的重视,以便对可观测结果进行计算。J. 罗伯特·奥本海默(J. Robert Oppenheimer)和他的实验同伴进行了这样的对“现象的”研究工作,为宇宙射线丛这一大难题的解决打开了一条通路。奥本海默认为,扇状云室径迹不应被视为爆炸现象,而应被视为多个简单反应的倍增性效果。鉴于此种情况,理论家们向实验家们抛出了橄榄枝,实验家也不得不对理论家加以协助。就在奥本海默宣布了“倍增性”计算结果之后不久,宇宙射线相关的实验者们就开始使用极薄板进行实验,对单个的基础反应过程进行探索。

最后,在第4章中,我们可以通过实验操作、理论和仪表间的三重相互作用，了解大型加速器粒子实验的特点，这也正是三个实验时代中最后一个时代的标志。在对组建高能实验的难度进行概述后，我们将再次通过一组特定的调查研究来探讨规模和复杂性加大后的实验运作。20 世纪 70 年代进行的中性流实验激发了人们对 70、80 年代计量物理学的兴趣，是“二战”之后最重要的实验研究之一。当时两大实验室协作组是如何确定他们研究的同一效应是真实可信的？我们将对此进行探寻。这两个实验室分别是加尔加梅勒重液气泡室协作组和运用了火花室和热量计的美国 E1A。加尔加梅勒协作组使用的是位于日内瓦周边的欧洲核子中心下的加速器中心的探测器，而 E1A 发现粒子的地点是位于伊利诺伊州巴达维亚的美国国家加速器实验室（简称 NAL，1974 年 5 月被重命名为费米国家加速器实验室，即 FNAL，通常称作“费米实验室”）。

我们可以将这两个实验单位和它们的设备、理论预期和实验类型加以对比。我们可以追溯两项研究工程的革新轨迹：一是 60 年代早期对中间矢量玻色子的搜寻，二是 60 年代晚期对部分子模型的探索。1971 年以后，终于出现了某些实验，可以验证格拉肖-温伯格-萨拉姆(Glashow-Weinberg-Salam)弱电统一场论中所预测的中性流的存在。

在第 2、第 3 章中，我们的研究目的在于描摹实验过程，在这样的过程中实验证据具有了可信度。我们又一次受助于这样的情况——一个研究群体获得的暂时性结论同后来被接受的结果间具有强烈的不一致性。在之后的几周里，一些研究人员开始相信，实验能够说明统一场论中所说的中性流并不存在。和理论及反对方之间的不一致迫使研究小组对实验过程进行了回顾检查，编制的实验记录几乎是以日为单位，记录了在后台努力识别信号的过程。我们可以观察，各个子工作组是如何将具有自己风格的论证组合在一起的。例如宇宙射线相关的研究工作，存在着云室和计数器实验两种不同类型，中微子实验使得中性流被接受，通过这一实验我们可以对基于气泡室和电子探测器的论证方法进行对比。由此，我们可以了解到过往的实验工作是如何决定了物理学家对不同论证方式的回应态度。例如，一些具有经验的气泡室实验人员更加相信“黄金事件”，而不是计算机模拟出的统计证明结果。那些更习惯于电子探测器的实验人员的看法则正相反。

第 5、第 6 章通过结论，对近 100 年微观物理学相关的实验论证进行了反思，对实验的分裂与重组趋势进行了描摹。碎片化是因为克服实验更加复杂、高能和短效过程的日益专门化。在实验论证的组建中，结构工程师、电气工程师、计算机模拟专家、数据分析师和现象学家均扮演着重要的角色。重组则是因为在 20 世纪 30 年代不同的子工作组不可能像加尔加梅勒或 E1A 的器材规模一样，每个小组拥有价值 500 美元的云室，因此有必要进行重组。高能实验物理学家在实验的进行阶段需要协调加入一部分独立的研究，在实验结束时也必须如此。因此，需要对这种分层性实验协作的起源和推动力研究。

实验的分裂反映出了技术和社会的进步。在后文的中性流实验中，各类子工作组针对单一的问题不断取得相互矛盾的进展，进而互相订正和修改，最终将研究结果发表公布出来。先前工作中获得的专业知识在专业化劳动中实现了价值，这一专业劳动是为了分析特定仪器运行情况或其他物理学分支造成的干扰影响。在 300 年间，物理学的多个方面经历了变革，现在以更小的规模——庞大实验的子工作组——重现出来。借用胚胎学家的语言来说，近代高能物理学实验的协作组所采取的实验步骤就是对学科进步阶段的概括。

在过去的数年中，科学史和科学哲学一直依赖于通过理论展示的实验图景。若要对实验加以讨论，它往往就会沦为观察、观察心理学和理论家对观察结果的运用。对于这一针对实验工作的嘲讽，伊恩·哈金(Ian Hacking)曾恰如其分地表达过反对意见:“牛津的哲学家们所认为的实验状态——对刻度盘的记录和读取——并没有什么意义。真正重要的是另一种观察,即发现实验仪器中的怪异、错误、具有启迪意义或受到曲解的问题的神秘能力。”[①]现在我们关注的是线圈的扭转、仪器的屏蔽、几千磅的钢板的起重以及计算机模拟出的结论。只有在实验室里,我们才能亲眼见证淘金者是如何沙里淘金的。

① Hacking, *Intervening* (1983),230.

第 2 章

从集合体到原子

“历史”对“统计”

牛顿的平方反比定律展现了自远古之前至遥远未来间月球的运动轨迹。牛顿力学可以描绘出单一物体的运动轨迹，这和历史学家的记叙文体有相似之处，因此麦克斯韦(James Clerk Maxwell)将这些动力学定律称为“历史性定律”。麦克斯韦还宣称，那些自称“原子论者”的人并不会采纳这些过程，“我们必须抛弃严格的历史方法，在处理大量粒子群体时使用统计方法”。[①] 在物理学的任何历史分支中，自然规律都可以以动力学定律的形式表达出来。在原子统计学中，仅仅通过“大量的分子集合”才能捕捉到恒久不变的反应。麦克斯韦以及同时期的人们认为，为了了解经验总结分析的历史，最重要的一点就是探寻分子性质的实验必须遵循统计方法，这是由于“实验中最小的一部

① Maxwell, “Molecules,” in *Scientific Papers* (1890, reprinted 1965), 374.

分物质是由千百万个分子组成的，其中的单个分子永远不会被我们感知到”。[①] 他还总结道：

> 分子科学告诉我们，除了统计数据，我们所进行的实验并不能给予我们其他的结果，由这些数据整理而来的定律不可能具有完全的准确性。但是，当我们从对实验的期待中走出来，将关注点集中到分子本身上，我们将脱离具有变化性和偶然性的世界，进入到一个万事万物都是确定的、不可更改的范围中去。[②]

麦克斯韦自己就曾进行过多次实验探索，因此他对那些微小领域的实验探索具有足够的了解。例如，1866年，他和他的夫人建造了一个机械装置，通过装置中的磁体作用，可以使密封室内的玻璃盘发生振动。两人使圆盘受到已知的力的作用，记录下了其运动状况，进而断定气体的黏滞性是温度函数。通过统计资料，麦克斯韦推论出，若实验结果与撞球模型保持一致，那么以原子为中心，力以距离的5倍递减。[③] 他获得的原子力场研究结论和他本人以及许多同时代科学家中盛行的见解——原子论具有可选择性——产生了冲突。无论大家的公开言论为何，在研究工作中他们都用到了原子理论。[④] 在离子电导率、化学分析和合成方面，化学家需要原子理论中的化学合成和结构规律来取得研究进步。对于物理学家而言，原子图像是气体分子运动理论的基础，也是光学理论（原子激发并吸收力学以太能波动）的基

---

① Maxwell, "Molecules," in *Scientific Papers* (1890, reprinted 1965), 374.

② Maxwell, "Molecules," in *Scientific Papers* (1890, reprinted 1965), 374.

③ 关于此实验参见 Everitt, *Dictionary of Scientific Biography*. s. v. "Maxwell"; Harman, *Energy* (1982), 132 - 133.

④ 关于19世纪末原子论，参见 Heilbron, "Atomic Structure" (1964), esp. chap. 1; Harman, *Energy* (1982), chap. 5. 关于佩兰和布朗运动，参见 Nye, *Molecular Reality* (1972).

础。但是对于所有原子假说方面的成就而言,对显微镜下可见的细小实体存在性的捍卫不得不依赖于由宏观到微观的论证改变。这一飞跃是巨大的,也是不可避免的。

阐明分子问题的宏观实验有多种类型,其中的一个例子是:在19世纪60年代,多位实验者发现了一个与过往观察相违背的情况,即特定的物质会使光谱红端的射线转向,但在蓝端转向的射线数量相对较少。① 这一现象在英格兰导致精密原子模型和以太模型的建立,在德国引发了针对衰减以太振动更加形式化的分析。物理学家还针对光谱这一更加复杂的光学问题寻找着力学解释。从麦克斯韦的观点而言,光谱可以理解为分子的以太振动,同铃声在空气中的传播相比,两者都会产生特有的振动,只不过前者发射的是光而后者发出的是声音。② 虽然很多业内人士并不同意麦克斯韦的理论,但他们也逐渐开始同意光谱线定量关系式的发现将有助于对原子本质的深刻理解。"光谱研究的重要性就在于它指明了分子结构。"③一位资深的德国光谱学家这样认为。

简而言之,1895年以前,物理学家通过光学、热力学和化学实验对中观物质的性质进行分析以论证原子的结构。从这关键性的一年开始,阴极射线、X射线、塞曼效应和放射性实验这四项微观物理学实验为学科带来了迅猛的改变。放射性实验将在下一章中进行探讨,而其余三项惊人的新发现均属于总量效应的范畴。三项重要实验中,时间最早的是阴极射线的发现实验。实验将一个加热过的带负电荷的导

---

① 麦古肯在《光谱学》(*Spectroscopy*, 1969)一书中对从沃拉斯顿的太阳观测到1897年汤姆森在发现电子的光谱学发展史进行了解读。另可参见 Heilbron,"Atomic Structure"(1964),21－22。

② Maxwell,"Atom," in *Scientific Papers* (1890, reprinted 1965),463ff.; Heilbron,"Atomic Structure"(1964),17; Harman, *Energy* (1982),137－138.

③ Heinrich Kayser, cited in Heilbron,"Atomic Structure"(1964),18.

体(阴极)和一个带正电荷的导体(阳极)放置于玻璃管中,管内为稀薄气体。在电极上加上电压后,管壁出现磷光。人们将这一磷光现象归因于"射线"的作用,但是物理学家们对其真实本体仍存在着争论。由于该物体未穿透玻璃壁,并且会因磁力转向,英国的研究人员认为它是与气体尺寸相仿的粒子(离子)。鉴于赫兹未能凭借静电使射线转向,而且这种射线和紫外线一样可以在玻璃壁上造成磷光现象,德国科学家将射线归并为某种形式的紫外线。[①] 从历史和物理学双重角度,X 射线均是由阴极射线发展而来。德国物理学家威廉·康拉德·伦琴(Wilhelm Conrad Röntgen)重复了之前由菲利普·莱纳德进行的实验,而后成就了第二次"伟大发现":打开阴极射线管后,荧光纸上显示出明亮的辉光,即便荧光纸放置在远离仪器、阴极射线无法到达的地方,仍然会观察到辉光。伦琴连同伴都没有告知,独自秘密地继续研究这一穿透力较强的未知射线,直到 1895 年末,他发表了活人手部骨骼的显影底片,引起了极大关注。[②] 另外一项重大实验是光谱学实验,在 19 世纪 90 年代晚期占据了物理研究舞台的中心。彼得·塞曼(Pieter Zeeman)是荷兰莱顿大学一名年轻的物理学实验家,当他对磁场中的钠物质进行加热时,发现火焰发出的黄色光穿透了罗兰光栅,这说明钠的谱线出现了分裂。[③] 通过这些宏观物理学现象,全世界的物理学家们能够明确有力地定义微观物理实体的本质:电子、离子、原子及各种放射线。

① Heilbron, "Atomic Structure"(1964),59 - 68,77 - 79.

② Röntgen, "Strahlen," *Sitzb. Würzb. Phys. Ges.* (1895): 132 - 141,(1896): 11 - 19; Glasser, *Röntgen* (1934). 辐射理论的现代处理记录参见 Stuewer, *Compton Effect*(1975), and Wheaton, *Tiger*(1983).

③ McGucken, *Spectroscopy* (1969),chap. 4.

均值实验装置

在宏观物体实验中,对那些探查到微观层次信息的仪器该如何评价? 19 世纪物理学家对于处于世纪之交的仪器的分类法能够提供有益借鉴。这一分类也是之后百年中使用的截然不同的新型设备的检验标准。在 20 世纪,微观物理的物质文化出现了两次重大转变:首先,仅适用于原子集体实验的机器设备被能够探测到单个粒子的、更加复杂的仪器设备所取代;而后,单一粒子级别的探测器又被工厂规模的、计算机辅助型的加速器所取代。

在对 19 世纪的仪器评估进行研究时,我们有幸能够见到该时期伟大的物理学家詹姆斯·克拉克·麦克斯韦所编著的《科学仪器图说概览》,它在 1876 年南肯辛顿博物馆的科学装置展览中被作为指南材料使用。在概览之中,麦克斯韦运用最通俗的语言对实验进行了描述。

> 实验同其他发生的事件一样,是一项自然现象;但是,在科学实验中,环境得到了较为妥善的安排,特定现象之间的关系可以得到最大程度的研究。通过设计实验将研究的对象和现象当作研究领域从其他同类中区分出来。①

麦克斯韦将这里所说的其他现象归类为"干扰物",他还发现干扰物自身以后也可能会变为研究目标。同时,实验者的首要目标是将干扰降到最低点。

为了研究实验现象,物理学家使用了"实验装置",其中每个为实

---

① Maxwell, "General Considerations," in *Scientific Apparatus* (1876); Maxwell, "General Considerations," in *Scientific Papers* (1965), 505 - 527;本引文摘自第 505 页。

验而设计的构成部件都可以被称作“实验仪器”。由麦克斯韦的观点来看,实验仪器按功能可以被分为三类:实验时的能量来源、能量传输途径和能量效果测量。这一种分类方式多少有几分抽象,但通过麦克斯韦后来对一项仪器的功能分类,这种方式得到了完整的阐释。他将该仪器的功能归纳为八种,然后又分别归类至上文所述的三大类别下:

1. 能量来源
2. 能量传输
    1）能量分配器
    2）能量限制器
    3）能量储存器
    4）多余能量处理器
    5）能量调节器
3. 效果测量
    1）指示器
    2）称具

麦克斯韦对器械的三分式分析法并不是首创,这样的概念——将机械按功能分析——至少可以追溯至英国的查尔斯·巴贝奇(Charles Babbage)。巴贝奇在研究生产机械设备时就曾使用过类似的分析方法。[①] 19 世纪中期的持有不同立场的评论者将这一体系为己所用,用于描述能量生产、传输和使用的大型工业器械分类。政治谱系的一端是美国国务卿在 1867 年巴黎世界博览会上所做的报告,报告中美国代表探讨了“工业技艺的机械与流程以及精密科学设备”。[②] 在简短的序

---

① Babbage, *Machinery*(1835),16. 参见 Berg, *Machinery Question*(1980),184 - 185.

② Barnard,“Machinery,” *Reports*(1870). 促使人们更多地使用“力量”标示“能量”,其中一部分原因是 19 世纪 60 年代之前,德语中“Kraft”一词同时具有两种含义。

言“发明与进步”之后,国务卿将机械和设备划分为几章的内容,分别以“发动机”、“力的传输器”、“蓄力器”和“力的直接性应用”为标题。在政治谱系另一端的卡尔·马克思(Karl Marx)对机械的本质也持完全相同的观点。马克思认为:

> 机械是对发动机机理、传导机制和最终的工具或工作机器的自然深入。发动机机理是整个机制的驱动力,它可以自主生产动力,比如蒸汽机、热量引擎、电磁机等,也可以从已有的自然力处获得动力……传导机制包括飞轮、传动轴、齿轮、滑轮、滑车带、绳索、传送带、副齿轮、多种齿轮传动装置等,它们对运动进行控制……并在机械之间进行传导。整体机制中的这两个部分仅仅是将运动传递给工作机器,机械通过这一运动对工作对象进行利用,进而按照需要来对对象进行更改。①

马克思认为,工业革命的中心是工作机器的改革。对于我们而言,实验的彻底变革是发生在探测器上,它是和工作机器具有同等地位的实验部分。在后文探讨的三个时期中,能量的来源当然也发生了变化:从爱因斯坦、德哈斯和巴奈特实验中使用的发电机变为仍然未知的宇宙射线产生原理,进而又变为费米实验室和欧洲核子中心中使用的加速器。但是,我们的关注点将首先被引导至直接受实验者控制的设备——探测器上。如此一来,我们发现,如欲使用麦克斯韦在19世纪进行的实验特性描述来充分阐释20世纪末的实验,那么对这一特性描述方式需要进行彻底的修改。

麦克斯韦的体系得到了继续发展:当能量被传递和应用,刚性部分开始运动。因此,他建议实验者们自行设计实验装置,进而使刚性部分免受压力、避免出现变形。在此方面,扭杆(中部悬挂起来的较细

---

① Marx, *Capital* (1977), 494.

的棒状物）几乎可以指向任何方向，是较为理想的器材。在卡文迪什和库仑（Coulomb）对微小的电力和重力进行的测算中，扭杆一类的仪器装置扮演了决定性的角色。高斯（Gauss）和韦伯（Weber）运用了双线悬吊法来测算微小的磁力。① 通过观察已校正的称具上的指针位置或反射光束，这些装置最终产生了“读数”。另一类仪器，比如观测望远镜，有助于消除视差，因此光点或指针的读数可以更为精准、始终保持不变。

从这些一般性的考虑出发，麦克斯韦开始将注意力转至“物理学”的不同分支，如力学、热量、电气和光学现象等的研究。根据他的以下分类标准，力学实验家们的观点得以被人们了解：

力学现象

1. 能量来源　原动机
2. 能量传输
    1）分配器　机械轮系
    2）限制器　固定机架
    3）储存器　飞轮
    4）处理器　摩擦制动器
    5）调节器　调速器、游丝发条
3. 效果测量
    1）指示器　测力计、环索计
    2）称具　标准长度、质量和时间

热现象

1. 能量来源　熔炉、吹管、冷却剂
2. 能量传输

① Maxwell, "General Considerations," in *Scientific Apparatus* (1876), 11 - 12.

1) 分配器　热水管、铜导体

2) 限制器　不导电衬垫、胶合剂、冰外壳

3) 储存器　蓄热室、加热器

4) 处理器　冷凝器、安全阀

5) 调节器　恒温控制器

3. 效果测量

1) 指示器　温度计、热量计

2) 称具　标准温度,如融冰、沸水

电气现象

1. 能量来源　电机、伏打电池、电磁机

2. 能量传输

1) 分配器　导体、磁铁衔铁

2) 限制器　绝缘体

3) 储存器　莱顿瓶、冷凝器、蓄电池

4) 处理器　变阻器、避雷针

5) 调节器　稳压器、电灯稳压器

3. 效果测量

1) 指示器　验电器、电量计、电流计

2) 称具　标准阻值、电容、电动势

1866年,麦克斯韦夫妇进行了一项实验,实验将力学、热动力和电磁装置的原理进行统合。磁体产生的动力使得玻璃圆盘发生了摆动。圆盘被安装在固定机架上,与空气间的摩擦力使得圆盘摆动速度下降,热水或蒸汽传递了热量,温度计被用于测量温度。

"光学现象"中不仅包括反射、折射、衍射,还包括光谱等。麦克斯韦的分类大体如下:

1. 能量来源　由燃烧、电流、外部辐射等导致的固体、液体、气体

温度上升

2. 能量传输

1）分配器　镜面、透镜

2）限制器　吸收介质、棱镜、光栅、偏光器

3）储存器　磷光性、荧光性、吸热性主体

4）处理器　光阑、狭缝、不透明反光屏

5）调节器　人眼虹膜

3. 效果测量

1）指示器　测光仪、摄影器材

2）称具　参照用光谱线、标准烛光

总而言之，麦克斯韦实验取代了对宏观距离内可测量物体的约束系统，实验中检测到了相关的能量宏观传输和转化。凭借着上述各种仪器装置，有效地测量出了数十亿个独立微观物理现象的累积效应，这样的系统可以简称为“均值实验装置”。但正如后文第 4 章中所述，在百年之后，这一描述方式将不再适用于实验的产物。随着实验仪器的变化，实验论证的推动力也将发生变化。

分子磁体

了解了麦克斯韦建立的内涵广泛的实验体系之后，我们可以将注意力转向一组特定的实验研究以了解典型的实验是如何运作的。奥斯特（Oersted）做出了“电流会对磁针产生作用”这一划时代性的论证之后，在接下来的几周内，安培根据手头的资料首先对此提出了一系列的问题，而后展示了如何将电学和磁学理论统一在一起。他认为，与电磁场相同，磁场也由电流运动产生。比如，针对条形磁铁沿磁轴线运动的说法，安培写道：“我相信真的存在这样的磁轴电流，或者说

磁化作用,通过这一作用钢铁粒子具有了同伏打电池一样产生电动作用的特性。”①

由此,安培轻易破除了这一广为认可的理论:磁体之所以能够具有磁性,是因为它可以将以未知方式结合的南北磁极分子分离开来。在他的体系中,磁极并不具有重要意义,仅仅是与组成磁体的电流位置相关而已。

在法拉第(Faraday)等人的压力下,后来安培修改了自己对电流的看法,表示磁体中循环流动的电流原本是分子形态,在此基础上他成功地研究出了详细的磁力定量处理方法。根据以磁体两级理论为基础的竞争理论(毕奥-萨伐尔定律),安培的可试验性预测结果也可以得到重现,虽然他本人对此也表示承认,但他坚称只有他的理论将三种电磁相互作用——电流间、电流和磁体间,以及磁体间的相互作用——归为同一原因。他期望着这样的统一可以迅速带来新的发现。安培曾这样写道:

> 当之前被认为是不同原因引起的现象归为同一原因,这样的历史时期通常伴随着许多的新发现,这是因为新的原因设想的出现启发了人们开展许多新实验,进而证明了许多新解释。②

威廉·汤姆森(William Thomson)吸收并改造了安培的理念,将它摆到了英国自然哲学领域的关注中心上。在汤姆森建立的多个以太模型中,以太连续体的涡流成为了单元磁铁的物理基础。当多个此类涡流排列起来时,物体将显示出高磁性和陀螺力学特性。对于同样是英国科学家的麦克斯韦和约翰·佩里(John Perry)等而言,汤姆森

---

① Ampère,“Mémoire 2 Octobre,” *Ann. Chim. Phys.* 15(1820):74-76.

② Ampère,“Electrodynamique,” *Mémoire* 6(1823, issued 1827):303.

以安培分子磁体理论为基础做出的以太学解释仍需加以深层考量。[①]

麦克斯韦赞同安培的猜想，他使用上文所述的“均值实验装置”试图对这一猜想加以证实。但是为了设计实验测试，他需要了解电流的本质，但建成的装置设备中能使他满意的少之又少，就连法拉第对安培物理分子电流理论也表示了彻底反对。[②] 因此，除了电流与流体流动之间早已明确的众多相似之处外，麦克斯韦还提出了这样的告诫：

> 我们必须谨慎小心，以免做出任何无法获得实验确证的假说。迄今为止，还没有任何实验证据可以证明电流到底是物质实体的流动，还是正负电双电流。以每秒流动的英尺数为单位进行测量时，电流速度到底是大是小也处于未证明的状态。[③]

即便如此，在“电流是物体的移动”这一可能性的引领下，麦克斯韦还是开展了三项实验，展示出了可能存在的电流惯性效应。

麦克斯韦在《专论》(*Treatise*)中描述了他的首个实验，实验时间可追溯至 1870 年，当时他对约翰·威廉·斯特拉特(John William Strutt)的观点表示了质疑：“在突然接通或停止线圈中的电流时，线圈是否在其水平面上出现了转动现象——就如同浴缸中的水流一样？对此您是否进行过实验？”[④]根据麦克斯韦的阐释，线圈是处于尽可能不受力的自由悬挂状态中，如图 2.1 所示。若电流中存在惯性质量的移动，那么电路接通时，线圈的角动量将出现改变，进而产生转动，转动方向与角动量守恒的电流运动方向相反。麦克斯韦貌似并无实际

① Knudsen,“Kelvin's Notebook,” *Centaurus* 16(1972): 41 - 53; Smith and Wise, *Energy and Empire* (forthcoming), chap. 12.

② Williams. “Ampère,”*Am. J. Phys.* 54(1986): 306 - 311,引自安培和法拉第关于分子磁体争辩的观点。

③ Maxwell, *Treatise* (1881),202 - 203.

④ 1870 年 5 月 18 日的信件,参见 Strutt, *Life*(1968),46.

开展这一实验的想法,虽然在数年后,理查德·托尔曼(Richard Tolman)和T.戴尔·斯特尔特(T. Dale Stewart)成功地呈现出了十分相似的实验现象。①

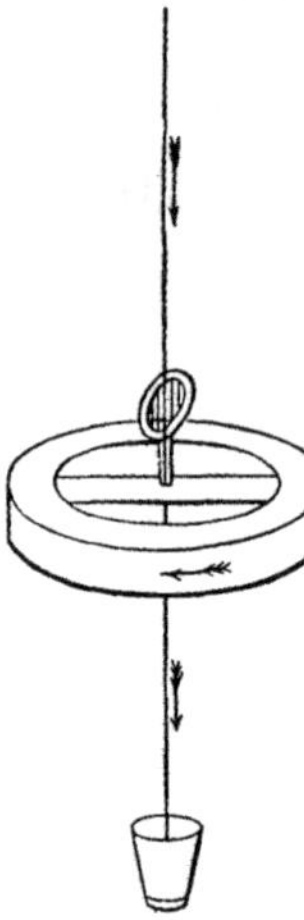

图2.1 麦克斯韦的首次实验(实验时间为1870年前后)。假设电流同水流一样具有惯性,那么突然将线圈接通电流时,线圈应出现转动,且转动方向与电流方向相反。若使水流涌入盘绕状的花园中,就会出现同样的运动方向相反的效果。这便是麦克斯韦设计的首个电流惯性测试实验,虽然他可能从未真正进行过实验操作。来源:Maxwell *Treatise* (1881), 201.

1861年,麦克斯韦创建了《专论》中所述的第二次实验中使用的装置,用来测量恒定电流的惯性效应。如图2.2所示,线圈A的两个端点(B和B′)固定,线圈可以环绕其自由转动,将电流加在线圈A上。衔铁线圈D在竖直方向上由两点(E和F)固定,可以整体向水平面倾斜。滑轮上的石英纤维在点F正上方,用于固定衔铁的旋转速度。由点E处的两组电刷向线圈A接入恒定电流。

① Tolman and Stewart, "Acceleration," *Phys. Rev.* 8(1916): 97–116, and Tolman, Karrer, and Guernsey, "Further Experiments," *Phys. Rev.* 21(1923): 525–539.

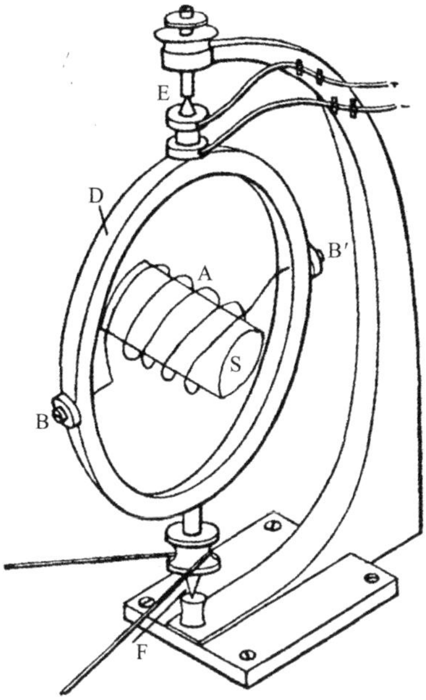

图 2.2　麦克斯韦的第二次实验(1861 年)。若电流具有惯性,则线圈接通电流后将出现类似陀螺仪的运动现象。当线圈本身为旋转动量时,它将出现进动。麦克斯韦在实验中并未观察到这样的进动现象。(根据麦克斯韦 1881 年发表的《专论》第 203 页进行了部分修改。)

若电流带有动量,则线圈将以类似陀螺仪的形式绕纵轴向前运动。基于陀螺仪和旋转电枢角动量的相对方位,陀螺仪或者上倾或者下倾。对于有沿水平方向旋转陀螺仪轴线经验的人来说,这样的实验效果应该并不陌生。向一个方向旋转时,陀螺仪将出现上倾,反之亦然。若麦克斯韦的实验产生的是肯定的结果,那么应该可以说明实质性的、具有惯性的电流的存在和它的方向。

麦克斯韦在线圈 A 中插入了一根铁条 S,试图以此对安培假说进行测试。根据他的推论,线圈中的电流将使铁条磁化,为每个磁性分子周围环绕的微观电流导向,进而增强他试图测算的倾斜度。但是他并未观察到预期的效果,对于这次失败的实验他做出了这样的解释:

实验中主要的难点在于地球磁力的干扰性,受到干扰后电磁体的表现类似于磁倾针(一种垂直指南针)。因此,获得的结果并不精确,但是没有证据证明 θ 角(线圈 A 的中轴与水平方向间的夹角)会发生改变,即便线圈中插入铁芯、变成了强电磁体后结果仍然如此。[①]

麦克斯韦几乎没有机会可以观察到预测的倾斜情况。在没有电流本质模型的情况下,他无法计算电流传递的质量。1915 年,德哈斯夫妇二人(万德尔·德哈斯和 G. L. 德哈斯-洛伦兹)在"电子是电传导的基础"这一前提下,说明了使用类似麦克斯韦实验的设备时,预期的倾角将十分微小,为 0.000 13 度切角,肉眼无法观察到。[②]

后来,麦克斯韦又设计了第三次实验,和之前的两次一样,也是为了测试电流是否会输送惯性质量。短路的线圈在其水平面上具有角加速度。若这一未知的电流具有惯性质量,则它的运动将落后于线圈。线圈上产生的相应电流将产生磁场,进而可以被测算。麦克斯韦可能进行了这一实验,他采取的这一想法可能是源于他在 1863 年建造并使用的实验装置。该装置是用于测量绝对单位制下的导线电阻。[③] 在该次实验中,地球磁场中的短路线圈发生了旋转,麦克斯韦检测到了对流电路产生的磁场。据他估算,该实验的测量精确到了万分之一。可能正是这样极端的敏感度促使他在《专论》中评论称,他的电流惯性实验虽然未取得有效结果,但实验的意义很可能是非常深远的:

> 同使用电流计进行的电流有无性检测相比,精确度更高的科学观察少之又少……因此,若此种方式(线圈加速)可以产生电

---

① Maxwell, *Treatise* (1881),205.

② De Haas and de Haas-Lorentz, "Proef," *Verslag* 24, no. 1(1915): 398 - 404.

③ Jenkin, ed., *Reports of the Committee on Electrical Standards*, Appendix D (1873).

> 流，那么即便电流十分微小，也是可以被检测出来的……然而，由于并没有证据可以证明这样的（电流）是存在的，我应该假设它并不存在，或者至少应该假设它不会产生明显效应，这样的假说将会在相当大的程度上简化我们的动力学理论。①

与此相反的假说——惯性电荷假说，直到1895年"电子"概念的引入才开始盛行起来。

电子

两种不同的实验途径都导致了电子理论的产生，其中一种是约瑟夫·约翰·汤姆森（J. J. Thomson）的阴极射线实验。同赫兹的看法相反，汤姆森说明，射线通过空间气压被减小时，阴极射线可能因电场产生偏斜。因此，一位德国科学家的论证就被推翻了。汤姆森辩称，组成射线的粒子十分微小，以至于含有较大气体原子的金属薄板无法阻挡它的穿过。在1897至1900年间，即便是意见相反的研究群体也开始逐渐接受汤姆森的观点，即细小带电微粒是阴极射线的组成成分。

在麦克斯韦之后，其他一些科学家继续对电流和动量之间的关系进行了探索，包括奥利弗·亥维塞（Oliver Heaviside）、汤姆森、约瑟夫·拉莫尔（Larmor）和J·H·坡印廷（J. H. Poynting）等。至少在1897年阴极射线电子公布之前，他们都未曾想到，电流动量是可测量的带电物体转移造成的。相反，他们将能量和动量的产生归因于电流产生的电场和磁场。归根结底，麦克斯韦本人对电动力学最深远的贡献就在于提出了位移电流——一种可以在电容器板片间传递，但

① Maxwell, *Treatise* (1881), 206.

又不会造成电荷物理转移的电流这一概念。杰德·布赫瓦尔德(Jed Buchwald)曾表示了反对,称麦克斯韦观察法从整体而言,就是为了消除微观物理领域的所有讨论。这一方法的追随者们的目标是通过场变量的连续值来描述世界,电子可测量性观点为他们所厌弃。在他们的框架中,麦克斯韦惯性电流实验一类的实验貌似是偏离主题的。①

亨得利·安东·洛伦兹(Hendrik Antoon Lorentz)的电子理论摒弃了麦克斯韦传统方法,他假设一只手中是带电的可测算物质,另一只手中是以太。通过将两只手分离,使带电电子受到与未带电物质相同的力和电场、磁场的作用。洛伦兹所做的这一电荷——以太的区分取得的推论结果是:运动的电子中包含着麦克斯韦一直想要检测的那种物质流。

英国物理学家欧文·W. 理查森(Owen W. Richardson)的整个科学生涯都集中在了电子的相关问题上。他的科学工作始于1901年,是原子学说中统计方法的模范样本,研究中运用了均值实验装置。②在汤姆森的指导下,理查森了解到了许多物理现象,包括带电线路发散出的物质电子等。在因袭这一传统的情况下,他进行了一系列的改良实验。实验中,他对铂进行加热,然后通过旁边的试探电极测量产生的电流。根据电流强度(发射出的电子数)可以绘制出铂的温度函数曲线。在研究地点由剑桥大学转移至普林斯顿大学后,这位英国物理学家改进了他的研究。他在接收线上加上了负电荷,所以只有具有

---

① 参见 Buchwald, *Matter*, Ph. D. thesis. Harvard(1974),他这篇思路清晰的综合性论文是关于麦克斯韦学说,参见 *From Maswell to Microphysics* (1985), esp. 23 and 38ff.

② 斯图埃沃适当地捕捉了理查森在1910年前后提出的观点:"理查森本可以采用热力学方法,直接避免对微观世界的假定。"因此宏观仪器非常适用于对微观物理学实体进行统计学推断. 参见 Stuewer, *Compton Effect* (1975),61。

一定速度的电子才能穿透电屏障。通过改变温度和负电荷强度，他发现电子的速度分布同麦克斯韦猜想的带电线分布情况完全相同。理查森的这一简单实验发表于1908年，是首次对气体物质粒子麦克斯韦-玻尔兹曼分布情况的直接测量。①

在普林斯顿大学进行研究期间，理查森的工作手册中记录了他对物质电子探索方法的广泛思考，其中包括发现宏观物体电子带电率的化学、磁力学和光谱学方法，以及检测正负电荷万有引力的方法等。②1907年，基于电流的粒子性本质，理查森计划对安培假说进行重新实验，他再次选择了宏观方法和平均水准的实验装置。实验方法如下：环形轨道中的电子的角动量 $L = r(mur) = 2ma$，其中 m 为电子质量，u 为角速度，r 为轨道半径，a 为单位时间内扫过的面积。随之产生的磁矩 $M = ea$，其中 e 为电子电荷。因此，旋磁比 K（角动量与磁矩的比）与角速度和轨道半径无关：

$$K(\text{根据定义}) = L/M = 2ma/ea = 2m/e \qquad (2.1)$$

理查森的算式可以简单地运用于任意封闭轨道的计算。假设电子和正粒子同时在轨道中，且掠面速度不同，然后他对 K 值进行了更具普遍性的计算。③

对于所有的轨道而言，K 是一个常量。这启发理查森进行了一项简单的实验：将一根铁棒悬空，突然在铁棒上加上磁化强度 M 的磁场，会得到相应的角动量变化，值为 $(2m/e)M$。同麦克斯韦一样，理查森也未能获得预期的旋转效果，他将实验的失败归因于某种未加明确的“干扰效应”。虽然理查森竭尽全力仍未能获得有效结果，但是1914

① Richardson and Brown, “Kinetic Energy,” *Philos. Mag.* 16(1908): 353 - 376.

② Richardson, “Projected Researches,” n. d., Richardson Papers, microfilm, reel 18, ms. W - 0624.

③ Richardson, “Mechanical Effect,” *Phys. Rev.* 26(1908): 248 - 253.

年他对物质电子重拾信心,相信自己的实验最终会获得积极的结果。[1]

图 2.3 是这一效应的机械模拟,图中更为清晰地展示了实验的状况。假设两个相同的陀螺仪旋转方向相反且角速度相同,将它们背对背置于横杆的两端,此时整个装置系统的总角动量为零。横杆正中置于支点上,并且可以以支点为中心旋转。通过旋转臂内部作用将两个陀螺仪立起至竖直方向转动,总角动量将不再是零而变成了 $2L$。为了补偿角动量的变化、保持平衡,整个装置将开始旋转。理查森希望能为这种外层绕轨电子组成的、造成了磁体宏观旋转的微观陀螺仪定向,但是他并没有观察到预期的实验现象。[2]

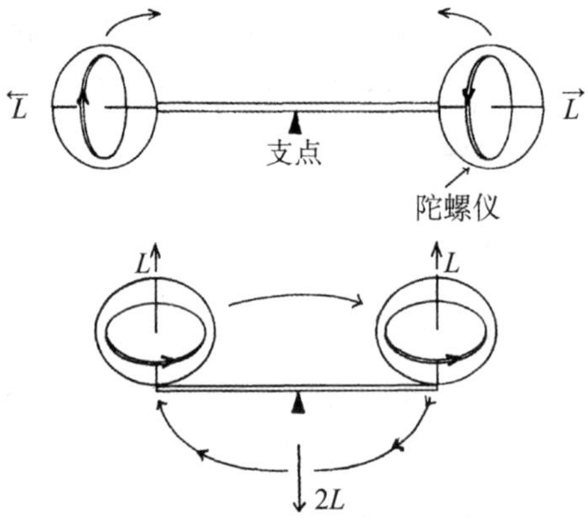

图 2.3 理查森或德哈斯效应的机械模拟。若将两个旋转方向相反的陀螺仪举起并置于横杆两端,且旋转轴线(旋转方向)互相平行,整个装置将开始旋转。理查森和爱因斯坦的假设类似,双方都认为永磁体是由许多基本磁体构成的。这些磁体环绕着惯性电子旋转,如同微小的陀螺仪。当磁场为这些微小磁体进行定向时,它们的角动量也将被定向,进而使得整个装置出现旋转。

---

① Richardson, *Electron Theory* (1914),397.

② Richardson,"Mechanical Effect," *Phys. Rev.* 26(1908): 253.

爱因斯坦的实验

爱因斯坦对安培假说具有的实验兴趣至少可以追溯至 1905 至 1909 年间。那时，他常常同汉斯·费吕克格尔(Hans Flükiger)和汉斯·罗滕布勒(Hans Rothenbüler)这两位对实验物理学抱有兴趣的年轻人见面。在一次偶然的机会中，他们在瑞士伯尔尼城市(Städtische)中学的物理室进行了实验。据一位历史学家说，他们的实验是为了检测安培假说。[①]

无论爱因斯坦之前对于安培假说有多么大的兴趣，后来的爱因斯坦-德哈斯实验都是他的专利工作成果。自 1902 年 6 月起，他开始在伯尔尼的瑞士联邦专利局中工作，职位是三级技术员，四年后晋升为二级技术员。在专利局局长弗里德里希·哈勒(Friedrich Haller)的眼中，这位年轻的物理学家是“局里最受人尊敬的技术专家”之一。[②]从爱因斯坦后来所作的评论来看，他自己对这份专利方面的工作是十分热爱的。在一生之中，他一直保持着对机械和专利的兴趣。比如，他与哈比希特(Habicht)兄弟一起设计了灵敏度较高的电气测量仪，又与里奥·西拉德(Leo Szilard)共同研发了冷却技术并申请了专利。[③] 最为重要的是，他一边继续着专利工作，一边开始投入到了实验物理学的研究中：“通过准备好的旋磁罗盘相关技术报告，我被引领到了对顺磁原子本质的论证中。”[④]

在“一战”之前，为了满足技术和军事上的需求，发明家和实业家

---

① Flückiger, *Einstein in Bern* (1974), 172.

② Pais, *Einstein* (1982), 48 - 49.

③ Melcher, “Einstein” *Physik in der Schule* 17(1979): 1 - 19.

④ Einstein to E. Meyerson, 27 January 1930, EA.

们开始生产旋磁罗盘。[①] 船舶的金属材质对磁罗盘的可靠性造成了严重破坏。后来船舶开始在船上自行发电,来供应照明、仪表设备和电动马达的使用,这使得情况更加困难和危险。潜艇周围环绕着密闭的钢制外壳,更加无法使用磁罗盘进行导航。由此,陀螺仪成为了众望所归的替代物。

在陀螺罗盘的开发过程中,有两家公司独占鳌头,分别由美国发明家、实业家埃尔默·A. 斯佩里(Elmer A. Sperry)和他的竞争对手H. 安休兹(Hermann Hubertus Maria Anschütz-Kaempfe)博士带领。安休兹的最初想法是欲为两极海底探测而建设制导装置。[②] 但是,当德国海军军官对这一新型设备表现出了兴趣时,安休兹却改变了计划,在海军的协助下开始制造陀螺罗盘。它的基本原理十分简单。在南北极点之外的纬度上,随着地球的自转,沿着子午线指向北极点的罗盘将偏离地球表面的切面,逐渐由该平面向东倾斜(见图 2.4),使得罗盘指向不再准确。安休兹发现,若向陀螺仪边框施力,陀螺仪将出现进动现象(见图 2.5)。在地球自转条件下,陀螺仪仍能指向子午线。

基于这些原理,这位德国发明家设计了首个陀螺罗盘,在海军舰队旗舰德意志(Deutschland)号上测试成功后,获得了广泛的关注。[③] 斯佩里认为这一新型技术必将迅速成为航海领域不可或缺的一部分,下决心对原始模型进行系统性的改进,进而夺取安休兹的上峰位置。在对这一发明的改进过程中,斯佩里接受了美国海军的资助和支持,为了使其适应不同纬度条件下船舶的行驶速度和运动情况,对陀螺罗盘进行了改进。两家公司间的竞争最终以 1914 年 5 月基尔海军基地

---

① Davidson, ed., *Gyroscope and Applications* (1947), esp. section 2, by G. C. Saul, "Marine Appli cations"; this reference on p. 70.

② 参见 Hughes, *Sperry*(1971), 130ff。

③ Hughes, *Sperry* (1971), 131.

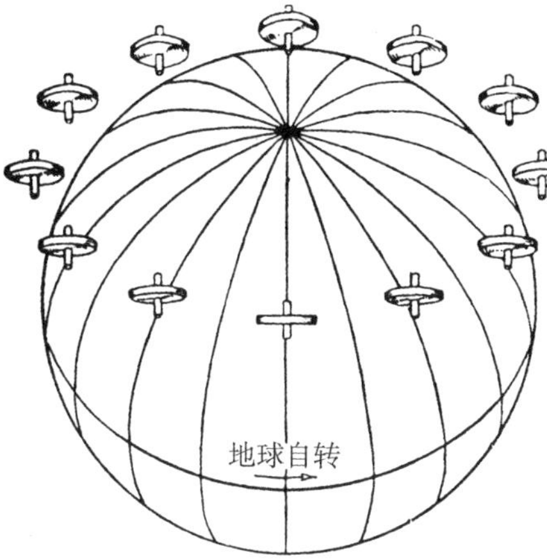

图 2.4　陀螺指向仪。陀螺仪完全悬浮，可以向任何方向转动，虽然地球会自转和公转，但陀螺仪将一直指向天球上的同一点。但是，在北极点之外的任何纬度上，随着地球自转，陀螺仪将偏离于地面的平行方向，不再适合用于导航。来源：Davidson，*Gyroscope*（1947），72.

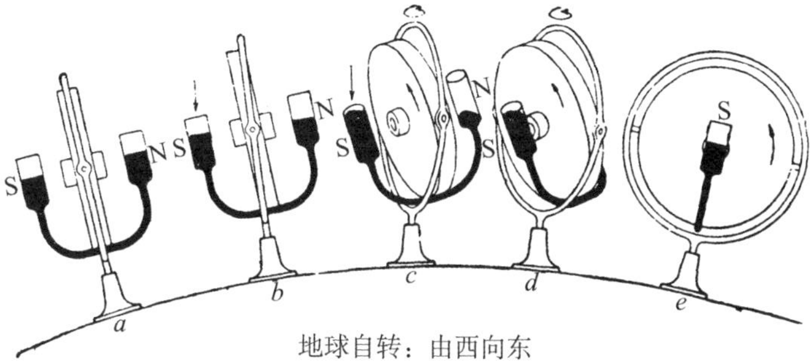

图 2.5　陀螺罗盘。同简单的指向仪不同，真正的陀螺罗盘受力后，陀螺仪中轴将被推向与地面平行的方向（即地球切面）。早期使用的安休兹罗盘机制简单，通过砝码使陀螺仪保持水平。砝码的力使得陀螺仪向切面扭曲，并出现进动，陀螺仪轴线与地球旋转轴平行。由于陀螺仪的中轴被固定在切面上，因此它的进动呈现与地球旋转轴平行的趋势，陀螺仪中轴最后会沿纵线指向真正的北极点，而非指向磁北极。来源：Davidson，Gyroscope（1947），73.

举行的选拔赛告终。[①] 结果是安休兹一方取得了胜利。斯佩里一方的代表认为德国鉴定委员会对本国人安休兹进行了偏袒,这使得斯佩里十分愤怒。这种不好的感觉并没有就此结束:在同一年,安休兹和一家英国公司均针对斯佩里提起了专利侵权的诉讼。

针对安休兹的诉讼,斯佩里明确进行了抗辩,他试图说明安休兹的公司在19世纪的观点之上并未做出实质性的技术推进。[②] 为了对这一案件和其他事项进行判决,法院传唤了专家证人爱因斯坦。斯佩里的团队还主张,安休兹于1906年获得的专利实质上是借鉴了荷兰人马里诺斯·杰拉杜斯·范登博思(Marinus Geradus van den Bos)的专利。[③] 1915年8月7日,爱因斯坦在证词中对这一说法进行了否认,他表示,在范登博思的专利中,陀螺仪中轴的自由度很显然仅有2°,因此船舶在航行时陀螺仪无法向子午线产生进动,"即便是船体轻微的晃动也会导致陀螺仪中轴的无规则晃动"[④],这一说法的信服力较高(见图2.6和2.7)。法院最终判决安休兹一方胜诉,判决下达之后,爱因斯坦再次受邀对1918年和1923年涉及安休兹的几桩诉讼案件进行评判。[⑤] 爱因斯坦成为了陀螺罗盘领域的权威人士,在1926年他还对安休兹的一项专利后续工作作出了巨大的贡献。由此,他本人也获得了每年约几百美元的专利使用费,直到1938年特许营销商荷兰公司Giro破产清算为止。[⑥]

---

① Hughes, *Sperry* (1971), 149.

② Hughes, *Sperry* (1971), 169.

③ Van den Bos and Janse's patent, "Neuerung an Schiffscompassen," carries the German patent number 34513.

④ Einstein, "Patent Opinion," EA, document 35/385, p. 9; also see pp. 8 and 11.

⑤ 参见 documents relating to Anschütz and Co.'s patent number 301738, "Anzeigervorrichtung für die Drehungen eines Flugzeuges um die senkrechte Achse": EA, documents 35/389 - 35/392.

⑥ Einstein, EA, documents 35/401 - 35/414. *Caveat lector*: 每一个文件都涉及了爱因斯坦的专利费,德国专利号394677。这是错误的。专利号应该是394667,在Anschütz and Co.'s "Kreiselapparat für Messzwecke."的名下。

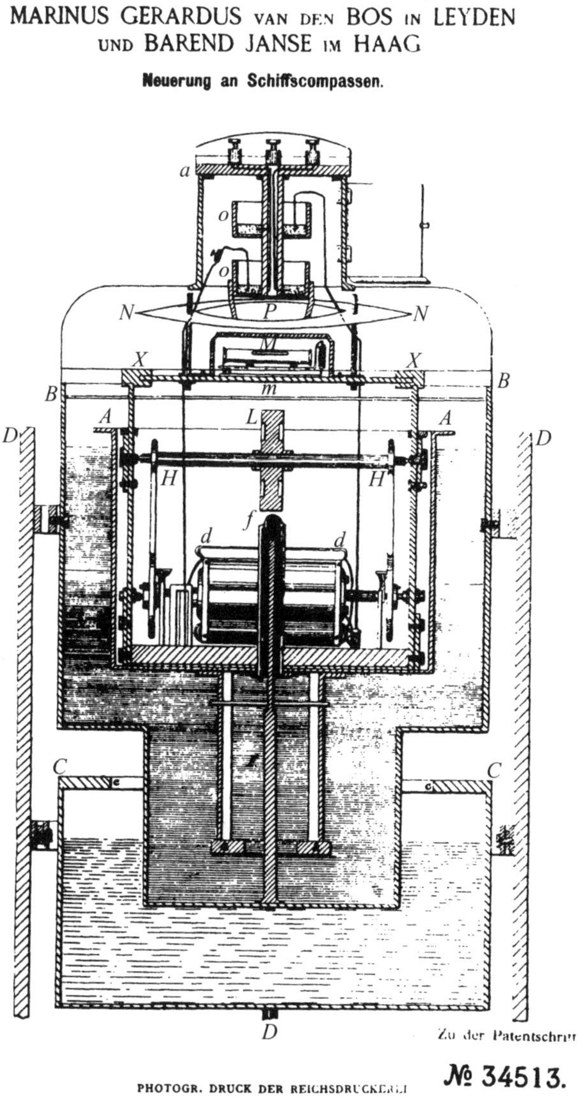

图 2.6　范登博思的陀螺罗盘专利(1885 年)。基于 H. 安休兹的设计，埃尔默·斯佩里改进并制作了陀螺罗盘。由此安休兹控告斯佩里侵权，法院将爱因斯坦传唤为专家证人。斯佩里辩护称，在先前范登博斯和巴伦德·扬瑟(Barend Janse)已申请的专利基础上，安休兹并未做出实质性改进。爱因斯坦指出，在范登博斯专利中，轴 HH 上的飞轮 L 仅能在平面上旋转，而无法像真正的陀螺罗盘一样在三维方向产生旋转。因此，随着波浪的摇晃，飞轮会出现较强的摆动。最终斯佩里在案件中败诉。来源：van den Bos and Janse，Patentschrift 34513.

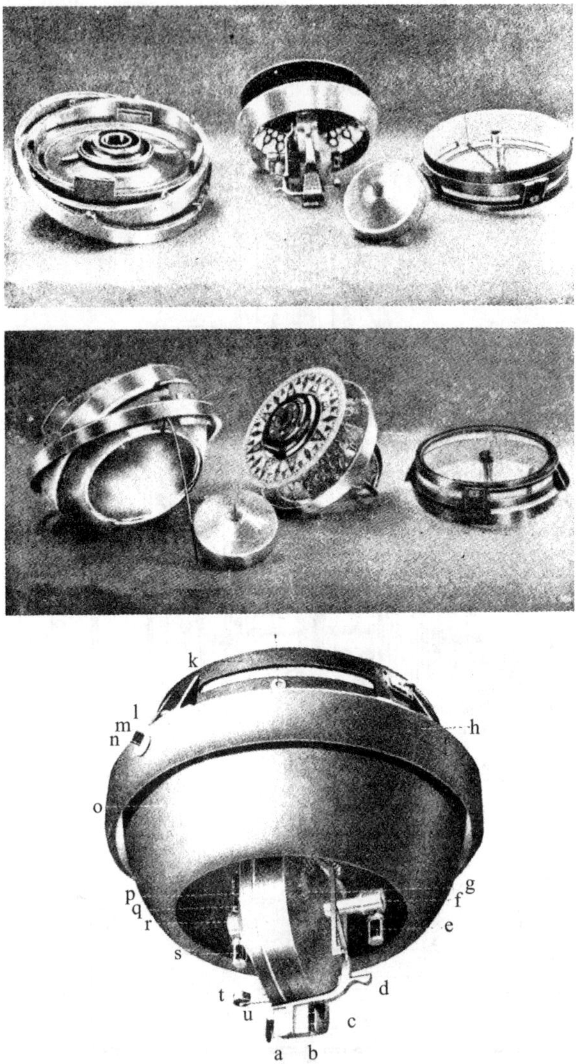

图 2.7　早期的安休兹陀螺罗盘图片（拍摄时间为 1910 年前后）。在早期的安休兹陀螺罗盘中有一个水银槽。前两张图片从两个不同角度显示了罗盘拆解后的效果。图片中由左至右分别为：①带有环形常平架的水银盘；②浮置装置，其中包括外壳内的陀螺、浮子和罗盘刻度盘三小部分（浮子是有光泽的钢制环状物，罗盘被组装后，中空的浮子位于水银盘中）；③不带边框的陀螺；④中部有柄的顶盖，通过它将力传递至陀螺马达。最后一张图片为罗盘组装后的效果，阐释了子午线周围的震荡是如何因空气喷嘴而衰减的。图中 o 表示水银盘，p 为陀螺外壳，s 和 e 为陀螺轴承的润滑油杯，k 为外盖。当外壳 p 偏离了水平面后，阻尼系统产生作用，进而使摆 d 上的金属片 u 相对的出口管 a 和管 b 的位置发生改变。管口 a 和 b 间的差动产生了环绕垂直方向的转矩，进而在陀螺进动相反的方向上产生了运动。（爱因斯坦后来为一项安休兹的专利做出了贡献）。来源：Anschütz & Co.，*The Gyro Compass* (1910)，28 and 33.

1914 年 4 月，爱因斯坦来到位于柏林的德国科学院赴任院士一职，之后很快就收到了安休兹案件的相关委任。在对这一专利进行评审的过程中，他见证了一个生动鲜明的过程：地球如何在圆形轨迹内向陀螺仪施力，进而使陀螺仪中轴与地轴平行。

如此一来，我们可以了解到爱因斯坦在专利方面的考虑与他未成形的旋磁实验想法之间的联系。我们可以回顾一下图 2.3 中理查森实验的原理。其中，对陀螺仪的强制性定向导致整个装置出现了旋转；而对陀螺罗盘而言，整个装置的转动固定了陀螺仪的方向。将罗盘小型化、考虑到了逆压电效应之后，爱因斯坦应该会将关注点转移到宏观性旋转上。事实上，陀螺罗盘-地球系统正是磁效应的绝佳模型，因此巴奈特后来将陀螺罗盘作为教学装置，用于解释旋转运动是如何为所有的电流涡动定向、进而产生感应将铁样磁化的。①

帝国物理技术学会位于柏林夏洛滕堡区，爱因斯坦对这里进行的实验工作较为赞赏，进行了密切关注，与会长埃米尔·瓦尔堡（Emil Warburg）也保持了通信。② 为了完成在柏林的实验，他曾向学会借用过实验设备，从学会处获得了支持。对学会而言，爱因斯坦是天赐的人物；学会领导层正在推进学会的发展，使其更多地参与到与应用物理、标准、实验截然不同的“纯”科学中。瓦尔堡在企业中集资，以支持更多的科学研究，早期募集到的部分资金被用于支持旋磁实验中爱因斯坦的助手德哈斯。③

爱因斯坦与洛伦兹私交甚笃，与莱顿的物理学派也有较深的联系，这在相当大的程度上决定了他对德哈斯的选择。德哈斯是洛伦兹

① Barnett, “Magnetic Molecule,” *Phys. Rev.* 10(1917): 7.

② “我非常关注你的光化学的实验，你实现了我那已模糊不清多年的梦想。”参见 Einstein to Warburg (25 April 1911 or 1912). EA. Cited in Cahan, *Physikakisch-Technische Reichsanstalt* (1980), 397.

③ Cahan, Physikalisch-Technische Reichsanstalt (1980), 440.

的女婿,也是爱因斯坦实验的合作者。① 1912 年,德哈斯在位于莱顿的卡末林·昂尼斯实验室完成了博士论文,在完成学生研究之后继续进行了水、锑和其他物质的磁化率相关研究。到了 1914 年,德哈斯总结了这些研究的成果,得到了结论:逆磁性金属中的分子并不具有完全的自由性。② 因此,1914 年 1 月他成为帝国物理技术学会的科学助理时,在他的头脑中已经对磁学现象有了一定的认识。对于爱因斯坦的观点——沿轨道运行的束缚电子是磁性的来源——德哈斯可能也产生了共鸣。

为了对安培假说进行定性确证,爱因斯坦和德哈斯需要做的仅仅是证明悬浮铁棒磁化后将出现旋转。他们未曾知晓的是,他们所用的实验装置原理同理查森的原理是一样的。他们主要的和具有决定性的创新点在于:实验使铁棒的共振频率磁场出现振荡,进而放大了实验效应。然而,像理查森一样,爱因斯坦和德哈斯也试图了解电子是否是产生安培电流的原因,因此他们也需要进行量化测量。在这一点上,爱因斯坦以他对实验所做的理论分析为工具,达到了较理查森和麦克斯韦的不完善实验更高的高度。

1915 年 2 月 3 日,爱因斯坦和德哈斯获得了明确的实验结果。在写给洛伦兹的信中,爱因斯坦说,在研究"旋磁效应"和研究之外的空闲时间里,和"您的孩子"一起度过的时间很快乐,我们对"不久之后"的研究结果"信心满满"。③ 很快在几周之后的 2 月 19 日,爱因斯坦在德国物理学会举行的讲座中首次发表了确切的研究成果。4 月 10 日,

---

① Einstein, "Lorentz," in *Lorentz* (1957), 5 - 9; Klein, *Ehrenfest* (1970), 300; Hoffman, "Einstein," *Wirkung* (1980).

② De Haas and Drapier, "Suszeptibilität," *Deutsche Physikalische Gesellschaft*, Berichte 10(1912): 761 - 763; de Haas, "Resistance," *Akad. Wetensch. Amsterdam*, *Proc.* 16(1914): 1110 - 1123. 德哈斯的观点参见 Wiersma, "de haas"(1937).

③ Einstein to Lorentz, 3 February (1915), EdH.

爱因斯坦和德哈斯联名发表了修订后的研究成果。①

在两人进行的首次实验中，将石英纤维G（见图2.8）的一端系在横杆H上，另一端系在细铁棒S上。将两面小镜子M竖直安装在铁棒两侧，保持平行（见图2.9）。螺线管A和B一上一下环绕在悬空的铁棒外侧，将镜子M的位置露出，使镜面可以反射外源光。可调夹P用于改变石英纤维的有效长度，进而在铁棒S出现自然扭转振荡时调整其固有频率。

当螺线管A和B产生振荡磁场时，铁棒S开始振荡，将光束反射至屏幕上。虽然铁棒的振动幅度较轻，但反射到屏幕上的光已足以用于测量光带宽度。由此计算出的最大偏移值为d。铁棒的磁化强度M发生改变，造成转矩的出现，d值在理论上应与此转矩成正比，与阻尼常数P成反比，即$d=$（常量）kM/P。其中k仍然表示旋磁比。经过测量可以得到d的值，经过计算或测量可以得到M的值，因此只有P的值为未知。从原则上而言，通过观察连续自由摆动的偏度可以直接确定P的值；但在实际情况下，偏度太小，无法直接通过观察加以确定。作为替代，在磁场以选定频率（等于或约等于共振频率）振荡时，爱因斯坦和德哈斯对d值进行了测量。获得的d值与频率相关曲线图即为共振曲线，类似于音叉频率与音量间的曲线图。经过精确校准后的无阻尼音叉仅在共振频率条件下会鸣响，并且在具有此波长的声

① Einstein and de Haas, "Experimenteller Nachweis," *Verh. d. Deutsch. Phys. Ges.* 17(1915): 152-170; Einstein and de Haas, "Experimental Proof," *Akad. Wetensch. Amsterdam, Proc.* 18(1916): 696-711; Einstein and de Haas, "Proefondervindelijk," *Verslagen* 23(1914/15): 1449-1464. Cf. the excellent article by Frenkel, "Historiia," *Uspekhi fizicheskikh nauk* 128(1979): 545-557, and Whittaker, *History* (1973), 2: 243-245. Also see the very helpful works of Melcher, "Einstein," *Physik in der Schule* 17(1979): 1-19, esp. 3-6; and Treder, "Einfache Methode," *Wissenschaft und Fortschritt* 2(1979): 53.

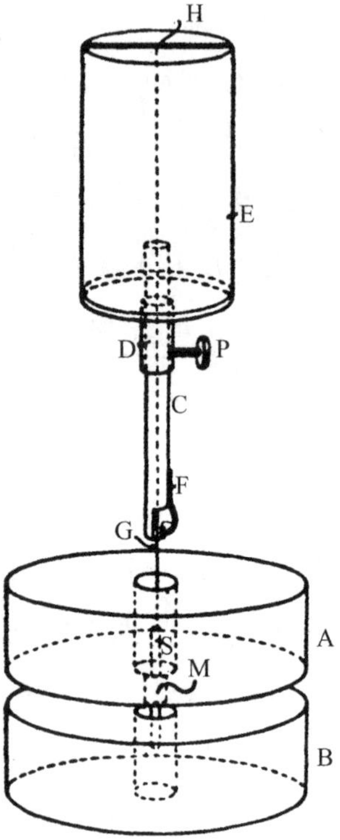

图 2.8 爱因斯坦-德哈斯实验图解。来源：Einstein and de Haas, "Experimenteller Nachweis," *Verhandlungen der Deutschen Physikalischen Gesellschaft* 17(1915)：160. 经以色列耶路撒冷希伯来大学同意进行转载。

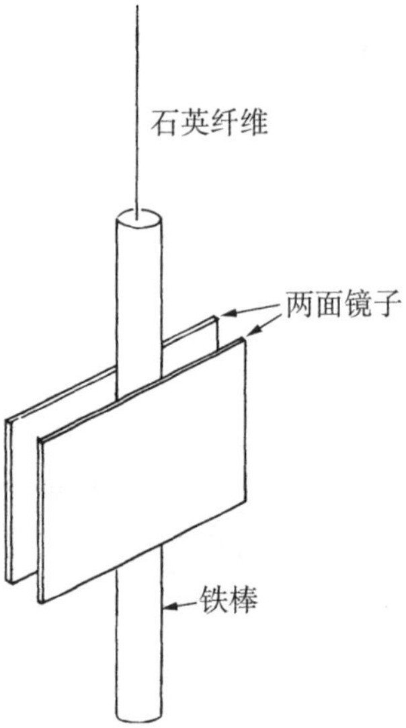

图 2.9 图 2.8 的细节图。安装两面小镜子后的铁棒样本。

波条件下音量会逐渐增大。阻尼将响应传播出去，由曲线宽度(邻近频率处鸣响的量)可以计算出阻尼常数。这是对这一事实情况的量化和定性解释。

石英纤维扭转时，角位移 x 满足阻尼谐波振荡器(如弹簧)的等式：

$$\ddot{x} + (P/I)\dot{x} + \omega_0^2 x = (A/I)\cos\omega t. \tag{2.2}$$

(其中 I 为铁棒的惯性矩，P 为阻尼，ω_0 为谐振角频率)。一种特解是：

$$x = B\cos(\omega t + \Phi), \tag{2.3}$$

$$B = (A/I)[(\omega^2 - \omega_0^2)^2 + (P/I)^2\omega^2]^{-1/2}. \tag{2.4}$$

设 $b = B/B_0$，那么 $B_0 = (A/I)(I/P_{\omega_0})$，即共振偏移最大；$v = 2(\omega - \omega_0)$，即驱动频率 ω 条件下的谐振曲线宽度。在本情况下，ω 约等于 ω_0，则：

$$b = P/I[v^2 + (P/I)^2]^{-1/2} \tag{2.5}$$

$$P = Iv\{b^2/(1 - b^2)\}^{1/2} \tag{2.6}$$

式 2.6 中，对阻尼 P 可以进行定性阐述。对于给定的谐振曲线（见图 2.10、2.11）而言，惯性矩越大，则阻尼常数越大，以期获得同样的振幅偏移长度。由此，P 与 I 成正比。如果阻尼 $P = 0$，则当谐振频率 $v = 0$ 时，曲线峰值将为无限大，我们看到 P 必须随着 v 值的增大而增大。

谐振曲线是实验的主要成果，它的确定过程实属不易。实验使用的是通常被用于测量电源频率的哈特曼-布劳恩谐振式频率计，通过该仪器爱因斯坦等两人仅可以测量频率步进为每秒半周数的频率。此频率计是 20 世纪初期机电仪器中的典型。在簧片（含有铁成分）的两端分别有一个电磁体，当加上的电流频率与簧片的固有频率相同时，实验者可以听到簧片嗡嗡作响。[①] 为了进行中频插值，爱因斯坦不得不使用了电流计来测量发电机发出的电流。因此，电流计成为了测量簧片相关数值频率的唯一测量仪器。[②]

---

① Hartmann-Kempf, "Resonance Instruments," *Scientific Instruments* (1904), 56 - 57.

② Einstein and de Haas, "Experimenteller Nachweis," *Verh. d. Deutsch. Phys. Ges.* 17(1915): 168.

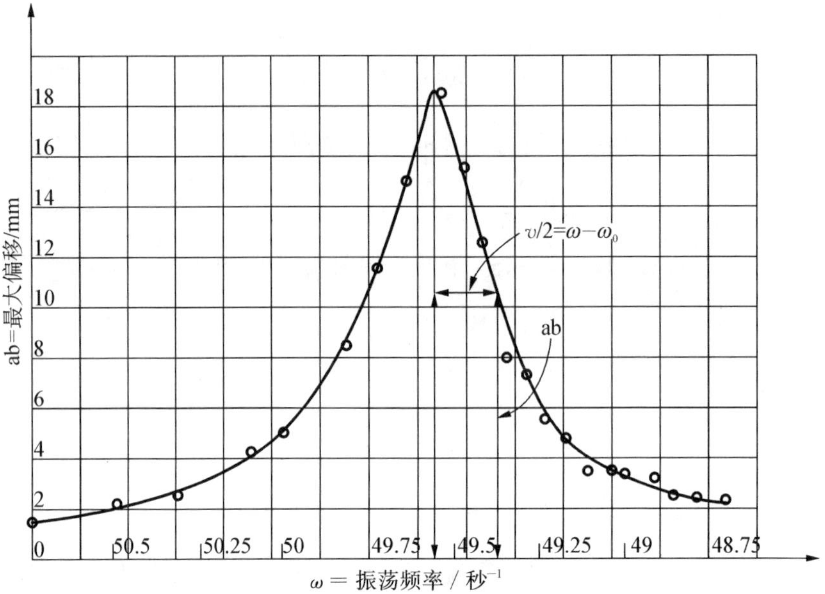

图 2.10 谐振曲线。光束的最大偏移(单位：毫米)与振荡频率(单位：每秒振动次数)的曲线图。爱因斯坦-德哈斯实验的目的是测量悬浮铁棒被磁化时产生的机械力。在谐振频率(铁棒被单纯地移开并被释放时具有的振荡频率)附近加上磁场后,实验人员对铁棒的最大角位移进行了测量。铁棒的运动仅取决于作用力、铁棒的惯性矩、石英纤维扭曲的恢复以及阻尼常数(无驱动力情况下扭曲停止速度的计量单位)。在谐振频率之外的频率条件下,测量铁棒的最大振幅,由此计算出阻尼常数。由于其他的值均为已知,可以求出机械力的值。来源：Einstein and de Haas,"Experimental Proof",Akademie van Wetenschappen,*Proceedings* 18 (1916)：708. 经以色列耶路撒冷希伯来大学同意进行转载。

纵坐标	v	b	$\sqrt{\frac{b^2}{1-b^2}}$	$v\sqrt{\frac{b^2}{1-b^2}}$
15	0,091 1	0,812	1,32	0,120
12	0,152	0,649	0,853	0,130
9	0,221	0,488	0,560	0,124
7	0,293	0,380	0,413	0,121
5	0,403	0,271	0,280	0,114
4	0,489	0,217	0,222	0,108
3	0,618	0,163	0,165	0,095 7

图 2.11 爱因斯坦与德哈斯获得的数据。图中为构成谐振曲线的数值数据,由此发现了旋磁比。"纵坐标"一栏中的数据为反射的光束(单位：毫米)：v 和 b 的值在上文中已经进行过定义。右列中的数值同 g 因子成反比。来源：Einstein and de Haas,"Experimental Proof," Akademie van Wetenschappen,*Proceedings* 18(1916)：710. 经以色列耶路撒冷希伯来大学同意进行转载。

随着频率的变化，光束来回振荡，经过距离镜子 145 厘米远的刻度尺，此时可凭借肉眼对偏移长度进行测量。爱因斯坦和德哈斯发现了图 2.10 中所示的谐振曲线。两人又将曲线中的数据编制成了图 2.11，导出了 P 的值。他们将过小以至于无法精确测算的偏移忽略不计，而后发现实验结果（$k = L/M = 1.11$，误差为 10%）与他们的理论预期值（$L/M = 2m/e = 1.13 \times 10^{-7}\text{g emu}^{-1}$）间出现了完美的契合。

由于绕轨电子旋磁比的初始猜测为 $L/M = 2m/e$，它成为了定义 g 因子的标准，用算式表达即：

$$L/M = (2m/e)(1/g) \tag{2.7}$$

因此，对于绕轨负电子而言，g 的值为 1。对于质量均匀分布，仅表面带电、旋转着的典型球体而言，$g = 5/3$。在对电荷和质量进行恰当的分配后，这样的旋转球体是可以被制造出来的。

爱因斯坦的理论猜测是 g 因子等于 1；他和德哈斯的实证结果中 g 为 1.02，误差为 0.10。据此，两人断定安培假说已然得到了证实：

> 一致性的精确程度可能具有偶然性，我们的测定肯定具有大约 10%的不确定性；然而，最初预测的绕轨电子理论结果已经在实验中（至少近似地）得到了定量建立，这一点已经得到了证实。①

（若爱因斯坦和德哈斯对他们在实验过程中舍弃的三个数据点进行了保留，那么他们应该会获得较发表结果高 5%的 g 因子值。）

最大（饱和）磁化作用的确定是导致重大误差的一个原因。在实验中，使用了已发表的铁的磁特性相关数据，由此确定了磁化作用是由螺线管场引起的，但是在标准的构成中，铁棒也可能具有类似的特

① Einstein and de Haas, "Experimenteller Nachweis," *Verh. d. Deutsch. Phys. Ges.* 17(1915): 168.

性。而且螺线管场本身是通过线圈常数计算出来而非通过测量获得。[①] 爱因斯坦和德哈斯还意识到了其他几种系统误差:①若旋转轴与磁场轴不相符,则铁棒将具有交互的水平磁矩,加之地球磁场会对回磁效应频率这一研究对象产生大幅度的干扰;②地磁场的水平分量会直接造成铁棒磁化。若螺线管产生了水平磁场,将会立刻作用于磁化了的铁棒上,使其在预期的效应频率下产生振荡。同爱因斯坦-德哈斯效应中计算的强度相比,这些干扰因素中的任何一种均可能会强于多个数量级。爱因斯坦-德哈斯效应中的转矩 $T_{\mathrm{EdH}} = 2\omega\Delta L$,其中 $\omega = 50\ \mathrm{s}^{-1}$,$\Delta L$ 为一次磁化逆转中角动量的变化,则 $T_{\mathrm{EdH}} = 2\omega kM$,约等于 5×10^{-3} 尔格。如果铁棒的振荡偏离螺线管 1%,在水平方向上将出现磁化,约为 10 尔格 / 高斯,加上地球横向(无补偿)场的 0.1 高斯,由倾斜造成转矩 $T_{\mathrm{mis}} = 1$ 尔格。在上文的第二种误差情况中,地球横向场将使铁棒磁化,铁棒的磁化率(磁场与铁磁化之间的正比常数)约为 $2\times10^{4}\ \mathrm{cm}^{-3}$。复合磁化为 2×10^{3} 尔格 / 高斯,将会与螺线管交变磁场的水平分量结合。假设分量为螺线管场的 1%,或 0.5 高斯,我们将得到 $T_{\mathrm{earth}} = 10^{3}$ 尔格。两种干扰均不会轻易推翻爱因斯坦-德哈斯效应的假定。[②]

对于旋磁实验之前的失败和最终的成功而言,地磁场的中和作用是最重要也是最棘手的问题。爱因斯坦和他的助手最初使用的是半径 1 米的铁环,铁环周围缠绕着线圈以消除地球磁场。使用电流表测

---

① Einstein and de Haas, "Experimenteller Nachweis," *Verh*, *d. Deutsch. Phys. Ges.* 17(1915): 169; Einstein and de Haas, "Experimental Proof." *Akad. Wetensch. Amsterdam. Proc.* 18(1916): 711.

② 爱因斯坦和德哈斯检查了两个可能性最大的错误源头。他们利用传导功能重复实验,展示了涡流并非是重要影响因素,而不是利用无磁性的具有相同尺寸的物质,如铁缸。他们还考虑了永久磁化水晶产生的干扰因素,上面的部件处于水平方向,不受磁场干扰发生偏转。

量电流，监控铁环的场强。为了检测铁棒周围的场，实验者使用了电流计和测量地磁场感应的设备。作为对地场补偿的最终检测，他们旋转石英纤维，然后打开电流振荡器。当铁棒的角位置不断改变，直至无法检测出光束偏离的变化时，地场被认为是获得了中和。

后来的实验中证明了这种方法的不完善性。1915年4月1日，德哈斯回到了荷兰。[①] 之后，他和爱因斯坦分别继续进行研究，试图进一步减小残余的地球水平场影响。德哈斯消除第一种干扰情况的方式是将螺线管的线缠绕在铁棒上，进而保证旋转轴和磁轴具有一致性。磁化了的铁棒和地球横向场间仍然会出现耦合，即第二种干扰情况。由此，德哈斯制成了一块大型永磁体，补偿了铁棒中心附近的地磁场，又制成了两块小的永磁体，补偿了极点附近的地磁场。安放另一个线圈，方向与铁棒线圈集合体垂直，由此剩下的所有磁场均得到了中和。两个线圈进行串联，将一个可变电阻器安装在水平线圈的平行方向上。由此，德哈斯可以调节两个线圈间的距离，调节电阻器来中和地磁场。[②]

德哈斯最终的创新之处是使用电流脉冲代替了正弦电流。他将摆改装，每半周接通一次回路。当摆摆向一个方向时，完成的周期将向线圈发出一个单向电流脉冲。摆回后，电流脉冲流向相反方向。进行了对比实验后，德哈斯确定偏差仅仅是由于爱因斯坦-德哈斯效应 $g = 1.2$ 情况产生的。他总结道："这次我仍然没有获得任何精确的定量测定结果；然而，有一点值得一提，即实验与理论间量的一致性是相当

---

① Hoffman, "Einstein," *Wirkung* (1980), 92.

② 德哈斯讨论了第三个干扰源：如果存在磁滞现象，在部分电流循环中，水平磁化可能不与水平磁场平行。如果电流循环本身是不对称的，则滞后域和领导域不会抵消。这样便会导致净扭转干扰。De Haas, "Further Experiments," Royal Academy of Amsterdam, *Proc.* 18(1916): 1281 - 1299.

令人满意的。同时,为未来对 e/m 值的精确确定打开了新的道路。”①

正如德哈斯所写的,他将这一方法视为求得 e/m 值的有效途径。他默认了绕轨电子是安培假说中磁化作用的介质。因此,在他看来,他测量的不再是转矩,也没有对推导结论和 $2m/e$ 进行对比;他认为他在测量 $2m/e$ 的值。这是他投身于理论的最典型标志。但是,当时德哈斯将重点放在了研究方法上,以谨慎的态度提出了量化结论。

在刚刚过去的整个夏天里,爱因斯坦努力改善了实验形式,而后重复了实验。1915 年 8 月 7 日,他从柏林寄信给德哈斯(后来又回到了荷兰),信中称自己正在试图对两人的“光学”方法(即:使用铁棒上镜面反射的光)进行修改,但是更倾向于在铁棒的固有振荡谐振范围外来研究这一效应。但是,爱因斯坦又有一点担忧,他担心在两倍的磁场频率背景刺激下,旋磁效应会消失。② 8 月 14 日,爱因斯坦祝贺德哈斯获得了新发现,③这一结果十分可喜以至于爱因斯坦又写了第二封信,信中说,自己对这一新成果十分羡慕(好奇),想要了解实验步骤,包括其间遇到的“曲折与难题”。④ 与此同时,通过在哥廷根的一系列讲座,广义相对论已然对大卫·希尔伯特(David Hilbert)和费力克斯·克莱茵(Felix Klein)具有了“完全的说服力”,对此爱因斯坦表示出了较为满意的态度。鉴于光学器件的背景问题,爱因斯坦暂时搁置了实验。⑤

---

① De Haas, “Further Experiments,” Royal Academy of Amsterdam, *Proc.* 18(1916): 1282.

② Einstein to de Haas, 7 August 1915, EdH.

③ Einstein to de Haas, 14 August 1915. EdH.

④ Einstein to de Haas (in Sanlpoort bei Haarlem), “Monday” (G. L. de Haas-Lorentz daled this leiter as August 1915), EdH. 1915 年 8 月 16 日星期一或 1915 年 8 月 23 日,因为爱因斯坦在之前(1915 年 8 月 14 日星期六于柏林)报告称德哈斯的设备已经准备好寄出;而在此信中,设备刚刚已经寄出去了。日期不可能是 8 月 30 日,因为爱因斯坦指的是他会在“月底”做的事情。

⑤ Einstein to de Haas.

德哈斯私下里已经开始怀疑，新发现的 g 因子 1.2 与 1.0 间的差距并不是一个意外。在 1915 年秋天，他写信给爱因斯坦，提到了这一点。爱因斯坦在回复中说：

> 看到效应（指上文提到的德哈斯在实验中获得了 $g=1.2$ 的值这一情况）相关研究工作取得了进展，我非常高兴。我也进行了一些实验，通过卸载电容我逆转了剩磁。实验不会取得成效，因为磁场时间较短（10^{-3} 秒），而且装置中小铁棒产生了强振动，这将使得效果不明显。在你的方法中这一点可以自然地得到避免。我相信你所获得的理论中 10%的不一致是真实的。但是，如果这样的话这将是很有意义的。①

不久之后，1916 年 2 月爱因斯坦独自撰写了一篇关于实验的文章，并以"演示实验"为名将其发表。② 他的观点是快速逆转剩余磁性。通过在短时间内反转螺线管，希望可以凭借螺线管强力磁场的直接磁耦合来避免造成铁棒振荡。同德哈斯一样，爱因斯坦使用了交流脉冲而非正弦变电流。调整了石英纤维后，铁棒自然产生振荡，频率为每秒一次或每周两次。他注意到了光标的偏差情况。每当光线达到最大值时，他按下按钮向电路施以脉冲。这将明显地放大摆动或使摆动停止，从而至少从性质上论证了这一难以分辨的效应。还有一次，爱因斯坦指出了平衡地球磁场和适当校准铁棒的问题，但是他并未给出具体细节或定量结果。

在至少进行了四种不同版本的实验之后，爱因斯坦和德哈斯确定，他们已经证实了安培电流假说：绕轨电流是"电流涡动"。从性质上而言，四次实验均指向了旋磁效应。在分别进行两次定量测定后，

---

① Einstein to de Haas, no date (G. L. de Haas dotes as fall 1915).

② Einstein,"Einfaches," *Verh. d. Deutsch. Phys. Ges.* 18(1916): 173 - 177. 不是在 1915 年 2 月 25 日接收的(应为 1916).

他们将研究结果表示为：

$$g = 1.02 \pm 0.10\text{(爱因斯坦与德哈斯在 1915 年的结果)} \tag{2.8a}$$

$$g = 1.2\text{(德哈斯在 1916 年的结果)} \tag{2.8b}$$

在之后的几年里，德哈斯继续进行测量，原则上是对 $2m/e$ 的测量，不是乘法常量有待确定的基准标度。即便是爱因斯坦和德哈斯的效应理论看似也带有他们期望的印迹：电子为绕轨运动，环绕“粒子”的负标记的原始偏差是错误的。爱因斯坦在明信片中再次试图打消德哈斯的疑虑，他说，“除了这一点疏忽以外，论证的本质是正确的*”，其中的星号(*)是爱因斯坦为这位年轻同伴附上了的潦草脚注：“比起理解，更多的是幸运！！”[①]

爱因斯坦的预设

很明显，爱因斯坦和德哈斯均含有假设，即使他们针对绕轨电子假说的正确性进行了实验，这一假说仍影响了他们对数据的处理。这一实验和假说到底具有什么样的重要意义，以致爱因斯坦对广义相对论搁置一边，而集中在磁性、线圈和电流表这些实验室工作上？他深深相信的理论假说是如何影响了实验数值的？

爱因斯坦和德哈斯在他们的原创论文中这样记录：“若麦克斯韦方程适用于绕轨电子，则电子在发出辐射后将很快失去能量。”两人称事实并非如此，又做出了评论，直击爱因斯坦的关注点：

> 此外，由居里-朗之万定律(the Curie-Langevin Law)推断，

---

① 爱因斯坦和德哈斯错误地计算了磁场和杆运动之间的相位关系。Einstein to de Haas. 28 April 1915. EdH.

分子的磁矩与温度无关。因此，鉴于磁矩仍然为 $T=0$，此时应该有残余的能量，与绕轨电子运动具有关联。许多物理学家拒绝接受这一所谓的"零点能量"(Zero-point energy)也是可以理解的。①

对这一简略的评论需要加以更多的解释。1895年，皮埃尔·居里在实验中发现，顺磁物体的磁化率随着温度的倒数发生变化。十年后，通过运用路德维格·玻尔兹曼(Ludwing Boltzmann)的统计方法，居里的同事保罗·朗之万(Paul Langevin)推导出了"居里定律"。他假设，由于电子的绕轨运动，每个原子均具有固定的磁矩 m，m 与温度无关。② 朗之万发现，磁化率等于 $m^2N/(3kT)$，其中 N 为摩尔密度，k 为玻尔兹曼常数，T 表示温度。对于爱因斯坦而言，朗之万在预测居里定律上的成功增加了这一假说的可信度：每个原子均具有一定的原子磁矩。在前一段引文的开始部分中，爱因斯坦推测，这一原子磁矩可能是由流动电子组成的安培电流环路引起的。

然后我们来看爱因斯坦的评论中提及的第二个问题：零点能量。在简化的量子力学术语中，这一词语表示被(原子核的引力)限制在狭小原子体积内的电子能量；"零点能量"是测不准原理(uncertainty principle)的直接结果。该原理认为，空间内的受限粒子将会有多种动量分布。由此，任何原子中的电子均将带有非零的平均能。③

但是，马克斯·普朗克(Max Planck)1911年引入"零点能量"这

① Einstein and de Haas, "Experimenteller Nachweis," *Verh. d. Deutsch. Phys. Ges.* 17(1915): 153.

② Klein, *Ehrenfest* (1970), esp. 264ff.; Weill-Brushwicg, *Dictionary of Scientific Biography*, s. v. "Langevin"; Kuhn, *Black-Body* (1978), 210 - 220 and 235 - 251; Pais, "Einstein and Quantum Theory," *Rev. Mod. Phys.* 51(1979): 863 - 914, esp. 878 - 883.

③ 参见 Cohen-TannouJji, Diu, and Laloë, *Quantum Mechanics* (1977), 484 - 487.

一概念时,他在头脑中所想的完全是另一回事。为了给量子论一个合适的位置,普朗克设计了他的“第二理论”:他的新理论允许振荡器连续吸收能量,但能量的释放是成批且不连续的。[①] 仅在振荡器获得了等同于给定光频的 h 倍的能量时,它才会释放该频率相关的光量子。通过这些假说,普朗克声称,即便在绝对零度条件下,振荡器的平均能量中仍包括频率的 $h/2$ 倍。就他的表述范围而言,这种特殊能量将不受任何分子运动的影响,因此也不取决于温度高低。如今,实验中可获得的物理量,如比热等,与能量随温度的变化率成正比。鉴于零点能量看似无法进行测量,普朗克对其并未加留心。

若零点能量确实存在,则爱因斯坦试图发现它们的实验结果。爱因斯坦同奥托·施特恩(Otto Stern)合作,通过统计力学推理观察到,分子的旋转运动应该是取决于温度。[②] 他们还建立了氢分子模型,通过模型可以对比在零点能量假说条件下和不以其为条件时预测的比热。旋转分子具有能量 $E = J(2\pi v)^2/2$,J 为惯性矩,v 为频率。他们将这一数值与普朗克对振荡器能量的标准表示设为等值,得到了这一算式:

$$E = \frac{1}{2}J(2\pi v)^2 = hv/\{\exp(-hv/\mathrm{k}T) - 1\} \qquad (2.9)$$

算式表示,大量的分子具有相同的旋转率,与辐射保持平衡。

为了确认零点能量的存在与否,爱因斯坦和施特恩使用之前的公式计算了比热,然后又在公式右侧增加了 $hv/2$ 这一项重新进行了计算。两个公式得出了不同的比热表达式。爱因斯坦和施特恩可以通过它们测试阿诺德·欧肯(Arnold Eucken)的氢比热实验数据。对比结果显示,“欧肯对氢比热的研究结果使得 $hv/2$ 零点能量的存在具有

---

① Cf. Kuhn, *Black-Body* (1978),236 - 254,319 - 320, and 340 - 352.

② Einstein and Stern, “Agitation,” *Ann. Phys.* 40(1913): 551 - 560.

了可能”。[①]

就目前为止，爱因斯坦和施特恩将他们的论证建立在了普朗克的辐射定律上，进而也就建立在了量子假设上。后来他们调换了研究方式。他们假设零点能量存在，认为普朗克定律的导出对非连续性并无深层要求。但是，爱因斯坦怀疑，若无量子假说，则“其他困难”——对此他并未加以指明——可以被攻克。[②] 在较短的一段时间里，两人认为他们已经对一种零点能量的存在与否提供了双论证。不久之后，保罗·埃伦费斯特(Paul Ehrenfest)以更为实际的方式，假设分子具有旋转频率的统计分布，将他们的理论推翻了。[③] 由此，比热公式在实验中遭到了严重的失败。埃伦费斯特总结称，爱因斯坦和施特恩对特殊零点能量的证明尝试是失败的。

1914 年，爱因斯坦开始进行旋磁实验，此时他才刚刚在零点能量的实验尝试中失败。他需要新的方法，希望可以在旋磁效应中发现：即便所有的原子间运动全部停止，旋转的电子仍会继续绕原子旋转。“绕轨电子是完美的零点能量物理模型”，这一点十分振奋人心。1915 年 2 月中旬，他结束了首轮实验，在给友人米歇尔·贝索(Michele Besso)的信中这样写道：

> 实验很快就会结束。它将证实零点能量的存在。这个实验很棒，只可惜你没能见到。人想要通过实验来了解自然时，它是多么的徘徊不定啊！在我的晚年，我对实验充满了渴望。[④]

零点能量的任何模型均饱受艰难困扰，对此爱因斯坦具有十分清

---

① Einstein and Stern, “Agitation,” *Ann. Phys*, 40(1913): 560.

② Einstein and Stern, “Agitation,” *Ann. Phys*. 40(1913).

③ Klein, *Ehrenfest* (1970), 256ff.

④ Einstein to Besso, 12 February 1915. in *Einstein-Besso* (1972), 57 - 58. “在电子绕轨运动中，我们可以形成一种可接近绝对零度的分子运动。”参见 Einstein, “Nachweis.” *Naturwiss*. 3(1915): 237 - 238.

楚的认识。比如他就曾指出，无论如何绕轨电子均应承受能量的辐射损失和轨道的偏移。他还承认："任何理论家现在要说出'零点能量'这个词时，都会带着半尴尬半讽刺的笑容。"[①]但是，作为理论家的爱因斯坦抑制着脸上失望的苦笑时，作为一位曾从事过专利工作的实验者，爱因斯坦仍然在不懈地探索。

对于量子论的关注可能也是将爱因斯坦吸引到实验中来的原因。1913 年，尼尔斯·玻尔(Niels Bohr)发表了他的首篇量子理论相关论文，在文章中他由绕轨电子出发，对皮克林光谱线系进行了解释。文章发表后不久，爱因斯坦对玻尔的成就给予了高度的称赞，称其为"最伟大的发现之一"。[②] 鉴于绕轨电子正是旋磁实验的对象，爱因斯坦可能希望对玻尔理论进行间接的证明。玻尔自然也是这样理解的。1915 年 8 月，玻尔向《哲学杂志》(*Philosophical Magazine*)邮寄了一篇文章，文章中对自己的理论进行了捍卫，并援引了爱因斯坦与德哈斯实验，作为自己最基本假说——电子可以在不产生辐射的情况下绕轨道旋转——的"直接支持"。[③]

爱因斯坦对普朗克的零点能量理论和玻尔的定态理论等特定原子理论所具有的关心无疑是十分重要的。然而，正如人们广泛所知的那样，爱因斯坦对物理学具有远见卓识，需要更为庞大的指导原则来塑造他所认为是值得追求的理论。统一与简明的原则对他支持的理论而言并不是辅助性原则，而是正确理论的必要条件。在杰拉尔德·霍尔顿(Gerald Holton)的文章中可以明显发现，爱因斯坦对理论取向"美学"标准的依赖所具有的重要性。在文章中，霍尔顿强调了统一原则在爱因斯坦相对论形成的思维过程中所具有的重要性。马丁·克

---

① Einstein, "Nachweis," *Naturwiss.* 3(1915): 237.
② Hevesy to Rutherford, 14 October 1913, in Klein, *Ehrenfest* (1970), 278.
③ Bohr, "Structure of Atom," *Philos. Mag.* 30(1915): on 397.

莱恩(Martin Klein)也曾就爱因斯坦对辐射波动论中统一性的固守进行了阐释。[①]

例如,在1909年,爱因斯坦辩称,从一方面而言,单一电子的适当位移可以产生扩张的球面电磁波。[②] 就另一方面而言,为了产生逆过程(单一电子的辐射吸收)的塌陷球面波,需要大量的发射源。从部分角度而言,这是对两种过程的解释的努力统合,使得爱因斯坦在1905年引入了光量子的概念。另一个例子是:在爱因斯坦1905年撰写的相对论论文的开端,他对这一阐释进行了批评:根据所处坐标系的不同而对麦克斯韦方程给出两种解释。在爱因斯坦看来,这一阐释观点中仅仅包括了单一的物理过程,即电磁感应。在后来的手稿中,爱因斯坦进行了清楚的解释:"由两种从根本上而言就不同的情况出发进行研究,这种看法我是无法忍受的。"[③]

对统一原则的探寻将两种情况合二为一,对于爱因斯坦而言,这无疑使得安培假说具有了深刻的综合性意义和吸引力:

> 奥斯特发现磁效应不仅是由永磁体产生,也由电流产生,由此磁场的产生可能会具有两种貌似相互独立的机理。这种论断本身使得两种本质不同的磁场产生的原因需要被合二为一,以探寻磁场产生的单一原因。就此,在奥斯特的发现之后不久,安培提出了著名的分子电流假说,根据该假说,磁现象的产生是源于带电分子电流。[④]

---

① Holton, *Thematic Origins* (1973), esp. 362 - 367; Klein,"Wave-particle,"*Natural Philosopher* 3(1964): 7. 关于爱因斯坦的早期作品参见 Miller, *Einstein's Special Theory* (1981).

② Einstein,"Entwicklung," *Physikalische Zeitschrift* 10(1909): 817 - 826.

③ Holton, *Thematic Origins* (1973), 364.

④ Einstein and de Haas,"Experimenteller Nachweis," *Verh. d. Deutsch. Phys. Ges.* 17(1915): 152.

另一个伟大的统一原则也可以通过爱因斯坦与德哈斯实验加以考验。在对奥斯特和安培的研究进行讨论后,爱因斯坦指出,洛伦兹的电子理论"从本质上而言是与安培假说相联系的,需要电磁场产生原因的一个统一概念"。[①] 爱因斯坦后来又对洛伦兹的贡献加以详述。在洛伦兹之前,物理学家们将电场和磁场视为控制物质的条件,电场强度和电位移(物质中的场)是不同的实体。在洛伦兹的体系中,电场和磁场的基本向量作用于电子,反过来又通过重排列改变了场。因此,电位移仅仅是电场和重排电子场的总和。两种实体被一个概念囊括和代替了。

这些问题足够引人注目,以至于可以使爱因斯坦从对广义相对论的绝望挣扎中短暂地脱离出来。其中关键正在于那些贯穿了他的研究事业的基础性问题:安培假说将电和磁统一起来,而洛伦兹的电子理论对电磁场进行了绝佳简化,又对光谱线加以解读。在这些基础原则之上,又添加了沿着轨道绕行的电子和玻尔基础假说之间的可能联接,以及对零点能量的阐释。在量子论和统一原则仍然具有争论的情况下,爱因斯坦必定曾认为,上帝不太可能如此充满恶意——赋予 g 以 1 之外的任何值。

被遗忘的地磁学的影响

另一条途径也可以通往旋磁实验,它在最开始同安培假说、洛伦兹电子理论或量子理论并无关联,而是由自然哲学最古老的谜题之一——地磁学开始的。虽然地磁与旋磁效应间的关联理论被物理学所淘汰,但地磁学仍然是众多理论和实验研究的激励因素。

---

① Einstein,"Lorentz," in *Lorentz* (1957),6.

1890年，在英国进步科学协会所做的旋转陀螺主题演讲中，约翰·佩里对旋转与磁化作用之间的关联进行了推测。如同许多同时代的英国人一样，佩里发现生动形象的机械模型对于了解电和磁的性质而言至关重要。因此，在试图分析磁化铁时，他将该物质描摹为旋转分子的排列组合，而非"每个巢室中都有一个陀螺体的蜂窝状物质"。磁化的物质可能仅仅是物质的一种状态，在该状态下物质中所有的陀螺体均被导向。这对实验起到了启发作用。若赋予未磁化的铁块以角加速度，则组成铁块的微小旋转分子应该会具有转矩，进而出现为铁块导向的趋势。由此，旋转产生了磁性。虽然这一尝试并未能成功地产生磁性，但佩里将自己的失败归因于"(他)使用的旋转速度相对较慢，而且(他使用的)磁力计精密性较差"。①

佩里的研究工作并未能证明旋转杆与磁性之间的联系，证明了这一联系的是一位勤奋努力而又常常脾气急躁的美国物理学家塞缪尔·J·巴奈特。巴奈特出生于堪萨斯州，曾就读于恩波利亚学院和芝加哥大学，1894年在丹佛大学获得了文学学士学位。后来，这位生活流动性很强的物理学家又在弗吉尼亚大学进行天文学研究生课程的学习，而后又去往康奈尔大学学习。1898年，他在康奈尔大学获得了物理学博士学位。巴奈特由讲师升为教授，继续着在大学间的迁移：在1905年至1911年间，他离开科罗拉多学院，在斯坦福大学做短暂停留后又来到了杜兰大学。在杜兰大学，他对地磁的起源进行了思考和猜测。同佩里一样，巴奈特也提出了旋转与磁性之间具有关联，他将地球磁场和旋转轴之间同步的定向视为他的指南。他假设磁体是由定向原子或分子系统组成，系统具有各自的磁矩。若铁块中的原子系统中，负电子环绕着带正电的中心旋转，则当铁块具有角速度时

---

① Perry, *Spinning Tops* (1957), 65.

将产生磁场。如果这一效应较为显著,就将可以解释地球磁极和地极间的一致性:任何给予地球角速度的机制也造就了地球的磁场。

巴奈特进行了他的首次测量:使钢棒旋转,速度由零迅速增加至每秒九十转。磁场的突然变化可以产生线圈电流。因此,他将冲击电流计选为检测器。该仪器包含了一个固定磁体和悬空线圈,配置具有条理性,当电流流经线圈时,磁体变为电磁体,而后因较大磁体的作用被推向一边。通过这一仪器,巴奈特测算出旋转钢棒产生磁场的变化为 1/1 500 高斯,实验迹象似乎也揭示了绕轨负电子的存在。巴奈特同理查森(以及后来的爱因斯坦和德哈斯)不同,他对自己进行的安培假说、洛伦兹电子理论和零点能量理论相关实验的结果并无特别的关心。相反,巴奈特想要了解的是地磁学,即便“经过实证后,这一效应可以对地球磁场做出些许的解释,但很明显这样的解释是微乎其微的。”[①]巴奈特的兴趣主要集中在地球旋转引起的磁场上,因此他对绕轨电子集合产生的预期磁场并未进行量化的理论计算。考虑到巴奈特所处的时代,为他的研究结果赋予 g 因子值并不合适。然而,他在 1909 年记录下的磁场是为了之后进行讨论,磁场的 g 值为 11。

1912 年,阿瑟·舒斯特(Arthur Schuster)在英国皇家学会所做的主席报告中对地球自转和地磁性间可能存在的关联进行了检测说明。[②] 舒斯特说:“我们知道,地球像一个磁体一样,磁轴倾斜、与地轴间的角度为 12°。两条轴线间的一致性仅仅是一个巧合吗?”在做出这样的反问之后,舒斯特又探讨了地磁场来源相关的各种互相矛盾的看法,表达了对“旋转导致地磁性”这一观点的拥护。首先,他否定了地心具有磁性这一说法,这是由于“即便对地心温度进行最保守的估

---

① S. J. Barnett, “Magnetization,” *Science* 30(1909): 413.

② Schuster, “Critical Examination,” *Proc. Phys. Soc. London* 24(1911 - 12): 121 - 137.

计”,在此种条件下铁也会失去磁性。[①] 但是,高压对铁的临界温度的作用仍为未知数,所以这一假说还留有可能余地,舒斯特也保留了其开放性。而后,对地球中环绕的大量电流可以导致地磁性这一观点,舒斯特又表达了不认可态度,理由是因为电流会迅速地耗散。最终,舒斯特还摒弃了这一看法:外部磁场可能在地球上产生磁矩。这是由于对地外磁场的存在与否并无明确证据。作为他的假说——旋转产生磁矩的结论性证据,舒斯特引用了地磁北极偏离于地理极这一长期性的变化情况。他又表示,若引发地球磁场的电子可以自由地向地理极旋进,那么这一现象就得到了解释。

1915 年 4 月,巴奈特阅读了舒斯特的论文,更为重要的是他开始对自己的结论与由安培假说产生的、麦克斯韦和理查森试图测量的旋磁效应之间的数量关系赋予了更多的关注。巴奈特对麦克斯韦的通电环形线转矩算式进行了改写,说明了对于转速 n 而言,磁场 H 将产生于铁棒的磁极点,$H/n = -7.1\times10^{-7}$ 高斯/每秒转数。[②] 在巴奈特为得到这一数值(本质上是对爱因斯坦的磁化扭转推导的逆计算)所使用的等式中,g 的值被假设为 1.0,这是由于该论证是建立在绕轨电子模型的基础上。

在新的实验中,巴奈特使用磁通计(一种类似于冲击电流计的仪器,不同之处在于悬浮线圈摆动时间较长)代替了冲击电流计,通过添加一个与旋转钢棒类似的“补偿杆”,改善了测量过程的灵敏性。在补偿杆的周围缠绕了线圈,线圈方向与测试杆周围缠绕的线圈方向相反。此时,若补偿杆处于静止状态,电路将自动补偿所有由外部场产生的磁通变化,例如发电机开始发动时产生的外部场(见图 2.12)。通

---

① Schuster, “Critical Examination,” *Proc. Phys. Soc. London* 24(1911 - 12): 121 - 122.

② S. J. Barnett, “Rotation,” *Phys. Rev.* 6(1915): 269.

过几个大型线圈,巴奈特中和了地球磁场,还发现了另一处背景因素,即测试杆高速旋转时的膨胀问题。经过详尽的准备工作后,实验结果显示,H/n 的值小于绕轨电子预期值的一半,相当于 g 因子等于 2.3。

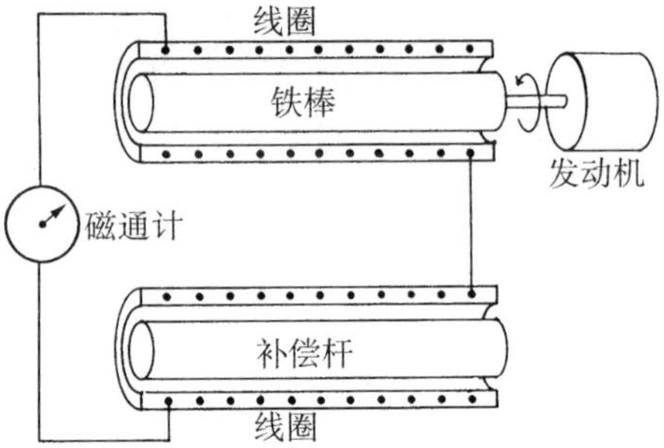

图 2.12 1915 年巴奈特补偿法示意图。巴奈特确保了电路将自动排除其中杂散磁场的影响。“补偿杆”周围环绕着线圈,线圈方向与环绕着测试杆的线圈方向相反。两个线圈被串联起来后,磁场的变化将对两个线圈造成同样的影响,在电路中不会产生净电流。

巴奈特获得的效果可以说是小于地球磁场的百亿分之一。这样的不一致性似乎使得所有以旋转来解释地磁的希望都破灭了。凭借着坚定的乐观主义精神,巴奈特遵循了舒斯特的看法:地球深层下的未知情况可能能够解释为何引起地球磁场的磁化作用会增强。[①] 两种突出的可选说法对这一解释起到了支持作用:电子的离心位移(通过地球自转,电子可能以某种方式被移入到不同的结构中)和热离子位移(依照理查森的说法,推测是地球深层的热量可能导致电子发射)。巴奈特对两种作用均未加以详细说明。事实上,在两年后的 1917 年,巴奈特再次在俄亥俄州立大学发表了该主题的论文,其时他已然抛弃了对地磁的关注,虽然这曾是他最初构想的来源,但在这之后他再没

① S. J. Barnett, “Rotation,” Phys. Rev. 6(1915):172 and 270.

有在论文中着重探讨相关的问题。毫无疑问这是受到了 1915 年爱因斯坦研究成果的影响。[①]

巴奈特的新实验中以磁力计代替了磁通计。在之前的方法中，他反复开闭发动机，通过磁通计测量此时线圈中通量的改变。鉴于小型悬吊磁体的偏转与磁场强度成正比，使用磁力计（本质上是精密的悬吊磁体）可以直接测量磁场。磁力计较之前使用的仪器灵敏度更强，但是相应地也更易受到外部干扰影响。因此，巴奈特在中和地球磁场时尤为注意，以避免转子高度和纵向运动出现变化，限定温度变化，并抑制机械振动。虽然有这些谨慎的预防措施，当读者进行回顾时，可能仍会惊讶地发现巴奈特的实验结果与当下被认可的 g 值 2 相距甚远。1917 年，巴奈特将新的实验结果中的 g 值认作是接近 1，这被当做对测量正确性的一种确认。

巴奈特引入了一个等式，描述了电流是完全由绕轨负电子产生（$g=1$）这一情况下的预期结果。他写道："若正电也参与到了过程中（g 值应该更大），则在 1914 年的实验中我获得的（g 的）平均值为 2.0；在实验误差限制范围内，发现（g 值）与速度无关。"[②]现在来看这是一次非同寻常的评论。在 1914 年撰写并于次年发表的文章中，巴奈特仅仅对 $g=2.3$ 这一结果进行了说明。他援引的数据可能仅仅是他在 1914 年所做实验中的数据，当时他曾经这样说过："单位转速下（它们的）加权平均数差速挠度……等于每秒转 0.057 毫米。"如果我们将这一数值进行约简，则可以得到 $g=2.0$。对未进行数据约简的原因，巴奈特做出了这样的清楚解释："就所阐述的目前已完成的研究工作而言，我决定在一个范围内重复旋转，在该范围内地球（磁场）强

---

① Cf. the introductory sentences to S. J. Barnett, "Iron," *Phys. Rev.* 10(1917): 7-21.

② S. J. Barnett, "Iron," *Phys. Rev.* 10(1917): 8.

度仍然可以得到更完全的消除……这一过程的有利条件在一开始就已经实现了,在 1914 年 12 月的(美国)物理学会费城会议上罗莎博士也提到了这一点。"[①]根据巴奈特在 1915 年的观点,2.0 这一 g 值数据同 2.3 一值相比可靠性较低。1915 年他引用的唯一结果是基于 g 值 2.3。那么,在 1917 年要发表的文章引言中,巴奈特为什么会对明显不可靠的数据进行约简呢?

两种解释貌似可信:巴奈特极度希望自己的发现能获得赞扬和相信,在之后的 30 年间,从他发表的绝大部分文章中可以明确地发现他的这一想法。巴奈特以 1914 年收集的数据为证明,着重强调他的研究结果在时间上要早于爱因斯坦和德哈斯在 1915 年发表的结果。但这并不能解释他为何在 1917 年的论文引文中略去了 2.3 这一 g 值。然而,在论文的结论处他解开了这个谜团:他使用磁力计获得的新的 g 值范围为 1.1 至 1.4,"(效果迹象的)差别与之前铁实验指示的方向是一致的(之前获得的 g 值为 2.3 和 2.0,而非 1)。"很明显,巴奈特预期的 g 值为 1:

> 鉴于实验中包含了很大的困难,产生误差较大以至于在我看来这一不符现象并不重要。最好只是将研究视为对方程(1)($g=1.0$)的一种定性和定量确认,并基于这一假设:在分子中被研究的所有物质中,仅仅电子是进行着公转式运动的。[②]

预期落空

1908 年,理查森对旋磁比的测量尝试失败后,普林斯顿大学实验

---

① S. J. Barnett,"Rotation," *Phys. Rev.* 6(1915):255.

② S. J. Barnett,"Iron," *Phys. Rev.* 10(1917):21.

室的其他科学家们接过了研究的火炬。最终在1915年，研究生约翰·昆西·斯图尔特(John Quincy Stewart)连同莫里斯·佩特(Maurice Pate)开始了一系列的研究工作，研究可能是受到了巴奈特完成的逆向实验的鼓舞。一个问题曾经引领着爱因斯坦和德哈斯分别对他们的原初技术进行了重构，这个问题同样也困扰着普林斯顿人：悬空铁棒一旦开始磁化，就会直接同螺线管产生相互作用，进而完全掩盖了实验的预期效应。

德哈斯将螺线管直接缠绕在悬空棒上，又使用短脉冲进行反磁化，由此解决了这个问题。而爱因斯坦的解决方法是通过短脉冲逆转铁棒上的剩磁。斯图尔特对爱因斯坦的想法进行了改进（见图2.13）。[1] 他并未使用脉冲场逆转剩磁，而仅仅试图消除磁化作用。这一方法的优点在于，物质消磁所需的磁场较样本反方向重新磁化需要的力要小得多。通过对强磁场的避免，斯图尔特大大减少了其相关的干扰效应，产生的机械效应仅仅损失了一半（由于他将铁棒的磁化强度由 M 减少为0，取代了由 M 至 $-M$ 的改变）。

在系统性误差的消除上，斯图尔特还引入了三项基础性改进。首先，他设计了由六个矩形线圈组成的系统，线圈被分别安置在以悬空样本为中心的立方体的六个面上，成为一个可精密控制的电磁体。相对的两个线圈由导线串联为一组。由此，根据垂直和水平方向上线圈转动的比率，地球磁场可以大体上得以消除，然后通过调节线圈电流进行更精确的消除。其次，斯图尔特使用的导线样本较爱因斯坦和德哈斯使用的更为狭长。这就最大程度地减少了样本极点对样本其他部分产生作用时自发产生的去磁量。最后，斯图尔特巧妙地运用了两个测试线圈，以消除少量的永磁化和地球、螺线管磁场感应引发的铁

---

① Stewart, "Momentum," *Phys. Rev.* 11(1918): 100 - 120.

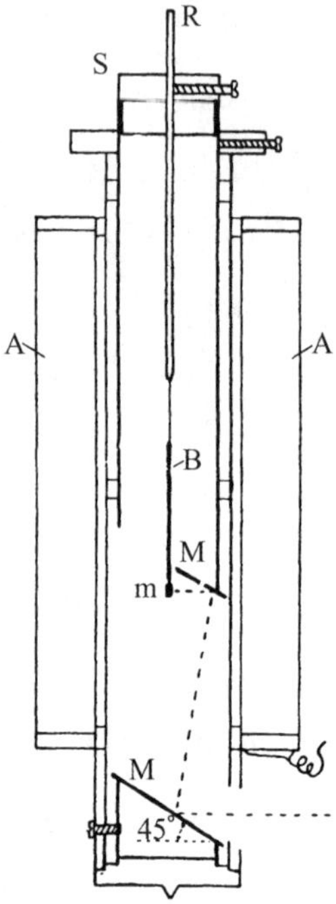

图 2.13 1918 年斯图尔特的实验装置。A 为两个补偿线圈，R 和 S 为悬挂机制，B 为样本，两个 M 处是确定扭转角的光学系统。斯图尔特对爱因斯坦、德哈斯和理查森研究的重大改进在于他仅仅对样本进行了消磁，而非磁化的逆转。消磁需要的磁场相对要小得多，干扰效应也较小。来源：Stewart, "Momentum," *Phys. Rev.* 11 (1918)：102.

棒横向磁化(即上文中爱因斯坦与德哈斯的第二种实验背景)。

通过对测试线圈的恰当排列，斯图尔特得以发现了样本的磁矩，并以较小的增量对样本进行消磁，直到磁化作用自动逆转，进而将磁矩消除。由此，他可以调节带有已完全消磁的测试棒的装置，测算样本自由摆动的周期，确保在此过程中不受地球磁场影响。爱因斯坦和德哈斯使用的样本并未进行完全消磁，因此他们没有相同的检测过程。斯图尔特使用的铁棒在重新磁化时，同未磁化时的摆动周期不同，这是由于它现在可以同地球磁场产生相互作用。斯图尔特对补偿线圈进行了校正，直到恢复自由摆动周期为止。他宣称，恢复的时间点即是地球磁场得到中和的时候。与此相似的是，斯图尔特还将样本磁化，调节了铁棒与螺线管之间的角度，直到铁棒可以像无外加场时一样产生摆动为止，由此他消除了螺线管的横向场。

在消除了干扰因素之后，斯图尔特通过实验确定了可以有效使铁棒消磁的，通过螺线管的最小电流，并使用这一电流进行了测算。较爱因斯坦和德哈斯面对的情况而言，这些小电流造成各种干扰的能力明显要更低。使用了九种不同导线进行一组实验后（不包含实验导线超过特定粗细程度的实验组），斯图尔特得到的平均结果是 $g = 2.0 \pm 0.2$。[①]对斯图尔特实验的精度检验是：由下行磁化造成去磁时，观察到的光束位移与初始磁化方向向上时的位移方向相反但距离相等。

斯图尔特接受了 g 值约为 2 这一结果，并推测以下两种可能性中必定有一种是正确的：一是仅负电子会旋转，但它们不会对中观物质产生充分影响（滑动假设）；二是正电荷和负电荷均旋转，且方向相反。最后，鉴于自己和巴奈特研究结果间（斯图尔特的结果早于巴奈特“改良过的”g 值 1）不太可能出现这样的偶然巧合，斯图尔特排除了滑动假设。因此，斯图尔特推断，正电荷肯定也是旋转的。由测量到的旋磁比和正电子质量出发（斯图尔特认为它是氢原子的原子核），他还推断“旋转的、带正电的原子核的角速度与电子内环的角速度大致相同（但符号相反）”。[②] 斯图尔特对原子模型的开明态度与他的英国指导教师理查森的风格十分一致，理查森在其 1908 年的论文中就曾明确表示了对带有不同电荷和旋转、自转速度的粒子的认可。

与此同时，在欧洲的苏黎世联邦理工学院，埃米尔 · 贝克（Emil

---

① 斯图尔特独自发现铁和镍的旋磁比。镍的精确度较低（$g = 2.1 \pm 0.5$），斯图尔特认为原因在于镍的磁力相对小，抗磁力较强，导致了干扰程度较大。参见 Stewoort, “Momentum,” *Phys. Rev.* 11(1918)：116.

② 参见 Stewart, “Momentum,” *Phys. Rev.* 11(1918)：120. 斯图尔特指的是“角动量”。因为如果等于角速度，g 因子就不可能是 2。感谢 E. M. 珀塞尔教授的观察结果。

Beck)正着手以更高的精确度重复爱因斯坦的实验。帕尔贴效应(Peltier effect)是指当电流流过两个导体的接点时,会产生吸热或放热效应。贝克发明了测量该效应的精密方法,并由此成名。[①] 贝克与斯图尔特的不同之处在于,他沿袭了爱因斯坦和德哈斯的谐振法,通过振荡磁场逆转了铁棒的磁化作用。贝克对爱因斯坦的绕轨电子理论和自己的测量值均具有充分的信心,他这样写道:“在笔者看来,这一方法可以准确地确定 e/m 这一重要分量。”很显然,贝克同爱因斯坦和德哈斯相同却与斯图尔特不同,贝克所能接受的理论中的 g 值只有 1 这一个选择。[②]

对爱因斯坦和德哈斯实验方法的三项改进使得贝克具有了这样的信心。首先也是最重要的一点是对两人所使用的操控较为困难的频率测量系统加以改换。贝克并未使用谐振频率计进行部分测算,也未通过改变和测量发电机的驱动电流进而在点之间进行插值,而是发明了一种简单的仪器,可以对微小的频率差进行精确测量。为此,他利用了爱因斯坦实验中的一项干扰效应:磁化棒与交变磁场水平分量间强效的直接耦合导致的扭转振荡。在贝克的频率测量仪器中,在悬空永磁体上缠绕了平行线圈,同主螺线管之间进行串联。悬挂永磁体的纤维与旋磁实验中悬挂铁棒所用的细线具有相同的扭转常数。实验线圈产生了强烈的水平振荡场,使永磁体产生振荡。因此,在任何给定的频率条件下,贝克均可以通过光点的最大偏移,估量出如何加长或缩短纤维以获得谐振效果。他对频率较为了解,这使得确定的阻尼常数更为精确,进而使旋磁比也更为精确。

贝克的第二项创新是对感光片的使用,通过缓慢移动感光片,记

---

① 贝克的早期著作中有非常完整的解释,参见 Beck, *Peltier-Effect* (1910).

② Beck, “Nachweis,” *Ann. Phys.* 60(1919): 113.

录下了试验样本上安装的小镜子所反射的光束的偏移。这使得他可以对阻尼常数进行附加和直接测量。该常数的确定是通过将铁棒设置为自由振荡状态,并由冲印出的感光片读出偏移的衰变振幅。

最后,贝克对螺线管场、惯性矩和铁棒磁化强度的测定进行了大幅度的改进,这也是 g 值计算的一部分。为了计算出螺线管中的场,他使用了一台由金属线悬挂起来的镜式电流计。(爱因斯坦和德哈斯仅仅计算了这一数量。)在对铁棒惯性矩的计算和测量中,贝克在两个值间得到了更高的契合度。最后,通过将线圈缠绕在铁棒上,并连接在已校准的电流计上,他又测量了铁棒的饱和磁化量。当磁场突然产生时,铁棒被磁化,进而造成磁场的变化。鉴于线圈中的磁场已经得到了确定,可以通过仪表偏转了解铁棒的磁化作用。为了对铁棒进行测量,贝克进行阻尼常数谐振测量和感光测量并取平均值后,得到的旋磁比值为 $g = 1.9$,与爱因斯坦和德哈斯的误差线相距八个标准差。这一差别使得贝克对"造成误差的所有原因"进行核对,对于他对爱因斯坦和德哈斯的原始实验过程所做的变更也进行了尤为审慎的检查。①

就在贝克准备对研究成果进行发表时,爱因斯坦来到瑞士拜访了他。亲眼所见的一切给爱因斯坦留下了深刻的印象,他告诉德哈斯,"苏黎世有一位十分优秀的实验家(贝克先生),他重复了我们对铁磁体转矩的测量,得出的效应值仅有理论预期的一半(g 因子值的2倍)"。②关于宣布新的 m/e 值,贝克表现得较为犹豫,他做出了这些推断:①存在一种新型电子;②原子核或正粒子环绕运动的方向与电子相反;或③情况较先前猜想的更为复杂。毋庸置疑的是,推断③较

---

① 参见 Beck, "Nachweis," *Ann. Phys.* 60(1919): 144. 贝克区分了两个他检验过的物质的数值:铁的 $g = 1.9$(爱因斯坦和德哈斯仅研究了铁),镍的 $g = 1.8$。

② Einstein to de Haas, 9 September 1919, EdH.

为稳妥地涵盖了所有的可能。

不久之后,工作于瑞典乌普萨拉大学的古斯塔夫·阿维德森(Gustaf Arvidsson)分别证实了贝克和斯图尔特的研究结果。① 阿维德森同贝克一样,将他的测量值用于 m/e 值的确定,并也沿袭了爱因斯坦和德哈斯的谐振法,将铁棒进行逆磁化。鉴于当时阿维德森对贝克和斯图尔特的研究结果并无了解,他对自己与爱因斯坦在研究结果间的不一致性感到十分担忧。阿维德森展示了自己的数据,g 值平均为2.12,而后并未明确表态:"在我看来,在宣布精确结果之前,必须先对现象有一个准确的了解,包括对振荡场中磁化作用的统计分析。"

斯图尔特、贝克和阿维德森的测量结果都指向了 $g=2$,这一共同的结论使得绕轨电子的简单模型遭遇了深刻的困扰。欧洲物理学家中的重要人物们苦苦思考着电子物理学的意义,这一点在 1921 年索尔维物理学会议的探讨中展露无遗。会上德哈斯就自己的最新实验做了报告,洛伦兹、理查森和拉莫尔亦参与到了讨论中。

同巴奈特一样,德哈斯也屈服于这一诱惑:重新拿出了早先的非可信数据,同他的最终数据一起提出。谈及同爱因斯坦的实验时,德哈斯这样回忆道:"我们在实验中得到的 $2m/e$ 值是 $g=1.4$ 和 1.0。1.0 几乎完全等同于标准值 $g=1.00$,由此我们相信,1.4 这一值的'过大'是由实验误差引起的。"②德哈斯报告中的前一个值 1.4 是爱因斯坦和德哈斯在 1915 年论文中曾明确舍弃的实验组中的数据。在展示了计算和观察到的光标记的双重挠度后,二人有充分理由不再对实验的 $2m/e$ 值进行计算。正如他们所清楚记载的一样,为了满足理论计算中指定的条件,有必要对磁化作用进行瞬间换向。在他们的首次

① Arvidsson,"Untersuchung," *Physikalische Zeitschrift* 21(1920):88-91.

② De Haas,"Le moment," *Atomes* (1923),214.

实验中情况并非如此。事实上，二人实验之所以重复进行确实主要是由这一因子引起的。在将 1.0 和 1.4 这两个 g 值数据片段置于同样位置时，德哈斯并未对他的早期实验进行如实阐述。他的这一平等对待可能正反映了这一说服性的增强：斯图尔特、贝克和阿维德森可能是正确的。

热烈的讨论并未能解决问题。理查森辩称，可以通过重提庞加莱(Poincaré)的陈旧观点来解释 $g = 2$：电子的真实结构为环状物体的自转，而非绕轨运动。据拉莫尔推测，正核可能是凭借着某种未知的原理来应对这一问题，德哈斯认为这一说法是“强迫性的”。基于洛伦兹正直的性格特点，他承认即使由效应得出的 g 值为 1，同理论预期完全一致，但鉴于并无“令人满意的(铁)磁性理论”，因此若欲阐明铁制物体中发生现象背后的机理，仍然具有相当的难度。①

在索尔维物理学会议会后，德哈斯又发表了两组新的数据集，其中 g 值的平均数分别为 1.55(1921 年 3 月)和 1.11(1921 年 7 月)。他做出了这样的解释：

> 本报告中引用的其他作者发现的 e/m 值是标准值的双倍(g 因子的 2 倍)。于我而言，我认为效应的准确值本身仍然有待确定。即便如此，所有观察者所发现的 e/m 值都是过大的。因此，部分的转矩消失了，并未被观察到。报告中呈现了这样的看法：高速旋转的正核可以消减部分的转矩。但是我认为这样的假设有些牵强，可能性较低；相反，我认为，若理论的基础是无懈可击的，则其他隐藏的运动也必须纳入到考虑中。②

在柏林举行的学会讨论中，爱因斯坦复述了德哈斯对接受性越来

---

① Richardson et al.,“Discussion” (follows de Haas's contribution), in *Atomes* (1923), 216 - 222.

② De Haas, “Note,” in *Atomes* (1923), 226 - 227.

越广泛的 g 值 2 的不满,敦促这些伟大的测量者们解决这一问题:“难道我们不能在这里对于旋磁效应进行研究吗? g 因子的值仍然没有得到确定的答案。”①

在 1920 年 10 月,斯图尔特、贝克和阿维德森的实验结果均已发表后,巴奈特完成了一篇简短的报告,解释了其早期研究工作不完善的原因。在这一事后分析中,使用铜质样本代替了早前实验中使用的铁棒。由于铜并非铁磁体,因此任何磁场均不可能是由“真正的”旋磁效应引起。虽然如此,巴奈特仍发现铜确实会产生磁场,他将这一现象归因于涡电流(由施加的磁场变化而产生的物体中电流感应)产生的特有磁场。若将涡电流添加到旋磁磁场中,则 g 值将显得更小。“两种方法(1915 年的电流计方法和 1917 年的磁力计方法)得到的结果之所以不一致,其中至少有部分原因很可能就在于此(涡电流)。”②基于目前对背景的控制,一切都得到了校正:

> 所有的测试棒均给出了 g 值 2,而非 1 或其他值。由此再次表明了正电的效应,或者表明了效应中仅仅涉及到负电,但是对于引发磁性的运动而言,m/e 的值较已知实验中确定的值更小。③

那年晚些时候,巴奈特又重复表达了这些主张。④

1922 年,巴奈特准备将新研究的相关文章投稿给《美国国家研究委员会会刊》(*Bulletin of the National Research Council*),在文章中他着重强调了 1915 年获得的研究结论($g = 2.3$ 和 2.0)。在修正主

---

① 1922 年 3 月召开的会议的记录在科尔斯顿和特里德的版本中得以重新整理,参见 *Einstein in Berlin*(1979). 2: 161.

② S. J. Barnett, "Further Experiments," *J. Washington Acad. Sci.* 11(1921): 163.

③ S. J. Barnett, "Further Experiments," *J. Washington Acad. Sci.* 11(1921): 163.

④ S. J. Barnett and L. J. H. Barnett, "Additional Experiments," *Phys. Rev.* 17(1921): 404 - 405.

义史的另一方面，巴奈特 1917 年的研究结果很快就消失了，“1917 年我们使用磁力计完成了对钢、钴和镍的研究，和以前一样获得的 g 值为负，其平均值处于之前获得的钢的 g 值与该值的二倍之间”。[①] 简而言之，g 值在 1 和 2 之间。

为了解释 2 这一新的（毋宁说是旧的）g 值结果，巴奈特搁置了爱因斯坦的绕轨电子理论，而援引了沃尔德马尔・福格特（Woldemar Voigt）和马克斯・亚伯拉罕（Max Abraham）的理论。亚伯拉罕认为，若使电子携带的电荷均匀分布与球体表面上，而后仅从电动力学角度计算质量，则 L/M 这一比值与直径相当于 $g=2$ 条件下旋转运动中的 m/e 相等。对于体积中分布着电荷的自旋电子而言，$g=5/14$。根据这些启发性的数据，巴奈特做出了这样的推论：①正电子或“磁子”处在旋转状态中；②亚伯拉罕提出的两种旋转电子中的一种是这一效应的原因；或③元凶是一种与绕轨电子不同的新型磁子。虽然巴奈特的报告中并无自己的研究结论，但他完全确信自己最初的（与斯图尔特、阿维德森和贝克一致的）研究结果是正确的，而 1917 年的研究结果则相反。

1918 年巴奈特开始工作于卡内基研究所地磁学研究室，1922 年起他与研究室负责人路易斯・鲍尔（Louis Bauer）陷入了不和。其中的一个原因在于，巴奈特全心投入于对自己之前实验的细微改进，这触怒了鲍尔。鲍尔向研究所负责人约翰・C. 梅里安姆（John C. Merriam）报告称，在将近一年半的时间里，“巴奈特一直对尽早完成实验抱有希望”，但是“很明显，他的心绪和身体状况不佳，以至于单凭自己……无法确定是否应该结束实验，并对已获得的结果感到满

① S. J. Barnett, “Angular Momentum,” *Bull. Natl. Res. Council*, vol. 3, part 3 (1922): 248.

意”。[①] 与此同时,巴奈特的实验室助手也抱怨说,巴奈特仅仅将机械操作性和日常性的事务交予他处理,或者“在实验进行中,不让他参与任何观察或归纳处理的工作”。[②] 仪器制造者也开始因为难以满足巴奈特改进装置的要求而感到绝望。直到 1922 年 11 月,仪器制造者将七分之一的时间都用在了巴奈特的实验上。最终,实验室副主管约翰·亚当·弗莱明(John Adam Fleming)写信给鲍尔,建议仪器制造商不再支持巴奈特的研究。

> 在我看来,在当下使用的装置中,巴奈特博士试图攻克的那些机械困难是由根本的机械缺陷引起的……即便对它们进行暂时改进……调节的效果很可能也不是永久性的,在扩展型、具有可靠性的系列观察中可能也是无法保持长久的。[③]

1924 年,巴奈特离开了卡内基的实验室,在一定程度上也是这种种压力的结果。他来到了加州理工学院,使用之前旧的装置仪器继续进行研究(见图 2.14)。当年 5 月,巴奈特和他的夫人莱利娅·杰弗逊·哈维·巴奈特(Lelia Jefferson Harvie Barnett)通过对实验误差的详尽探讨,完成了对巴奈特效应的大量研究。从研究文章中的部分标题可以看到他们对系统误差的谨慎态度:

39. 磁力较低磁体的涡电流效应

40. 气流对底座板的影响

43. 磁力计热效应的消除

47. 轴颈摩擦热效应引起的磁化误差

51. 转子轴向位移的误差

---

① Bauer to Merriam, 28 November 1922, BP; Bauer to Merriam, 3 December 1922, BP.

② Fleming to Bauer, 28 November 1922, BP.

③ Fleming to Bauer, 27 November 1922, BP.

图 2.14　20 世纪 20 年代早期巴奈特的装置。巴奈特使用并改进了这一装置，用于测试旋转引起的磁力效应，由此，他开始了在华盛顿卡内基研究所的工作，后来在 1923 至 1925 年间他又在加州理工学院继续进行研究。来源：Barnett and Barnett，"New Researches，" *Proc. Am. Acad. Arts Sci.* 60(1925)：148.

53. 汤姆逊推斥效应的误差

54. 机械干扰的误差

55. 顺时针和逆时针速度不等引起的误差

巴奈特夫妇不愿再次被错误的结果蒙骗。在进行了 159 组观察后，他们给出了最准确的 g 值 1.89，精确到 2%。①

获得这些精确数据后，巴奈特摒弃了亚伯拉罕电子模型观点，转向了一个大相径庭的，后来引起激烈辩论的物理学领域。1924 年末，巴奈特在信件中称，理论阐释"并不清晰，无法(对旋磁比)进行肯定的预测"，但"毋庸置疑的是"它们同反常塞曼效应是"紧密相关的"。在 20 世纪 20 年代初，阿尔弗雷德·兰德(Alfred Landé)在他的理论论

① S. J. Barnett and L. J. H. Barnett，"New Researches，" *Proc. Am. Acad. Arts Sci.* 60(1925)：126 - 216 on 215.

文中曾将这一效应同旋磁现象联系起来。[①] 巴奈特在发表时覆盖的范围更加广阔:

> 毋庸置疑,我们发现的现象与塞曼效应具有密切的联系,我们认为在旋转引起的转矩作用下,磁子可能在进行等速进动……索末菲和德拜通过空间量子化观点(在磁学领域内,现在由泡利、索末菲、爱泼斯坦、盖拉赫及斯特恩-盖拉赫的研究加以支持)对反常塞曼效应进行了部分解释,正如兰德所说,这一效应很可能同我们发现的反常现象具有关联。索末菲和兰德试图通过一种方法来解释这一反常情况,该方法似乎是将我们研究的 s 态原子等同于磁子,并将 m/e 所得的 g 值 2 归因于此。该 g 值与我们的实验给出的 g 值大致相等。[②]

巴奈特再次对其实验的理论分析进行了更改。此时,巴奈特认为他的效应不仅与爱因斯坦-德哈斯效应一致,也与多种光谱学效应和近期发现的空间量子化现象具有一致性。空间量子化理论认为,磁场中原子的磁矩在空间中的可能方向貌似是确定的。不久之后,塞缪尔·古德施密特(Samuel Goudsmit)和乔治·乌伦贝克(George Uhlenbeck)将两种效应的来源解释为完全非定理性概念——电子自旋。

巴奈特轻易地将其实验混同于新型理论系统,这与此原则是相互抵触的:理论的改变会从根本上改变实验实践。实际上,1925 年合适

---

① Barnett to Silbert, 17 October 1924, BP. Landé,"Anomalen Zeemaneffekt I," *Z. Phys.* 5(1921): 231 - 241; Landé' "Anomalen Zeemaneffekt II," *Z. Phys.* 7(1921): 398 - 405; Landé',"Anomalen," *Z. Phys.* 11(1922): 353 - 363. 1921 年之前兰德的光谱学工作参见 Forman, thesis, and Forman, "Landé," *Hist. Stud. Phys. Sci.*, 2(1970): 153 - 261。

② S. J. Barnett and L. J. H. Barnett, "New Researches," *Proc. Am. Acad. Arts Sci.* 60 (1925): 128.

的量子模型相关理论经历了剧变时，g 值的量化实验测定也进入了精密改进的时期。英国的两位物理学家 A. P. 恰托克（Chattock）和 L. F. 贝茨对斯图尔特的实验进行了改进，获得了 1.97 的 g 值，该值被 W. 沙克史密斯（Sucksmith）和贝茨改进为 1.99 ± 0.024。① 在 1931 年，巴奈特也通过研究爱因斯坦-德哈斯效应获得了 g 值 1.929 ± 0.006。② 之后又相继进行了旋磁实验的其他变体实验，尤其针对顺磁物质进行，但其中最为精确的应该还属就职于通用汽车公司研究实验室的 G. G. 斯科特（Scott）的实验（见扉页说明）。斯科特宣称的最精确 g 值为 1.919 ± 0.002。③ 当时人们已经了解到，自旋轨道和绕轨的概念深刻依赖于特定物质的性质，因此由复合原子中测出的 g 因子对物理学基础重要性的表现作用是微乎其微的。在封闭状态下（与原子核无关）测出的电子和 μ 介子的 g 因子值是整个科学领域中著名的数值之一，代表了量子场论的一个关键性试验。

鸭子、兔子与误差

20 世纪早期实验物理学界的大事件可以说是非同寻常，表 2.1 和图 2.15 对此进行了概括。首先，在旋磁实验的尝试中，麦克斯韦一无所获。经典场论貌似无需物质载流子的概念，在几十年的时间里，该方面的重大成就使得所有种类的旋磁实验均遭到了淘汰。通过洛伦

---

① Chattock and Bates, "Richardson Effect," *Philos. Trans.* 223A (1922): 257 - 288; Sucksmith and Bates, "Null Method," *Proc. R. Soc.* 104(1923): 499 - 511.

② S. J. Barnett, "Gyromagnetic Effects," *Physica* 13(1933): 266. "巴奈特调查成果中最重要内容之一是……磁性元素主要由旋压直径洛伦兹电子构成，并不是在一条轨道上做电子运动"（第 254 页）。

③ Scott, "Review," *Rev. Mod. Phys.* 34(1962): 102 - 109. 亦见 Heims and Jaynes, "Theory," *Rev. Mod. Phys*, 143 - 165.

兹电子理论，物质流概念得到了复兴，英国物理学界对阴极射线的物质性也给予了强烈的关注。此时，理查森复苏了麦克斯韦的研究事业，但是仍然一无所获。在对这些研究并不知情的情况下，巴奈特开始着手研究逆效应：旋转铁棒时，较后来实验表明的、他“理应”发现的强度而言，检测到的磁场强度是其五倍以上。1915 年，在阅读了理查森的论文并对自己的实验进行修正后，巴奈特得出的 g 值接近 2.3，并对这一解释感到相当满意：原子中正离子绕轨旋转的方向与负电子的方向相反。但是，在结合了地心的未知情况后，他的主要结论却是：这一效应可能说明了地球自转是地磁产生的原因。

表 2.1 旋磁实验结果汇总

实验者	实验地点	发表年份	实验结果(g 因子值)
巴奈特	俄亥俄州立大学物理实验室	1915	2.0(1914 年) 2.3(1915 年)
爱因斯坦/德哈斯	物理技术学院(柏林)	1915	1.02±0.10(未考虑 1.45)
德哈斯	Teyler 研究所(哈勒姆)	1916	1.2
巴奈特	俄亥俄州立大学	1917	1.4 至 1.1(误差在 1.0 以内)
斯图尔特	普林斯顿大学帕尔默实验室	1918	2.02±0.02
贝克	联邦理工学院(苏黎世)	1919	1.9
阿维德森	物理研究所(乌普萨拉)	1920	2.12
巴奈特	卡内基研究所(华盛顿)	1922	“约为 2”
德哈斯	Teyler 研究所(哈勒姆)	1923	1.55(1921 年 3 月) 1.11(1921 年 7 月)
恰托克/贝茨	布里斯托尔大学	1922	1.97
沙克史密斯/贝茨	布里斯托尔大学	1923	1.99±0.024
巴奈特	加州理工学院	1925	1.89±0.04
巴奈特	加州大学洛杉矶分校	1931	1.929±0.006
斯科特	通用汽车公司研究实验室(密歇根沃伦)	1962	1.919±0.002

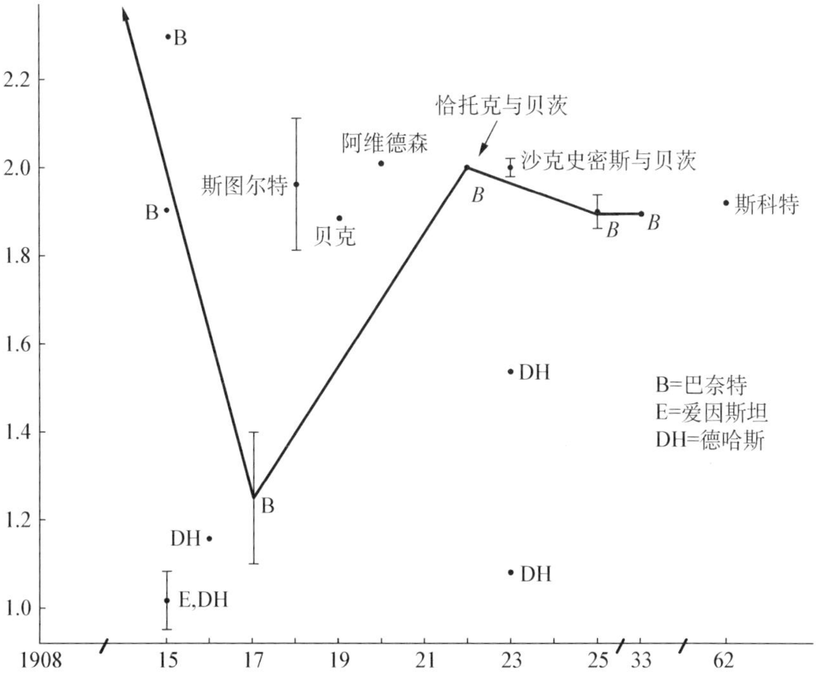

图 2.15　发表年份与 g 因子值的对比。实线描绘的是巴奈特研究结果的时间函数。爱因斯坦的理论预期值是 $g=1$；后来的实验和理论给出的 g 值均约为 2。

几乎与此同时，爱因斯坦和德哈斯一同进行了实验。爱因斯坦同巴奈特不同，他有充分理由确信 $g=1$。陀螺仪曾经是重要的航海设备，是由绕轨电子形成的、假定的“原子陀螺仪”的完美模型，对其相关的专利工作爱因斯坦仍记忆犹新。此外，在帝国物理技术学会进行的磁学实验为洛伦兹的电动力学理论、朗之万对居里定律的解释、普朗克的零点能量猜想和安培的分子电流假说提供了实证机会。爱因斯坦和德哈斯构建了至少四组不同的实验装置后，最终貌似证实了这一理论：绕轨电子是导致永磁性的原因。他们确定的 g 值为 1.02 ± 0.10；在次年进行的二次定量系列实验中，德哈斯得到的 g 值为 1.2。巴奈特明显受到了爱因斯坦理论和实验的影响，在重复了实验后，他获得的结论是对绕轨电子理论的证实：g 值在 1.4 和 1.1 之间。

三名各自进行研究的实验家斯图尔特、贝克和阿维德森很快确定了 g 值不等于 1。他们分别发表了各自的试验结果,值接近爱因斯坦的值的两倍。在数月后,巴奈特再次发表文章,肯定地表示他相信 g 值约为 2。在随后的两年里,他改进了实验结果,摒弃了爱因斯坦的理论,转而接受了亚伯拉罕电子理论中的一种,用以解释自己的实验结论 $g = 1.89$。

与此同时,德哈斯了解到至少其他四位研究人员发现的 g 值是他得出的原始值的两倍左右,于是他在 1921 年重复进行了实验工作。在当年的索尔维物理学会议上,德哈斯报告中的 g 值为 1.54,并表示自己认为 g 值仍然是一个开放性问题。随后,他又最后一次重复了该实验,实验的累积结果为 $g = 1.08$,与他在六年前同爱因斯坦获得的最初结果间的差距百分比较小。1922 年,爱因斯坦在柏林也坚称 g 值仍为开放性问题。在这一时期,巴奈特夫妇进一步改善了实验方法,最终在 1925 年发表的重要论文中表示,g 的平均值为 1.929 ± 0.006。最初,巴奈特依赖于兰德对塞曼效应光谱数据和旋转效应的结合。到了 1933 年,狄拉克理论广为人知,巴奈特连同广泛的物理学界均将他的研究结果归因于电子自旋与绕轨旋转间复杂的相互作用。

很明显,在决定结束这些各种各样的实验时,理论预期扮演了重要的角色。但是它是如何做到的?针对理论倾向对实验结果的影响方式而言,存在着许多更具影响力的解释,其中一种是由托马斯·库恩提出的。[①] 他认为,测试新理论所需的测量值通常会在我们的实验能力范围内对现象造成影响。结果导致了随机误差相对于目标效应大小而言非常巨大。这为实验家和理论家保留了解释必然具有多重含义的研究结果的可能,并以此作为对自己首选理论的确证。若存在

---

① Kuhn, "Function," *Isis* 52(1961): 161 - 193.

更为精确的测量技术，则这些完全相同的结果理应能够轻易证实相反的理论。

比如，库恩引用了皮埃尔·西蒙·德·拉普拉斯(Pierre Simon de Laplace)对空气中音速的预测。拉普拉斯算出的理论预测同弗朗索瓦·德拉罗什(François Delaroche)和克劳德路易斯·贝拉尔德(Claude-Louis Bérard)测出的实验参数间具有高度的一致性，在2.5%以内。目前的物理学观点认为，拉普拉斯热质论的应用范围中误差为40%；德拉罗什和贝拉尔德的测量值的误差相似，均与现代测量值间相差12%左右。库恩认为，实验与理论间的任何一致性均是由实验和理论间共有的不确定性导致的。在这类情况下，“对实证检验的选择和评价实际上就是偏好和判断的问题，是对理论的选择和评价”。[①] 库恩又总结说，符合拉普拉斯理论的测量值，如德拉罗什和贝拉尔德等人的测量值，肯定也符合其他理论，“仅在‘几乎’一词形容下的实验普及范围内，自然才被证明为能够对测量者的理论倾向做出反应”。[②]

库恩的解释同他与汉森经常引用的可逆的格式塔意象图法十分相符。在观察者观看其中一张图片时，正因为观察者倾向于看见鸭子而非兔子，所以一定的纹路和曲线才具有了意义。那些与整体关联重要性不大的细节被错过或忽略了。库恩在探讨拉普拉斯时，也保留了一个异曲同工的类似情况：在开展的众多实验中，有的与理论一致，而有的相反。误差的来源多种多样，不确定性的扩展也十分广泛。当我们窥视着混乱的实验世界时，会发现理论家们或有理论倾向的实验家们可能倾向于获得可以证实其预期的数据，而非同其产生矛盾的数

① Kuhn, “Caloric Theory,” *Isis* 49(1958): 140.
② Kuhn, *Essential Tension* (1977), 200 - 201.

据。随着此类研究结果的传播,相矛盾的理论获得同样的“支持性”证据群组也就不足为奇了。

理论是如何影响实验结果的?笔者希望可以对此给出不同的解释,这一解释既非基于格式塔式的选择,亦非基于随机误差的广泛传播。对理论与实验间关系的理解是取决于对实验者工作中涉及的不同理论层面的理解,以及对各种将实验与理论元素联接起来的机制的分析。首先,具有决定性作用的是爱因斯坦和德哈斯的理论信仰:电流涡动由绕轨电子产生,这一信仰又转化为确切的量化预测。但需要注意的是并非所有理论层面都是相当的。爱因斯坦和德哈斯拥有一个量具,用以测量效应,这正是麦克斯韦明显不具备的。换言之,电子轨道详细模型的重要性远远不能与对电荷 e 和质量 m 的说明相提并论。这些说明由先前的实验延续下来,并通过这一一般性概念进行理论上的关联:若电荷与质量具有关联,则角动量与磁矩互成正比。在缺少 e/m 值一类量具的情况下,麦克斯韦感到十分茫然:他连可期待何种数量集效应都无从知晓,因此也无法计算出哪一背景效应具有重要性,无法预测出仪器倾斜测量的精确程度。

理论对实验的另一种影响是通过数学描述本身,施加的层面更为明确。毫无疑问,1917 年巴奈特的理论预期之所以得以巩固(如同对德哈斯、贝克和阿维德森的支持一样),是源于对所写等式两边表示法的频繁切换:测定量 L/M、与其理论上相等的量 $2m/e$。由此,模型背后的理论假说暂时远离了视线,一个重要而又具有概念性不同的任务——提供新的荷质比值——走到了台前。简而言之,实验家们一直将旋磁实验视为荷质比研究,进而将安培涡动归入已有学科范畴。在这种思维定式之下,会认为旋磁比约为 1 也在预料之中。

在理论模型的细节层面上,爱因斯坦也表现出了对零点能量和原子结构的关注。鉴于这样的考量,爱因斯坦相信 g 值不仅数量级应当单一，而且应该只是 1.0，而非 2、4 或 1/2。此时困难就在于如何从实验中提取出较为精确的结果。这些操作的精确度较高，因此亟需谨记：在爱因斯坦与德哈斯的铁棒实验中，铁棒所反射光束的振荡移动是以毫米为单位的，巴奈特效应也依赖于约 10^{-5} 高斯数量级的磁场。在具有难度的背景条件下，对精度的需求使得误差分析必不可少。若阻碍是来自随机误差，则应对步骤将清晰可见：查找并努力消除结果间的差量。但是，这一点之所以至关重要，还是因为系统性误差来源多样，若欲囊括标准偏差较大的指示器示踪，则平均值将较为分散。系统误差的影响范围较为狭窄。

让我们回到文字记录中来。在 1921 年索尔维会议相关的发表文章中，德哈斯这样写道：

> 我们一同获得的值与我自己获得的值之间差异较大，对此我必须说，这些实验的操作时间很短暂，我们已经尽量以无可辩驳的方式进行效应检测。对效应计算中所用的数值仅有大体的了解。因此我们没有测量磁化线圈的磁场，而是进行了计算；而且线圈的缠绕不是很整齐，并不是为了实验目的而制作的。我们也没有测量铁棒磁化作用，仅仅进行了估算……在我们看来这些初步结果十分令人满意，我们将最佳 g 值认作 1.02 也是很容易理解的。①

这些误差并不会导致结果的传播，地球磁场不完全中和相关的各种背景也不会导致其传播。事实上在 1915 年，爱因斯坦和德哈斯给出的概率误差为 10%，即他们的结果与 g 值 2 间具有 10 个标准差。g 值的差异由系统性误差引起的可能性更大，这与德哈斯报告的内容是完全一致的。通过对贝克测出的饱和磁化量记录的一瞥，我们可以发

① De Haas, "Le moment," *Atomes* (1923), 212.

现他得出的数值比爱因斯坦和德哈斯的“估算值”要高出 27%。这会使他们的 g 值获得相应的提高。[①]

系统性误差方面的解释并不会使我们依赖于格式塔图像或词义的全局性变化。巴奈特后来也对 g 值 1 这一判断进行了认真的思考：

> 因为长久以来疑似存在的系统性误差……1917 年使用磁力计进行观察时，获得的结果同 1914、1915 年通过电磁感应方法获得的结果大不相同，这一点现在已经得到了完全证实。[②]

在爱因斯坦和德哈斯最初的测量结果中，g 值 2 超出了巴奈特 1917 年的数据范围（$g=1.1$ 至 1.4）。巴奈特指出了其他的系统性误差，其中包括一些看似无关的因素，如外部经过的电车、地球磁场的不完全补偿以及旋转过程中铁棒的膨胀等。其中并未包括统计学传播的零散答案。

前文引用的德哈斯和巴奈特的话表明，实验者们对系统性误差带来的误区有清楚的认识。在这些实验及后两章中将探讨的许多其他实验中，此类误差的消除在一开始就是实验工作的首要目标。对于实验家们而言，背景控制并非无关紧要，它是活动本身的一大要素。

将背景由前景中分离开来，需要重要的规模机械——旋磁探索一类实验花费不多且改造简易。后文的第 4 章中将谈及 20 世纪末期的大质量粒子探测器，与此不同的是该世纪早期的实验家们可以通过构建方式，在误差来源出现时轻而易举地进行改造。通过铁棒周围缠绕

---

① 贝克的铁杆中至少有一根看上去在约为 1 599 cgs 的单位体积下实现了饱和磁化，而爱因斯坦和德哈斯使用的样本在 1 260 cgs 下实现了明确的饱和磁化。（阿维德森也报告了一次比爱因斯坦和德哈斯的更高程度的饱和磁化现象。）当然，也许贝克并没有使用完全相同的那一种合金，但是在通往正确方向的过程中，这个偏差至少可谓导致误差的一个重要原因。参见 Beck, “Molekularströme,” *Ann. Phys.* 60 (1919)：109－149. on 131.

② S. J. Barnett and L. J. H. Barnett, “Improved Experiments,” *Phys. Rev.* 20(1922)：90.

线圈的物理学方式，德哈斯确保了螺线管和铁棒间的对齐；通过增加补偿线圈的数量，斯图尔特更彻底消除了地球磁场；为了频率测量这一唯一目的，贝克建立起与基本装置几乎完全相同的另一台设备；为了检测涡电流，巴奈特使用铜质转子取代了铁质转子。

因此，预算量、装置规格和复杂程度都具有重要性。所有这些旋磁实验都是在大学物理实验室或物理研究所进行的，如卡内基研究所或帝国物理技术学会等。通过技术工人的帮助，实验设备在楼下的店铺中就能建造。[①] 爱因斯坦、德哈斯以及巴奈特的实验装置都可以与麦克斯韦的计划方案得到精准契合。巴奈特使用了电动机（能量来源）推动机械齿轮系（传导机制），进而使铁棒产生旋转（见图 2.13）。铁棒自转后开始被磁化。其磁场可以通过磁力计或磁通计（测量仪表）进行检测。爱因斯坦和德哈斯的实验装置较为简单，包含一台发电机（能量来源）、导线（传导机制）以及在悬浮铁棒中产生振荡磁矩的线圈。当铁棒绕其中轴旋转时，通过铁棒上安装的镜子（测量仪表）反射光束，检测到了运动情况。

两次实验的主要装置部件小巧，可以安放在一张桌面上。1918 年至 1922 年间，巴奈特使用的仪器和其他开销为平均每年 3 300 美元（4 100 美元）。[②]（本书中括号内的金额数字表示符合标准普尔指数的、1967 年发行的美元标准币值；针对美元之外的货币，该数额表示首先换算为美元，而后升高为标准币值。）[③]此外，卡内基研究所的商铺工作

---

① 参见 Palmer and Rice, *Modern Physics Buildings* (1961). 在本世纪初，关于物理学的材料状态的最佳历史成果是收集了大量的信息。参见 Forman, Heilbron, Weart, "Personnel," *Hist. Stud. Phys. Sci.* 5(1975)：1 - 185；关于物理建筑物的建筑风格参见第 104 至 114 页。

② Smith and Fleming, "Barnett Expenses" (1922), BP.

③ 兑换率非常低。一美元的购买力是标准和贫困形成的时间函数，参见 *Basic Statistics* (1982), 79；瑞士法郎和美元之间的兑换率参见 *World Alamanac* (1964 - 1968).

人员及巴奈特实验室助手的同期薪酬为平均每年 2 310 美元，共计每年 6 610 美元(8 300 美元)。①

爱因斯坦与德哈斯的实验以及斯图尔特、贝克和阿维德森等物理学家的相关工作均可以运用与巴奈特曾使用的同一等级的机电设备。一般而言，磁化旋转研究的花销较巴奈特的研究花费稍少一些。磁化作用引起的旋转属于大型效应，观察设备所需花费较少。查询 1918 年的标准商品目录后可以发现，相对较好的发电机需要 200 美元(250 美元)，电流计、电流表、电压表等分别需要 50 美元(60 美元)左右，电磁铁也需要几美元。② 贝克使用了照相设备，爱因斯坦和德哈斯使用了谐振器来测量频率，而贝克自己使用导线和线圈制造了谐振仪器；所有这些实验家们需要花费约 2 000 美元(2 500 美元)进行旋磁实验的配备，其中人工成本甚至等同于硬件设备的花销。20 世纪初期，对于前文所指的麦克斯韦一派大多数实验而言，这样的花销是相当有代表性的。比如，高性能电磁铁约需(2 000 美元)，高压蓄电池花费在(4 000 至 5 000 美元)不等，大型感应线圈需要(400 美元)以上，X 射线管花费(10 至 40 美元不等)，精密的光谱仪也要花费约(1 500 美元)。③

花费相对较少的这些装置，实验者们在核查旧的实验过程时可以进行重新设计，更改单个元件，以及迅速构建心中所想的特定仪器。当仪器花费增加时，这些决定的做出将面临相当大的困难。为消除背景效应，实验者将从机械装置本身部分性地转移至数据的约简。

---

① Smith and Fleming, "Barnett Expenses"(1922), BP. 此外，地磁学部门建造了一个特别的建筑，便于巴奈特和其他人员可以使用敏感的磁设备进行工作。1922 年的费用为 35 000 美元(70 000 美元)。

② Central Scientific Co., *Laboratory Apparatus* (1918), 205ff.

③ Forman et al., "Personnel, Funding, and Productivity," *Hist. Stud. Phys. Sci.* 5 (1975): 88－89.

终结实验时的进退两难

在我们所探讨的物理学家们心中，使用一种频率测量仪器取代另一种，或者用灵敏度更高的磁场探测器代替旧的探测器，这样的对仪器设备的改变渴望十分强烈。虽然这些替代设备带来了独立测量的希望，但对其不熟悉也会造成危险。阿维德森曾创造出了一种新的频率测量设备和一种新型精密光点偏移胶片记录设备，用以检查爱因斯坦和德哈斯效应。毋庸置疑，阿维德森的仪器灵敏度更高；总之，他获得的结果与我们现在广泛认可的数值较为接近。1917 年，巴奈特也做出了一项类似的勇敢尝试，他对实验装置进行了完全重建，添加了高灵敏度的磁力计，用以代替原来不够完善的仪器。恰恰因为他对新的装置不够熟悉，一开始仪器反应的变化无常给他带来了更严重的影响，尤其是新装置带来的新型系统性误差。

与此类似，前期预期带给实验者的仅仅是“偏见”——这样的幼稚观点是行不通的。理论——更确切地说是理论的不同层面——除了稍稍改变清晰的世界观之外，可以做的还有很多。以麦克斯韦的情况为例，恰恰因为他未进行量化预测，所以才无法了解目标效应的大小程度。很久之后，德哈斯以及德哈斯-洛伦兹说明了装置倾斜弧度仅为 0.000 13。若麦克斯韦当时也能了解到这一点，可能就不会将其实验作为电流无惯性性质的证据。同理，在 1908 年，对于预期的磁场强度数量级巴奈特并没有进行量化预测，因此他更加难以发现目标效应。

因此，就粗略层面而言，理论的作用仅仅是指出旋转与磁化作用之间可能存在的关联。大范围的假说当然同样也可以将现象领域排除在外，如同 19 世纪末麦克斯韦派物理学家在描述电流时选择的是场而非粒子。在更为具体的层面上,理论设置了一个数值标准:e/m约等于L/M。完全组装之后的模型更为特别:负电子环绕着原子核旋转。除此以外,另一个理论将现象联合起来,确定了可以进行观察的领域,为结果进行定量,使得实验者确信背景效应已经得到了控制。

为了避免可取证据受到过度制约,实验家是否可以简单地决定保留所有数据?答案当然是否定的。在完成实验之后,斯图尔特发现粗导线很有可能产生过大的去磁效应,从系统上改变他的实验结果,因此在g的平均值计算中排除了粗线的情况。同样,巴奈特也将其1914年所做的实验排除在外,这是由于在实验完成时他就发现地磁场并未得到充分的中和。爱因斯坦和德哈斯也摒弃了过小以至于无法精确观察的光点移动数据。基于理论与实验的共同作用,此类判断并非“不佳”实验的特点,而是实验事业的一部分。关于这一点已不必赘言。

所有这些因素将实验家们置于持续的两难境地中。一方面,若没有了理论,面对物理他们将失去引导性的定性意识,对效应的大小也将无法进行量化预测。当目标被遮蔽于阴暗之中时,他们很难发现目标效应,也很难将它们从干扰因素中分离出来。从这一层面而言,理论——毋宁说是理论的多个层面——自发地向可取数据施加着必不可少的约束力。在绕轨电子假设的基础上,任何欲尝试旋磁实验的人在得到过大的效应时,都会因为其与磁化铁棒和地球磁场间的直接耦合具有一致性,而对该效应不予考虑。另一方面,考虑到量化预测情况,实验家最终不得不(至少含蓄地)宣布不存在更多的系统性误差。虽然看起来自然而然,但是这个停止的点往往是预测结果的所在。核物理学家马丁·德伊奇(Martin Deutsch)曾对这个谜题做出了这样的解释:

因为知识偏见,我们拒绝了同预期观念难以协调的证据,因

> 为无关宏旨的问题，又在追求仪器机巧中耗尽了日日夜夜，每位进行此类实验的实验者当然都有这样的野心：想要获得发现，想要在这样的两难境地——知识偏见和无关宏旨的问题——间安稳地破浪前行。[①]

在本书所探讨的系列实验中，面临的两难境地一边是绕轨电子理论，另一边是铁棒与外部磁场的磁耦合、巴奈特的涡电流以及（爱因斯坦与德哈斯所使用的）柏林装置所确定的并不充分的实验参数。

人们可能会期望，在实验中同时存在着具有说服力的理论假说和确切的定量预测。通常情况下，实验者发现预期的结果时，无论其与后来发现的实际情况是否契合，都会终结实验。实验是如何终结的？在提出这一疑问时，我们就被迫放弃了对实验结果的单纯描述，转向对仪器与理论的信仰，它们被隐藏在实验实践之中。我们发现哪些仪器是新型的、不熟悉的，哪些实际上是工匠之手的延伸。在约束实验的各个理论层面之中，囊括的信仰范围由包罗万象的形而上学原则到半途而废的详细模型。

---

① Deutsch, "Evidence," *Daedalus* (fall 1958): 88 - 98 on 97 - 98.

第 3 章

粒子与理论

一个接一个的粒子

如同对科学未来的大多数重大宣告一样，麦克斯韦的判断——实验永远不会就单一原子层面进行研究——被证实是错误的。确实，单个粒子的研究标志着物理实验领域的深刻变革：引入新的装置设备，将微观物理实体存在性相关的新辩论引入学科中来。“未来的科学史学家可能会将其记录为时代的一个突出特点，在过去的几十年间我们快速地获得了对单个和少量原子的研究能力。”一位当代观察家这样写道。卢瑟福(Rutherford)的电子计数设备和查尔斯·T. R. 威尔逊(Charles T. R. Wilson)的云室为逐一测量相互作用提供了途径。这些方法共同为“根本性的新型研究”打下了坚实的基础。[①]

---

① Andrade, *Atom*(1924), 285. 因一些不确定的原因，安德雷德也将阿斯顿在质谱学方面的研究成果作为研究单个原子的一种方法。

为了探寻这一“新型”实验研究，我们需要再一次将目标对准实验集群。此时关注点在宇宙射线上，它和放射现象的存在使物理学家不得不面对单个粒子的本质：它们是什么？如何互相影响？最明显但引起反响最弱的一个问题是：海平面宇宙射线的基本构成成分是什么？两种实验传统给出的解答揭示出了部分早期发现的“粒子”的结构。它也将阐明，对新型实体的信任判断是处于实验和理论预期的不同层面。

我们将再次涉及旋磁研究中探讨的一些主题，但此时实验室环境已变得更为复杂。我们将试图了解，不同的理论层面在这些实验结束过程中到底扮演了何种角色，如广泛使用的狄拉克(Dirac)和汤川秀树(Yukawa)的高级理论，甚至罗伯特·密立根基于宗教的推断等。需要纳入考虑范围的特定模型还有很多，较爱因斯坦的绕轨电子理论而言更为复杂。随着成群的实验者们对实验进行整合，为了获得实验结论进行三角测量，实验工作也变得更加复杂。就连实验装置的复杂程度也有了提高，触发云室及其感光子系统的计数器开始由真空管电路阵列控制。

考虑到实证工作中新技术的精密性，论证后物理学家对论证组成部分意见不一也就不足为奇了。比如，μ 介子是海平面宇宙辐射的主要构成部分，若欲了解它的发现时间，获得的答案将是杂乱无章的。吉尔伯托·贝尔纳迪尼(Gilberto Bernardini)认为，“μ 介子是大部分宇宙射线产生的一种特殊电离碎片，1929 年玻特(Bothe)和科赫斯特(Kolhörster)在实验中发现了它的存在”。[①] 约翰·惠勒(John Wheeler)认为尼尔斯·玻尔和 E. J. 威廉姆斯(E. J. Williams)的理论研究，连同卡尔·D. 安德森与赛斯·内德梅耶的实验确证共同在

① 费米实验室举办的国际研讨会上的文章，参见 Bernardini，“Discovery”；(此处参考第 1 页)；随后布朗和霍德森对文章进行了概括，参见 *Birth* (1983).

1936 年"证实了介子的存在"。[①] 相比之下,布鲁诺·罗西认为,安德森、尼德美尔(Neddermeyer)、杰贝兹·科里·斯特里特和爱德华·卡尔·史蒂芬孙在"1937 年发现了 μ 介子"。[②] 斯特里特本人则将其归功于约翰·F. 卡尔森(John F. Carlson)和 J. 罗伯特·奥本海默,两人在 1937 年首次主张可能存在新型粒子,其质量在质子和电子之间。[③] 亚伯拉罕·派斯(Abraham Pais)在粒子物理学起源相关文章的开端表示,塞西尔·鲍威尔(Cecil Powell)在 1947 年发现了介子。[④]

这五位卓越的物理学家在回顾本学科的当代核心事件之时,对其诞生时间的看法竟然相差 18 年。这些实验是何时结束的? 只有在对 20 世纪二三十年代的理论和实验假说进行重构之后,才可能了解这一看法差异产生的原因。在此过程中,战前的实验研究图景将逐步浮现出来,展示出实验实践与理论之间的关系,我们将获得较旋磁研究中所获的更为深入的了解。针对实验是如何结束这一问题,其中包含了比优先次序争论更为迫切的问题——至少对论证以外的问题而言十分迫切。问题正在于对这一含义的理解:实验家获得结论称,他们发现了微观物理学世界中的新物质。

同前一章一样,我们首先由实验装置谈起。麦克斯韦明确地拒绝对单个原子进行研究,因此任何人在习惯了他所形容的那种 19 世纪的工具组合之后,都自然会认为盖革计数器十分新奇。即便如此,麦克斯韦对科学装置的分类仍然适用于实验的新纪元。然而,现在能量的来源不再是火焰与灯光照明,而是放射性材料或宇宙射线。粒子探测器,尤其是云室,同过去的指示器不同,无需指向刻度盘上的数字。在带电粒子

---

① Wheeler,"Men and Moments," in *Nuclear Physics* (1979),242.
② Rossi, *Cosmic Rays* (1964),109.
③ Street, "Ray Showers," *J. Franklin Inst.* 227(1939): 765 - 788.
④ Pais,"Particles," *Phys. Today* 21(1968): 24 - 28.

以任意轨线通过时，它的响应次数非常多，原则上讲是无穷大的。

20世纪30年代，基础物理学的兴趣点转移到了宇宙射线装置上，在装置尺寸和费用方面并无太大的变化。按照惯例，研究人员以不同的方法在试制车间制造盖革计数管，并非所有的计数管都有明确的说明：使用自来水冲洗3次、蒸馏水冲洗1次，将硝酸（HNO_3）与硫酸（H_2SO_4）以1∶3配比后再次清洗，然后在120度条件下烘干，烘干后以特殊的形式密封等。其主要成本仅仅是物理学家或技术人员所花费的有限时间。费用较贵的是精心制造的云室。1938年，哈佛大学的物理学家们在“大型”云室[①]上花费了500美元（1 500美元）（见图3.1和

图3.1 斯特里特的云室。斯特里特和史蒂芬孙在研究中使用该仪器，引领了μ介子的发现。斯特里特和他的学生们在最后的实验中制造了一个更大的木质云室。来源：Street and Steuenson, “Design and Operation,” *Rev, Sci. Instr.* 7 (1936): 349.

① Lyman, “Milton Fund,” January 1938, LP, file “Milton Fund.” Woodward, thesis (1935), 29.

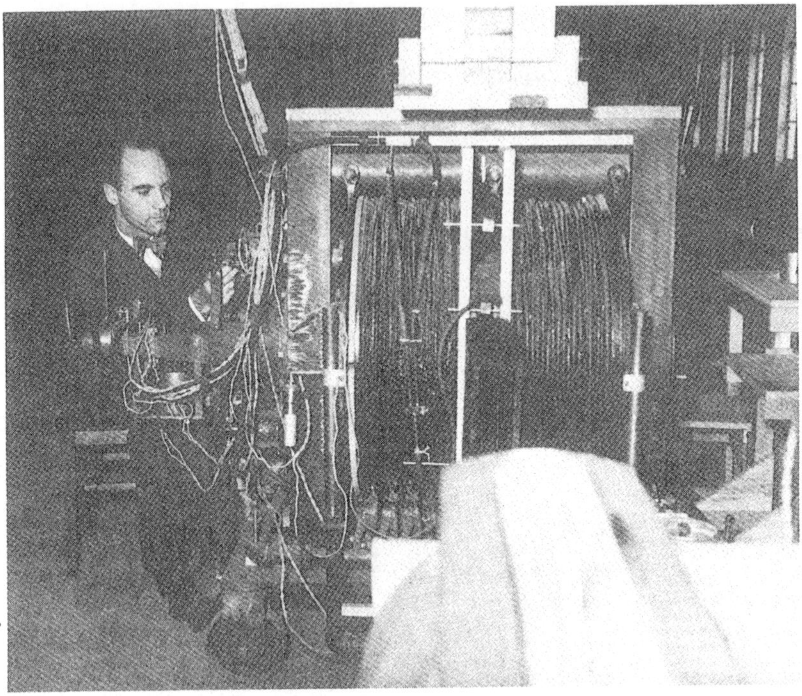

图 3.2 卡尔·安德森(Carl Anderson)与云室、磁体(摄于 1932 年前后)。图中显示聚光灯灯光穿过中部黑箱(位于电磁体的中心)照射入云室。该设备被安德森用于质子和 μ 介子的发现实验中。来源:Institute Archives, California Institute of Technology.

图 3.2)。斯特里特为宇宙射线探索配备设施的花销也不过如此:在 1933 至 1934 年间,1 个大型电离室、3 个小型电离室和 6 个计数器,合计约 800 美元(2 200 美元)。这些设备以后均可在其他实验中重复使用。①

这样的花销情况诠释出了许多美国实验室申请设备和提供资金支持的典型模式。斯特里特向实验室主管西奥多·莱曼(Theodore Lyman)申请 800 美元的资金,用于本人在一年内的研究。莱曼将申

① Lyman to Milton Fund, 21 June 1934; Lyman, "Applicalion," 6 January 1933; Dunham, "Expedition, 6, December 1932." All from LP, file "Milton Fund".

请书转递给弥尔顿基金，该基金是涵盖各所高等院校的资助型科研基金（见图3.3）。斯特里特需要的仅仅是莱曼手写的一封短信，说明项目的目的并简要解释其必要性：“康普顿教授和密立根得到的结果不一致，这表明学界内正深深期盼着对宇宙射线本质的数据积累。”这一请求获得了批准。

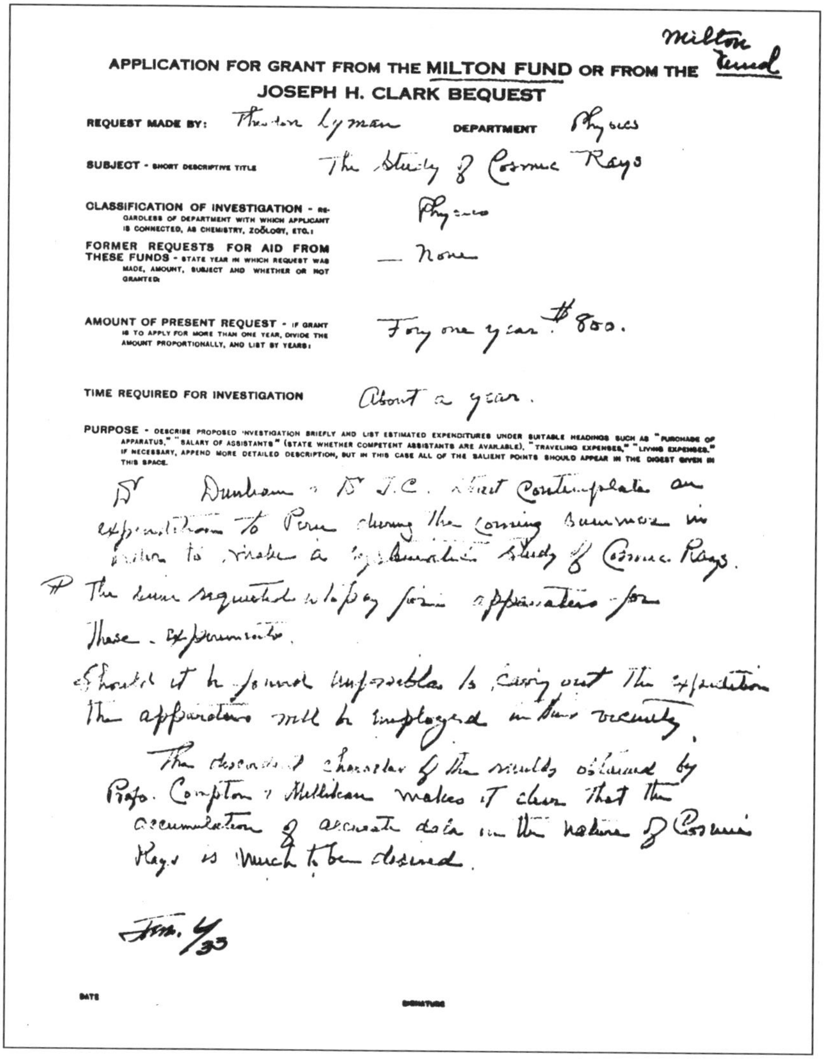
Milton Fund

APPLICATION FOR GRANT FROM THE MILTON FUND OR FROM THE JOSEPH H. CLARK BEQUEST

REQUEST MADE BY: Theodore Lyman　DEPARTMENT Physics

SUBJECT - SHORT DESCRIPTIVE TITLE: The Study of Cosmic Rays

CLASSIFICATION OF INVESTIGATION - REGARDLESS OF DEPARTMENT WITH WHICH APPLICANT IS CONNECTED, AS CHEMISTRY, ZOÖLOGY, ETC.: Physics

FORMER REQUESTS FOR AID FROM THESE FUNDS - STATE YEAR IN WHICH REQUEST WAS MADE, AMOUNT, SUBJECT AND WHETHER OR NOT GRANTED: — None

AMOUNT OF PRESENT REQUEST - IF GRANT IS TO APPLY FOR MORE THAN ONE YEAR, DIVIDE THE AMOUNT PROPORTIONALLY, AND LIST BY YEARS: For one year $800.

TIME REQUIRED FOR INVESTIGATION: About a year.

PURPOSE - DESCRIBE PROPOSED INVESTIGATION BRIEFLY AND LIST ESTIMATED EXPENDITURES UNDER SUITABLE HEADINGS SUCH AS "PURCHASE OF APPARATUS," "SALARY OF ASSISTANTS" (STATE WHETHER COMPETENT ASSISTANTS ARE AVAILABLE), "TRAVELING EXPENSES," "LIVING EXPENSES." IF NECESSARY, APPEND MORE DETAILED DESCRIPTION, BUT IN THIS CASE ALL OF THE SALIENT POINTS SHOULD APPEAR IN THE DIGEST GIVEN IN THIS SPACE.

Dr Dunham & Dr J.C. Street contemplate an expedition to Peru during the coming summer in order to make a systematic study of Cosmic Rays.

¶ The sum requested is to pay for apparatus for these experiments.

Should it be found impossible to carry out the expedition the apparatus will be employed in this vicinity.

The discordant character of the results obtained by Profs. Compton & Millikan makes it clear that the accumulation of accurate data on the nature of Cosmic Rays is much to be desired.

Jan. 6/33

DATE　SIGNATURE

图3.3　斯特里特宇宙射线研究经费申请，1933年1月6日由西奥多·莱曼提交至哈佛大学弥尔顿基金会。来源：LP. file “Milton Fund.”. 未经哈佛大学档案室允许不得转载。

大型电磁体的花费更加昂贵,宇宙射线物理学家们需要用它来使带电粒子偏转,进而确定其动量。如同斯特里特在 1934 至 1935 年的情况一样,此类大型辅助设备约需花费 1 000 美元(2 800 美元)。[①] 在之前的数年,安德森在美国西海岸地区组装了一台大型电磁体设备;英国的帕特里克·布莱克特(P. M. S. Blackett)购买了一块磁体,花费约 1 000 英镑(20 000 美元),随后该磁体被用于多项实验。[②] 严格说来,该项资金投入理应由使用了该设备的各个实验分摊。比如,在 μ 介子的发现实验中,斯特里特使用的磁体曾在之前的核磁共振研究中使用过。[③] 即便磁体的使用寿命仅能满足宇宙射线实验的整个使用过程,斯特里特的装置花费仍不足每年 2 000 美元(5 500 美元)。鉴于 20 世纪 30 年代时,绝大多数宇宙射线物理学家使用的工具仪器大体相同,如云室、电离室、计数器和磁体等,这一金额可以满足多种不同的特定实验安排需要。除硬件外,这些物理学家还购入了耐久性较低的物品和服务,以备高山和高纬度研究探测时使用。1934 年,斯特里特的秘鲁探测前期预算为 2 000 美元(5 500 美元)。[④]

由此可见,在 20 世纪 30 年代,宇宙射线研究装置的花费同 19 世纪 70 年代麦克斯韦学派的水准并无太大差别。实验的小规模性使其可重复、可移植,因此十分重要。宇宙射线实验通常必须在高山或不同经纬度地区进行。廉价的实验装置也使得学生们可以改造仪器,赋予实验部分的自动性和辅助性。这些特性与下一章中介绍的大规模实验所用的硬件设备形成了鲜明的对比。当然,实验规模并不代表一

① Lyman and Street, "Milton Fund. 8 January 1934"; Lyman to Jewell. 1 February 1934. All from LP, file "Milton Fund".

② J. G. Wilson, interview, 4 September 1985.

③ E. M. 珀塞尔,私人交流。

④ Lyman to Merriam 10 March 1933; Merriam to Lyman, 15 March 1933. All from LP, file "Merriam."这个资金由华盛顿卡内基研究所提供。

切,在实验家对研究结果的信任程度问题上,与单个原子过程相关的重要证据扮演了必不可少的角色。

密立根的宇宙射线研究

外太空辐射研究在德语中称为 Höhenstrahlung,它植根于放射现象、地球物理学和大气电学。20 世纪之初,英格兰及欧洲大陆的工人们发现,尽管他们已仔细进行了验电器绝缘处理,却仍不能完全避免漏电现象。为了发现大气和地磁放射性作用与这一放电现象间的关联,维克多·F. 赫斯将仪器装置带上氢气球,升到 16 000 英尺的高空,试图确定在不同高度条件下漏电现象的变化。他获得的数据显示,放电率随着高度的升高而升高。1912 年,赫斯做出结论称,这一现象并非由地球和大气造成,而是由“来自大气层之上的、穿透能力非常强的放射线”造成。[①]

一些物理学家在更高的大气高度上对赫斯的结论进行验证,而罗伯特·密立根等人着力推进了地面实验的进行。外太空辐射研究的观点同密立根长久以来对放射现象的兴趣不谋而合,在他看来放射线来自天外是一个绝佳的观点。凭借他贴切的命名能力,密立根为这一现象选择了“宇宙射线”这一值得纪念的名称,之后不久,他就开始了涵盖范围广泛的新型射线研究项目。由现在回顾来看,密立根对宇宙射线的许多看法有些许古怪,但是,它们奠定了理论和实验的基本法则。基于此法则,之后的安德森才得以进行研究。在安德森对正电子和 μ 介子的发现过程中,使用的装置类型和论证方式的建立都受到了这些假说的深刻影响,因此,我们需要对密立根项目中的理论和实验

① Rossi, Cosmic Rays(1964), 2;亦见 Brown and Hoddeson, *Birth*(1983).

构成加以了解。

在密立根成为安德森的研究生导师前的十年间,他已经为宇宙射线的研究确立了多项指导原则。首先,他认为宇宙粒子是自外太空进入大气层的各向同性 γ 射线。密立根对其他科学家的 X 射线研究进行了归纳,认为可以通过研究其吸收作用来测量射线的能量。[①] 当时已知的吸收过程有两种:康普顿散射和电离作用。康普顿效应是指光子与电子碰撞,而电离作用是指吸收的光子造成原子中的电子发射。密立根猜想,两种情况的速率仅仅基于光子能量和被穿透物体的密度。根据这些假说,辐射密度 x 作为深度函数,将随着吸收常数 μ 呈指数下降,μ 根据能量不同具有特定的特点。

$$I(x) = I_0 \exp[-\mu x] \quad (3.1)$$

等式中,I_0 表示吸收体的表面密度。宇宙射线能量的测量方法为:做出验电器测出的电离率与吸收厚度相关的曲线图,然后将不同斜率的指数曲线与被测曲线进行匹配,最适的吸收常数曲线即表示光子能量。

通过这种粗略的测量方式,密立根开始思考宇宙射线的来源。亚瑟·爱丁顿(Arthur Eddington)和詹姆斯·杰恩斯(James Jeans)[②]在之前就曾提出,天体中的质子与电子可能会互相消灭,产生硬性 γ 射

① 密立根和他的合作者在三部系列文章中概述了能量和宇宙射线方向的研究计划:Millikan and Bowen,"Origin I," *Phys. Rev.* 27(1926):353 - 361;Millikan and Otis,"Origin II," *Phys. Rev.* 27(1926):645 - 658;Millikan and Cameron,"Origin III," *Phys. Rov.* 27(1926):28(1926):851 - 868.在 X 射线著作中将本技术的类似物描述成一个标准程序,参见 Wheaton, *Tiger*(1983).

② Jeans, *Cosmogony*(1919), 286; Eddington, *Constitution*(1926), chap 11. 引用参见 Millikan and Cameron,"Creation of Elements," *Proc. Nat. Acad. Sci.* 14(1928):445 - 450;之后又被引用,参见 Millikan and Cameron "Interstellar Space," *Proc. Nat. Acad. Sci.* 14(1928):639。了解更多密立根早期关于放射性的想法可参考 Kargon, "Birth Cries," *Analytic Spirit* (1981).

线并向外辐射。[①] 1926 年，密立根和 G. 哈维·卡梅伦对这一观点产生了质疑，这是因为在此情况下 γ 射线的硬性将过高，反而说明核变化“并非在天体中进行，而是在太空星云物质中产生，即它穿透了深深的宇宙”。[②] 他们认为这种变化可能是以下三种情况中的一种：“一是轻原子原子核俘获电子；二是氢以外形成氦；三是某种新型核变化，如辐射在原子中的凝聚。”[③]这些假定有一个共同点，即物质脱离混乱状态，形成有序状态。虽然在首篇论文中此观点相对而言仍不成熟，但它是不久之后密立根所确立的原子构建假说的早期陈述，更夸张地说是“原子初诞生时的第一声啼哭”。

密立根和卡梅伦使用特别设计的验电器，继续进行吸收研究，在不同的高山湖泊处测量了深度函数——电离率(见图 3.4)。不久之后，两人对吸收曲线的准确性具有了十足的信心，基于他们在 1926 年曾详细解释过的吸收理论模型，将曲线用于宇宙射线能量详细频谱的确定。[④] 密立根称，他对参数与吸收曲线间匹配度的信心是通过离子化深度读数的平滑度来确定的。[⑤] 通过电离曲线的各个部分，两人将指数曲线同区间为 1 米的各个曲线段进行匹配，得出了吸收常数。[⑥]

两位实验家选择将吸收曲线分解为三条指数曲线的总和，每条对应一种固定的宇宙射线能量。他们认为，平均吸收常数 μ 在 11 m 处突然下降为 0.11 的情况，“很明显说明了在 $\mu = 0.2$ 和 $\mu = 0.07$ 间，宇

---

① 更多关于早期前量子力学聚变想法的信息，参考 Bromberg, “Particle Creation,” *Hist. Stud. Phys. Sci.*, 7(1976): 161 - 191, esp. 165 and 171ff.

② Millikan and Cameron, “Origin III,” *Phys. Rev.* 28(1926): 868.

③ Millikan and Cameron, “Origin III,” *Phys. Rev.* 28(1926): 868.

④ Millikan and Cameron, “Bands,” *Phys. Rev.* 31(1928): 921 - 930.

⑤ Millikan and Cameron, “Bands,” *Phys. Rev.* 31(1928): 926.

⑥ Millikan and Cameron, “Bands,” *Phys. Rev.* 31(1928): 927.

图 3.4 密立根将宇宙射线实验设备搬到了惠特尼山上(1925 年)。来源：Institute Archives，California Institute of Technology.

宙射线绝非连续分布”[①](见表 3.1)。为了获得表中的研究结论，密立根在一个湖泊的不同深度位置进行了电离率测量，将不同的指数曲线与他的数据进行匹配，最后宣称他获得了宇宙射线能量“带”的证据，该证据是在他提出原子起源假说之前积累起来的。需要注意的是水体深度单位是米的“等值”。因此，这一假说——宇宙射线吸收仅仅取决于物质质量，而非介质形态(浓缩态或气态)——成为了数据记录中

① Millikan and Cameron，“Bands，” *Phys. Rev.* 31(1928)：927.

不可分离的一部分。

表 3.1 宇宙射线能量频谱带证明数据

大气顶部下方水体深度(单位：米)	吸收系数 μ	大气顶部下方水体深度(单位：米)	吸收系数 μ
8.45—9.5	0.22	15—20	0.065
9.5—10.5	0.20	20—30	0.057
10.5—11.5	0.11	30—40	0.05
11.5—12.5	0.09	40—50	
12.5—15	0.07	50—60	

来源：Millikan and Cameron, "Bands," *Phys. Rev.* 31(1928)：927.

鉴于并无匹配曲线的唯一系数集，因此至少可以说密立根的实验过程是十分模棱两可的。由维克多·内尔(Victor Neher)保存的密立根手稿中我们可以发现，密立根在实验中获得了两个或三个吸收常数数值，从中选择了斜率最贴合的一个。[①] 如果能够审慎地选择连续吸收曲线段，并挑出一定数目的"基础"指数曲线，几乎就能够发现任何平均斜率，并就此得出结论：该斜率是由多条基本指数曲线组成。

密立根和卡梅伦分析了他们的实验结论，并于 1928 年 2 月 16 日"在完全没有理论指引"的情况下进行了展示。[②] 据两人说：

> 我们已经进行了前述的经验性分析，起草了论文……并在诺曼桥实验室举行的物理学研讨会上展示了详细的研究结果。关于"能量带是否存在"、"如存在那么会在哪里出现"等问题，我们的思维未受到任何认识的影响，完全保持了客观态度。(直到那时)我们才开始着眼于对其存在性或能量值进行理论证实的可

① 密立根未标日期手稿大约完成于 1928 年早期，现于加州理工学院，罗伯特 A. 密立根图书馆，档案资料，内尔论文，1.6 号架，架上标有"Electroscope No. 3."

② Millikan and Cameron, "Origin," *Phys. Rev.* 32(1928)：534.

能性。[①]

1928年4月23日，密立根在《物理评论》上发表了他的理论证明过程，并进行了详细解释。[②] 在文章中，他首先回顾了地球上和太空中所发现的、最丰富的元素的质量亏损。质量亏损是指原子质量与构成该原子的氢原子总质量间的差别。对于密立根所认为的相对较轻的元素而言，原子的质量较氢元素成分的总质量要轻，因此聚变过程中能量会释放出来。他特意使用了爱因斯坦的等式 $E = mc^2$，其中 m 为质量亏损，又借用了普朗克的公式 $E = h\nu$，确定了光的散射频率。密立根推测，撞击地球高层大气的宇宙射线是由这些光子构成，光子与空气相互作用后，在次级作用中才会产生其他的粒子。1928年，聚变过程的存在证据在于它显示了：首先，这些特定能量中光子具有的吸收系数同湖泊电离深度实验中得到的一致；其次，宇宙射线同太阳或其他天体无关；再次，光子由原子衰变中获得的穿透能力极少，以至于实验中无法加以阐明。

关于第一点内容，密立根和卡梅伦发现了理论和实验之间的非凡契合度。[③] 关于氧、氮、氦和硅元素（它们是地球上最丰富的、也是太空中最为常见的元素）的产生问题，两人发现了理论和实验间的一致性，见表3.2。两人使用实验中确定的吸收系数及当时的光谱数据，对地球及大气外元素的相对存在性进行研究，他们绘制了预测的宇宙射线光子吸收曲线图，并同实验进行了对照。对照结果再次显示出了高度的一致性。

---

① Millikan and Cameron, "Origin," *Phys. Rev.* 32(1928): 534.

② Millikan and Cameron, "Instellar Space," *Proc. Nat. Acad. Sci.* 14(1928): 637-641. Millikan and Cameron, "Origin," *Phys. Rev.* 32(1928): 533-557.

③ 密立根和卡梅伦在狄拉克方程式基础上用类似质量吸收定律公式替换了康普顿公式（修改后的公式用来描述光的质量吸收定律）。其他方面的吸收理论也是一样的。

表 3.2 原子构建过程

	实验值	理论值
氢聚变产生的氧和氮	0.08	0.08
氢产生的氦	0.30	0.35(湖泊与大气) 0.30(仅湖泊)
氢产生的硅	0.041	0.04
氢产生的铁	0.019	(同实验"不一致")

注：根据密立根的原子来源理论和相应的实验值进行的 γ 射线吸收系数计算。来源：Millikan and Cameron, "Origin," *Phys. Rev.* 32(1928): 533 - 557 from data on 540 - 546.

在当下看来，两名物理学家使用的基本宇宙射线粒子(光子)是不合适的，产生于并不存在的过程(单一步骤中氢原子自发聚合为氧、氮等)中，而后援引了不完整的吸收定律(忽略了电子对的产生和电子约束效应等)。然而，两人在大量数据中进行挑选后，成功地在他们的理论与实验数据之间进行了三次匹配。

在两人发表论文后不久，密立根收到了奥本海默自苏黎世寄来的信，看过信之后他的心情一定十分沮丧。毫无疑问，奥本海默已经秉着怀疑精神阅读了密立根摇摆不定的原子物理观点，并指出这一受到高度吹捧的能量测量值并不真实。他这样写道：

> 去年，当您试图对宇宙射线吸收曲线进行阐释时，曾询问我狄拉克公式的可信程度有多高。我是这样回答的：它们具有可信度，不可再进行大幅修改，除非物理方程式出现了根本性的改变。您现在肯定也知道了，我对该公式的信任是错误的，事实上该理论的根本方程式已经被改变了；硬性辐射的吸收系数也出现了相应的改变。新的方程式由克莱茵和仁科芳雄(Nishina)提出，在您感兴趣的研究范围内来看，吸收情况与在之前基础上计算出的值相差了 50%之多。①

① Oppenheimer to Millikan, 12 February 1929, MC, roll 23, file 22.1

在信件中,奥本海默还提醒密立根,即便是新的方程式也仅仅适用于自由电子产生的散射光,若涵盖进了核效应则可能需要更多的修改。一旦考虑到这些核效应,铅原子核附带的外部核电子同空气中原子核相关联的外部核电子的表现将大不相同。奥本海默带来的坏消息几乎未能阻止密立根对理论的继续坚持。密立根自加利福尼亚州寄出了回信:

> 在获知了狄拉克公式不再具有一年前我们所认为的证明能力之后,我确实感到有些遗憾,它同我们的研究曾是如此契合。但是,量上的契合仅仅是一致性的一部分,所以我并不认为我以前进行的阐释现在应该被舍弃。我们观察到的频率顺序与数值上是否有精确的量化契合并无关联,对此我不知道还有什么别的解释方法。①

1930 年,密立根继续试图将他的实验数据同克莱茵-仁科方程式进行匹配。②

"原子初啼"背后的信念

密立根和卡梅伦于 1926 年发表的论文是密立根之后数年一直不懈追求的主题的早期展示。除了他周围的学生和同事之外,这一理论几乎无人认可,那么该理论为何对他具有如此大的吸引力? 几方面的因素在其中起到了作用。在初诞生理论的发展中,密立根对原子核结构和元素转变(或进化)的早期兴趣起到了何种作用,罗伯特·卡巩(Robert Kargon)曾进行了阐释。③ 罗伯特·赛德尔(Robert Seidel)

---

① Millikan to Oppenheimer, 11 March 1929, MC, roll 23, file 22.1.

② 1966 年 C. 韦纳对安德森的采访。副本收藏于纽约美国物理学会。

③ Kargon, "Birth Cries," *Analytic Spirit* (1981).

认为，在20世纪20至30年代早期之间，密立根提出的观点引人注目，对于宇宙射线研究的支持基础而言，具有十足的诱惑力。①

另一方面的因素也必须被考虑在内：密立根的宗教思想与他的元素起源理论间的联系。密立根同亚瑟·康普顿(Arthur Compton)、亨利·罗兰(Henry Rowland)、埃德温·肯布尔(Edwin Kemble)等其他当时的美国物理学家一样，也是牧师的儿子。实际上，密立根认为自己所受的宗教教育对之后的人生而言至关重要，在余下的人生中，他的著作中一再显示出了这一主题：尝试在对上帝的信仰与对科学的探究之间进行调和。用他本人的话来说，“一个有思想的人若真正理解了科学与宗教的含义，就会明白实际上两者之间并无抵触，于我而言这一点是很明显的、无可争辩的”。②

密立根在其撰写的《科学与生活》(*Science and Life*)一书中，曾有过以下的表述，这也是他在这些问题上的典型观点：

> 在世界史中，曾出现过两次重大影响，它们将美德变成了上帝观念中的突出特点。第一次影响是拿撒勒的耶稣，另一次是现代科学的发展，尤其是进化论的发展。③

因此，“进化”在密立根的思想中占据了独一无二的地位。密立根通过它不仅了解了达尔文进化论的盲目变异和选择性保留，而且对更为普遍的、适用于有机和无机研究领域的发展概念具有了一定的认识。广泛传播的美国式用法推广了生物学概念，使其与社会和智力变化方式相融合，对进化的阐释可以轻易地与此用法达成一致。因此，密立根将达尔文捧上了物种进行性变化之发现者的神坛时，这位《物

---

① Seidel. thesis (1978). esp. chap. 7. “Cosmic Rays.”关于密立根和工业家们的热烈讨论，参见 Kargon, *Rise of Millikan*(1982).

② Millikan, *Science and Life* (1924), 43. 亦见 Kevles, “Millikan,” *Sci. Am.* (January 1979): 142 - 151.

③ Millikan, *Science and Life* (1924), 59.

种起源》(*Origin of Species*)的作者却将自己的荣誉分给了伦琴、居里夫人和发现元素进化的亨利·贝克勒尔(Henri Becquerel)。[①]

密立根认为,反射性衰变这一发现的重要性在于,它说明了宇宙中的某处正发生着逆过程,阻挡了热力学"热寂"理论的传播。"热寂"现象是讨论的热点,指宇宙的熵达到最大值后,整个宇宙冷却,所有生命消失。密立根在1912年写道:"使用镭和铀时只能发现衰退结果。但是几乎可以确定,这些元素一定还在某处以某种形式继续形成着。在某个星体上的实验室里,可能正在进行着这些元素的组合。"[②]密立根一再辩称,正如上帝会介入动物进化的进程一样,上帝也会介入元素的进化过程。有机和无机进化促进了"进入思想世界的发展理念",互相协助着开辟了宗教思想的最高阶段。[③]

在密立根和卡梅伦"建立"了宇宙射线能谱之后,在1927至1928年的两年间,他们转向了对量化方法的改进。密立根把这一研究阶段比作1910年前后对电子电荷的精确确定时期。[④] 因此,这些前期实验值得进行简略的检查。密立根曾使用铀对云室里的空气进行电离;喷入云室的油滴获得了电荷。施加强电场后,油滴的降落速度减慢,甚至会转为上升。了解了雾滴降落定律和电场强度之后,密立根可以得到e值。在改进了实验之后,每次连续运行的精确度均较之前得到提高。毋庸置疑的是,在初诞生理论的背景下,这些精细的改进在密立根提出实验时已经在他的头脑中形成了。

---

① 对密立根而言,这种无机演化的推论并不特殊;比如,埃丁顿也有类似猜测。Bromberg, "Particle Creation," *Hist. Stud. Phys. Sci.* 7(1976): 161–191, note 39, and Kargon, "Birth Cries," *Analytic Spirit* (1981). 更多关于美国文化泛化"进化论",参见 Hofstadter, *Social Darwinism* (1959).

② Millikan, "Radium," talk, Washington, reprinted in *Science and Life* (1924), 27–28.

③ Millikan, *Evolution* (1973), 81.

④ Millikan and Cameron, "Bands," *Phys. Rev.* 31(1928): 922.

但是，密立根继续深入进行了油滴研究工作。针对“密立根和菲力克斯·埃伦哈弗特(Felix Ehrenhaft)对电荷是否具有连续性”这一争论，杰拉尔德·霍尔顿在其分析文章中表示，密立根的油滴实验中不仅包括对电荷相关技术问题的争论，也包括对方法学和哲学问题的争论。[①] 密立根支持原子理论，在总体上也支持自然界颗粒性质的看法。相比之下，当时维也纳大学的副教授菲力克斯·埃伦哈弗特对原子理论表现出了愈加强烈的反对态度。[②] 除了这一分歧外还存在着另一个问题：密立根表示“发现”了电子；他的方法务实，信奉的理念是实用主义。在欧内斯特·马赫(Ernst Mach)和安顿·兰帕(Anton Lampa)之后，埃伦哈弗特将电子的“本体”问题搁置一边，倾向于仅通过预测值来判断假说。

密立根广泛的方法论假设带来了实验物理学的直接结果。由于坚定信仰的力量，他未将同电荷原子假说不一致的测量值纳入考虑范围中。因为观察条件不够理想，他并未采用部分油滴数据。比如，若一滴油滴的可观测时间较短，不足以记录下较佳数据，则相对于长而谨慎的操作而言，受到的重视程度较低。但是在其他情况下，对不采用某次操作的理由并无明确解释，实验结果与平均值 e 相差较大，足以使它们被摒弃。鉴于许多“失败”的操作都是由特定的原因(电池故障、雾化器失灵、对流)引起，密立根有时可以假设装置并未工作，或假设观察到的现象本身就是“背景”效应；他曾在手册中记录下了“$e=4.98$ 一值说明它不可能是油滴”。[③]

由此，密立根的务实态度对他的实验物理学研究造成了直接影

---

① Holton, “Dispule,” in *Imagination* (1978), 25 - 83. 另一个关于密立根对数据处理的讨论，参见 Franklin, “Oil Drops,” *Hist. Stud. Phys. Sci.* 11(1981): 185 - 201.

② Holton, “Dispute,” 78 - 79.

③ Holton, “Dispute,” 69.

响。他认为自己测量的是真正电子所带的电荷：当他得到的电荷同其他测量值大相径庭时，他会将其归因于其他原因。根据其他假设进行研究的物理学家可能会将这样的测量值认作是可靠数据。回顾看来，密立根所做的部分数据选择貌似是有问题的。但是，即便他像竞争对手埃伦哈弗特一样，将所有测量值都囊括进考虑范围内，面临的结果也将是同样的：每个可预想到的 e 值都同样具有大量几乎无效的数据。从爱因斯坦-德哈斯效应情况来说，武断地宣布“实验方法”并无裨益，密立根面临着一个选择：忽略所有引起混乱的预期，或者死板地追随前期观点、使实验者无法发现新的结果。在这种情况下，密立根充满经验的眼光发挥了重要的作用。他的 e 值证明了物理学具有无边际的应用范围，而埃伦哈弗特对一切结果的严格记录最终却一无所获。

鉴于密立根早期的成功，我们可以了解到他对宇宙射线能量离散能带的迷恋。他认为自己对宇宙射线的研究将要达到一个足以同后来的油滴实验相比拟的时期，该时期是指一个实验阶段——他希望能带的离散是来自背景作用，如同 17 年前原子电荷概念的清晰化一样。此外，在密立根早期的方法论规则中，我们可以发现一些线索：他对很容易显现的、原子核的直觉模型的支持，以及对高度抽象的、唯心的量子力学及其波函数和非交换代数的反感。这样的考量必定与密立根为自己和同事规划的谨慎、务实的项目相距甚远。因此，奥本海默对约束效应和克莱茵-仁科方程式的高级理论无法动摇密立根的信念，也就不足为奇了。

实用性、宗教性、方法论的和科学性兴趣的集合将密立根同初诞生理论的基本宗旨紧密联系在一起。但是反对意见开始逐渐增多了。有一个人可以直接被密立根加入他的直接防御名单中，这个人就是他的博士生卡尔·安德森。

竞争的装置与理论

安德森本科就读于加州理工学院，在毕业前的1927年就开始了云室研究。在1930年递交的X射线光量子空间分布主题的博士论文中，也包含了云室研究相关内容。[①] 完成博士学位学习后不久，密立根建议这位年轻的物理学家发挥自己在云室方面的专业知识，研究由进入地球大气的“初生”γ射线释放出的微粒辐射能量。[②] 密立根希望这些实验可以为宇宙光子的初始能量提供较吸收实验中所获的更佳的数据。正如当时密立根由奥本海默的信中了解到的一样，入射光子能和吸收之间的关系并不清晰。密立根一定也曾期望过，安德森在云室实验中观察到的次级电子能够显示出假设的、初始宇宙射线光子的能带结构。[③]

为了得到测量值，安德森制造了一台强力电磁体，其中可以装配云室（见图3.2）。[④] 云室感光片很快开始产生正粒子。1931年11月3日，他向密立根报告了这一发现，并评论称结果表明了“正粒子和电子的存在，说明核衰变由宇宙射线引起”。他认为这些正粒子是α粒子或质子，通常情况下，正粒子和电子会同时自原子核中喷射出来。最后，安德森报告了“至少一个实例中出现了三种粒子的同时喷出”。在信件的最后，安德森展望了未来的研究，断言称“头脑中立刻出现了对这些效应具体细节的百种疑问……这个领域内有希望获得巨大的收获，毫无疑问，一个基本性质的许多信息将从中产生。”[⑤]

---

① Anderson, thesis (1930).

② Anderson, "Early Work," *Am. J. Phys.* 29(1961): 825.

③ Anderson, "Early Work," *Am. J. Phys.* 29(1961): 825.

④ Anderson, "Positive and Negative," *Phys. Rev.* 44(1933): 406-416.

⑤ Anderson to Millikan, 3 November 1931, MC, roll 23, file 22.3.

1932 年,安德森和密立根共同发表了首次宇宙射线云室实验的研究结果。[①] 两人认为,正粒子是质子,是核衰变的产物。由此,在康普顿散射效应和光电发射之后,他们引入了对物质吸收射线过程的新解释。密立根之所以能认可原子核在光子吸收过程中的作用,在部分程度上可能是听取了奥本海默信件中的评论意见。但是,两人发表的原子核结构相关探讨文章仍然具有严格的非量子力学性质。两人保留了原子核的可视化理念:电子和质子被束缚在一起,因为高能光子的作用产生偶然释放。若密立根对原子相关的新型量子力学研究怀有反感之情,则他将保持对原子构建理论的忠诚性。在共同论文的结尾处,作者重复了密立根在 1926 年的主张,在此基础上添加了对观察到的核衰变的评论:"简言之,就一切情况而论,假设轨迹产生原因是质子或电子,那么在所有观察到的碰撞中,十分之九产生了能量,能量的范围在爱因斯坦公式计算结果和原子构建假说结果之间。"密立根对自己的理论深信不疑,以至于他推测另外"十分之一"的、216 兆电子伏特(MeV)以上的"次级"质子和电子可能原本就明显具有能量,只是在云室湍流中消失了而已。[②] 安德森在回忆录中写道,他曾强烈主张存在更具能量的粒子,但是主张的结果以失败告终。[③]

之后不久,安德森最大程度地减少湍流,改善云室内的光照情况,成功获得了更为清晰的感光片。较佳的曲率和电离密度的测量值说明,他可以更为精确地确定粒子的能量。从安德森的手册《轨迹目录 1 - 947》(*Track Catalog 1 - 947*)中,我们可以了解到他对每张云室感光片的最初印象。他最初的兴趣点单纯在于技术层面:轨迹是否足

① Millikan and Anderson, "Energies," *Phys. Rev.* 40(1932): 327.

② Millikan and Anderson, "Energies," *Phys. Rev.* 40(1932): 327.

③ Anderson. "Positron," in Brown and Hoddeson. *Birth* (1983). 亦见 1982 年安德森的访谈。

够长(到可以被测量的程度)? 弯曲程度是否“过度”或“不足”? 若粒子能量较低,并因磁场作用产生“过度”弯曲,则安德森仅仅能判断它是否是质子。若轨迹可测量,则他可以研究粒子的特性:轨迹之间是否“具有关联”? 它们是“喷射”过程吗? 可以穿透铅吗? 具有散射性吗?[①]

在冲洗感光底板时,安德森开始猜想光电离现象说明了正粒子较质子要轻,但是他和密立根在数据解释的问题上产生了不一致。安德森辩称,正粒子质量较轻说明它们是上行的负电子,这与它们的光电离结果相符,但是密立根认为“人们都知道宇宙射线粒子是下行而非上行的”,因此粒子是下行的质子。为了解决这种经常出现的“热烈讨论”[②],安德森在云室中放置了一块铅板,粒子在经过铅板时会损失一些能量,同时显示其离开方向,在该方向上曲度也会增加。

1932 年 8 月 2 日,安德森在仪器中安装了 6 毫米厚的铅板,使用 1 600 安培电流泵激磁体,然后拍下了 20 张照片。按照顺序他一张张地加上了备注:“碰撞?”、“穿透铅板?”、“自铅板向下喷射?”、“能量降低”、“自铅板向上喷射?”可测量的轨迹仅是一少部分,在“备注”栏鉴定文字的后面大多数都带着问号。在 75 号轨迹(见图 3.5)感光片上,安德森第一次在轨迹编号边标注了星号,选中了“可测量”栏后,又填上了两个星号,这样写道:“* 穿透铅板(thru Pb.)表示能量改变或双喷射。* ”双喷射说明实验结果可以这样解释:正粒子和负粒子同时释放,释放方向相反。两种可能性均说明安德森所面对的是一种新的基本物质。

---

① 卡尔·安德森的私人文件被安德森收集在加利福尼亚理工学院,参见 Anderson, “Track Catalog 1 - 947.” 关于湍流,参见 1966 年韦纳对安德森的采访;副本收录在纽约美国物理学会。

② Anderson, “Early Work,” *Am. J. Phys.* 29(1961): 826.

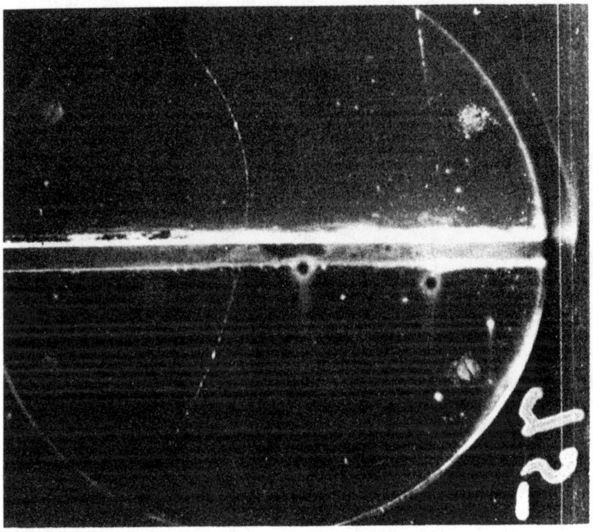

图 3.5　1932 年 8 月 2 日安德森所做的正电子实验，75 号感光片。安德森在轨迹记录中写道："穿透铅板（thru Pb.）表示能量改变或双喷射"。这表明他开始对两种可能性进行考虑：一是正电子由下至上运动，在经过铅板时失去能量；二是光子使一个正电子和一个负电子由原子中喷射。第二种可能性清晰地阐明了，安德森的思考并非基于狄拉克的电子对理论。来源：Institute Archives, California Institute of Technology.

在之后的几周里，安德森继续搜寻更多的结果，发挥了云室相关的研究经验，挑选出可用的轨迹，虽然他仍然无法解释这些不可用轨迹的来源："中部色线并非轨迹"、"铅板上两条异常色线"、"有问题的色线"等。有时他可以对背景轨迹的出现原因进行解释："电离化过重，散射效果较差，可能是质子。"一些有效的轨迹由于难以测量（曲率"较小"），被安德森明确摒弃了。1932 年 8 月 27 日，他将 180 号结果认作是两个相关联的可测量结果，包含"喷射"并标记为"正＋负电子"，记录中显示出了一定的确信度。两天后，他将 253 号轨迹注上星号，标记为图像清晰而具可测量性，肯定是"（三级过程）导致的两次次级"过程。

在这样的准备基础上，安德森在当年 9 月 1 日撰写了一篇简短的文章，并投稿给《科学》（*Science*）杂志。文章中介绍了三条轨迹，提供了对轨道的其他解释方法，但他认为这些方法在小质量正粒子假说面前都会黯然失色。比如，他对 75 号轨迹进行了详解，提出了四种分析法，其中的后两种是全新的、不值得考虑的，故而在他的笔记中没有呈现。四种分析分别为：①正粒子穿透铅板；②喷射两种粒子，一是电子，一是小质量正粒子；③20 兆电子伏特的电子通过铅板时获得 40 兆电子伏特；④两个相互独立的电子轨迹（在完全偶然的情况下）处在完美的位置，看起来类似于穿透轨迹。前两种分析支持新型粒子的存在，第三种分析违背了能量守恒定律，而最后一种在“概率基础”上“可能性极低”，而且光电离排除了质子的可能性，因此安德森对带有电子质量的正粒子这一分析表示赞同。①

在之后的几个月里，帕特里克·布莱克特和朱塞佩·奥基亚利尼（Giuseppe P. S. Occhialini）对安德森的结论表示肯定。② 卡文迪什实验室的研究人员认为，正电子观点与狄拉克电子对观点间具有自然的符合性，即真能高能光量子产生一个正电子和一个电子，并非像密立根和安德森所称的那样——粒子是由原子核中喷射出来。

问题的关键并不在于理论在一组实验中发挥了作用，而在另一组实验中则恰好相反。当然，安德森使用了初诞生理论来推进实验，通过质子与电子间的不一致来刺激铅板。即便是安德森笔记中使用的“喷射”的分类范畴也反映出了原子核及其组成部分的观点。但是，安德森同当时的其他英国物理学家不同，对狄拉克的相对论性量子力学

---

① Anderson, “Positives,” *Science* 76(1932): 238 - 239; Anderson, “Electrons,” *Phys. Rev.* 44(1933): 406 - 416.

② Blackett and Occhialini, “Photographs,” *Proc. R. Soc. London, Ser. A* 139 (1933): 699 - 720.

高级理论未加考虑。

然而,安德森观察到的正负电子数目几乎相同,因此很快就了解并暂时接受了布莱克特和奥基亚利尼对正电子来源的解释——电子对观点。[①] 但是,对密立根的研究方向还是有必要进行肯定的,在 1933 年 6 月提交的论文中,安德森以这样的鼓励之语作为结尾:

> 海平面初级宇宙射线束……存在于大部分的光子中,这是密立根教授多年以来一直持有的观点,现在又出现了另外的支持性事实:已发现 ThC"的硬 γ 射线同宇宙射线一样会产生正电子。[②]

正如预想的一样,密立根对此表示赞同。但是他对狄拉克的电子对观点仍不认可。1933 年,密立根主张"(正负电子)轨迹均是在原子核衰变时即时出现的"。[③] 这里并未涉及狄拉克的理论。密立根简单地引用了安德森的能量测量值,作为初级宇宙射线是光子的"最完整证据"[④]:安德森已然证明了绝大多数的被测粒子带电小于 6 亿伏特,这一结果同"初诞生"光子观点是匹配的。

由多个方面看来,密立根理论貌似可以同新发现以及之前的一系列成功成果互相融合。另一个成功也貌似可以归功于初诞生理论:密立根使用配备有自记录式验电器的气球进行了试验,气球最高升至 16 千米高空。密立根在 1931 年 11 月的巴黎演讲中断言,此次测量说明了电离率在 9 至 16 千米范围内达到最大值,"若穿透大气层的射线是(γ)射线,则这正是我们所期待的。γ 射线在与其次级射线达到平

---

① Anderson, "Electrons," *Phys. Rev.* 44(1933): 406 - 416.
② Anderson, "Electrons," *Phys. Rev.* 44(1933): 415.
③ Millikan, "New Techniques," *Phys. Rev.* 43(1933): 662.
④ Millikan, "New Techniques," *Phys. Rev.* 43(1933): 662.

衡之前必然会穿透一定的大气厚度”。[①]

在高层大气中电离作用的程度具有上限，因此密立根部分结论的出现也是必然。若大气层中的粒子通量达到峰值，则初始射线一定产生了次级射线。然而，在数年间这一点虽然并未被接受，但初始射线是质子而非光子。另一个具有高度争议性的观点支持了密立根的光子主张：他的研究小组并未发现“纬度效应”的证据。地球周围环绕着磁场，磁场超出了大气层的范围，延伸至宇宙空间中去。因此，若初始宇宙射线粒子带电，它们将会自近赤道纬度向两极方向偏转。反而言之，若像密立根认为的那样，初级粒子是（中性的）光子，则将不会出现这样的地理变异。密立根和他的同僚们多次试图对“纬度效应”进行测试，比如将马尼托巴省丘吉尔市的宇宙射线通量同加州帕萨迪纳市的通量进行对比。直到1931年，他们还是未能发现纬度效应“一丝一毫的证据”，密立根再次庆祝了原子构建假说的成功。[②] 但是亚瑟·康普顿并非如此。

密立根和康普顿的关系由友好变为整个世纪最激烈的公开科学争论的双方。由密立根一方的资料文件看来，很明显两个人都卷入了争论之中，甚至对彼此的科学笃实性进行了诋毁中伤。两名诺贝尔得主被卷入“狗咬狗的混战”（密立根有时这样称呼这次争论）之中，观战的新闻媒体从这样的景象中取乐，将其登载为头版新闻。[③] 为了赶超密立根及其同僚的纬度效应研究，康普顿同一个开展大型宇宙射线密度地理考察的小组进行合作。在投稿给《物理评论》的通讯文章中，[④] 他们宣称，纬度效应确实存在并且十分强烈，排除了密立根的观点：

---

① Millikan, “Rayons,” *Annales de l'Institut Henri Poincaré* 3(1932): 452.

② Millikan, “Rayons,” *Annales de l'Institut Henri Poincaré* 3(1932): 452.

③ *New York Times*, 5 February 1933, 1, cited in Kevles, *Physicists*(1978), 242.

④ Compton, “Geographic,” *Phys. Rev.* 43(1933): 387 - 403.

所有海平面带电粒子都是地球大气中的次级产物。①

康普顿的挑战并不是密立根面临的唯一难题。1929 年,瓦尔特·玻特(Watther Bothe)和沃纳·科赫斯特(Werner Kolhörster)进行的实验可能对初诞生理论造成了毁灭性的影响。② 两人并未将关注点集中在不同位置的验电器的放电率上,而是希望直接发现射线的本质。为了这一目的,他们利用了最新发明的盖革-穆勒计数管,它本质上是一个大型的柱形电容器,其中含有一个空心圆柱体传导器,沿中轴带有导线。计数管和导线间具有高电位恒差。当带电粒子穿过空气时,部分原子产生电离。由于导线和管壁之间的电势梯度,离子迅速开始移动,使碰撞到的部分原子被电离。在离子产生传递效应时产生了大量电流,仪器开始放电。随后会出现电流浪涌,可以通过验电器等途径表现出来。

玻特和科赫斯特计划使用两枚盖革-穆勒管,分别连接到一台验电器上,管之间用金块隔开。若计数管同时放电较预期随机放电情况更频繁,则明确证明单个带电粒子通过了中间的铅板。获得这一结论的首要困难在于,对两台验电器的简单观察所能提供的时间分辨率较差。然而,1929 年玻特和科赫斯特对他们的数据十分相信,认为自己已经证明了宇宙射线中包含穿透性的带电粒子。

在此可以发现将玻特和科赫斯特称为“μ 介子发现者”的依据。

---

① 因为主要光子可能会击倒来自星际物质的电子,密立根后来声称他的理论也承认某种程度的纬度效应。正如他在 1932 年 11 月底给康普顿的信中所言,“在没有以任何形式修改我曾经写的任何东西的情况下,我能够承认一些赤道纬度效应的可能性,这样,加上无自相矛盾的实验结果,我们才能出现在大众面前。”参见 Millikan to Compton, 30 November 1932, MC, roll 23, file 22.18.。尽管如此,直到 1936 年,密立根才评论了内尔的结果“即使根本没有纬度效应,但也要使它看起来有,有一点点也是可以的。”参见 Millikan to Neher, 12 September 1936, MC, roll 24, file 22.15。内尔曾经是密立根在加利福尼亚理工学院的博士生学生,在 1936 年时,成为物理讲师。

② Bothe and Kolhörster,“Höhenstrahlung,” *Z. Phys.* 56(1929): 751.

需要注意的是他们的论证战略远大，后文中我们还将多次了解到这一点。其中存在着一种背景或模仿过程——此种情况下表现为独立粒子"偶然"触发计数器时的可测量率。实验者说明了符合计数率超过偶然率，证明了它们的信号盖过了背景。在后文中，我们将看到其他的物理学家们在新的背景条件下重新进行"已终结"的研究案例，这些案例并不是由独立事件引发的。

20 世纪 20 年代末，在佛罗伦萨进行研究工作的布鲁诺·罗西对这一来自德国的结论表示了赞同。罗西对玻特和科赫斯特的研究产生了兴趣，他来到了玻特的实验室，努力对他们的实验进行改进。[①] 罗西在技术上的独创性贡献是真空管电路，仅在向电路同时施加两次或更多脉冲后，该电路会释放出一次脉冲。[②] 这正是宇宙射线研究中需要的仪器，在改造之后，"符合电路"成为了实验物理学中使用最为广泛的工具。罗西将三个计数管连接到了符合电路上，使得只有具有垂直路径的带电粒子才能使三个计数管放电，由此记录仪器记下该事件。通过插入不同数量的铅板，他得以对德国结论进行再次确认，确定性大大提高：某些粒子穿透了 1 米厚的铅板。[③]

微粒宇宙射线这一激励性观点和伴随而来的计数器实验对密立根而言是一种诅咒。"两年以来我一直在指出，"1933 年 2 月他进行了这样的抨击，"以我的判断而言，这些计数器实验从未真正测出任何物质的吸收系数。"[④]因此，该年年末罗西获得了研究结论后，密立根一直想要以公开发表的形式进行回应。

1933 年 12 月，安德森与密立根通力合作，撰写了对计数器-微粒

---

① Rossi, interview, 5 September 1980.

② Rossi, "Counters," *Nature* 125(1930): 636.

③ 罗西的成果总结参见"Korpuskularstrahlung," *Z. Phys.* 82(1933): 151 - 178.

④ Millikan, "New Techniques," *Phys. Rev.* 43(1933): 663.

学说的反驳文章。[①] 在文章中,罗西发现次级粒子是在初始粒子穿过时出现的;次级粒子同初始粒子的不同之处在于其穿透程度较为平均,约为1厘米。(回顾一下会发现,凭借这一事实初始粒子可以被认为是一种新型粒子,次级粒子被认作是电子。鉴于各种原因,这一确认花费了近五年时间。)安德森和密立根也意识到了次级粒子簇射的存在。他们连同当时的博士后学生尼德美尔(Seth Neddermeyer)和研究生皮克林(William Pickering),将该事实同这一重要的实验观察联系起来:粒子簇射的数量增多至多能穿透约1~1.5厘米的铅板。这一点在别处也很容易进行确认。但是,这四位加州理工学院的作者继续推断,粒子簇射的数量会随着铅板厚度的继续增加而增加。四位科学家总结称,罗西发现的巧合:

> 总体而言,并非由一个带电粒子穿透两个计数器和中部铅板引起的,很可能是由这一机理引起的:光子沿着运动路径或在路径附近陆续释放大量的不同种类粒子,这些粒子几乎同时对两台或更多验电器产生不同的作用,这才是观察到的巧合现象的产生原因。[②]

为了巩固己方立场,几位物理学家重申了密立根之前曾多次援引的、早于量子力学理论的原子核结构观点:正电子和电子位于原子核中,受到γ射线的碰撞后会喷射出来。他们称实验中发现的负粒子大大多于正粒子,因此实验对相对论性量子力学产生了不利影响。他们曾表示:

> 正如布莱克特和奥基亚利尼所解读的一样,(这一发现)貌似与狄拉克理论(电子对产生于入射光子)很难相容,强烈地指明了

① Anderson, et al., "Mechanism," *Phys. Rev.* 45(1934): 352-363.
② Anderson, et al., "Mechanism," *Phys. Rev.* 45(1934): 352

某种核子反应的存在，在反应中原子核的作用不仅仅是催化剂，而是更加活跃的角色。①

由此，密立根的宇宙射线观点之上笼罩了两朵乌云。首先，狄拉克的电子对理论与之前的物质粒子吸收理论产生了矛盾，布莱克特和奥基亚利尼的研究明确地支撑了狄拉克的观点。② 其次，计数器和符合电路在玻特、科赫斯特以及罗西的实验装置中具有基础性的作用。由于电子对理论的影响，密立根在实验结论和能带理论间获得的一致性变得不堪一击。与之相反的实验说明了宇宙射线对物质的深层穿透力，对密立根海平面宇宙射线为光子的观点构成了威胁。

安德森、密立根、尼德美尔和皮克林对罗西、狄拉克、布莱克特和奥基亚利尼的研究进行了多方面的挑战，这也是密立根理论最后的坚持，虽然密立根本人一直没有放弃，在生命的最后时光里仍不懈地进行着理论改进。在密立根等四人的论文中，对密立根过去十年间一直强调的观点进行了最后一次重申：非量子性原子核、核电子和光子是初始宇宙射线的组成部分。但是他们构建的堡垒中正面临着多处坍塌。在之后的几个月里，狄拉克的电子对、纬度效应、高能电子和穿透微粒的观点均得到了广泛的认可。不久后，连安德森也公开背弃了密立根的初诞生理论假设。

验证量子力学

密立根和他的同僚、学生们并不是唯一一个对宇宙射线和相关问题感兴趣的研究小组。欧洲的物理学家们也进行了十分艰难的理论

---

① Anderson, et al., "Mechanism," *Phys. Rev.* 45(1934): 363.

② Blackett and Occhialini, "Photographs," *Proc. R. Soc. London*, *Ser. A* 139(1933): 699 - 720.

和实验研究,尤其是相对论性量子力学,它带来了带电粒子高能反应可以被理解的希望。试图描述高能粒子的量子理论家包括保罗·狄拉克、沃尔夫冈·泡利(Wolfgang Pauli)、沃纳·海森堡(Werner Heisenberg)、尼尔斯·玻尔、马克斯·玻恩(Max Born)和汉斯·贝特等,大多集中在哥廷根大学和哥本哈根大学。由于相对论性量子力学的实验性检验通常体现在高速电子和光的问题上,宇宙射线实验成为了新物理学的一个试验场,另一个试验场自然是光谱学。

宇宙射线实验家们的争议点是穿透射线和普通低能带电粒子——电子和质子——之间的关系。高能射线可能是这些带电粒子中的一种吗?这取决于电子和质子在高速状态下的状态,因此在对宇宙射线穿透性质的判断实验中,快速带电粒子理论必定是不可或缺的一部分。本节将对中间计算的作用进行形象地举例,由于它并不是总括级别的理论,物理学家将其称为"现象的"理论。它关注的是实验家应该获得的发现。在这种情况下,通过理论家的计算,实验家能获得的不仅是对比实验结果的数值;这一计算对现象与基本理论实体间的联系进行了根本性的重新整理。

关于对高能粒子的恰当理论解释,学界进行了最为广泛的猜测。比如,1936 年海森堡和泡利专注于对激进理论的发展,将一种基本长度标度引入到了物理学中。他们的研究最终推进了对汤川秀树[①]和恩里科·费米(Enrico Fermi)1934 年非电磁量子力研究的理解。尽管他们对此赋予了较高的期望值,最小长度观点仍然不是量子场论和宇宙射线实验工作中的主流。[②]

---

① Brown,"Yukawa's Meson,"*Centaurus* 25(1981):71-132;亦见 Wheeler,"Men and Moments,"and Bethe,"Happy Thirties,"in R. H. Stuewer, ed, *Nucleur Physics* (1979).

② Cassidy,"Showers," *Hist. Stud. Phys. Sci.* 12(1981):1-39.

量子论对宇宙射线实验的微粒说造成了直接影响，这也是笔者的关注点之所在。与其他理论问题相比，粒子探测的设计和阐释中心尤其集中在——快速带电粒子穿透物质时的能量损失问题上——由玻尔到贝特的思路扩展。这一问题塑造了 20 世纪 30 年代中期量子电动力学危机的理论背景。

快速重带电粒子揭示了原子的结构。卢瑟福破坏原子核时使用的是 α 射线。在卢瑟福实验室，年轻的玻尔对 α 射线进行了研究，阻止研究最终回归“旧”量子论。① 但是，对原子结构和光谱而言，玻尔于 1913 年至 1915 年间进行的吸收研究不仅是一块敲门砖。实际上，之后数年对粒子本质的确认尝试都是建立在带电粒子具有穿透物质特性的基础上。正如我们将了解到的一样，在对此的认可中这一基础性尤为显著——宇宙射线的穿透能力是由一种新粒子带来的。

玻尔提出了一种清晰的经典近似方法，使用它来计算 α 粒子的能量损失。② 如图所示，他的分析内容如下③：带电粒子由较重的原子核中散射出来时运动方向会改变，但损失的能量极少。反而言之，高动量带电粒子自原子电子中散射出来时，几乎不会因撞击而离开原始轨迹，但是会损失能量。因此，在探讨能量损失问题时，需要考虑的仅仅是带电粒子和原子电子间的碰撞。

---

① Heilbron, “α and β,” *Arch. Hist. Exact Sci*. 4(1968): 247 - 307. 对于玻尔著作的探讨和作用以及其与玻尔原子理论发展的关系，参见 Heilbron and Kuhn, “Bohr,” *Hist. Stud. Phys. Sci* 1(1969): 211 - 290, esp. 237ff.

② Bohr, “Decrease,” *Philos. Mag*. 25(1913): 10 - 31, and “Swiftly Moving Particles,” *Philos. Mag*. 30(1915): 581 - 612.

③ 玻尔借鉴了汤姆森和达尔文早期的著作。参见 Thomson, “Electrified,” *Philos. Mag*. 23(1912): 449 - 457. Darwin, “Theory,” *Philos. Mag*. 23(1912) 901 - 20. 亦见 Heibron, “α and β,” *Arch. Hist. Exact. Sci*. 4(1968): 247 - 307, Heilbron and Kuhn. “Bohr,” *Hist. Stud. Phys. Sci*. 1 (1969): 211 - 290.

此后,玻尔的论证被分为两个部分。① 一方面他说明了带电粒子和原子电子间的远距离交会仅会产生较少的能量转移。通过傅里叶(Fourier)对抛射电场的分析,玻尔证明了他的观点,即他展示了如何将电场视为简易平面波的总和。若认为原子电子被束缚于其原子核中,如同简谐振子一般,则问题将简化为经典电动力学的运动。玻尔可以将各个平面波分量的能量转移作为带电谐振子进行计算。通过对各个平面波的贡献进行求和,玻尔说明了远距离交会引起的总的能量转移量较小。

玻尔又分析了抛射体和原子电子间的近距离交会。假设抛射体与电子近距离交会,则在这短暂的时间里电子不会出现明显的移动。问题被简化为了抛射体对自由电子的影响作用。仅当抛射经过时间短于电子振荡时间时,这一估计是有效的,即:

$$b_{\max} \sim \frac{\gamma v}{\omega} \tag{3.2}$$

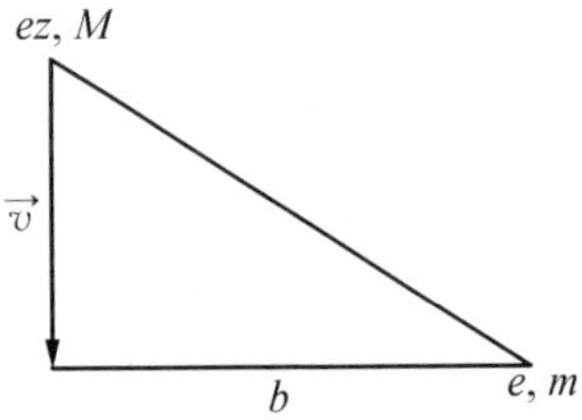

图 3.6 高速抛射和原子电子间近距离交会的示意图。

其中 $\gamma = (1-\beta)^{-1/2}$, $\beta \equiv v/c$,c 表示光速,v 表示抛射速度,ω 为电子轨道频率,$b_{\max}$为近距离交会的外边界。图 3.6 对这一问题进行了阐释。碰撞参量 b 是抛射体与电子间的最近距离;e 和 m 表示电子的电荷和质量,ez、M 和 v 分别表示抛射体的电荷、质量和速度。

在近距离交会中,若电子在抛射体经过过程中没有大幅度移动,

① 详细讨论参见 Bohr,"Decrease,"*Philos*, *Mag*. 25(1913): 10 - 31. 亦见 Jackson. *Classical Electrodynamics* (1975),619ff. , and Ahlen, "Energy Loss,"*Rev. Mod. Phys*. 52.(1980): 121 - 173. Cf. Wheeler. "Men and Moments,"in R. H. Stuewer. ed. , *Nuclear Physics* (1979): 242ff.

则抛射开始和结束的方向上所受拉力相等，沿抛射运动方向的动量传递将为零。因此，受垂直于抛射运动的电场 $E_\perp$ 的作用后，电子开始加速。粒子与电子间距离最近（距离 b）时，$E_\perp$ 取极大值，因此得出结果：

$$E_{\perp_{\max}} \sim \frac{\gamma e z}{b^2} \tag{3.3}$$

我们将抛射体对电子的有效影响时间 Δt 大致等同于抛射经过距离 b 所用的时间：

$$\Delta t \sim \frac{b}{v\gamma} \tag{3.4}$$

则传递至原子电子的动量 Δp 为：

$$\Delta p = \int_{-\infty}^{\infty} eE_\perp(t)dt \sim 2eE_{\perp_{\max}}\Delta t = \frac{2ze^2}{bv} \tag{3.5}$$

据此得到：

$$\Delta E = \frac{(\Delta p)^2}{2m} \sim \frac{2z^2e^4}{mv^2}\left(\frac{1}{b^2}\right) \tag{3.6}$$

b 为零时该等式结果为无穷大。为了避免这一情况，我们使用了同估算相一致的较低的截止点；电子在 Δt 时间内反冲程度大大小于 b 时，我们的估算才能继续有效。因此，若 $\Delta p/2m$ 表示电子碰撞时的平均速度，且 Δt 约等于 $b/v\gamma$，表示碰撞时间，则：

$$b \gg \frac{\Delta p}{2m}\Delta t = \frac{ze^2}{\gamma m v^2} \equiv b_{\min} \tag{3.7}$$

用 $1/(b^2+b_{\min}^2)$ 替换 $1/b^2$，则 ΔE 为有穷数。若 N 表示原子密度，Z 为单个原子中的电子数，我们可以对 b 的所有允许值进行积分。

$$\begin{aligned}\frac{-dE}{dx} &= 2\pi NZ\int_{b_{\min}}^{b_{\max}}\Delta Ebdb \\ &= \frac{2\pi NZz^2e^4}{mv^2}\int_1^B \frac{1}{b}db \qquad (3.8) \\ &= \frac{4\pi NZe^4z^2}{mv^2}\ln B\end{aligned}$$

则

$$B = \frac{b_{\max}}{b_{\min}} = \frac{\gamma^2 mv^3}{Ze^2\omega} \qquad (3.9)$$

实际上,同小幅度修改的简化版相比,玻尔的分析更为谨慎。之后(1925年)R. H. 福勒(R. H. Fowler)使用自旋电子取代了玻尔的振荡电子,得出了与玻尔相似的结论。①

根据玻尔旧的量子论建造的更为复杂的原子模型会错误地导致阻挡能力变小,G. H. 亨德森(G. H. Henderson)提出,若欲遵守玻尔模型需要保证电子仅能接受离散能量。② 若经典转移处于两次许可的能量转移之间,则亨德森认为量子电子仅能吸收其中较少的能量。并无合理的理论原因来支持对剩余的经典能量进行处理,余下的量必定会被忽略。回顾来看,这一提议违背了能量守恒定律,貌似并不尽如人意,但是在1926至1927年量子力学充分发展之前,可选的余地很小。

J. A. 冈特(J. A. Gaunt)运用量子力学这一新型理论工具,对该问题进行了重新研究,以经典的方式对待抛射物,以量子力学的方式看待原子。③ 但是,为何不以量子力学的观点来看待整个抛射和原子系统?

---

① Fowler, "Theoretical Study," *Cambridge Philos. Soc. Proc.* 22(1925): 793 - 803.

② Henderson, "Decrease," *Philos. Mag.* 44(1922): 680 - 688.

③ Gaunt, "Stopping Power," *Cambridge Philos. Soc. Proc.* 23(1925 - 1927): 732 - 754.

两方面的论证均支持以完全的量子力学方式来研究能量损失。首先，若抛射体具有确定的动量（若计算的能量损失有意义，此动量必定存在），则根据海森堡的测不准原理，它不可能具有确定的位置。因此，使用碰撞参量——电子与抛射体之间的一定距离——的概念无法有效地描述碰撞。其次，在量子力学中，对初始状态的描述仅能确定终态的统计分布。因此，对抛射体与电子间能量转移这类的过程无法进行确定描述，只能以两方均有波动的平均值来体现。若欲讨论量子力学的难题，则需要掌握玻恩、费米等人新研究出的近似技术，并熟悉当时的量子电动力学知识。贝特当时两者兼备。

在与物理学的最初接触中，电子穿透物体问题占据了贝特大部分的理论研究时间。1926 年跟随阿诺德·索末菲（Arnold Sommerfeld）进行研究时，索末菲交给他一个任务：对晶体电子衍射中某些异常现象进行解释。[①] 索末菲还建议与 X 射线晶体衍射情况进行类比。这一建议帮助性非常大，在之后的十年间，对电子散射和光的类比是贝特研究工作的显著标志。

运用了光波原理之后，贝特转向了更为彻底的量子力学分析，并将研究结果写入了博士论文中。在研究中贝特再次与 X 射线的晶体衍射进行类比，尤其是参照了保罗·艾沃德（Paul Ewald）对 X 射线散射的论述。取得博士学位后，贝特先后去往法兰克福和斯图加特市，艾沃德在斯图加特大学担任理论物理学教授一职。后来，他将在该大学进行的研究称作是自己最重要的研究，是“对快速微粒辐射穿透物质理论的研究”。[②]

1934 年，贝特又撰写了相对论相关的后续论文，在这两篇论文中，

---

① Bernstein, *Bethe* (1980), 20.

② Bernstein, *Bethe* (1980), 25. Bethe, "Theorie," *Ann. Phys.* 5(1930): 325 - 400.

他将玻恩的近似技术应用于薛定谔方程,用以研究原子电磁势对路过电子的影响。在论文写作和之前的研究过程中,贝特展示出了带电抛射体和物体光散射之间极大的相似性。表 3.3 中是对两者间对比的简要概括。①

1930 年秋,贝特提交了研究结果,之后不久他来到英国剑桥大学,在那里同布莱克特一同进行了探讨。在此之前,布莱克特一直将精力投注于宇宙射线实验,他鼓励贝特对带有一定能量的电子在物质中的穿透深度进行计算,以便实验家们进行验证。② 次年费米将贝特带到了罗马,在那里将他的能量损失研究工作扩展到了相对论性粒子问题上。③

与此同时,E. J. 威廉姆斯和卡尔·弗里德里希·魏茨泽克(Carl Friedrich von Weizsäcker)将玻尔的碰撞参量方法推上了极限。④ 如同之前的冈特一样,他们通过经典的抛射进行估算。两人的创新在于简化了解释说明的内容,由此散射过程的物理学特性得以显现出来。他们的分析同贝特的精确计算是一致的,而且十分简单,因此理论物理学家们期盼着通过实验家们的努力能尽快加以确证。

表 3.3 贝特对光和电子的类比

带电粒子散射	光散射
弹性散射 ① 抛射方向改变,速度未出现显著变化 ② 原子电子的激发无变化 ③ 干扰效应较为重要	相干散射 ① 光子波长无显著变化 ② 静止的靶粒子 ③ 干扰效应较为重要

① Bethe, "Theorie," *Ann. Phys.* 5(1930): 325 - 326.

② Bethe, interview, 11 December 1980.

③ Bethe, "Bremsformel," *Z. Phys.* 76(1932): 293 - 299.

④ Williams, "Nature of Particles," *Phys. Rev.* 45(1934): 729 - 730; Williams, "Applications," *Proc. R. Soc. London, Ser. A* 139(1933): 163 - 186. Weizsäcker, "Ausstrahlung," *Z. Phys.* 88(1934): 612 - 625.

（续表）

带电粒子散射	光散射
抛射体的非弹性散射	光子的不相干散射
① 抛射方向变化较小，抛射速度出现显著变化	① 波（光子）方向变化较小，波长出现显著变化
② 靶原子的激发或电离	② 靶原子加速（拉曼散射或康普顿散射）
③ 抛射波干扰不重要	③ 电磁干扰不重要
韧致辐射	光电效应
原子场中电子伴随辐射减速	电子自原子中被激发，光子被吸收

量子论失败

但是实验家们无法做到万众一心。贝特聆听了在慕尼黑举行的密立根“初诞生”理论演说，但在他看来演说“很明显毫无意义”。[①] 他认为布鲁诺·罗西使用盖革电离计数器进行的新实验前景更佳。贝特应罗西之邀来到佛罗伦萨，两人就宇宙射线物理学近年来的实验和理论发展情况进行了探讨。[②]

1932 年末，贝特在图宾根找到了工作。同德国其他地区一样，在这座城市中纳粹党人开始越来越频繁地游行、集会、示威，以扩大势力。次年 4 月，《纳粹公务员法》（*Nazi Civil Service Laws*）等法律法规开始实施，剥夺了犹太人担任政府工作的权利。不久后贝特决定移居国外，到英国曼彻斯特大学任职。[③]

来到英国后，贝特时常到剑桥大学参加每月一次的物理研讨会，

① Bethe, interview, 11 December 1980.
② Bethe, interview, 11 December 1980.
③ Bernstein, *Bethe* (1980), 38. 有关 20 世纪 30 年代核物理学家的移民情况，参见 Stuewer, “New World,” *BerWissenschaftsgesch* 7(1984): 23 - 24.

参会的物理学家还包括布莱克特、约翰·考克饶夫(John D. Cockcroft)、鲁道夫·皮尔斯(Rudolf Peierls)和 W. 海特勒(W. Heitler)等。[①] 正是在这一系列的探讨中,海特勒展示了自己的研究成果,他首次利用了狄拉克电子对的有效截面,停止了物质中的快粒子。[②] 令人惊讶的是,海特勒发现,随着能量的增加截面呈对数型增加。这样的变化不应被忽视,否则考虑到能量的不断增长,相互作用的可能性将成为无限大。在给玻尔的信中,海特勒这样写道:"这很自然地说明了,对极高的能量而言这一理论是错误的。"[③]

实验方面的证伪结果也对理论产生了威胁。海特勒使用其研究结果计算了单位厘米内的能量损失,之后他又称:

> 理论貌似与实验并不一致。另一方面,能量大于 $137mc^2$ 时,我们就无法期待理论能给出正确结果。这是因为能量波长小于经典电子半径 e^2/mc^2,而且狄拉克的波动方程大概也不再适用了。[④]

海特勒的论证意味着:"经典电子半径"被定义为球半径 r_0,球表面所带电荷为 e,因此电场中存储的能量 E 等于静止电子的能量,即 mc^2。若电子所带能量多于 $137mc^2$,则德布罗意波长小于 r_0,如此一来,同任何人都能做出的合理期望相比,需要更多的理论支持。

听取了海特勒令人沮丧的口头介绍之后,贝特开始怀疑,宇宙射线实验中的能量损失分歧与增大的截面是否都能通过这一点进行解释:内部电子会对原子电磁场造成屏蔽效应。[⑤] 也就是说,环绕原子

---

① Bethe, interview, 11 December 1980.

② Heitler, "Stössen," *Z. Phys.* 84(1933): 145 - 167; Heitler and Sauter, "Stopping," *Nature* 132(1933): 892. 在海特勒的工作之前,贝特仅考虑了两个制动过程:电离/激发和核散射。随着入射能量不断增加,这两种过程不大可能会出现。

③ Heitler to Bohr, 16 October 1933. BSC, file 20. 3.

④ Heitler and Sauter, "Stopping," *Nature* 132(1933): 892.

⑤ Bethe, interview, 11 December 1980. 贝特认为,更弱的(经筛选的)核电场会使入射粒子辐射少于预计——粒子因此可以进而穿透物质。

核旋转的电子可能会对原子核正电荷进行有效补偿，使经过的带电粒子与“裸露”的原子核间发生相互作用的可能性降低。1934年2月底，贝特和海特勒共同提交了带电粒子穿过物质时能量损失的计算结果，其中包括屏蔽效应和电子对产生时的情况。[①] 他们的一阶运算避免了高阶无穷结果的出现。这一运算是典型的一阶的、相对论性的正确近似计算，具有20世纪40年代末理查德·费曼(Richard Feynman)、朱利安·施温格(Julian Schwinger)和弗里曼·戴森(Freeman Dyson)重构前的量子电动力学特征。

贝特和海特勒的两种计算表达对应着两种可能的过程(见图3.7)。通过与贝特之前的研究结果加以对比，两人说明了“初始能量较高时辐射造成的能量损失理论值过大，不可能与安德森的实验相容”。[②] 如同海特勒之前所推论的那样，贝特和海特勒观察到电子的波长不可能小于经典电子半径，由此试图说明量子论极限的合理性：

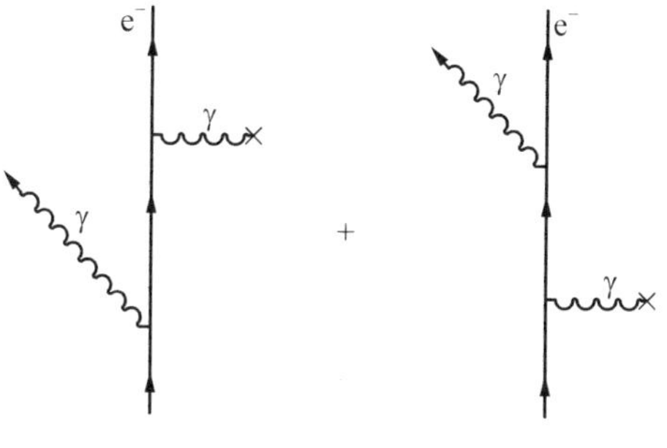

图3.7 电子自电势中散射出来并辐射出光子的两种形式。电子和原子间交换的γ射线象征着与电势和原子电子间的相互作用。可能是电子首先作用于原子，而后辐射出光子，或者电子首先进行辐射，而后再与原子产生相互作用。这两种表达对量子力学计算起到了帮助性作用。

① Bethe and Heitler, “Stopping and Creation,” *Proc. R. Soc. London, Ser. A* 146 (1934): 83 - 112.

② Bethe and Heitler, “Stopping and Creation,” *Proc. R. Soc. London, Ser. A* 146 (1934): 103.

> 普通量子力学将电子视为点电荷，在这样的情况下我们无法期待这一理论还能适用。快电子的能量损失情况确实证明了这一观点，因此它也是量子力学因为原子核以外的现象出现明显瓦解的首个范例，这一点十分有趣。我们认为，对量子电动力学的构建而言，快电子的辐射将成为最直接的试验方式之一。①

1934 年 10 月，英国伦敦和剑桥举行了一次国际会议，宇宙射线是会上讨论的重点议题。与会的物理学家包括原子构建假说的拥护者密立根、鲍恩、内尔，以及虽然已离开密立根阵营但仍继续寻求对宇宙射线吸收系数和能量进行测量的安德森和尼德美尔。出席会议的还有贝特，他主张全盘使用量子论对宇宙射线吸收这一物理现象进行探讨。对微粒宇宙射线研究进行过最大幅度推进的罗西也出席了会议。

在伦敦的会议上，安德森和尼德美尔将他们的实验结果同新的量子计算，而非密立根的原子构建理论进行了比较。在会前不久，在投稿给《物理评论》的文章摘要中他们曾这样断言：

> 宇宙射线电子经过铅板或碳板后产生的次级电子的能量测量值……说明在实验不确定度范围内，次级负电子(电子)的能量分配与卡尔森和奥本海默给出的理论截面计算出的分配是一致的。②

即便是这一大幅度的契合也未能持续长久。安德森和尼德美尔在伦敦会上巩固了他们的结论，由此最先对量子电动力学在之后数年遭遇的众多理论危机起到了促进作用。两人认为，“上述的(吸收)数据证明了较大的辐射损失的存在，也是能量范围 100 兆电子伏特以上的理论公式崩塌的强有力证据。”③但是，安德森私下向贝特表示出了他对

---

① Bethe and Heitler, “Stopping and Creation,” *Proc. R. Soc. London, Ser. A* 146 (1934): 104 - 105.

② Anderson and Neddermeyer, “Energy-Loss,” *Phys. Rev.* 46(1934): 325.

③ Anderson and Neddermeyer, “Fundamental Processes,” *Nuclear Physics* (1935), 181.

理论与实验间一致性问题更具调和性的判断。在1935年6月7日写给贝特的信中，安德森这样评价了他与尼德美尔的实验：

到目前为止仍不完善、不够精确，对理论公式之正确性的支撑证据也并不多。对于100兆电子伏特以下的电子能量而言，理论和实验间并无严重冲突，但是对于更高的能量值而言，公式得出的吸收值就过高了。[①]

在做出这一评论的时期，唯一可用的公式并未考虑到内部电子产生的核屏蔽问题。在会后添加的补充说明中，安德森和尼德美尔发现，即便是贝特-海特勒理论（囊括了屏蔽效应）也预测称辐射损失"太大以至于无法与我们的实验数据相符，虽然迄今为止数据中测量准确的情况较少，但仍无法获得满意的对比结果"。[②]

这次会议集合了多个实验小组和多位感兴趣的理论家，因此不同的小组间不得不面对并接受彼此的研究结果。理论家们再也无法期待安德森的数据会同量子电动力学理论达成一致。实验家们发现，若再将穿透射线认作是电子，则将会与理论间出现矛盾。与此相反，他们的压力在于对这一点的证实：穿透粒子是质子而非电子。质子质量较大，在磁场中倾斜度较小，因此会与高能电子十分相似。这是E. J. 威廉姆斯得出的结论，贝特和康普顿也持同样态度。[③]

但是，安德森和尼德美尔提醒在场的人们质子假说同另两个结论也是相互冲突的：首先，假设初始宇宙射线由质子构成，那么在计算次级电子能量分布时，计算出的分布与测量情况是不一致的。其次，若初始射线是质子，其中部分质子在水平方向上穿透大气层后，应该

---

① Anderson to Bethe, 7 June 1935, BC, box 3.

② Anderson and Neddermeyer, "Fundamental Processes," *Nuclear Physics* (1935), 181.

③ Williams, "Nature of Particles," *Phys. Rev.* 45(1934): 729 - 730; Compton and Bethe, "Composition," *Nature* 134(1934): 734 - 735.

降落在海平面高度,能量也会减至较小的值。而且,在高能条件下很难对正电子和质子进行辨识,在低能量条件下它们的特殊宽轨会使辨识变得更为容易。因此,低能质子重要数据的任何缺失貌似都会引起对质子假说的更多反对意见。

这一难题的解决并不容易。正如安德森和尼德美尔所阐明的一样,实验与理论处于冲突状态:

> 以上的考量具有统计属性,有必要收集更多的数据。这样的考量倾向于支持这一观点:绝大多数的海平面高能宇宙射线粒子具有电子质量。若未来有更多的数据可以证明这一观点的正确性,那么当下的电子引发辐射损失理论很明显不适用于极高能量范围。①

两人的言论为量子电动力学的命运画上了句号。

但从现在的观点来看,可以说安德森对 μ 介子的存在已经有了短短一瞥。毕竟安德森和尼德美尔已然说明了辐射组成成分不可能是电子,因为这与理论相违背,也不可能是质子,这与实验相违背。但是,若我们不忠实于这些当时人们认为是合理的可选解释,我们对实验如何结束的讨论就意义全无了。当时可选的解释其实只有两种:一是量子力学是正确的,该粒子是质子;二是量子力学不正确,那些粒子是电子。前一种可能性貌似已经被排除了。但是没有人提出粒子可能是一种新的粒子。量子电动力学接受了高能条件下的试验。② 结

① Anderson and Neddermeyer,"Fundamental Processes" *Nuclear Physics* (1935),182.

② 在低能量时,查德威克、布莱克特和奥基亚利尼的结果以及安德森的早期结果被安德森视为"结合以表明奥本海默和普莱赛特以及海特勒和索特在诠释所获得的 2.6 MeV. 光子能量结果的过程中发展的狄拉克理论的成功"。参见 Anderson and Neddermeyer,"Fundamental Processes,"*Nuclear Physics* (1935),183. 安德森与密立根一起写的早期论文中,他们评论了布莱克特和奥基亚利尼的著作,并支持密立根关于核正电子和电子哧射的初诞生理论。参见 Anderson, Millikan, Neddermeyer, and Pickering,"Mechanism,"*Phys. Rev.* 45(1934): 352 - 363.

果以失败告终。

听取了安德森和尼德美尔在讨论会上的意见后，贝特立刻认定了这些实验对于贝特-海特勒理论而言并不是好兆头。在会后的讨论阶段，他给出了这样的赞扬之辞：

> 对于理论物理学而言，安德森和尼德美尔的宇宙射线电子穿透铅板实验具有极大的价值。他们说明了在10^8伏特左右的能量范围内，大部分的电子能量损失是由(γ)射线而非碰撞引起的。因此，就超出这一范围的能量而言，量子论明显是错误的。①

贝特总结称，未来的实验将有必要主要集中在确定量子论出现明显失效时的准确的能量值分界点。

贝特对量子论看法的改变引起了德国人的重视，魏茨泽克、海森堡和其他物理学家也继续着对宇宙射线的相关研究。1934年12月，魏茨泽克向贝特进行了质询：

> 您现在真的相信$E>137mc^2$这个辐射公式吗？就这一点而言，我觉得安德森在伦敦所做的报告并不是很清晰，但是您曾与他本人进行过交流。在此期间，您发表了一篇评论，从中看来您现在貌似主张(对贝特-海特勒理论)进行计算。但是我不能确定这样的逆转是部分性的还是全局性的。②

对于贝特而言，想要承认量子电动力学已然崩坏肯定并不容易。在他看来贝特-海特勒理论是一次巨大的成功，这正是因为它避开了多位物理学家更具“哲学性”的反对意见，这些意见是源于较能量损失测量而言实际性更低的问题。尤其是奥本海默，在得出能量损失具体测量

---

① 讨论参见 *Nuclear Physics*(1935),250.

② Weizsäcker to Bethe, 5 December 1934, BC, box3. 贝特的“逆向理论”是这样的：会议后不久，他和康普顿总结：假如宇宙射线明显包含有质子，那么纬度效应、东西效应和穿透粒子全部都可以得到解释，因而量子电动力学也可得到证明。参见Comptom and Bethe, “Composition,”*Nature* 134(1934): 734–735.

值之前他就对理论表现出了担忧。1932 年正电子被发现之后,许多理论家对狄拉克理论进行了再次检验,对其给出的解答给予了比以往更为严肃的对待。1933 年春,玻尔在加州理工学院进行了演讲,并同奥本海默一起就电子对的产生相关问题进行了探讨。① 在演讲之后,奥本海默曾在笔记中记载称自己在研究量子电动力学,在当年 10 月给其弟弗兰克·奥本海默(Frank Oppenheimer)的信中,也表示过自己仍在继续着这一研究。②

在 1933 年秋天,奥本海默确定狄拉克理论具有重大缺陷。他在给乔治·乌伦贝克的信中写道:"我认为,在应用于电子半径数量级的波长时,辐射理论方法给出的结论完全是错的。"③正如 1934 年 6 月对其弟透露的那样,奥本海默对物理学已经不抱希望了:

> 你一定也知道,中微子一直阴魂不散,哥本哈根的同僚违背一切证据、确信宇宙射线构成物是质子,玻恩提出了完全不可量化场论,还有正电子发射方面的难题,人们根本无法精确计算出任何数值,理论物理学现在真是糟透了。④

奥本海默对量子论的现状陷入了深深的悲观中,安德森在伦敦会上展示研究结果之前即是如此。1934 年 11 月,安德森展示了这些最终数据后,奥本海默以《高能射线吸收公式是否正确?》为题向《物理评论》投稿。⑤ 针对文章题目中的问题,他本人给出了响亮的否定答案。他

---

① Smith and Weiner, *Oppenheimer* (1980),161.

② Oppenheimer to Bohr, 14 June 1933, in Smith and Weiner, *Oppenheimer* (1980), 161 - 162. Oppenheimer to F. Oppenheimer, October 1933, in Smith and Weiner, *Oppnheimer* (1980),164.

③ Oppenheimer to Uhlenbeck, fall 1933, in Smith and Weiner, *Oppenheimer* (1980), 167 - 168.

④ Oppenheimer to F. Oppenheimer, 4 June 1934, in Smith and Weiner, *Oppenheimer* (1980),181.

⑤ Oppenheimer, "Formulae," *Phys. Rev.* 47(1935): 44 - 52.

强调这一问题具有双重性：首先，贝特-海特勒理论预言出了能量云室电离作用的增强，安德森、尼德美尔和保罗·昆茨（Paul Kunze）并未观察到这一现象；其次，安德森和尼德美尔测出的比能损耗貌似也过低，无法与该理论相容。于是奥本海默认为，"承认公式是错误的，或者将穿透效果归因于其他某种可吸收性较低的射线构成成分，在此之后才有可能对宇宙射线的强穿透性质进行公正的评价"。[①] 因此，从理论上奥本海默对发散问题等保持着根本性的反对意见。此后，安德森的穿透研究结果公布时，奥本海默将其用为证明该理论本质不健全的进一步证据。

奥本海默总结称，这些公式无法适用于高能情况，后来他又试图解释这一不适用的原因，并给出了基于经典洛伦兹电子理论的论证过程。假设电子是电荷在球体中的球面对称分布，经典电子半径为 $r_0 = e^2/mc^2$，则只要我们将辐射视为电子的反作用力（$v =$ 球体速度），就可以通过 $F = ma$ 可以得知电子的正确运动：

$$\mathbf{F}_{\text{ext}} = m\dot{\mathbf{v}} + \mathbf{F}_{\text{rad}} \tag{3.10}$$

根据洛伦兹理论我们求出 r_0，即距离的时间性能量守恒，然后可以确定 F_{rad}的值。换言之，T 约等于 r_0/c，其中 c 为光速，T 表示球面一点辐射出的射线穿过球体、到达球面另一边的时间。实质上，球面对自身电场的反作用力使得球体表现出了附加质量；这一力所做的功在量上同球面辐射释放的能量是相等的。若球体释放的功率为 $P(t)$，则

$$\int \mathbf{F}_{\text{rad}} \cdot \mathbf{v} dt = -\int \mathbf{P}(t) dt \tag{3.11}$$

---

① Oppenheimer, "Formulae," *Phys. Rev.* 47(1935): 45. 有关辐射衰减的更完整的探讨，参见 Jackson(1975), chap. 17.

由经典电磁学可知 $P(t)=\frac{2}{3}\frac{e^2}{c^3}\dot{\mathbf{v}}\cdot\dot{\mathbf{v}}$，则由式 3.11 可轻易得出

$$\mathbf{F}_{\text{rad}}=\frac{2}{3}\frac{e^2}{c^3}\ddot{\mathbf{v}} \tag{3.12}$$

为了明确地运用经典电子理论，该项和高次项必须较小。大概而言 $\mathbf{F}_{\text{ext}}\sim m\dot{\mathbf{v}}$，则由上式可以得出

$$\mathbf{F}_{\text{rad}}/\mathbf{F}_{\text{ext}}=\frac{2}{3}\frac{r_0}{c}\left(\frac{\ddot{\mathbf{v}}}{\dot{\mathbf{v}}}\right)\ll 1 \tag{3.13}$$

高阶导数项也受到类似的限制。电子运动频率高于(c/r_0)时很明显违反了上式中的情况。在量子论条件下，波长小于康普顿电子波长 mc^2/hc 的频率是危险的频率。基于魏茨泽克和威廉姆斯改进后的能量损失理论的影响，傅里叶对抛射体电场进行了分解，检测了各个成分对原子电子的影响作用。若分解的大部分在于临界频率之上的频率，那么奥本海默预见的是灾难。

实际上，上文探讨的一般性魏茨泽克-威廉姆斯理论说明了这样的高频率并不重要。奥本海默的执念只是表达出了他对量子论必将面临危机的强烈预感。他所寻找的是失败的迹象。如果观察得足够仔细，你几乎什么都可以发现，果然奥本海默援引了玻恩最近提出的另一种电动力学观点，观点认为可能确实存在一种很大的高频构成部分。① 奥本海默认为这就是量子电动力学的坟墓。

奥本海默将自己对高能量子论正确性的高度怀疑态度告知了他的学生罗伯特·赛培尔(Robert Serber)和温德文·弗里(Wendell Furry)等。弗里和 J. F. 卡尔森重新计算了不同能量光子产生电子对的数量，而后断言在低能条件下他们的实验结论同铍实验(产生了约 5

---

① Born,"Quantum Theory,"*Proc. R. Soc. London*,*Ser. A* 143(1934): 410 - 437.

兆电子伏特的 γ 射线）获得了较佳的一致性。但是：

> 对于 2 000 万伏特以上的能量而言，预测的电子对产生数量甚至要多于奥本海默和普莱赛特所计算的数量，因此就更加无法与实验结果相符。貌似这样的不一致性同量子电动力学具有的根本缺陷之间具有联系。[①]

总而言之，量子电动力学在各个方面均陷入了困境之中。由于该理论即将倾覆，可以证明其缺陷的证据更是比比皆是。奥本海默援引了玻恩的量子电动力学观点来说明该理论将如何倾覆。贝特发现，安德森的穿透射线观点正是对量子论的致命一击。在一段时间里，鉴于新的实验结果和发射的难题，弗里、卡尔森和洛塔尔·诺德海姆（Lothar Nordheim）也认定量子论必将在高能领域收获失败的结局。海森堡相信物理学中包括一种基本长度，因此他也摒弃了量子论。但是，无论物理学家们采取的是哪一种路线，新的实验结果都展示出了一个从未如此严峻的抉择：量子电动力学，抑或可吸收性比电子低的电离辐射。至少在当时而言，对这些问题感兴趣的物理学家们都选择了量子电动力学在高能条件下的覆灭。在给威廉姆斯的信中，玻尔写道："我越发相信实验结果暗示了电子理论一种新的、基础的可能性，由此有充分的理由相信，经典理论的局限性会为其让位，但是新的迹象并未能给出什么指引。"[②]一种全新的理论貌似才是当下所需。

一种新的辐射物

奥本海默的选择最终沦为如此：反对量子电动力学、保留之前的

---

① Furry and Carlson, "Production," *Phys. Rev.* 45(1934): 137.

② Bohr to Williams, 11 February 1935, BSC, file 26.4.

粒子集群,或者接受量子电动力学、引进一种新的原子内部实体。这样复杂的两难境地是由阐释说明的不确定性引起的。贝特-海特勒理论应该应用于簇射轨迹还是单射线轨迹?在当时这样的困惑中,安德森和尼德美尔开始在内部讨论“红色和绿色电子”,红色电子可吸收性较强,会引起簇射,而绿色电子可以轻易穿透物质。[①]

到当时为止,云室和计数仪器观察到的最引人注目的现象是簇射。随即出现了这样的问题:簇射的构成粒子是普通的电子、其他的一些“红色”型电子还是一种新型粒子?1935年,罗西(Rossi)和斯特里特(Jabcz Curry Street)对此进行了回顾。他们同安德森一样,简单地假设簇射粒子是一种“新的”粒子类型,而穿透粒子是不遵从于贝特-海特勒理论的普通高能电子。[②] 人们使用“爆涌”、“爆丛”、“爆发”等术语来描述这一惊人的过程,如图3.8中所示,由一个单位点中杂乱地散射出四五十个粒子。

对于多个粒子的同时释放,当时的理论无法做出令人信服的解释。1936年,布莱克特表示:“因此现在的理论……根本无法解释簇射的形成原因。从观测来看,簇射貌似是由量子电动力学预测开始失效的能量分界点开始出现的。所以很明显,在簇射的解释问题上需要某种全新的理论步骤。”[③]正如之前提到的,某些理论家正在追求这样的“巅覆性”理论方法,其中较为突出的是海森堡、玻尔和泡利。[④] 与此同时,美国的安德森还在继续对谜一样的簇射粒子的云室能量损失进行分析。但斯特里特采取了不同的行动。

1931年,凭借着放电相关主题的论文,斯特里特在弗吉尼亚大学

---

① Anderson,“Early Work,” *Am. J. Phys.* 29(1961): 828.

② Street, interview, October 1979; Rossi, interview, 5 September 1980.

③ Blackett, *Cosmic Rays*, Halley Lecture (1936),23.

④ Cassidy, “Showers,” *Hist. Stud. Phys. Sci.* 12(1981): 1-39.

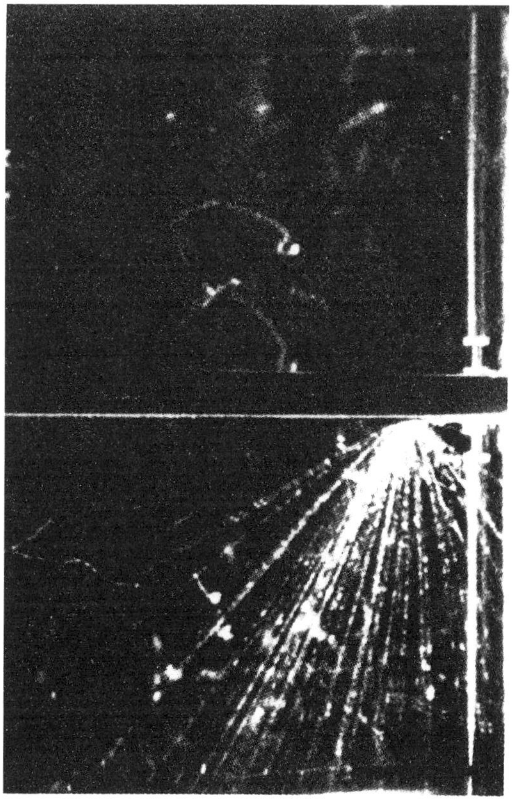

图3.8 厚板中发生的复杂事件。类似的云室图片说服了很多物理学家，使他们相信是某种根本性的新型物理学现象造成了所谓的“爆丛”、“爆发”或“爆涌”。海森堡认为，只有引入一种“基本长度”，对量子力学的根本性进行重构，才能解释这些现象的产生。只有这些事件被认作是“新型物理现象”，这些直线的轨迹才能被辨识为电子。后来，这样的分类却恰好颠倒过来了(见图3.12)。来源：Fussell, thesis (1938), 92.

获得了物理学博士学位。[①] 1931至1932年间，他任职于巴托尔研究所，期间凭借在电子领域的经验并在罗西的指引下进行了逻辑电路和计数器的开发。通过将计数器与符合电路进行串联，他得以对簇射进

① Street, interview, October 1979; Street and Beams, "Electrical Discharges," *Phys. Rev.* 38(1931): 416-426.

行研究;他还将计数器集中排列为“望远镜”,然后连接在符合电路上,由此在不同的方向上检测宇宙射线的通量。

不久之后,斯特里特将他在电子方面的技能应用于一个重要的问题。罗西在1930年观测到,若入射的宇宙射线粒子主要形成了一种轨迹,则地球磁场将导致来自东方和西方的通量间的不对称。[①] 若计数器显示出了不对称现象,则密立根的光子假说将被排除;根据东方或西方的通量是否不等,罗西的“东西效应”甚至将初始宇宙射线的轨迹确定了下来。

由于东西效应可以确定宇宙射线的轨迹,且验证过程并不昂贵,罗西投入到了对它的试验中。1933年,三个研究小组首先观测到了东西方通量之间的不一致,它们分别是:托马斯·约翰逊小组、路易斯·阿尔瓦雷斯和康普顿小组以及罗西本人。[②] 令众人惊讶的是入射粒子呈正电性。当年年末,斯特里特对这些结果进行了确认,他坚定地相信初始粒子是带电粒子而非密立根所认为的光子。[③]

1933年秋,斯特里特来到哈佛大学,他有充分的理由相信符合电路与盖革计数管拥有收集大量数据的灵活性和能力。它们——而非云室或电离室——貌似才是宇宙射线研究的适当工具。[④] 通过由计数器得到的簇射测量值,他还了解到非电离辐射会产生次级电离辐射。在哈佛,斯特里特先后同两个人一起重复了计数器实验,一个是他在哈佛的学生爱德华·C.史蒂芬孙(Edward C. Stevenson),另一个是麻省理工学院的学生小路易斯·富塞尔(Lewis Fussell, Jr)。哈佛的

① Rossi,“Magnetic Deflection,” *Phys. Rev.* 36(1930): 606.

② Johnson, “Azimuthal Asymmetry,” *Phys. Rev.* 43(1933): 834 - 835. Alvarez and Compton, “Positively Charged,” *Phys. Rev.* 43(1933): 835 - 836. Rossi, “Directional Measurements,” *Phys. Rev.* 45(1934): 212 - 214.

③ Street, interview, October 1979.

④ Street, interview, October 1979.

研究小组改进了斯特里特的装置，对计数器进行了绝对校准。他们使用这些仪器重现了罗西的计数器实验结果，即便将计数器用几十厘米厚的铅板相互隔开，各个计数器之间仍然显示出了一致性。

因此，当1934年安德森、密立根、尼德美尔和皮克林在论文中对罗西的主张进行抨击，并称该一致性结果是由单个粒子的经过引起时，斯特里特的研究也牵涉其中。斯特里特还记得密立根是如何对“任何物质均无法穿透这样厚度的物质”的信念紧抓不放的。若承认粒子可以穿透这样的厚度，则将与他的初诞生理论相矛盾。“所以我们认为我们最好学习一下如何进行云室实验。”①斯特里特这样回想道。

云室的建造并不容易，但是建造完成时数项重要的技术创新使得其应用大大简化了。云室一般包含一种气体和一种蒸汽，在最简单的情况下是空气和水蒸气。当带电粒子穿过云室时，粒子运动轨迹上的原子发生电离。若云室的容积迅速增大，则温度下降、蒸汽呈现过饱和状态；然后蒸汽首先凝结于离子周围，产生微滴的可见轨迹。在1932年之前，所有的云室使用者们扩张云室容积的时间是随机的，物理学家冲印照片时就好似渔夫检查网中之鱼。

通过广撒网捕获到的有惊喜成果，也有漂浮的碎片。1932年，熟谙云室技术的布莱克特同精通计数器技术的奥基亚利尼（Occhialini）合作，共同研究出了一种云室，可以根据数个计数器的指令进行扩张。② 通过这一方法，他们有效地将有趣的事件变为“照片本身”，大大地增加了可用照片的数量。斯特里特和史蒂芬孙自然地采用了混合型装置，将大型木制云室夹在两台由符合电路串联起来的计数器之

① Street, interview, October 1979.

② Blackett and Occhialini, “Photography,” *Nature* 130(1932): 363.

间。在1934和1935年间,通过这一改进装置他们最终得出结论,单个带电粒子可以穿过至少45厘米的铅板,由此有力地证明了他们自己的和罗西的研究工作。他们总结称:“该设备显示的一致情况中至少有90%是由穿过装置的单个电子直接引起的。”[①]

为了在安德森、密立根、尼德美尔和皮克林等四人面前捍卫自己的实验,斯特里特和他的同事们进行了反击。首先,斯特里特同他的研究生理查德.H.伍德沃(Richard H. Woodward)辩称,厚铅板并不一定会使簇射增加。[②] 人们知道,对于小块铅片来说,簇射会随着铅的厚度增加而增强。凭借这一事实,某些科学家进行了错误的总结:簇射粒子本身的最大穿透深度在1.5厘米左右。斯特里特和伍德沃第一次注意到了簇射粒子的特性,而非仅仅是簇射整体的明显特性。他们发现,单个簇射粒子的吸收只是呈指数型,虽然整体簇射可以穿透的深度相对较深,但典型的簇射粒子仅能穿透几毫米的深度。在这一角度的批评面前,密立根等四人很难反驳,这是因为他们所用的云室无法同1厘米以上厚度的铅板相兼容。但是他们还是使用已有的设备对“厚板”进行了举一反三。与此相反的是,计数器实验组已经习惯于使用几十厘米厚的吸收器。

但是,为了给密立根等四人的解释以致命一击,斯特里特的小组不得不使用了云室。这是因为密立根等人已使计数器物理学本身的正确性蒙羞。只有一种明显的证据能够具有说服力:确实有粒子通过了“所有的铅板”。斯特里特和他的同事们建造了一台装置,完全彻底地兼具这些部件:

计数器/45厘米厚铅板/计数器/云室/计数器,

---

① Stevenson and Street, “Nature,” *Phys. Rev.* 47(1935): 643.

② Street and Woodward, “Production and Absorption,” *Phys. Rev.* 47(1935): 800.

其中，当三组计数器测量到一致结果时，云室会拍摄照片。如果没有云室的存在，这一装置仍将只是之前计数器物理学家对穿透粒子进行的贝特-科赫斯特法论证。但是，具有了云室之后，照片可以显示出一个或多个实体穿透厚板后再出现时的状况。90％的一致性是由单个轨迹引起的。[①]

凭借着密立根的品格和职位，安德森会加入到这个四人小组中也是很正常的。加入之后预期的推断变成了可预测的结果：深穿透带电粒子的观点同密立根的光子能带理论假说相矛盾，因此密立根不可能认可该观点。但是不久之后，安德森放弃了对初始光子理论不计代价的维护。他的疑问变成了："这些穿透粒子若不是簇射又是什么呢?"

斯特里特认为穿透粒子是电子，因此他继续对簇射粒子的本质特性进行探究。1936 年 1 月，他和史蒂芬孙得出了结论；两人自宇宙射线中随机抽取"电子"，将其产生簇射的概率同"簇射电子"（他们认为这是另一种物体）产生簇射的概率进行了对比。前者仅仅是千分之二，而后者将近 25％。[②]

安德森和尼德美尔也对"随机选择"的电子进行了测量。因此，到了 1936 年他们两人和罗西、史蒂芬孙、斯特里特一样，也知道了贝特-海特勒理论描述的电子是无法同实验情况相符的。此时两人已经取消了所有的限制条件，这样写道："很明显，或者吸收理论在 1 000 兆电子伏特以上的能量面前会失效，或者这些高能粒子根本不是电子。"[③]在书信中安德森再次向海特勒保证它们肯定是电子："正如我们所了解的那样，高能粒子必然较理论所容许的程度具有更强的穿透

---

① Street, Woodward, and Stevenson, "Absorption," *Phys. Rev.* 47(1935): 891 - 895.
② Stevenson and Street, "Selected Showers," *Phys. Rev.* 49(1936): 427.
③ Anderson and Neddermeyer, "Cloud Chamber," *Phys. Rev.* 50(1936): 263 - 271.

力;鉴于所有的证据均显示它们不可能具有质子质量,很显然该理论在400兆电子伏特之上的某个能量值处开始失效。”①

重组现象

在数年间,斯特里特和安德森这两个研究群体一直都因为“随机”电子和“单个”电子(斯特里特)或“红绿”电子(安德森)观点间的概念性和实践性分歧进行着苦苦的思索。然而,他们长期的深思熟虑却迎来了一个戏剧性的结果。在宇宙射线物理学的基本问题上,两个群组均是严重地本末倒置的。安德森和尼德美尔现在试图确定较低能的穿透粒子是否实际上是质子。在提出了“什么是穿透粒子”这一问题,并假设簇射粒子是电子时,他们在这一问题上舍本逐末了——假设穿透粒子是电子,那么什么是簇射粒子?由于当时的量子论能够成功地描述最初看似是本质性的新现象(簇射),新物理学越来越多地显示出了与之前的“普通”现象——带电粒子的深层穿透性间的联系。

简而言之,在1936年中期,美国东西海岸的两个研究群组均将簇射和穿透粒子进行了概念性的区分,这样的怀疑日益增加:问题存在于穿透粒子之中,是它不符合电子穿透物质的量子论。

但是怀疑不等于证明,想要证明簇射粒子是“贝特-海特勒”粒子,需要的是黑板上的演示,而非仅是实验室中的研究。理论物理学复杂程度的增长是如何使得模型建立成为量子场“高深理论”与日常实验观察间的必要环节的,接下来的故事片段为此提供了一个极好的范例。密立根理论或理查森的计算中几乎不需要理论专家,量子物理学与此不同的一点在于,许多范例中的现象学计算深深地影响了结束实

① Anderson to Heitler, 21 May 1936, BC, box 3.

验的决定。正如我们将在中性流实验组中了解到的那样，若没有这些计算，一般理论与实验家数据之间的鸿沟在一开始是无法跨越的。为了在理论与实验间架起桥梁，理论家卡尔森和奥本海默着手建立了簇射模型。

在一段时间内，理论家将他们对簇射的讨论用元素过程序列来表示，在这样的过程中，电子和正电子湮灭产生光子，或在轫致辐射中由加速电子辐射产生光子：

电子-正电子对湮灭；→光子→产生电子-正电子对.
"轫致辐射"

然而，并没有人进行过定量分析。因此，两人相信根据定性方法，"(他们)一方面会推导出对理论公式的定性确定的进一步论证，另一方面会对这一经常被重复的建议进行进一步论证：许多簇射是通过长期连续的简单元素过程组合起来的，而非由单次元素行为中大量粒子的同时喷射造成"。① 之前对簇射的定量分析仅仅是对这一可能性的迭代计算：光子产生电子-正电子对或光化电离释放电子的概率与电子辐射出光子的概率间的乘积，等等。

对于复杂的簇射而言，此类过程很快变得难以操作。因此，卡尔森和奥本海默希望可以将簇射视为与烟雾在气体中的扩散或墨滴在水中的扩散类似的扩散过程，进而对问题进行简化。以下的论证是他们的首次估算。在电子对的产生和辐射过程中，每条入射射线产生了两束射线。两种过程产生时的物质深度几乎相同，他们将其写为 $t = 1$。在超过 t 的深度中，显示出的粒子数约为 2^t(见图 3.9)。鉴于其中

① Carlson and Oppenheimer. "Showers." *Phys. Rev.* 51(1936): 220 - 221. 簇射计算由巴巴和海特勒独立完成，参见 Bhabha and Heitler, "Passage," *Nature* 138(1936): 401.

的一半为电子，在单位长度 dt 中的能量总损失将等于粒子数量与单位长度中单个损耗率 $\partial E/\partial t$ 的乘积：

$$dE = \frac{1}{2}2^t(\partial E/\partial t)dt \tag{3.14}$$

簇射在损失了所有能量 E_0 之后将会结束，即穿过距离 T 后

$$\int_0^T dE = E_0 \tag{3.15}$$

若 $\partial E/\partial t = \beta$, 约为常数，则有

$$dE = E_0 = \frac{1}{2}\beta\int_0^T 2^t dt = \frac{1}{2}\beta 2^T/\ln 2 \tag{3.16}$$

或

$$2E_0 \ln 2 = \beta 2^T \tag{3.17}$$

因此，①簇射长度 T 仅随着 E_0 呈对数增长；②粒子数量 2^T 将随 E_0 增长呈近似直线增长；③对于约含 30 个粒子的簇射而言，$T = \ln_2 30$，约等于 5。铅的互作用长度约为 0.5 厘米，因此铅的最大值约 2.5 厘米，同观察到的最大值具有较佳的相符度。

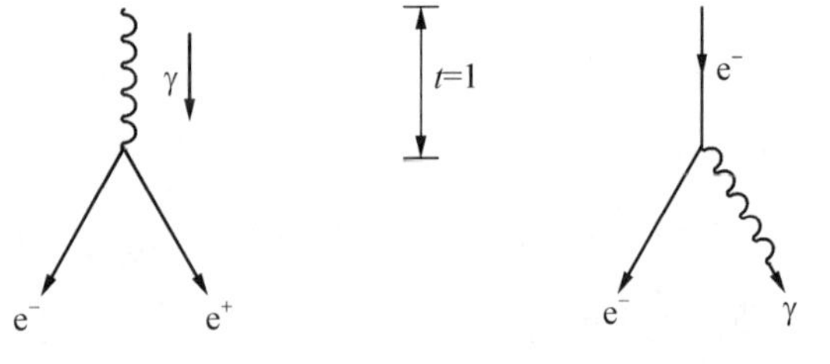

图 3.9 电子对的产生和韧致辐射。根据卡尔森和奥本海默的观点，绝大多数的极复杂簇射可以简单地理解为两种元素过程的迭代发生：一是电子对的产生，光子使得电子和正电子离开真空；二是韧致辐射，电子辐射出光子，产生电子和光子。

这些简单的计算连同更为精确的扩散方程共同显示出，通过电子

对产生和辐射等元素过程的逐步增强，量子论可以精确地表现出簇射的多种定量特性。然而，若穿透粒子为电子，则该理论认为电子应被20厘米厚的铅板完全吸收，很明显这是错的。奥本海默和卡尔森描述了这一论证的惊人结果：

> 通过论证可以得出结论：在宇宙射线能量领域，对这些过程概率的理论估计并不适用，抑或这些射线的真正穿透情况必须归结为电子和光子以外的成分的存在。第二个选项必然是根本性的。这是因为云室和计数器实验显示，与负电子带同样电荷的粒子属于辐射的穿透性部分；若它们不是电子，必定是物理学中未知的粒子。①

鉴于簇射已经成功获得了量子学解释，现在这些"物理学中未知的"粒子成为了主要问题。正如奥本海默所理解的那样，"只有承认了(宇宙射线中的)另一种成分的存在，并且对它而言分析并不适用"②，他对簇射的研究才有了依据。之前 μ 介子的研究结果足可以称为是一个"发现"，与此类似，我们也可以说奥本海默是首个"发现"μ 介子的人。他将簇射的一般形态同他的现象学计算进行了对照，对于带有电子的簇射粒子之辨别他自有一套说辞，穿透粒子的表现同电子或质子并无相似性已成为了普遍共识。到底真的存在一种根本性的新实体吗？实验家们认为答案是否定的。他们需要更为直接的论证：贝特-海特勒理论同簇射粒子情况相符，而穿透粒子与其不符。

新粒子的两个例证

1936年12月8日，《物理评论》收到了奥本海默和卡尔森投来的

---

① Carlson and Oppenheimer, "Showers," *Phys. Rev.* 51(1936), 220.

② Carlson and Oppenheimer, "Showers," *Phys. Rev.* 51(1936), 221.

论文。其时安德森开始思考自己对新粒子的实验论证是否墨守成规，在这样的想法边缘犹疑不决。在之前的11月12日，安德森在加州理工学院物理系举办了一次小型讨论会，不久之前他刚刚获知自己因为发现正电子而获得了诺贝尔物理学奖。《科学服务》(*Science Service*)对此进行了报道，报告人火速发出消息称安德森"发现证据证明了宇宙射线中存在与电子类似但不同的未知粒子"。据称，安德森将不会"冒险去猜测未知粒子的真身，但他指出，虽然它们与电子的质量不同，却很可能带有同样的电荷"。奥本海默与卡尔森在准备簇射模型时，可能也受到了这一说法的影响。① 但是安德森仍然犹疑不决，没有对观点进行发表。

1936年12月12日，在诺贝尔物理学奖获奖演说中安德森又回到了这个问题上。在结束语中他谨慎地提出，确实存在"高穿透力的粒子，虽然并非自由正、负电子，但貌似包含了带有单位电荷的正、负粒子，这将为未来的研究提供有趣的题材"②，对此他并未作出详细的阐释。

但是，安德森和尼德美尔必定已意识到了，若欲在物理学界发表研究成果，他们需要在同样的能量条件下对簇射粒子和穿透粒子的能量损失进行成熟的对比研究。这将粉碎这一可能性：两种类型的粒子都是电子，只是在高能条件下辐射较少而已。对每穿透1厘米时单个粒子的能量损失进行绘图后，他们认为奥本海默的结论更具说服力(见图3.10和图3.11)。两幅图中最为明显的就是两个数据点集间的泾渭分明，在1937年3月30日收到并于5月15日发表的文章中，两人对此进行了解释，为学界同僚们提供了非此即彼的选择：

---

① Typescript of *Science Service Report*. 12 November 1936. Draft of Anderson to Hoddeson. September 1981. Anderson to author, 11 November 1984.

② Anderson, "Production and Properties," *Nobel Lectures* (1965), 372.

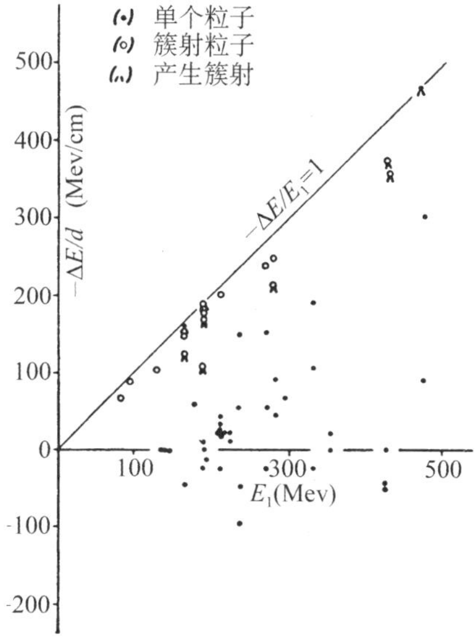

图 3.10　安德森提出的新粒子能量损失之证据。图 3.10 和 3.11 均说明了，簇射和非簇射粒子的表现并不相同。对每厘米铂板中的轨迹曲率变化进行测量后，发现了能量的变化。每个粒子均被标记为一个点，y 轴代表比能损耗，x 轴代表初始能量。E 的测量单位为兆电子伏特。单独的标志表示单个穿透粒子、簇射中的粒子和产生簇射的粒子。来源：Neddermeyer and Anderson, "Nature of Particles," *Phys. Rev.* 51(1937): 884.

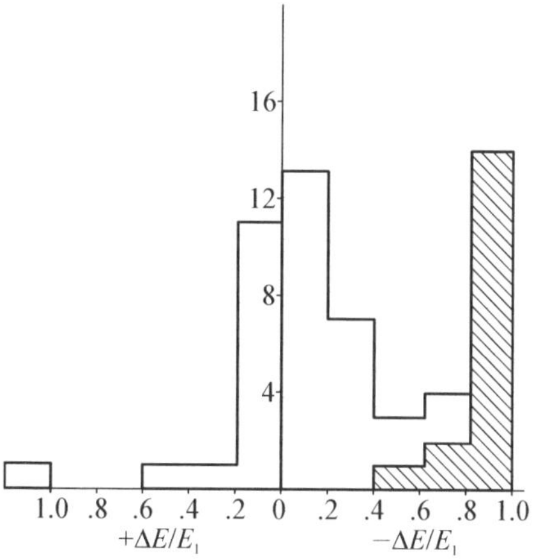

图 3.11　安德森和尼德美尔对新粒子存在的附加证据。同图 3.10 一样，本图中显示出了簇射和非簇射粒子的不同表现。图中描绘了观测到的能量损失较少的粒子的数量与该损失的观测次数之间的关系。阴影面积表示粒子伴随其他粒子进入，或粒子本身在铂板中产生簇射。ΔE/E 的负值取自于结果的统计学分布及粒子获得能量的上行运动。来源：Neddermeyer and Anderson, "Nature of Particles," *Phys. Rev.* 51(1937): 884.

> 对穿透粒子的理解遭遇了极大的困难,但从目前看来,是受到了这两种假定的限制:①电子(正电子或负电子)除了其带电性和质量之外还具有某种性质,这种性质解释了重元素中为何不存在大量大幅度的辐射损失;②存在带单位电荷的粒子,但是它的质量(可能不具有唯一值)要大于正常的自由电子的质量,但大大小于质子的质量。这一假设也可以解释为何不存在大量大幅度的辐射损失,并对观测到的电离现象做出了解释。鉴于电荷和质量是量子论描述电子特征时的唯一参数,第二种假说貌似更具可信性。[①]

需要注意的是这一结论中暗含了多层的论证:基于量子论的论证、基于质量测定的论证以及基于簇射和穿透粒子之间区分性的论证。在后文中我们将在更深层次上对这一结论进行分析。

现在让我们回到斯特里特和史蒂芬孙的研究中来,两人几乎同时(1937 年 4 月)得出了相似的结论,但是两人的推论却不尽相同。他们的论证包含两个部分:首先,作为博士论文的一部分,富塞尔使用厚度约为 0.07 厘米的极薄板进行了簇射研究。[②] 他希望凭此可以打碎簇射轨迹的复杂网络(见图 3.8),对更为简单的部分进行研究。他在论文中写道,薄板将"通过实验途径在(量子电动力学)和认为簇射是由单个元素过程形成的早期(模型)间进行判断"。[③] 我们可以真实地看到,如同卡尔森和奥本海默预测的那样,簇射是如何由电子对积累构建起来的。部分电子对的上方甚至存在空白区域,同光子的通过状态相符。富塞尔总结称,观测对簇射的辐射和电子对形成理论给予了强有力的支持"[④](见图 3.12)。

---

① Neddermeyer and Anderson, "Nature of Particles," *Phys. Rev.* 51(1937): 884-886.

② Fussell, "Cosmic-Ray Showers," *Phys. Rev.* 51(1937): 1006.

③ Fussell, thesis (1938), 56.

④ Fussell, "Cosmic-Ray Showers," *Phys. Rev.* 51(1937): 1006.

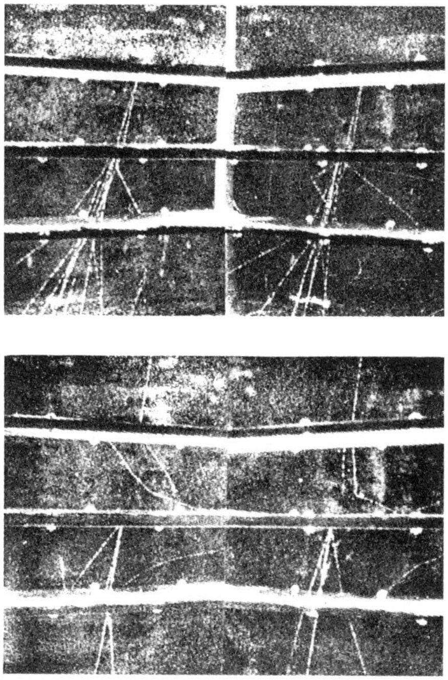

图3.12 富塞尔使用薄板进行的簇射分析(1938年)。斯特里特试图对贝特-海特勒理论进行检验,他利用量子力学对带电粒子穿透物质时的能量损失进行计算。他令学生富塞尔将极薄板安装于云室中,若"爆丛"是由元素过程复合而来,那么在复合形成时可以进行研究。正如这一(立体)照片显示,构造的过程呈阶梯式出现,同量子电动力学的情况一致。一小部分的爆丛貌似是由单个点中产生的。来源:Fussell, thesis (1938),85.

斯特里特之后转向了对宇宙射线穿透性部分的范围、能量和簇射能力的研究,对贝特-海特勒-卡尔森-奥本海默理论对簇射构成成分的解释能力具有完全的信心。[①] 如图3.13所示,使用了双重云室来捕捉"新型"粒子。上方的云室显示出粒子的动量以及粒子是单个粒子还是簇射的一部分;计数器用于触发云室扩张;下方的云室显示出粒子是否会产生簇射。斯特里特将研究结果列入表格,结果显示与量子论所认为的相同动量电子相比,穿透了6厘米厚铅板的

① Street and Stevenson, "Penetrating Component," *Phys. Rev.* 51(1937): 1005.

非簇射粒子数量是其的 10 000 倍。不仅如此,斯特里特非簇射粒子中的许多粒子具有的能量可以同 1936 年安德森测量出的能量相提并论。① 一方面而言,两种粒子的穿透能力完全不同。斯特里特总结称自己发现的粒子并非电子。另一方面,非簇射粒子的电离作用太弱,不可能是质子。这些穿透性微粒确实应该是"物理学的陌生领域"。

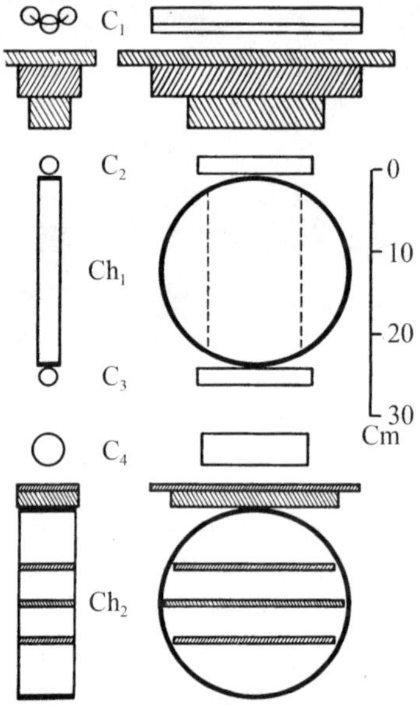

图 3.13 斯特里特和史蒂芬孙的范围能量损失实验装置(1937—1939 年)。左图为侧面图,右图为正面图。C_1、C_2、C_3 和 C_4 是四个盖革-穆勒计数管,触发两个云室 Ch_1 和 Ch_2 产生同时扩张。云室 Ch_1 位于 7 000 高斯的水平磁场中,用于测量粒子动量。Ch_2 中有三块铅板(阴影部分),用以辨认产生簇射的粒子。斯特里特使用这一复合装置来论证:同种能量条件下存在两种粒子,一种产生不具穿透力的粒子,另一种不产生簇射但具有强穿透力。产生簇射的粒子的表现与贝特-海特勒理论的观点是一致的。来源:Street, "Showers," *J. Franklin Inst*. 227 (1939): 778. 未经培格曼期刊有限公司允许不得转载。

① Anderson and Neddermeyer, "Cloud Chamber," *Phys. Rev.* 50(1936): 263 - 271.

詹姆斯·巴特利特(James Bartlett)是一名来自伊利诺伊州的理论物理学家,造访了特普林斯顿高等研究院之后他立刻写信给斯特里特,对其研究结果进行了质疑:"总体来说,我觉得仅凭理论上的停止作用曲线就将质子排除在外是有相当大的风险的。"①1937年5月,斯特里特以信心满满的断言反驳了巴特利特:"质子被排除是毋庸置疑的。"②然后他又再次证明了电子论的不成立,详尽地计算了多种已知的质子轨迹具有的能量。

贝特的《手册》(*Handbuch*)中认为低能质子(约100兆电子伏特)无法穿透1厘米以上的厚度,但斯特里特的实验中有6个粒子均能穿透6厘米以上的厚度。在中等距离内,30个粒子中有26个穿透的深度要大于质子的水平,"为了得出最终结论",斯特里特称电离作用明确显示出部分粒子是质子,它们的穿透深度要浅于贝特"权威著述"中认为的深度。因此,巴特利特重新进行了实验,认为停止曲线"仅具有"理论性。斯特里特对此进行了反驳,他论证称被独立地辨认为质子的粒子是符合贝特-海特勒的质子公式的。

此外也存在着其他与质子具有相同能量的粒子,它们的电离程度明显较小,穿透深度更深(见图3.14)。"我认为,"对自己的辩护之辞斯特里特这样总结道,"这些观测结果是新型粒子存在的充分理由。"

虽然使斯特里特和史蒂芬孙确信新粒子存在的是范围能量实验,但是他们被人们所铭记并非是由于这一研究。斯图尔特也能够设计一系列的计数器,拍下任何穿透厚铅板的事件照片,但是他未能在云室中完成这一过程。事实情况是由于粒子靠近其轨道尽头时移动速度十分缓慢,足以因磁体作用而产生偏转,因此有机会测量其质量。

① Bartlett to Street, 5 May 1937, SP.
② Street to Bartlett, 11 May 1937, SP.

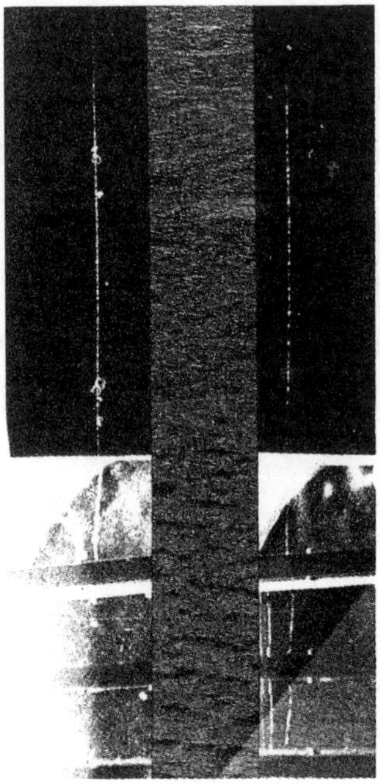

图 3.14 对质子论的反面论证。图为斯特里特和史蒂芬孙于 1937 年开始的实验中获得的典型照片，实验使用了图 3.13 中的两台云室装置。左侧为质子，右侧为新型粒子。上方的云室位于磁场中，轨迹曲率显示两种粒子的动量是相同的(6 千亿电子伏)。下方的云室中装有铅板，当新粒子在最小电离情况下穿过三块 1 厘米厚的铅板时，显示出的质子轨迹十分密集，并且轨迹在经过首块铅板时消失了。在上方的云室中可以看到两种粒子的电离情况并不相同。来源：SP. Cf. Street, "Developments," in *Present state of Physics* (1954), 32.

在拍下了近千张照片之后，1937 年 10 月斯特里特和史蒂芬孙成功地发现了一个停止穿透粒子。几周后他们公布了该张照片。照片中密集的电离和曲率轨道显示，粒子的质量是电子质量的 130 倍，许多物理学家都对这张不平凡的照片感到信服。贝特也加入了支持者的行列，并在次年 3 月报告布莱克特称，新粒子的证据具有了决定性的说服力："貌似我不得不相信(新粒子的)存在"。① 在那之后，多篇文章

① Bethe to Blackett, 8 March 1938, BC, box 3. Bethe, interview, 11 December 1980. Furry, interview, 11 July 1980.

都引用了图 3.15 中的照片。①

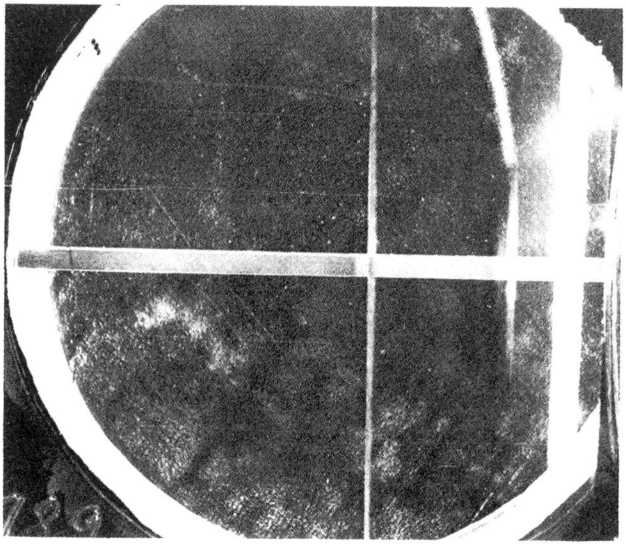

图 3.15 停止 μ 介子。μ 介子运动缓慢以至于可以测量其电离作用和动量的首张照片。μ 介子轨迹呈现弯曲形状，照片的右上方象限中有轻微模糊。基于这些数值，斯特里特和史蒂芬孙推导出了 μ 介子的质量：M～130 Me。来源：哈佛大学物理系图片档案馆。照片详图收录于：Street and Stevenson, "New Evidence," *Phys. Rev.* 52(1937)：1003－1004.

全世界的物理学家都见识到了这张惊人的图片。弗里将其复印品带到了英国学会会议上，给与会人群留下了相当深刻的印象。对于很多人来说，仅这一张图片证据就已经具有了足够的说服力。但是，对于斯特里特和史蒂芬孙而言，真正将他们的实验带到尽头的是范围能量关系。用斯特里特的话来说：

我一直认为这是最合理、最具说服力的方法，但对于外行听众而言这并非是最具说服力的。你必须先研究这一主题并进行深入思考，最后想出测量质量的办法。但如果能花一点时间来研

① Street and Stevenson, "New Evidence," *Phys. Rev.* 52(1937)：1003－1004.

究它,你会发现它具有令人信服的能力。[①]

提及照片时,他又表示:

在范围末段显示密集轨迹的这张照片对我们而言,仅仅就像是大家为示范演讲所做的准备一样,是必不可少的。问题仅仅在于如何完成这一准备。我之所以认为不该过分地依赖它,还是因为我们只获得了一两张(的照片),而任何事件都是有可能发生那么一次的,所以在这一点上我们对实验并不是十分满意。[②]

在某种程度上,斯特里特的怀疑是源自于对计数器的信任,计数器不仅给出了数以千计的数据点,同时也指出了为数众多的虚假事件。毋庸置疑,观察到一些突然间断性地失去能量的孤立轨迹之后,他也变得谨慎了。在 1938 年夏天给弗里的信中,他表示每 12 个停止粒子中就有 1 个会出现这样的状况,违背了新粒子要遵循的范围能量关系。但是,斯特里特又表示:

我认为这些明显的停止现象是由照明缺陷、较差的几何结构和散射等引起的。新的装置应该可以解决这些问题。在任何情况下,我都无法相信对这些停止的观察精确度,除非它们的出现频率是比十二分之一还要大的巨大值。当然对穿透的观察是安全的。[③]

沿着这一研究进程,在 1938 年 8 月写信给弗里的信中斯特里特称,使用了新型 18 英寸云室后,"我们应该能尽快获得一些效果较佳的簇射照片,显示出五块 1 厘米厚的铅板中的显影。这实际上只不过是一种

---

① Street, interview, October 1979.

② Street, interview, October 1979.

③ Street to Furry, n. d. SP: same as 18 July 1938, variant version sent 3 August 1938. File, "Material for British Association Talk, 1938," FP.

嘘头，我们会将它放置在磁体下方，很快再次转向对范围的研究”。[1] 对于斯特里特和史蒂芬孙而言，具有说服力的、可以将实验推向结尾的证据只能是来自于已谨慎校正过的计数器积累的大量统计资料，这些计数器被单独插入符合电路或与云室一起被插入电路中。10年间积累下来的电子仪表经验在斯特里特的论证方式中留下了印记。

被理论确证、被实验确证

跟随着安德森、尼德美尔、斯特里特和史蒂芬孙等人的脚步，宇宙射线实验家们将注意力转至新粒子质量的确定。接受新粒子观点的学界圈迅速扩展。仁科芳雄、竹内柾（Masa Takeuchi）和一宫虎雄（Torao Ichimiya）发表的估算质量大大高于斯特里特两人所认为的质量。仁科等三人认为 $m = 200 \sim 300m_0$，其中 m_0 表示电子质量。[2] 这一结果很快被戴尔·科森（Dale Corson）和罗伯特·布罗德（Robert Brode）所印证，两人给出了两个质量估算值，其中较小的为 $350m_0$，较大的为 $700m_0$。[3] 同斯特里特和史蒂芬孙相符，E. J. 威廉姆斯和皮卡普（E. Pickup）推导出的值为 $200m_0$；亚瑟·鲁林格（Arthur Ruhlig）和贺拉斯. R. 克拉内（Horace R. Crane）判断粒子质量为 $120 \pm 30m_0$。[4] 鉴于这些研究和自己未来实验所具有的不确定性，尼德美尔

---

① Street to Furry, 3 August 1938. File, "Material for British Association Talk, 1938," FP.

② Nishina, Takeuchi, and Ichimiya, "Cosmic-Ray Particles," *Phys. Rev.* 52(1937): 1198 - 1199.

③ Corson and Brode, "Intermediate Mass," *Phys. Rev.* 53(1938): 215.

④ Williams and Pickup, "Heavy Electrons," *Nature* 141(1938): 684 - 685; Ruhlig and Crane, "Inter-mediate Mass," *Phys. Rev.* 53(1938): 266.

推测,新粒子不应被认定为具有确定的质量。[①] 大体而言,物理学家们已经接受了新实体的存在,并期望它能具有确定的质量,很快他们将其确定为 $210m_0$。

特别是在理论家中,对新粒子的认可受到了某种论证的有力促进,该论证源于量子场论的崇高高度,在之前它与实验家们完全无关。讽刺的是,几年之后理论家们也将它视为无关紧要了。1935 年,汤川秀树对量子电动力学的无质量光子交换观点进行类比后,猜测束缚着原子核的核子力可能是由重粒子交换产生。[②]

由于 μ 介子的质量与汤川粒子的质量大致相同,1937 年 6 月,奥本海默与赛培尔猜测汤川粒子与新发现的物质实际上可能是同一种粒子。[③] 对此,弗里持同意态度。在该年秋季前后,弗里向研讨会提交了一份名为《新带电粒子假说的推测背景》(*Speculative Background for Hypothesis of New Charged Particle*)的文章,在文章中他概述了对"汤川介子"的论证。在"优越的条件下",弗里的笔记具有"合宜的力量,没有分歧,几乎是独一无二的理论"。[④] 因此,当实验家们发现了符合正确质量范围的粒子时,它是如此符合该范围,以至于不可能不是汤川粒子。不久之后,贝特也在信中称"我正在尝试去发现,作为令人满意的核力理论的基础,(新粒子)还能走多远。我认为霍米·贾汗季·巴巴(Homi Jehaugir Bhabha)的研究路线也是大致相同的。"[⑤]

---

① Neddermeyer, "Penetrating Particles," *Phys. Rev.* 53(1938): 102 - 103.

② Yukawa, "Interaction." *Proc. Phys.-Math. Soc. Jap.* 17(1935): 48 - 57. 对于本作品中更好的历史评论,参见 Brown. "Yukawa's Meson." *Centaurus* 25(1981): 71 - 132.

③ Oppenheimer and Serber, "Note on Particles," *Phys. Rev.* 51(1937): 1113.

④ Furry, "Speculative Background," file "New Charged Particle Colloquium 1937," FP.

⑤ Bethe to Blackett, 8 March 1938, BC, box 3.

如果说还需要对穿透粒子的“汤川介子”身份判断进行确认，那么貌似是在1938至1939年间进行的。在此期间，在不同海拔高度的μ介子通量观察显示出，介子在飞行状态中的衰变与汤川理论中预测的情况大致相同。“二战”期间，数位实验者均对μ介子的衰变进行了直接的确认。①

赛培尔曾讲述过一桩具有启发性的轶事。很明显，在“汤川介子”相关论文的准备阶段，奥本海默在其中加入了一个章节，并指出：根据汤川理论，汤川粒子肯定会产生衰变，衰变后特定量空气中的表观吸收与同样质量固体中的表观吸收之间会有不同。这是因为粒子穿透空气的时间相对更长，衰变的机会也更多。对这一章节中的内容，密立根持强烈的反对态度，以至于奥本海默将文章交予赛培尔进行多次修订，直至最终惹恼了赛培尔，赛培尔建议在文章中删除这一部分。这些引起不快的内容与密立根自20世纪20年代开始进行的实验间产生了抵触，这些实验引领了初诞生理论的建立。这些内容最后没有出现在文章中。密立根——那位被称为“领袖”的人——是需要对付的力量。②

战争结束后，人们开发出了新的粒子检测方法，至此μ介子和π介子——与原子核产生相互作用的“真正的”汤川粒子——之间才得到了决定性的区分。随着多种新粒子陆续被发现，人们开始建造可以产生这些实体的新式大型加速器。几乎同时，费曼、施温格和朝永振一郎(Schinichiro Tomonaga)开始建立起可以被接受的量子场论——基本粒子物理学。

---

① Rossi, “Decay,” in Brown and Hoddeson, *Birth* (1983), 183 - 205.

② Oppenheimer and Serber, “Note on Particles,” *Phys. Rev.* 51(1937): 1113; Serber, “1930s,” in Brown and Hoddeson, *Birth* (1983), 212 - 213; Neher, “Cosmic Rays,” in Brown and Hoddeson, *Birth* (1983), 123.

在 μ 介子的存在被认可之后,罗西、斯特里特和安德森继续进行着宇宙射线问题的研究。但是,密立根从未彻底舍弃过他的初诞生理论。到了 1939 年,连他都不得不承认存在高能宇宙射线粒子,其能量过高以至于无法通过原子构建理论中的能量转换来解释。与此同时,他提出宇宙中存在一种新的转换形式,并以此来解释宇宙射线粒子的构成:在整个宇宙中,原子不断被湮灭,产生高能光子和电子对。在余下的人生中,密立根未曾间断对这最后理论的修改,但是他已经离物理学的主流方向越来越遥远了。

说服性证据和实验的终结

在本章之前几节的内容中,针对人们对 μ 介子"发现"时间的不同看法,笔者进行了列举。将引领新粒子研究的多项实验一一列明后,我们可以通过全新的角度对这些不同意见进行比较,这并非是优先顺位争夺中简单的地位转换,而是对复杂实验结束的必然方式的一种暗示。我们可以对之前了解到的情况进行回顾。

18 世纪的自然哲学家注意到了验电器是如何自发失去电荷的。现在的物理学家将这样的放电现象在很大程度上归因于海平面 μ 介子,因此如果不顾时代的正确性,也可以说是这些观察家"发现"了 μ 介子。与此类似的是,某些评论人认为玻特和科赫斯特的计数器符合实验指出了粒子的通过,在过去我们将其称为"μ 介子"。当然,在某种意义上也可以说是卡尔森和奥本海默发现了 μ 介子,因为他们在 1936 年首次(以出版的形式)提出了作为宇宙射线穿透性部分的、具有中等质量的粒子的存在。安德森和尼德美尔首次展示出了较佳的数据,数据显示测出的簇射粒子能量损失值是符合量子论的。这暗示着——虽然只有在回顾时才可以这样讲——穿透粒子必定不是电子。

这一发现或许也可以归功于斯特里特和史蒂芬孙，因为他们说明了簇射粒子与穿透粒子在产生簇射的能力上具有特征性差异。

现在大多数科学家将这一发现归功于1937年3月安德森和尼德美尔的能量损失论证和/或该年4月斯特里特和史蒂芬孙的范围动量论证。两方面的实验均显示出，在同样的动量范围内，带电宇宙射线粒子中包含两种截然不同的粒子。在此之前，由于电子在高能条件下具有不同的特性，这样的区分一直饱受质疑。通过1937年11月发表的停止轨迹照片，斯特里特和史蒂芬孙首次提出了对穿透粒子质量的定量分析，鉴于此，当然同样也可以将新粒子的发现归因于此两人。μ介子与电子的区别恰恰就在于质量的不同，因此这一归功在其他假定型“发现”面前并不会逊色。事实上，孤立来看的确有很多其他的事件可以被认为是“发现的瞬间”。然而，笔者希望能够展示出，发现的唯一瞬间——虽然在授奖委员会和物理教科书中这一概念可能具有价值——在历史记录中是鲜少甚至并不存在的。

我们并不需要寻找“发现的瞬间”，而是要将μ介子实验的结束视为对一系列现象逐步改进的一个节点。从某种意义上来说，实验需要结束多次。在实验的各个阶段，宇宙射线一次次被赋予了新的特征：它会使验电器放电；随着物质深度的改变，放电率出现特定的变化；簇射粒子较单个粒子而言更容易被吸收。实际上安德森、尼德美尔、斯特里特和史蒂芬孙进行的最终“论证实验”将说服力寄托在了之前的大量实验上。他们下力气进行了装置检验，比如斯特里特和史蒂芬孙使用云室证实了计数器法的正确性，驳斥了密立根等四人的反对意见。其他实验在理论和实验之间打造了更为直接的联系桥梁，这也是富塞尔薄板云室实验的目的。他展示出了这一点：电子对产生和轫致辐射的简单过程是如何成为簇射的基础的——簇射现象曾被认为是十分复杂的。

在宇宙射线实验的结束过程中,理论本身扮演了十分复杂的角色。首先,我们可以发现自玻尔以来,量子论是如何与带电粒子穿透物质的问题联系起来的。由此,量子电动力学突出强调了穿透射线现象;理论帮助分离出了一批有趣而又重要的、具有可行性的实验技术和步骤。

量子论也使得宇宙射线的可吸收性成为了显著现象,实验家们可以将关注点集中在这一问题上。以此类推,电子理论将注意力的中心放在了旋磁现象上。但是,宇宙射线粒子研究同爱因斯坦以后的旋磁研究一样,获得的实证结果并不符合理论预期。作为回应,实验家们自己为现象赋予了描述用语,将“电子”的世界划分为“红色”和“绿色”电子。若无簇射实验研究,理论家们无疑会失去研究复杂过程的动机。但是,若无簇射计算,“红绿电子”之间的概念性区分将需要更久的时间才能实现。正是这一明确区分让安德森、斯特里特和他们的同伴清晰地认识到,需要进行解释的是穿透性“绿色”电子,而非贝特-海特勒理论可以解释的“红色”簇射电子(见图 3.16)。在此最具戏剧性的一点在于,理论为现象的边界进行了重新描绘,它“重组”了现象,并在此过程中将理论术语与实验元素再次连接起来。现在,簇射粒子与化学键联和光谱线的组成粒子并“没有区别”。在卡尔森和奥本海默的研究之前,这些簇射是具有不确定性的、令人兴奋的物理学新成员。

由“红色”粒子向“绿色”粒子的关注点转变标志着针对量子电动力学的革命以失败告终。在簇射现象隐藏在神秘面纱后的长久时间里,它太过复杂以至于无法使用量子电动力学来解释,这时一切猜测都是有可能的。海森堡、玻尔和泡利等人希望他们对基本概念的修改可以将这些猜测从实验困难中解救出来,同样可以肯定的是,1926 年的量子研究也是如此。然而,在十年之后根本性修改并不是流行趋势,至少在物理学领域是如此。必要的理论需要对量子力学和相对论进行务实和持久的应用,而不是拒绝。

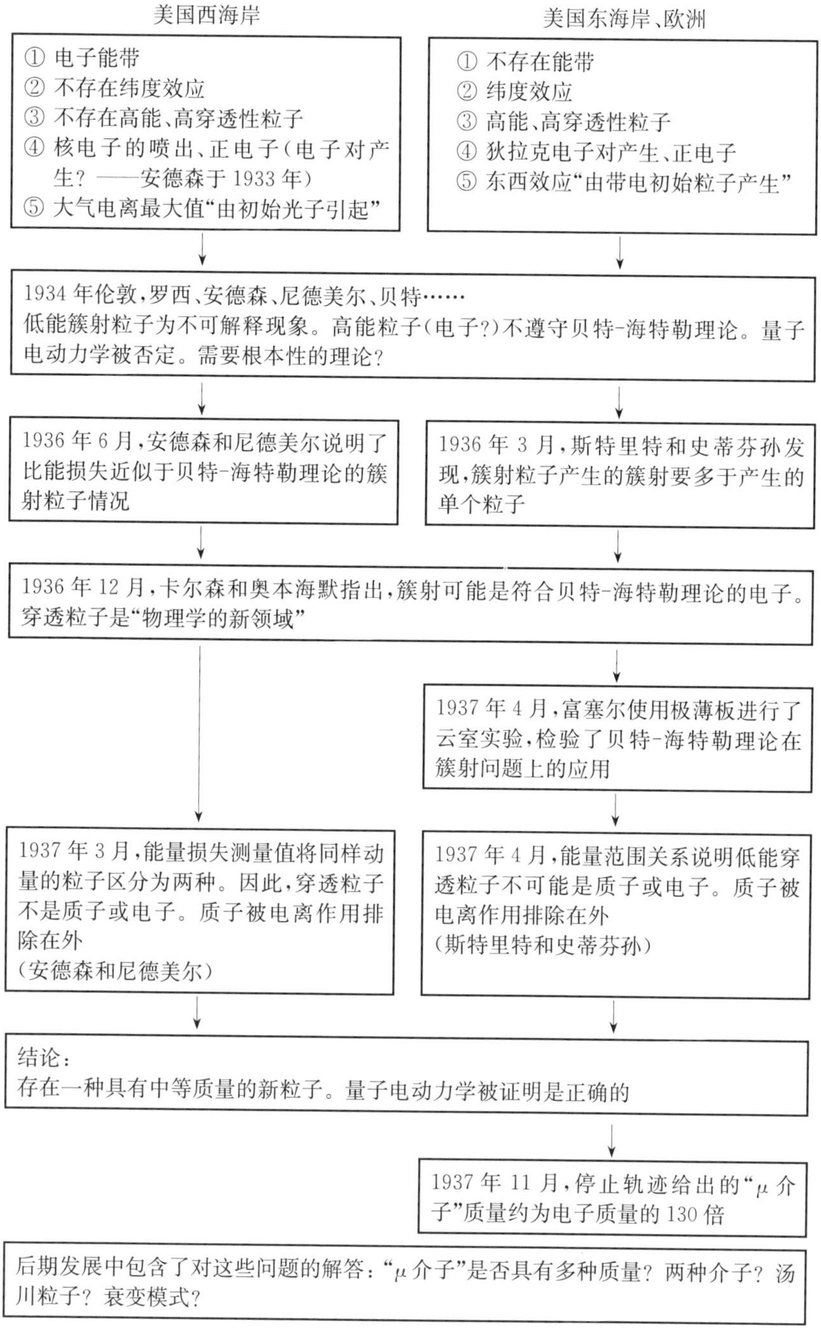
美国西海岸
美国东海岸、欧洲
① 电子能带
② 不存在纬度效应
③ 不存在高能、高穿透性粒子
④ 核电子的喷出、正电子(电子对产生? ——安德森于 1933 年)
⑤ 大气电离最大值“由初始光子引起”
① 不存在能带
② 纬度效应
③ 高能、高穿透性粒子
④ 狄拉克电子对产生、正电子
⑤ 东西效应“由带电初始粒子产生”
1934 年伦敦,罗西、安德森、尼德美尔、贝特……
低能簇射粒子为不可解释现象。高能粒子(电子?)不遵守贝特-海特勒理论。量子电动力学被否定。需要根本性的理论?
1936 年 6 月,安德森和尼德美尔说明了比能损失近似于贝特-海特勒理论的簇射粒子情况
1936 年 3 月,斯特里特和史蒂芬孙发现,簇射粒子产生的簇射要多于产生的单个粒子
1936 年 12 月,卡尔森和奥本海默指出,簇射可能是符合贝特-海特勒理论的电子。穿透粒子是“物理学的新领域”
1937 年 4 月,富塞尔使用极薄板进行了云室实验,检验了贝特-海特勒理论在簇射问题上的应用
1937 年 3 月,能量损失测量值将同样动量的粒子区分为两种。因此,穿透粒子不是质子或电子。质子被电离作用排除在外
(安德森和尼德美尔)
1937 年 4 月,能量范围关系说明低能穿透粒子不可能是质子或电子。质子被电离作用排除在外
(斯特里特和史蒂芬孙)
结论:
存在一种具有中等质量的新粒子。量子电动力学被证明是正确的
1937 年 11 月,停止轨迹给出的“μ 介子”质量约为电子质量的 130 倍
后期发展中包含了对这些问题的解答:“μ 介子”是否具有多种质量? 两种介子? 汤川粒子? 衰变模式?

图 3.16 美国东西海岸对 μ 介子发现情况的总结

因此,理论在实验结束中扮演的首个角色是表面性的,与现象领域之间是泾渭分明的,而它扮演的第二个角色是本质性的。对量子电动力学和它对簇射粒子辨识结果的接受同对新粒子的认可之间是不可分割的。这两个问题是同一个概念结构中互为补足的两个部分。鉴于背景受到了削弱,前景的界线更加鲜明。

现在我们可以明白为何这个幼稚的问题——μ 介子是何时发现的——在实验物理学入门过程中是如此的微不足道。如同许多重要的实验节点一样,这些实验中装置、理论、数据和解释方法所具有的不同水平是争论话题之所在。通过物理学家们的各自探索,所讨论的现象变得更为环环相扣。因此对发现时间具有不同意见也不足为奇了。在物理学家们就什么是重要背景而表达不一致看法时,在背景是何时被消除的问题上实验家们也很难达成一致。我们可以回想一下对东西海岸研究群体的对比。

在上文中,笔者已经将重点放在了东西海岸研究群体的实验和理论间的紧密度问题上。但是,抛开两个群体经常出现的类似成果不论,它们在动机、设备和论证样式上都显示出了不同。对于西海岸小组而言,对宇宙射线的系统性研究最先是由密立根的信念激发起来的:整个太空中都正在形成着元素。在公式 $E=mc^2$ 和普朗克常数的引领下,这一信念使得密立根认为单位能带中的光子是初始宇宙辐射的构成部分。反过来,密立根的初始宇宙射线光子理论使得他将重点放置在了辐射吸收曲线的研究上。确实只有了解了密立根的最初研究之后,才可能对湖泊、高山和不同铅厚度条件下的放电率测量实验的真正源头进行重构。只有这样才能理解密立根的研究结果,如他对"能带理论"的投入和对纬度效应真实情况的不懈抨击。

在密立根和同伴们的吸收曲线研究中,得出了可能是他在宇宙射线方面最为伟大的成功:他将测量"次级电子"能量的任务交给了安德森，按照猜测次级电子是受到初始光子撞击之后获得自由的。这也应当被视为密立根最初目标——希望安德森能发现能带的证据——所带来的衍生物。最终，正如安德森所做的那样，在发现了核衰变和电子对产生之后密立根将这样的结果擅用为原子初诞生理论的附加证据。

到了 1934 年，极高能粒子的观点使得安德森认为密立根的理论是站不住脚的，他公开地将自己与密立根的观点分离开来，并开始接受新兴的量子电动力学理论。但是，安德森完全延续了之前研究中所用的技术。1931 年密立根交给他的任务是测量宇宙射线电子的能量。在论证正电子存在性的过程中，安德森使用了经过铅板前后的粒子能量差来显示其运动方向。当他开始着手对量子电动力学的假说进行检测时，他改进了云室技术以测量粒子穿过铅板时的能量损失。实验的装置甚至还是 1932 年发现正电子时所用的那一种。清晰的穿透铅板轨迹图显示出了能量的损失，成为了安德森具有说服力的证据。他对技术和设备的熟悉度保证了研究免受某些挑战：虽然从逻辑上而言，任何实验步骤都是可能受到挑战的，但一定的技术最终得到了透彻领会，并未留下争议性的观点。因此，在 1932 年这一说法——所有所谓的高能轨迹都被空气湍流消除了——似乎仍然能讲得通。到了 1936 年，安德森的云室技术切中了要害：此类挑战看似应该是荒谬的。

理论与实验技术间的另一种结合引领着东海岸研究群体获得了斯特里特所认为的说服性证据。量子论此前就已经登场了。从在意大利进行研究开始，贝特就与一些实验家保持了紧密的联系，尤其是与罗西。鉴于罗西的实验与微粒宇宙辐射研究十分契合，甚至可以说是为了该研究而设计的，贝特与他接触也是再自然不过的了。与他类似，美国的弗里也埋头于量子电动力学的研究中。弗里与身在哈佛的斯特里特频繁地交流看法,并对实验结果进行了详尽的听取。哈佛小组之所以能将关注点集中于逻辑电路和计数器设备的使用上,并由此获得了他们所信任的统计证据,与弗里的帮助和长期以来斯特里特对罗西研究工作的兴趣是分不开的。斯特里特发现,较他和史蒂芬孙后来获得的单张照片而言,这些统计证据具有更强的说服力。凭借在符合计数器装置方面的多年经验,斯特里特认为范围能量实验令人信服。由此可见,虽然两岸的小组都探索出了 μ 介子的发现之路,但是他们所应用的实验类型却是完全不同的。结果使得他们获得了不同的可靠性证据,对 μ 介子存在性证明实验的结束时间也就抱持了不同意见。

因此,通过观察两个小组在结束实验和公布新粒子发现时所做的决定,我们可以了解到两种传统的作用方式。两个群体都不得不将穿透粒子开辟成为令人瞩目的现象领域,然后将"电子"和"质子"现象从"新粒子"现象中分离出来。这样的分离出现在了多个阶段中。大体上,首个阶段中包含了纲领性的目标:理论目标和实验目标。最重要的是,西海岸的初诞生理论和东海岸及欧洲的量子论为待研究的现象提供了自然选择:西海岸的能带光子和东海岸的带电微粒。实验使用的仪表类型与这些目标间具有联系:西海岸使用的是带有铅板和电磁体的云室,而东海岸和欧洲的同僚们使用的是符合计数器。最终,仪表在说服性证据的本质性改革中起到了协助作用。在微粒/计数器传统面前,很容易就能发现斯特里特等人是如何更多地依赖于统计证据而回避了罕见照片中的"黄金事件"的。同样,凭借在正电子问题上的杰出成就,安德森能在能量损失照片中最大程度地挖掘出说服力也是很自然的。他和密立根为何如此激烈地反对罗西、玻特、科赫斯特和斯特里特对计数器进行专门使用,其中原因也更是显而易见了。在下一章中,我们将在火花室和气泡室间的竞争对立关系中再次感受到这样的紧张气氛。

由此可见，理论在最初是以直接方式进行介入，表现为广泛的、定性的方式：着眼于穿透粒子或簇射。实验传统同样也决定着论证的长期构建：是使用计数器还是云室；是依赖于大量的统计资料还是“黄金事件”。但是理论还会进行第二次介入，这时它不再指出现象的类型，而是提供量化分析，量化分析在结论中扮演了构成成分的角色。在这个层面上模型通常会在理论中起到中间角色的作用，模型对一般性较强的理论的特点进行列举，不需要引用首要结构的一般性原则。因此，卡尔森-奥本海默的簇射理论利用了量子电动力学中的电子对产生这一事实，但并未利用到量子论的全部内容。

仪表和技术不一定要与特定的理论进行联系，但就目前情况而言，两个群体分别习惯于使用具有各自特色的一系列装置：西海岸的人们使用验电器和云室，而另一群人使用的则是计数器和符合电路。最后，在“新”现象从旧的背景过程分离出来的过程中，仪表和理论都起到了帮助性作用。在西海岸，能量损失测量值将簇射粒子和穿透粒子区分开来；在东海岸，范围能量关系影响到了这一划分。在两种情况下，卡尔森和奥本海默的量子电动力学过程定量模型将簇射粒子与电子联接起来，将穿透粒子变成了新奇的事物。

在1937年的结论中两种传统达成了一致：存在一种新粒子，对之前的物理学而言是未知的存在，其质量处于电子和质子之间。当两个群体达成了一致并决定结束实验时，他们立即对仪表、实验、高等理论和特定的模型进行了评判。考虑到之前他们所走的不同的理论与实验道路，有些物理学家可能会认为，在整个衔接过程中某些单一步骤足以用来证实新粒子的存在。但是，从整个学界的角度来看，证明是一个复合型的论证过程，其中装置的验证、粒子质量的确定、对量子电动力学的薄板检验、范围能量关系、能量损失证明和簇射计算都对现象的定义起到了补足性作用。

对此我们进行了类比,类比已经过必要简化:通过局部性描述分别让两个人建造三维立体物。比如,假设告诉他们物体的一个横截面是圆形,这就对物体的形状构成了特定限制,但是他们还无法就此确定最终的形状。圆形横截面这一局部性描述说明该物体可能是球体、柱体或包含着多种复杂的构成形式。虽然描述并不完整,但这一信息可能足以使两人中的一人提出一种特定的形状,对此另一个人可能会反对。多选取几个横截面之后,可以对形状进行进一步定义,虽然定义并不完整,但可能已足以排除某些可能的情况。这些实验也正是如此。随着仪表、理论和步骤的特征愈加广为人知,阐释说明的限制条件也增多了。同学科一同发展的论证具有这样的形态:我们认为有一个物体 a,这是因为在我们的历史阶段内看似可信的模仿效应的集合是有限的,只包括 b、c、d 和 e。而且,我们已经发现我们的现象不在这一范围内。重要的一点在于,在该时期内可选情况是否受到重视取决于实验者的前期仪表性和理论性约束。

在宇宙射线物理学家中,不同的研究群体接受了不同的可选解释。在新粒子存在性的论证中,他们通常对论证的特定构件的重要性无法达成一致,这并不令人惊讶。对于整个实验界都能感到满意的集体性证明而言,这些构件均做出了贡献。但重要的一点是,在实验者本身承认发现之前,这种混杂的证明不一定具有完全合适的地位。随机轨迹是否可能在模仿着正电子的状况,对此安德森无需进行详细的研究。他并不需要了解能量损失来证明存在轻质量正电粒子,最初他认为著名的正电子轨迹可能完全就是自铅板的双重喷射。另一个例子是:为了确信新粒子的存在,安德森和斯特里特不需要观察停止 μ 介子在足够慢的速度下的移动,进而测量它的质量;他们在之前都进行了充分的研究,将粒子是质子或电子的可能性排除在外,因此 1937

年他们的论证较为可信。斯特里特并无必要像安德森那样具有直接测量能量损失的能力,对于他来说,粒了的范围能量关系就已经足够研究所用了。在研究带电粒子范围时,之前的研究使他具有了测量能量损失的信心。

对 μ 介子的逐步接受并不是一瞬间的新发现,而是像这样对实验论证的扩展链条进行追溯后才实现的,通过追溯我们发现了一个动力学过程,虽然有时它的发生时间很短暂,但是在粒子物理学中它已经反复地出现过了。例如,随着中微子的发现,我们发现可选情况逐渐地被排除。在许多发现中,就像这一研究一样,我们对实验如何结束的发问将我们带回到了那些被摒弃的理论和实验技术中。在第 2 章中,处在危急关头的是洛伦兹电子理论、安培假说和零点能量观点;现在遭遇此类危机的是初诞生理论和量子电动力学;在下一章中将是统一场论和 V - A 弱相互作用。

如同实验建设中被摒弃的理论具有了说服力一样,量子论等当下被接受的观点也将经常被舍弃。在这种情况下,我们可以对马克·吐温的话进行演绎:量子电动力学死亡的说法看似是被夸大了。很快,μ 介子的实验发现便与长期的实验传统以及深奥理论的复兴紧密地联系在一起。

第 4 章

一组高能物理实验的终结

有些现象动摇了物理学家脑海中的世界图景。20 世纪 30 年代的 μ 介子起到了这样的作用，接下来便轮到 20 世纪 70 年代初期的中性流。在 1971 年秋季到 1974 年春季这两年半里，如图 4.1 和图 4.2 所

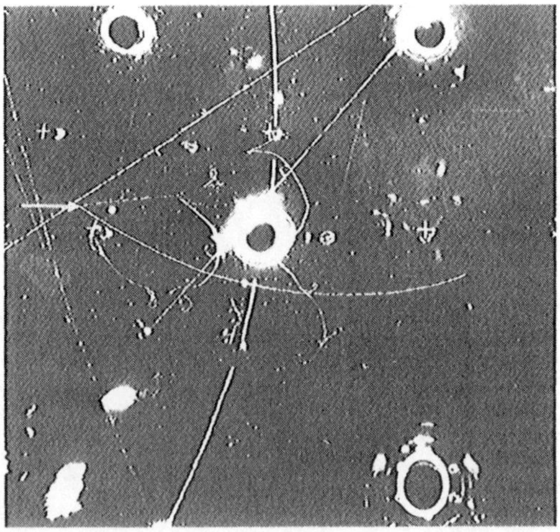

图 4.1　中性流备选(气泡室)。包含此图像在内的来自加尔加梅勒气泡室图片的图像最初被错误地归为中子星。(在这些事件中，假定位于箭头末端的中子与原子核发生碰撞，创造右移的粒子簇。)稍后，很多此类事件被归为中性流事件，其中，不可见的向右移动的中微子从在质子与中子内部的夸克中散射出来，形成向右移动的强子簇射(强相互作用粒子簇)。图由保罗・缪塞(P. Musset)提供。

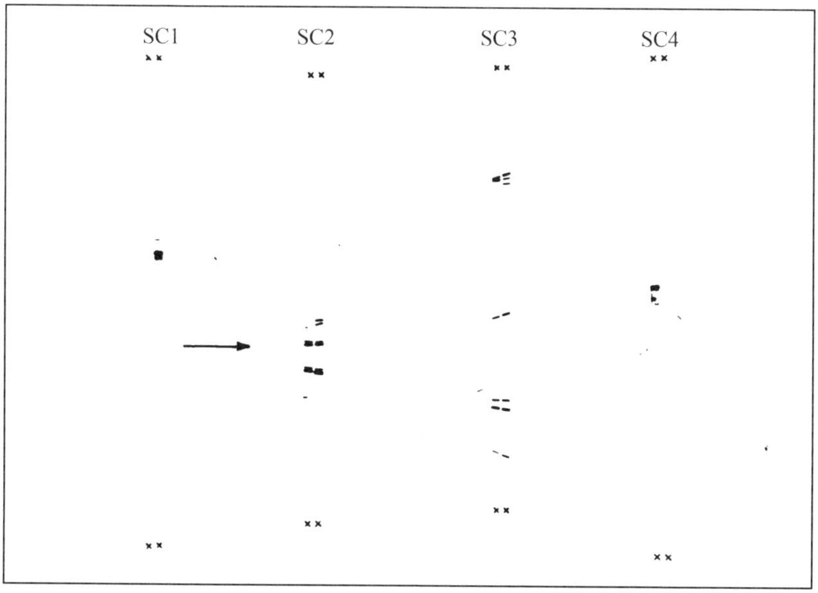

图 4.2　中性流备选(火花室)。在 E1A 火花室的图片中，像这样的图像被归类为在箭头末端与一个强子发生碰撞的向右移动的中微子的备选。起初，哈佛-威斯康辛-宾夕法尼亚-费米实验室小组怀疑中微子改变了电荷，进而成为一个以大角度偏离的 μ 介子。因此，此事件好像仅仅会产生强子。与图 4.1 中的事件一样，物理学家后来重新将此归为中性流备选，其中中微子从强子中发散出来，形成向右移动的强子簇射。图由劳伦斯 · 苏拉克(L. Sulark)提供。

示，似乎仅仅被视为新奇事物的图片成为证明惊人的新型基本相互作用存在的有力证据。慢慢地，实验者将这些图片从新奇事物转化为基于各种工程、理论以及实验进程的有说服力证明的基础。凭此，他们以 20 世纪物理学中最重要的发现之一来呈现物理界。

很大程度上源于这些实验的信心，物理学家开始推广预测中性流的统一规范理论。在 20 世纪 70 年代，理论家与实验者均在强、弱以及电磁相互作用规范理论的清晰表述与测试方面付出了巨大的努力。确实，在物理学的历史上，毫不夸张地说可以将 20 世纪 70 年代称为“规范理论的十年”。但是，实验者自己是如何开始相信中性流的存在呢？是什么说服了他们是在着眼于实际的效果，而不是机械设备的制品或者环境的产物?我们能否了解到大量粒子物理学的规模是如何影响终结实验的方式的?

当然,理解这些实验的一个先决条件是讨论建造在 20 世纪 30 年代难以想象的大规模工业粒子探测器。此外,我们需要了解更多物理学家所坚持的实验与理论假设。最后,正如在 μ 介子与旋磁研究中那样,实验室操作不仅会通过获得的积极结果展现,也会以工作过程中产生的无数的错误线索与技术问题等方式为众人所了解。在这里,我们的任务与众多讨论中性流的综合物理学评论不同。①

高能物理学的规模

20 世纪 30 年代的宇宙射线实验在复杂的实验中开辟了新的领域。随着精密云室、真空管以及电子电路的发展,对于粒子相互作用细节的研究远远超出了麦克斯韦的想象,他曾对我们能否进入个体微观物理学现象研究领域不抱有信心。但在规模方面,从麦克斯韦的仪器到 20 世纪 30 年代宇宙射线设备改变并不那么显著。

这样微妙的变化无法和宇宙射线物理学与 20 世纪 70 年代的加速物理学之间的差别相比拟。粒子物理学实验需要飞机库大小的实验区域,而非桌面或房间大小的装置。大多数建设于第二次世界大战之后的

---

① Baltay, "Neutrino Interactions," Tokyo (1979), 882 - 903; Cline and Fry, "Neutrino Scattering," *Ann. Rev. Nucl. Sci.* 27(1977): 209 - 278; Cundy, "On Neutrino Physics," London (1974): IV - 131 - 48; Faissner, "Weak Currents," *Lepton-Hadron Physics* (1979), 371 - 432; Kim et al., "Weak Neutral Current," *Rev. Mod. Phys.* 53(1981): 211 - 252; Mann, "Status of Currents," *Gauge Theories* (1980), 19 - 54; Myatt, "Neutral Currents," Bonn (1974), 389 - 406; Rousset, "Neutral Currents," Philadelphia (1974), 141 - 165; Sciulli, "Experi-menter's History," *Prog. Particle Nucl. Phys.* 2(1979): 41 - 87.

实验室在类似工业厂房的地方进行这些大型的实验。[①] 直到20世纪70年代初期，已经有15个运行的主要高能加速装置实验室，其中8个位于美国，3个位于苏联，以及除跨国欧洲实验室—欧洲核子中心之外，位于欧洲的3个国家实验室。[②] 仅在联邦政府资助的美国高能物理实验室，便有1 700名物理学博士以及1 200名研究生。[③] 总计大约2 200人构成了高能物理学领域领取薪水的劳动力群体，每年各方面需要消耗211 700 000美元，占联邦政府在物理学预算投入总数的三分之一。[④]

实验者与理论家的一个区别就是人数。在热学、电学、磁学以及物理光学等传统领域，这两个团体相差1 900人。虽然已经有一批包括普朗克和洛伦兹在内的纯粹的理论家；然而，对于大多数物理学家来说，进行实验是他们职业生涯中不可缺少的一部分。交替的竞争与协作，描绘了在原子物理领域内、正式始于1920年以后的理论与实验之间现代关系的特点。[⑤] 即使在那时，理论家的数量仍然相对较少，并且在经济上和制度上完全依靠他们的实验室同事。

随着量子力学的到来，两种文化之间的差距进一步拉大：理论家

---

① 对于粒子加速器实验室发展的一些历史记录参见 Livingston, "Accelerators." *Adv. Electronics Electron Phys.* 50(1980): 1-88; Goldsmith and Shaw. *CERN* (1977); Day. Krisch, and Ratner. eds.. *ZGS* (1980); Needell. "Brookhaven." *Hist. Swd. Phys. Sci.* 14(1983): 93-122; Hoddeson. "KEK and Fermilab." *Soc. Stud. Sci.* 13 (1983): 1-48; Seidel. "Lawrence," *Hist. Stud. Phys. Sci.* 13(1983): 375-400. 两件粒子加速器历史中的重要事件正在发生。一是劳伦斯伯克利实验室，另一个是欧洲核子中心。关于以上内容的最初报道参见 Heilbron, Seidel, and Wheaton. *Lawrence* (1981), and Hermann, Krige, Pestre. and Mersits. *History of CERN* (forthcoming).

② Pickering, *Quarks* (1984), 32.

③ National Academy of Sciences, *Perspectives* (1972), vol. 1, p. 111.

④ National Academy of Sciences, *Perspectives* (1972), vol. 1, p. 118; vol. 2, p. 129. 1970年大约有10%的美国物理学博士在基本粒子物理学领域进行研究。几乎对于基本粒子物理学研究的所有支持都来源于联邦政府，资金支持占联邦政府对基础物理研究年度预算的33%。

⑤ Forman, thesis (1967), 132.

收获了足够成功并完备的全套工具,用以证明独立的存在性。在 20 世纪 30 年代,贝特、弗里、奥本海默、魏茨泽克、威廉姆斯以及玻尔等众多物理学家都以建立关于宇宙射线与核现象的理论以及培养新一代理论家为全职工作。在美国,理论物理学博士的论文数目大约徘徊在总数的 10%:1930 年 99 篇中有 8 篇;1931 年 98 篇中有 5 篇;1932 年 112 篇中有 10 篇;1933 年 127 篇中有 18 篇;1934 年 111 篇中有 8 篇;1935 年 149 篇中有 11 篇。① 直到 1975 年之前,这两类物理学家接受不同的培训,有不同的资助来源,并且在学科研究中以不同的方式前行。在基础粒子物理学领域,理论家的数量逐渐增加,到 1968 年,该数目略低于高级美国研究生总数的一半(682 人中有 316 人)。② 对于粒子物理学的学生来说,他们做出的选择给就业前景带来持续影响。博士研究期间选择实验或是理论基本上决定了其后博士后及可能的永久性职位的方向。③ 并且一旦这些学生成长为专业人士,仍有很大几率继续留在其所在的理论或实验文化,如表 4.1 所示。

表 4.1 实验与理论的连续性

第一阶段	第二阶段	
	实验	理论
实验	3609(0.94)	239(0.06)
理论	266(0.07)	3423(0.93)

备注:撰写了两篇及以上弱相互作用文章的 2 075 名物理学家中出版物的个数与几率。括号内表示几率的数字是除以总行数所得。Barboni. thesis (1977). 128.

---

① Sopka, *Quantum America* (1980), p. 4. 65.

② American Institute of Physics. "Student Survey." AIP Pub. No. R-207. 我想要感谢 Susanne Ellis. AIP Manpower Division.,她从电脑记录中编写了额外的培训/雇佣数据。1968 年,联邦支持的高能物理学家大约三分之一为理论物理学家。参见 National Academy of Sciences. *Physics in Perspective* (1972). vol. 2. P 111; vol. 1. p. 117.

③ 数据来源参见 American Institute of Physics. AIP Pub. No. R-207. R-282. 7. 其他数据来源参见 S. Ellis. AIP Manpower Division.

造成理论和实验的鸿沟加大的原因有很多，在此文中只会说明几个原因：第一，实验与理论技能要求更长期更专业的训练，无论是在实验角度的微电子学、低温学或者计算机，还是理论层面的群论或场论。这使得两个领域间的转化愈发困难，容易在每个单独专业身份的团队中营造一种感觉，使年轻的学生和研究生招生委员会更难辨别谁更适合哪个领域。第二，来自加速器物理学的需求开始对实验者与理论家造成空间上的隔离，即使有许多大型设备努力在加速器中保留理论组。第三，在第二次世界大战后的几十年里，实验的时间跨度从几个月增加到许多年，这进一步使得实验者脱离理论家。因为实验者有全职的工作，一直致力于他们大量的科学与工程项目，而那些倾向于关注问题领域技术的理论者经常会在一年的时间内改变研究课题。

尽管之后众多加速器为物理学定下了基调，首批加速器并没有在实验者的直接工作中带来颠覆性的影响。在接下来的几年中，他们仅仅是将云室与乳剂从气球和山顶移动到了大型机械设备中。1952 年，唐纳德・格拉泽(Donald Glaser)发明的气泡室替代云室后不久，一切都发生了改变。在路易斯・阿尔瓦雷斯和伯克利团队的控制下，气泡室引领了一个新的方向，粒子探测器的尺寸大幅增加到与加速器本身相同的程度。①

在敏感状态下，气泡室含有温度略高于沸点的密闭液体以及足够的压力来避免形成气泡。当压力释放后，液体呈亚稳状态，在波动或干扰开始析出气体时即可沸腾。通过液体的带电粒子沿着运行的轨迹沉积热能。热量轨迹引起沸腾，形成了带电粒子穿过气泡室轨迹的

① 关于此发明的进一步讨论及对于气泡室的大规模开发请参见 Galison. "Bubble Chambers." in *Observation* (1985).

视觉影像。这些气泡轨迹的图片提供了永久的记录,可以通过分析来确定动量、质量、衰变产物,以及原始粒子的特性。[①]

许多不同种类的液体可以用于气泡室中,每种都有各自的优势与劣势。格拉泽在他最初的 1 立方米大小的容器中选择使用了乙醚,因为在接近室温的条件下,该液体很敏感而且并不太危险。在随后的几年里,有些工人开始使用液态氢,因为其原子核中只有一个质子。这意味着,当使用氢时,实验者将不需要考虑在较重的原子核中质子与中子间所发生的复杂的相互作用。不幸的是,液态氢是很危险并且很难保持液化状态的,因为它要求的温度条件处于仅比绝对零度高几度的范围内。

除了更容易控制之外,重质液体室有着更强的阻止本领,使得在室中能够产生更多的相互作用,并且光束粒子在视野范围内更有可能衰减。增加的相互作用对于中微子物理学是特别重要的,因为这些粒子的截面特别小。同时,不可见的光子在转化为可见的正负电子对之前,在重质液体中的移动距离小于在氢中的移动距离。因此,此室一个额外的优势是其探测 γ 射线的能力,此能力加强了复杂相互作用的重建。例如,衰变为两条 γ 射线的中性介子非常频繁地产生于中微子相互作用中。在氢气泡室中,γ 射线会无法探测,而在重质液体室中,可以看到正负电子对,重建 γ 射线轨迹,并进而推演出中性介子的轨迹。有人已经为高电荷重液核子的强阻止能力付出了代价。重液核子将带电粒子分散,贯穿整个气泡室,并且带电粒子古怪的路径使得精密的动量测量更加困难并且不太精确。

在格拉泽使用首个气泡室后的十年内,实验者们建造了 1 立方米或者体积为拉格泽气泡室原型 100 万倍大的重液气泡室。一支来自

① Galison, "Bubble Chambers," in *Observation* (1985).

巴黎综合理工学院的粒子实验者团队通过建造一系列丙烷以及氟利昂室为这些发展做出了贡献。1960 年，在欧洲核子中心，他们操作了一台世界上最大的重液室之一。① 凭借这些项目，在 1963 年的夏天，法国的物理学家开始筹划建造一台他们称之为“加尔加梅勒”的巨型装置，这台装置是以古代巨人卡冈都亚母亲的名字命名，体积为 12 立方米。实行此类工业规模的项目必须要专业的工程投入，这点我们稍后会提到。但在任何此类建设开始之前，建设的想法必需通过欧洲核子中心逐个层级组织的筛查。

在世界上，每个大型加速器中心都是独一无二的，有其独特的项目批准结构、与外部实验室的关系、资助机构，以及各种内部实验室部门间的合作。但是，尽管存在着这些不同，这些大型加速器还是有某些共性：任何大规模的提案都必须通过委员会的决议，设立这些委员会的目的在于评估方案的科学价值、财政负担，以及对于其他实验室工作所带来的影响。此程序不仅仅用于筛查实验，也为物理仪器与实验目标设置了约束条件。这样的结构依稀效仿了 20 世纪 30 年代非正式授权的结构，这在斯特里特对于宇宙射线研究资金的要求中得到了生动的阐释。因此，至少一次去通过正式委员会的考验、按照高能物理学的方案去实行是值得的。

下面介绍下欧洲核子中心的加尔加梅勒室。在 1965 年，欧洲核子中心对于项目批准的机制所起到的作用如图 4.3 所示。② 实验室的最高管理机构是理事会，由来自每个成员国的两名代表构成。理事会的子部门为理事会委员会，与整体理事会相比，会更频繁地开会讨论

① Bloch et al.,“300 - Liter,” *Rev. Sci. Instr.* 32(1961): on 1307.

② 参见 CERN, Annual Reports for 1964 and 1965. 亦见 CERN, “European Organization for Nuclear Research,” CERN/PU-ED 81 - 88, 4 - 5. 我想在此感谢巩特尔博士，他为欧洲核子中心的建立史提供了有用的详述。

有关成员国的所有问题,包括长期科学项目与财政问题。理事会委员会利用科学政策委员会(包括非理事会成员)以及财务委员会(从属于理事会)的专业知识以寻求关于这些问题的建议。

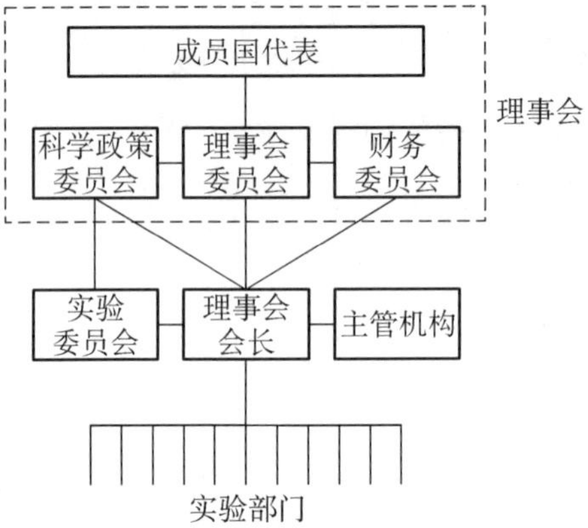

图 4.3 20 世纪 60 年代欧洲核子中心主要项目批准组织结构示意图。实线表示加尔加梅勒方案为得到批准而必须遵循的步骤。

理事会会长直接受理事会领导,负责管理欧洲核子中心的 11 个部门。在 1965 年,这些部门包括径迹室部门(包括氢泡室研究)、核装置部门(管理重液气泡室)、数据处理部门以及理论研究部门。为理事会会长提供建议的是两种委员会。其中一种是由实验委员会构成,为具体实验方案提供建议,与进行长期评估的科学政策委员会截然相反。另一种顾问机构为主管机构,由分别负责研究、应用物理、技术管理以及行政的主管人员与职员组成。(如有不明请参考图 4.3。)要注意,实验委员会同样为科学政策委员会提供服务。因为这些委员会的主席依据职权担任科学政策委员。[1]

安德烈·拉加里格(André Lagarrigue),当时是巴黎综合理工学

① 参见 CERN, Annual Reports for 1964 and 1965. 亦见 CERN, "European Organization for Nuclear Research," CERN/PU-ED 81-88,4-5.

院的物理学家，在1964年2月，以给理事会会长维克托·魏斯科普夫(Victor Weisskopf)写信开始了加尔加梅勒的工作。[1] 从接受博士训练开始，拉加里格一直在视觉探测器的传统中工作。作为一名学生他研究了路易斯·勒普林斯-兰盖的云室实验室(像众多其他气泡室物理学家所做的那样)。凭着他在巴黎综合理工学院成功的气泡室项目，拉加里格强调他有一支经得住考验的工程师及物理学家团队。更好的是，拉加里格得到了来自法国政府的财政支持承诺，以及至少一个来自意大利以及英国的实验室的投资意向。欧洲核子中心不得不承担运营及安置实验装置所带来的财政负担。此外，通过接受该装置，欧洲核子中心会致力于中微子重液气泡室物理学的研究。这样的决定必须符合其他项目的竞争需求，特别是氢室项目以及电子与乳胶组的项目。魏斯科普夫提醒拉加里格，这些问题必须在按照法国提案执行之前通过正常渠道解决。[2]

在1964年4月9日，拉加里格与萨克雷实验室、比萨实验室、帕多瓦实验室以及欧洲核子中心的代表聚集在一起，与伯纳德·格雷戈里(Bernard Gregory)(研究理事会成员)及海因(M. G. H. Hine)(应用物理理事会成员)共同商讨此项目。早在最初策划阶段，欧洲的物理学家感受到，在中微子物理学领域，加尔加梅勒主要的竞争会来自美国，拉尔夫·舒特(Ralph Shutt)已经为布鲁克海文国家实验室拟建一座40立方米大小的氢室。如果该美国设备建造完毕，对于与会各方来说，"在10 GeV领域，该设备非常像是物理学的终极武器。并且在某些人看来，该设备建设的时间表会给重液室的参数选择带来相当

① Lagarrigue to Weisskopf, 14 February 1964, CERN-Arch DG 20568.
② Weisskopf to Lagarrigue, 6 March 1964, CERN-Arch DG 20568.

大的影响”。[①] 为了战胜布鲁克海文的氢室，拉加里格提议将设备的长度减少到 4.4 米以便能够在现有的欧洲核子中心建筑中进行操作。即使有此改变，该委员会仍要求提供关于照明、磁体更多的细节，以及科学政策委员会与财政委员会扩张的计划方案。

为处理技术与政策上出现的问题，径迹室委员会(实验部门之一，详见图 4.3)为理事会会长与科学政策委员会准备了一份综合报告《气泡室在欧洲核子中心与欧洲的未来》(*The Future of Bubble Chambers at CERN and in Europe*)。[②] 首先，该委员会提醒管理部门早期欧洲核子中心的气泡室沿着加尔加梅勒所提出的管理线所建：无论是大学实验室或国家加速器装置。例如，拉塞福实验室、萨克雷或者德国电子同步加速器，都曾与欧洲核子中心有过合作。一旦这些室开始收集数据，这样的合作关系扩展到包括很多欧洲的小组。直到 1965 年，此系统出版了涉及 40 家欧洲实验室的 250 部关于气泡室的出版物。第二，该委员会建议，最近“欧洲在高能物理学知识领域所做的共享，很大程度上源于欧洲核子中心的气泡室项目，并且能够与美国在此方面所做的共享相提并论”。[③]

在人们的心目中，不仅有加尔加梅勒这一个巨人。氢气泡室物理学家同样将目标聚焦到一个非常大的室，并且，在这两个组之间存在着某种竞争关系。[④] 为了平衡两个室的利弊，以及为物理学提供可能的解决路径，欧洲核子中心径迹室委员会非常强烈地建议尽可能快地

---

① Hine, “Meeting on Bubble Chambers, 9 April 1964,” CERN-Arch Dir/AP/137, DG 20568.

② CERN Scientific Policy Committee, “Future of Bubble Chambers” (1965), CERN/SPC/194.

③ CERN. Scientific Policy Committee, “Future of Bubble Chambers” (1965), CERN/SPC/1.

④ Peyrou, interview, 14 July 1984.

开始两个室的建设。[①]

作为理事会会长,魏斯科普夫赞同径迹室委员会关于加尔加梅勒积极的报告。在给科学政策委员会的书面文件中,他提到了加尔加梅勒完工的速度,与其他各方面相比,这是重液室优于氢室的一个明显的优势。魏斯科普夫进而基于财务上的原因(欧洲核子中心投入到加尔加梅勒的费用仅需 800 万瑞士法郎,大约为 200 万美金)以及"健康研究只有在相关人员真正了解他们所使用的设备并且得到了解设备构造含义的实习训练后才可完成"这样的观点,表达了对实际应用国家建造的以及国际上广泛利用的机械设备的大力支持。该系统也会避免欧洲核子中心在欧洲设备建造领域占得垄断地位。[②]

在 1965 年 3 月 10 日召开的全体理事会成员会议之前,科学政策委员会针对一项今后四年的总体改进计划提出了建议。1965、1966、1967 以及 1968 这四年的预期支出分别为 100 万、600 万、1 800 万以及 3 000 万瑞士法郎(23 万、140 万、420 万以及 690 万美元)。科学政策委员会认定这些数字"完全合理并且与美国已经开展的类似项目相比是很节俭的"。[③] 此计划的关键是气泡室项目,特别是关于建造能够相对较快完工(到 1969 年)的加尔加梅勒,以及一座至少两年后完工的大型氢室的建议。为了避免两个团队的竞争,委员会尽快批准加尔加梅勒的建造以及氢室的策划。最终授权必须由财政委员会作出,该组织的任务是起草一份与法国原子能委员会(CEA)的协议。

以 1965 年 4 月 23 日拟出的一份协议草案为开端,协议的细节在

---

① CERN Scientific Policy Committee, "Future of Bubble Chambers," (1965), 17, CERN/SPC/194.

② Weisskopf, "Comments to the Scientific Policy Committee," CERN/SPC/195, 10 February 1965, 1 - 3.

③ CERN Scientific Policy Committee. "Recommendations." original in French, 10 March 1965. Twenty-ninth session of the Council. 25 March 1965. CERN/576. I.

当年下半年确定。① 本质上,此合同将建造、测试以及交付室的重担交给了原子能委员会。在位于萨克雷的原子能委员会实验室,萨图恩同步加速器部门负责此项目法国一方的工作,与巴黎综合理工学院的职员一同工作。拉加里格担任科学顾问,尽管他所承担的责任远超此头衔。欧洲核子中心将承担设备操作、带有质子同步加速器的探测器组装,以及建造安放设备所需房屋的费用。②

在 1965 年,财政委员会估算出加尔加梅勒整体建造预算为 1 500 万法郎(310 万美元),但随后又对预算进行了调整,在 1968 年将支出提高到 2 500 万法郎(490 万美元)。③ 这些费用大多数由原子能委员会承担,同时巴黎综合理工学院、奥赛直线加速器实验室,以及欧洲核子中心会给予部分支持。如果将在欧洲核子中心安装设备的费用 800 万瑞士法郎(200 万美元)增加到预算中去,1967 年用在设备上的总支出粗略估计为 700 万美元。相比较而言,700 万美元可以购买大约 3 500台宇宙射线实验装置,并且此数字毫无疑问地超出了自 1950 年宇宙射线物理学开始起,世界范围在此领域的支出。

在欧洲核子中心中,加尔加梅勒建造团队中各种职能部门随着时间的推移逐步形成。莱维·曼德尔(R. Lévy-Mandel)在 1965 年 9 月绘制了第一幅组织结构图,于 1966 年年中进行一次大幅修改后又历经多次修改。④ 由一位名叫让·卢茨(Jean Lutz)的来自萨克雷的工

---

① CERN Finance Committee, "Draft Agreement between CERN and CEA," CERN/FC/770,23 April 1965.

② 最终签订的协议参见 Commissariat à l'Energie Atomique (CEA), Contract 7. 275/r, Gargamelle. CEA to CERN, 2 December 1965, CERN-Arch Diradm F434.

③ 最初估算请参见 CERN Finance Committee. "Draft Agreement" (1965). 后期估算请参见 Lulz, "Notea à MM. les Responsables," CEA Service EDAP No. SEDAP/68 - 586,18 December 1968. MP, GGM binder "Organisation."

④ Lévy-Mandel, "Groupe de Travail," 3 September 1965, MP, GGM binder "Organisation."

程师负责此项目，委派两名副手，保罗·缪塞(Paul Musset)负责物理学和实验，吕西安·艾尔菲尔(Lucien Alfille)负责总体协调与策划。拉加里格仍担任科学顾问一职，安德烈·鲁塞(André Rousset)作为他的助手。[①] 在此管理层级下面是14个主要的必须执行的管理项目，每个项目均由1名或者2名物理学家或工程师负责。有些人员不只指挥一个项目。值得注意的是，负责明示设备建造中涉及的专业技术所发生的显著变化的13位原始项目负责人中，有11位是机械或电子工程师，以及高级技术人员，仅有2位是物理学家。14项工作包括设计生产以下产品：①磁体；②舱体；③膨胀与管道系统；④光学；⑤照明；⑥影像；⑦电子；⑧热调节；⑨命令与控制；⑩安全；⑪研究处；⑫供应品；⑬在萨克雷测试安装；⑭在欧洲核子中心安装。[②]

这14个项目中每个都会细分为其他不同的任务。以膨胀与管道系统为例，包含了研究与模型的建立，生产压缩机以及推动压缩进行的天然气存储器、电路系统(阀门与线路)的构建以及压力的调节。光学中包括研究的开展与模型的建立，玻璃制品、力学元件、影像设备以及相应的电子控制，以及在每版胶片上记录相关信息的数据盒子。[③] 系统流程图(见图4.4)展现了部分建造程序的广阔。在图示里的29个步骤中，每个步骤的背后都蕴含着重要的科学与工程项目，在这些项目中，施工团队必须与众多其他类型范围的项目进行全面的协调。

---

① Lévy-Mandel, "Groupe de Travail," 3 September 1965, MP, GGM binder "Organisation."

② Venard, "Repartition des Tâches," 29 June 1966, MP, GGM binder "Organisation."

③ 数据框压印胶片夹号、帧数，及关于各胶片框架的其他信息。工作的全面分类请参见 Lutz. "Note," 9 February 1967, MP, GGM binder "Organisation."

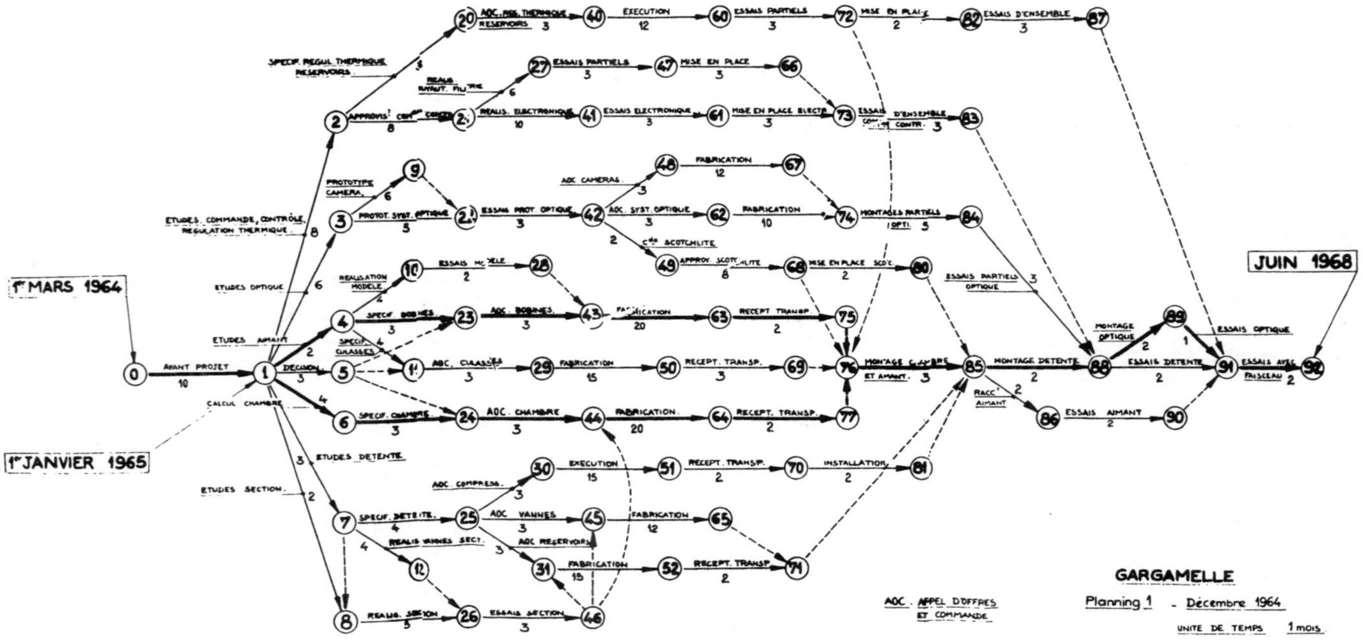

图 4.4 1964 年加尔加梅勒室建造流程图。此示意图中的每个任务都代表了比第 2 章或第 3 章所描述的实验更为复杂的建造项目。

来源：Allard, J. F., et al., "Proposition," foldout attachment.

要想感知一下这些科学工程项目的范围，对某些要求的更加细致的检查应该是很有帮助的。以膨胀系统为例。必须设计一张能够附着在室内墙上的薄膜，以便将在里面的液态丙烷与调节液面压力的压缩氮气分离开来（见图 4.5 和图 4.6）。薄膜表面的压力在 60 毫秒的时间里会在 20 巴到 10 巴之间变化，每 1.4 秒重复一次高压、低压循环。在最小限度的维护条件下，阀门、薄膜、管道与储液罐预期能够重复此循环 2.5 亿次。[①]

从工程角度来看，类似的雄心还体现在光学系统中。传统意义上来说，气泡室会安装有大尺寸的窗户，在窗户旁边物理学家会安装跟踪记录照相机。因为按比例放大的普通设计的窗户在加尔加梅勒预计产生的压力下会破裂，所以设计了小的气孔。因此，光学系统必须能够承受极大的角度（110°）而没有任何大的变形。此外，为了保持室内磁场强度为 20 千高斯（地球磁场强度的 1 万倍），磁体必须占满整个室内，没有任何安放照相机的空间。因此，光学系统必须通过室内

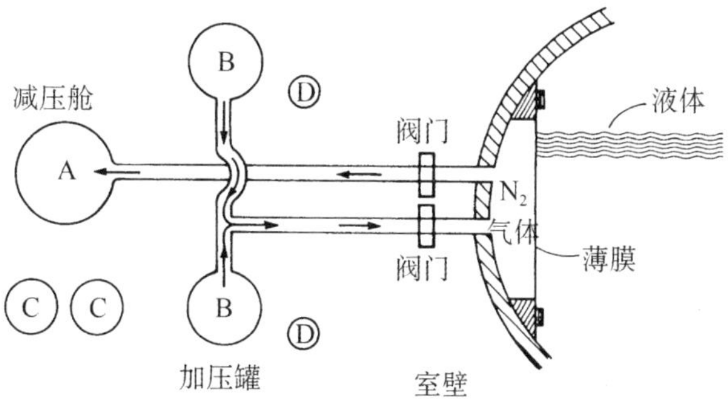

图 4.5 加尔加梅勒膨胀系统。加压罐 B 为室内提供气态氮气，一张薄膜将气体与液态氟利昂和丙烷分离。当通向罐体 A 的阀门打开，室内处于减压状态。罐体 C 用于储存，罐体 D 用于调节其他罐体。

① Ledoux, Musset, and Quéru, "Régulation de la détente" (1967), SEDAP 67-12, 19 January 1967, MP, GGM binder "Détente."

图 4.6 加尔加梅勒加压系统。识别元件请见图 4.5。在此图片中,室本身由磁体和外壳掩盖。来源:CERN 150 - 04 - 71.

的气门以及磁体上的孔洞将图像传输到几码外的照相机内。(见图 4.7 和图 4.8)。光学元件存在的室内,光学系统必须承受室内丙烷所产生的巨大压力。最后,镜头系统必须足够清晰,在气泡变得远大于十五分之一毫米之前,在液体内部深处拍摄到它们。①

在与奥赛工业关系部的工作中,负责加尔加梅勒光学系统的小组向多家公司寻求报价,并最终确定选择了索佩朗公司。这家公司是复杂镜头制造领域的专家。公司的工程师为法国海军和空军分别提供

① Pétiau, "Le système optique" SEDAP 66 - 102, 4 August 1966, MP, GGM binder "Optique."

图 4.7　在磁体中安装加尔加梅勒室，1970 年 9 月。来源：欧洲核子中心，X 32－9－70。

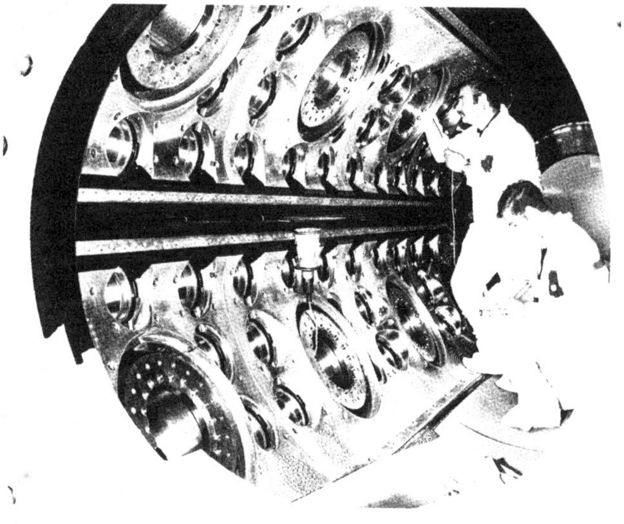

图 4.8　加尔加梅勒室内部构造。那是 1970 年的夏天，可以看到在安装薄膜之前，技术人员正在气泡室内部进行最后的调试。稍大的孔洞是用于光学系统通向照相机的；稍小的孔洞是用于气体进出以进行增压与减压的。来源：CERN，PIO/102－8－70。

了潜望镜目标模拟器及用于侦查的光学器件。① 在加尔加梅勒项目中,索佩朗公司有过针对相似模型制造光学元件的经验,并报价 48 万法郎(9.6 万美元)于 1967 年 7 月完工。②

一项工程技术的创新通常需要其他工程技术的创新,对于光学系统来说就是这样。如上文所述,光学系统必须将广角镜头拍摄的图片通过各种聚焦镜片传输到照相机中。因为广角镜头能够接近运行轨迹,在磁场中带电粒子标准的螺旋形移动通常看似有尖顶与线圈。这些纯粹的光学畸变必须在分析阶段整理出来。还有一个问题是仅仅由室的大小所造成的:运行的轨迹经常从一个镜头的视野传到另一个中,这些得到的图片必须要经过调整。更难组合在一起的是在镜头的观察过程中,一种粒子会衰变为其他中性粒子,它们可能依次使带电粒子出现在另一幅图片中。此外,加尔加梅勒的 8 个镜头将它们拍摄到的图像投射到 2 条底片条上,在皮带轮上曲折蜿蜒。所有扫描投影仪都将特定时间中的 8 幅图像分类整理出来,因为同一事件中的图片彼此并不相连。最后,任何未来的扫描设备生产商必须同时满足加尔加梅勒以及另一部在建大型气泡室"米瑞巴尔"的要求。③

与先前的扫描装置相比,电子、机电以及光学元件的复杂性大幅增加,使得加尔加梅勒团队再次在行业内公开招标。来自瑞典、法国以及英国的 8 家公司给出了订购 9 台装置的报价。在排除费用过高或者缺少必要服务项目的公司后,最终选择了萨伯公司。④ 该公司为

---

① SOPELEM, "Periscope Aiming Simulator," *French-American Commerce*, November-December (1973): 34. Musset, interviews, 6-9 July 1984.

② 许多信件包括,如 Lévy-Mandel to the chef du Département des Relations Industrielles, DSS/67-191,31 July 1967, MP, GGM binder "Optique," and Musset, interviews, 6-9 July 1984.

③ CERN Finance Committee, Meeting, 18 June 1969, CERN/FC/1149.

④ CERN Finance Committee, Meeting, 18 June 1969, CERN/FC/1149.

瑞典军方制造飞机。自组建以来，该公司逐渐将业务扩展到生产导弹以及其他精密技术装备。根据该公司 1969 年年报，“军事技术活动仍旧是重中之重，并且为纯粹军事部门以外的发展提出了基本的要求”。[①] 在计算机及机械工具与工业生产方法的控制系统方面取得了部分进展。在机电与电子光学系统方面的工业生产经验使欧洲核子中心或任何欧洲大学实验室能够承担任何艰巨的任务(见图 4.9)。

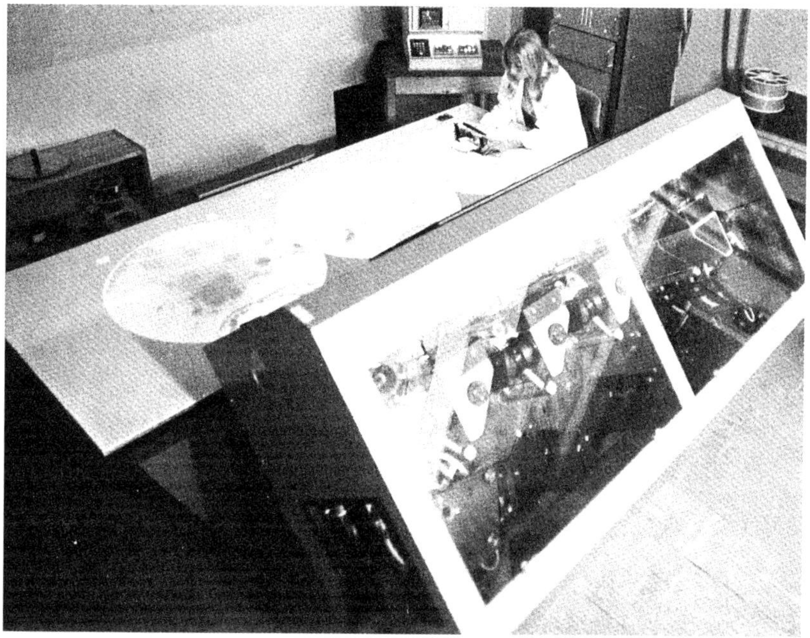

图 4.9　加尔加梅勒室测量工作，1971 年 4 月。投影仪将 70 毫米的气泡室胶片图像放大到一台扫描操作台上，在那里有一名操作员负责测量工作。她后面的电脑控制台在等待信息指令，例如，特定轨迹所需的额外测量。来源：CERN，151 - 04 - 71。

仅在扫描操作台上就需要花费 50 万美元是非常昂贵的。连同确定轨迹位置所需的 CDC 5100 电脑，数据简化设备占据设备很大一部

① SAAB, *Annual Report* (1969), 1.

分开销。[1] 这对于20世纪60年代中期的气泡室作业来说是完全具有代表性的。路易斯·阿尔瓦雷斯估计在1966年美国的气泡室小组拥有价值超过1 500万美元的扫描与测量仪器,并且每年需要在设备的运行上额外支出1 800万美元。在这1 800万美元中,有1 300万用于支付技术人员的薪水,剩余的500万投入到电脑分析。[2] 在1967年召开的一次欧洲核子中心会议中,卢·科瓦尔斯基(Lew Kowarski)甚至提出实验的思想已经从根本上由"建立并运行设备"转变为"对数据的简化与分析"。[3] 这一主题在我们讨论中性流实验的时候会格外清晰。

数据处理在实验室整个调查工作中都占中心地位,并不是仅仅在实验结束后。数据处理已经成为装置本身的一部分。要弄清这个问题,我们需要回顾麦克斯韦对于物理装置最初的描述,并将其尽可能充分地应用到粒子物理学实验中。对于能量的来源来说,加速器的磁体与范·德·格拉夫(Van de Graaff)发电机肯定符合要求。作为传递能量的方法,真空管、偏转磁铁以及聚焦磁铁会非常适合。对于实验中的测量方法,气泡室、火花室以及热量计也一定会符合要求。因此,到目前为止,计划进展顺利。但在使用计算机与扫描设备归档刻度读数时,难题会随之而来。从某种高度受限制的意义上来说,确定粒子动量与能量类似于反映出的刻度读数,但很明显事实上产生的要更多。

我们将会具体看到有多少实验证明的重担转移到了数据分析上。因为在这个阶段,针对不同背景分选信号时,20世纪的实验物理学已经最大程度上偏离了先前证明的概念。在麦克斯韦所提出的三类实验装置后,数据分析成为了第四类。长远来看,这可能会是20世纪物

① CERN Finance Committee, Meeting, 18 June 1969, CERN/FC/1149.
② Alvarez, "Round Table," Stanford (1966),288.
③ Kowarski, "Survey," Karlsruhe (1964), 36.

理学一次翻天覆地的变化。

集体的智慧：无中性流

从理论的角度来说，弱相互作用的研究始于恩里科·费米的衰变理论。在他的这一理论中，他隐藏了中子分裂为质子、电子以及反中微子的过程。[①] 他对基于弱相互作用而产生的动态过程的废除，既是一种祝福，也是一种诅咒。在这方面，类似行为所带来的临时的发展在历史中有诸多先例。早在 100 年前，安培已经通过研究电流的直接相互作用阐明了许多电动力学原理。虽然从后来的角度看，安培的理论并没有像麦克斯韦的电动力学理论那样起到基本原理的作用，但在介导相互作用的领域中，早先的理论还是有很大的启发价值。面对大范围未曾探索的弱相互作用领域，费米也获得了一个有帮助的启发性理论，部分上是通过明确利用关于量子电动力流已知的信息。

在经典的洛伦兹电动力学理论中，由微粒电子构成的电流受到持续的电磁场干扰；对于量子电动力学来说，电子与电动力学理论都有粒子与磁场的属性。特别是，在量子电动力学中，电流响应电磁场的事实体现在一份声明中，该声明指出电子能够放出或吸收电磁场的粒子成分——光子。因此电动电流中电子吸收或放出光子的过程可以通过图表形式表示(见图 4.10)。同样地，费米指出电流也需考虑衰变的情况。1 个巨大的中子被认为是放出 1 个相对于中子来说较轻的电子以及 1 个无质量的中微子，而非放出 1 个无质量的光子(见图 4.11)。电动力学与弱电的显著区别是：在放射过程中，电子在保存电荷的时候，中子没有，而是变成 1 个质子。

---

① Fermi, "Strahlen," *Z. Phys.* 88(1934): 161 - 171.

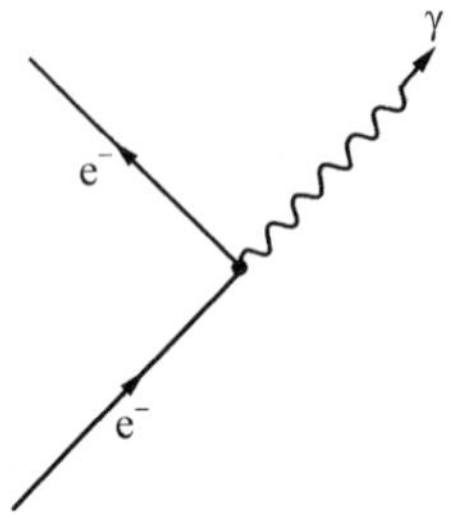

图 4.10　电磁流。这仅是 1 颗电子形成电流的普通路径。这里电子已经放射出 1 颗光子。严格来说,可以称此为“中性电磁流”,因为该电子并没有改变电荷。

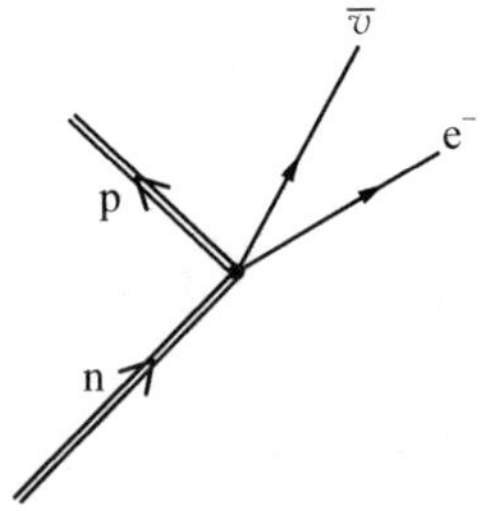

图 4.11　带点弱电流实例:衰变。通过与电磁流的类比,可认为重核子(按中子或质子的定义)构成了放射反中微子与电子的电流。因为核子改变电荷——从中子到质子——这一过程被称为“荷电流”。

后来,没有重离子电荷改变的电流被称为“中性流”,而那些有此变化的被称为“荷电流”。在讨论定义的时候,另外一条术语会很有用:轻子指的是那些不受强作用力影响的粒子,例如电子、中微子以及 μ 介子,轻子中性流是一条位于轻子间的中性流;强子是强相互作用力的粒子,强子中性流可相对自由地表示任何涉及强子的中性流,即使是同时包含强子和轻子的情况。严格上来讲,这种情况下应称之为“半轻子”。

在费米发表关于衰变的论文 30 多年后,假定所有的弱电流——强子与轻子——为荷电流已经成为不言自明的真理。事实上,每篇关于弱相互作用的文章都会以此假定开篇。“这是举世瞩目的事实,”一位作者 1964 这样写道,“不存在任何已知的例外情况,弱电流中的两个轻子始终是由一个带电粒子和一个中性粒子构成,这意味着中性流并不存在。”①在 1932 年到 1964 年之间,大量的实验数据表明衰变仅仅是能够使用经过修订的费米理论来解释的众多程序之一。就像费米所建议的那样,物理学家修改了他早期的理论但保留了指导形式,

① Feinberg, “Weak Interactions,” *Brandeis* (1964),282.

并最终形成了充分的唯象理论。[1] 特别显著的是如图 4.12 所示，关于中性流衰变过程极低的实验限制。所要表达的内容似乎很明确：无中性流。进一步的证据来自于显示中性流形成过程的实验，如图 4.13 所示，中微子发散而没有转化为带电粒子。如图 4.14 所示，中性流形成过程仅占类似荷电流形成过程中很小的一部分。

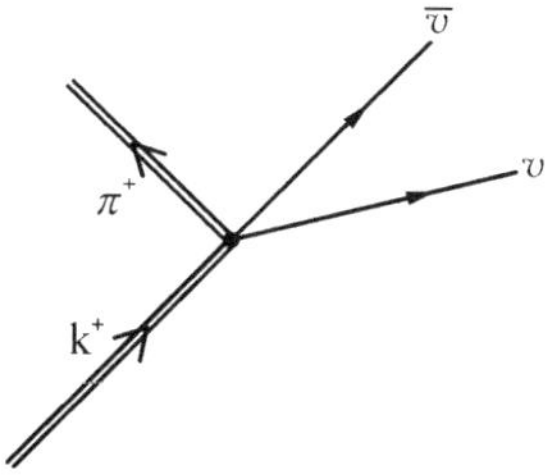

图 4.12　无中性流论证。在 20 世纪 60 年代，物理学家就中性流像这样的衰变($K^+ \rightarrow \pi^+ V \overline{V}$)设定了极低的实验限制。在衰变过程中，带有非零的奇异量子数字的粒子(K 介子)衰变为正常的物质(介子与中微子)。当时，没有任何有说服力的理由去认为此类中性流从根本上与没有任何奇异性改变的中性流不同。可以理解地，大多数物理学家得出结论：中性流事件仅仅是没有按照荷电流事件的数量级发生。

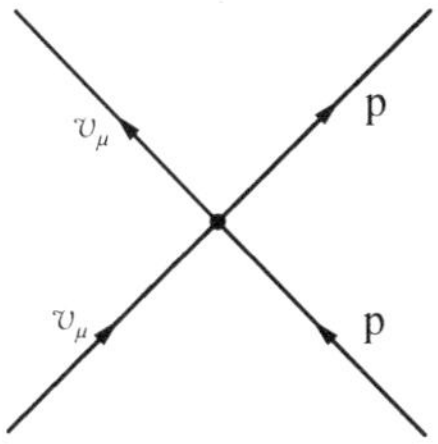

图 4.13　中性流中微子发散。中微子中性流要比 K 介子的衰变更难研究。然而，有些实验者却探索出中微子从质子中发散出来的可能性。

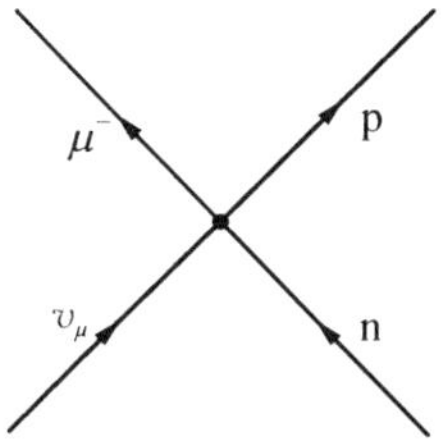

图 4.14　荷电流中微子发散。这些“普通”事件要比图 4.13 中所示的程序容易研究。在荷电流中，中微子转变为容易探测的 μ 介子，中子转变为 1 颗质子。如在第 3 章中所见，μ 介子很容易穿透物体，留下明显的运行轨迹。

---

① 参见 the introduction to and papers reprinted in Kabir, *Weak Interaction Theory* (1963).

吉尔伯托·贝尔纳迪尼在1964年为恩里科·费米暑期学校所做的开幕词中提到了类似的结果，主张："如果中性轻子流确实存在，它们与强子流成对出现，要比荷电流中的轻子流弱好几个量级。"[①]一本广泛使用的教科书收录了一篇由罗伯特·马沙克(Robert E. Marshak)、利祖汀(Riazuddin)以及夏兰·瑞恩(Ciaran P. Ryan)发表的题目为《中性轻子流的缺失》(*Absence of Neutral Lepton Currents*)的文章。在这篇文章中，他们总结道与上述提到内容相似的结果，支持了无中性轻子(或至少是中微子)流这一观点。[②] 直到1973年，尤金·康明斯(Eugene Commins)提到了"无中性流"这一理论选择规则，但理论家列弗·奥肯(Lev Okun)认为，此规则是基于符合实验的结果而非任何一般原则。[③]

此情况一直持续到20世纪60年代末。偶然地出现了一种新型的关于中性流形成过程更高的限制，为中性流的灵柩再次重重钉入一个钉子。实验建议研究发散过程中的中性流不时地被提出，以测试荷电流理论的高阶修正为目的，但以实验的角度，中性流似乎在第一级测试中即被排除在外。虽然理论家会不时地提出中性流模型，但并没有迫切的需求去证明它们的存在。当然在20世纪60年代中，在中性流模型中，没有任何一个模型能够脱颖而出迅速引起大家的注意。[④]

以费米为首的一批物理学家，已经能够通过假定所有的实际相互作用在一个时空点发生(见图4.11至图4.14)来建立成功的弱相互作

---

① Bernardini, "Interactions," *School* "*Enrico Fermi*" (1966), 1.

② Marshak, Riazuddin, and Ryan, *Weak Interactions* (1969), 319.

③ Commins, *Weak Interactions* (1973), 239; Okun, *Weak Interactions* (1965), 17 - 18.

④ 例证请参见 Lee and Yang's paper. "Intermediate Boson Basis." *Phys. Rev.* 119 (1960): 1410 - 1419. 其中包括了中性矢量玻色子. Glashow 的 SU(2) x U(1)体系首次发表参见"Partial Symmetries," *Nucl. Phys.* 22(1961): 579 - 588. 虽然并未实现，明确的质量 W 使得格拉肖的原理论不可重整。

用启发式理论。然而，到了 20 世纪 60 年代末期，此“点交互作用”的优点逐渐变成了大忌。再一次地，量子电动力学脱颖而出，成为一切皆可能会有所不同的例证。最重要的是，与量子电动力学不同，费米理论是不可重正化的。此术语还需要一些解释。

对称性与无穷

使用量子场理论做任何预测，需要以幂级数形式扩展公式。（基本幂级数展开式为 $\sin(x)=x-x^3/3!\ +x^5/5!\ -\cdots\cdots$，其中$\sin(x)$近似于更好的预测，如包含逐渐递增次幂的项。）在量子场理论中，交集计算公式展开式中的每一项均符合独有的费曼图，具体例子请见图 4.15。对于任何给定的理论均有指定的规则来计算符合图形的项。一般来说，更为复杂的图形（例如，有更多的顶点）对应更高次幂的项，对所讨论的步骤帮助反倒越小。因此，在诸如量子电动力学这样的理论中，要预测给定精度，仅仅能够绘制顶点数不超过一定数量的图形，然后再计算相应的结果。在量子电动力学中，一个简单的图形涉及 2 个电子间光子的交换（见图 4.15），而涉及更多光子交换的更为复杂的图形能够很容易绘制出来。

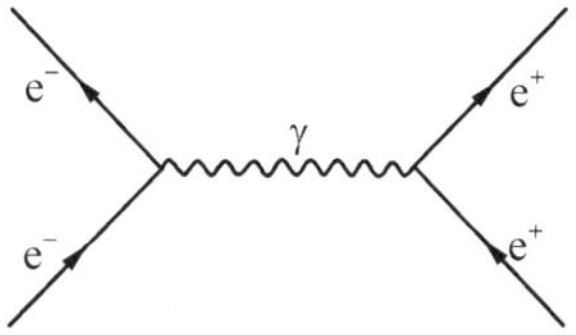

图 4.15　电动力模拟。在量子电动力学中，电磁场由光子替代，用于交换普通带电粒子间的动量。在弱电场理论中，中间矢量玻色子 W 和 Z 用于交换调整弱力的量子。

存在这样的复杂性：一些图形会导致无穷尽的运算结果。重正化是一种明确规定的数学运算方法，能够消除这些无穷尽的数据进而提取合理的、有限的、能够与实验结果相比较的预测结果。并非所有理论都可以重正化。但对于那些可以重正化的理论，所有无穷的数据都可以通过采用有限集常量来消除。在量子电动力学中,这组常量特别包含了电子电荷与电子电量。在那些无法重正化的理论中,需要更多的常量来计算逐渐递增次幂的结果。因为没有这样常量的有限集能够计算任意阶精度,有些物理学家认为修改后的费米理论不能被视为是真正有预测性的。一本教科书的作者们甚至以"没有弱相互作用理论"作为其中一个章节的题目。①

即使有人接受了费米理论的不可重正化性,此理论还是有其他的问题。特别是,许多过程(例如中微子-电子发散)的交集随着能量的增加而无上限的增长。从物理学角度来说,这样无限制的增长必须停止,因为中微子中发散出电子的可能性是有限的。这种严重违反概率的情况可以通过假设弱相互作用是由于粒子的交换来得到改善,例如电动力相互作用可以用光子的交换来解释。如果假设一个巨大的中间矢量玻色子在两颗弱相互作用的粒子间移动(例如 1 个中微子和 1 个电子),极高能量的交集将变得很有限。为此以及其他原因,许多物理学家希望随着中间矢量玻色子的加入(一般统称为 W),可能有机会建立一个关于弱相互作用的可重正化理论。②

自汤川秀树的早期工作完成后,关于调整核作用力的大质量粒子的思想在物理界广泛流传。(20 世纪 30 年代末期与 40 年代初期的理论家认为这些粒子为 μ 介子。)③因为通常认为弱电流会改变电荷,所以通常假定中间矢量玻色子的弱电流由 2 种粒子构成,1 个 W^+ 1 个 W^-。因此,图 4.11 所示的衰变可以从一个更加基本的层面来理解,包含负极中间矢量玻色子的交换(见图 4.16)。不成功的中间矢量玻色子实验研究贯穿整个 20 世纪 60 年代;随着每次更高能量的投入,

① Frauenfelder and Henley, *Subatomic Physics* (1974), 313.

② Glashow, "Partial Symmetries," *Nucl. Phys.* 22(1961): 579.

③ Yukawa, "Interaction," *Proc. Phys.-Math. Soc. Jap.* 17(1935): 48 - 57.

对于中间矢量玻色子质量的限制也开始提高。[①]

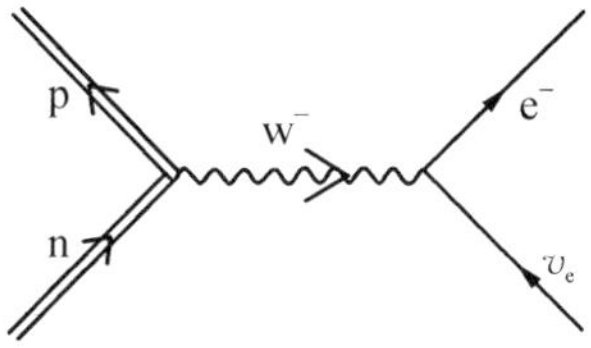

图 4.16 弱电理论中的荷电流事件。在弱电理论中,图 4.12 所示的衰变过程可以理解为由另外两个基本过程组成:首先是中子放射出 1 个负粒子并转化成 1 个质子;然后是中间矢量玻色子衰变成 1 个电子和 1 个反中微子。

在对于中间矢量玻色子所计划的探索中,两次高能量中微子实验最终促成了中性流的发现。这并不意味着中性流是那两次实验的重要的原始动机,事实上完全不是。当然事后来看,如今的标准自然地打破了斯蒂夫·温伯格(Steven Weinberg)与阿卜杜勒·萨拉姆(Abdus Salam)为中微子实验的原始动机所提出的规范理论;事实上,它的影响在几年后已表现出来。[②]

在此简要插入关于对称性与规范理论。对称性是指在某一系统上的动作不会使该系统的某些特点发生变化。例如,旋转一个小球,它的形状不会变化。麦克斯韦的方程式有一种时间反演对称性:用 $-t$ 替换每一处的 t,保持方程式不发生任何变化。因为时间永远以平

---

① 例证请参见 Bernardini el al., "Search for Lepton Pairs," Moscow (1966), 24-28, 为 W 质量给出了 1.9 GeV 的最低限度。

② Weinberg. "Model of Leptons," *Phys. Rev. Lett.* 19(1967): 1264-1266. Salam. "Weak and Electromagnetie," in *Particle Theory* (1968), 367-377. 对规范理论的两篇精彩介绍参见 Abers and Lee, "Gauge Theories," *Phys. Rep.* 9(1973): 1-141; Quigg, *Gauge Theories* (1983). 格拉肖-温伯格-萨拉姆理论的历史请参见 Weinberg, "Conceptual Foundations," *Rev. Mod. Phys.* 52 (1980): 515-523; Glashow, "Unified Theory," *Rev. Mod. Phys.* 52 (1980): 539-543; Salam, "Gauge Unification," *Rev. Mod. Phys.* 52 (1980): 525-538; Pickering, *Constructing Quarks* (1984). 不幸的是,有关弱电起源的理论物理学的详细历史不在本书讨论范围内。

方形式存在。在量子力学中,粒子用波表示。如果方程式能够决定这些波动函数的性质,并且该性质当在时空中任一点在波中加入任意相位都不会发生改变,那么可以说该理论有$U(1)$规范的对称性。

把规范理论看做是分两步建立的是有效的。第一步是以描述物质性质的方程式开始:例如在电动力学中,在最简单的情况下,此方程式仅由电子组成(狄拉克方程式)。其次,假设该完整的理论有特定的对称性:在此以$U(1)$规范对称性为例。通常地说,正如在此例中,第二项要求与第一项要求是相互矛盾的:当对狄拉克方程式进行一次$U(1)$规范变换时,它便不是不可变化的;留下一个带有附加项的方程式。要取消这些附加项,即在对称性操作下建立完整不变的理论,那么需要增加一个新的磁场、一个规范场。当这些附加的磁场通过规范变换来运行时,假定他们恰好会启动所需的项来消除理论中重要部分的附加项。奇妙的是,在量子电动力学中,消除附加项所必须的规范场恰恰就是光子规范场。总之,如果以电子运行的方程式开始并要求$U(1)$规范对称性,需要假定光子的存在,以作为电磁力的载体。

类似的考虑对于谢尔登·格拉肖(Sheldon Glashow)、斯蒂夫·温伯格以及阿卜杜勒·萨拉姆来说也起到一定的作用,因为他们统一了弱力与电动力场论。他们建立了具备$SU(2)\times U(1)$对称性的规范理论。再一次以物质与假定的对称性开始。$U(1)$对称性要求方程式能够在任一时空点中独立改变相位的条件下决定物质的对称性。此外,还需要理论保持不变,例如,即使是中微子场与电子场能够在任一时空点上以同数量相混合(此为$SU(2)$对称性)。为了理论在此更为复杂的对称性操作条件下保持不变——$SU(2)\times U(1)$对称性——不仅仅需要添加一个规范场和光子,而是需要4个规范场:光子以及3个弱力的载体,W^+、W^-以及1个中性搭档,Z^0。

当 W^+ 与 W^- 交换时，他们产生了所有的弱相互作用，例如先前所了解到的衰变。与古老的弱相互作用理论不同，Z^0 引出一种新的中性流来描述的相互作用（见图 4.17）。对于我们的目标来说，这些过程中最重要的是物质中中微子的发散。那些古老的理论认为中微子会放出带电中间矢量玻色子并且中微子本身会得到大小相等方向相反的电荷，理由是电荷是守恒的。当中微子获得 1 个电荷，它就成为 1 个电子或 μ 介子。$SU(2)\times U(1)$ 理论认为中微子能够放出 1 个 Z^0，因此中微子能够以电荷不变的状态形成。

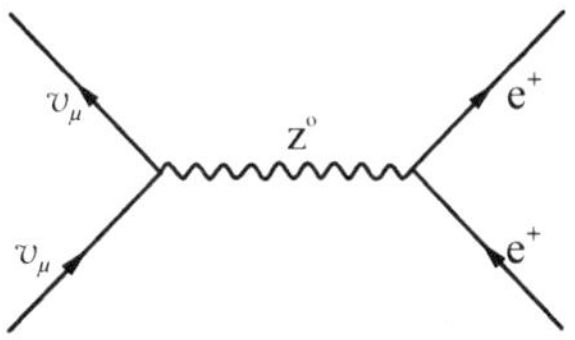

图 4.17　弱电理论中的中性流事件。格拉肖-温伯格-萨拉姆理论包括在交换中性粒子 Z^0 的条件下弱电流的形成机制。该粒子的质量大约等同于 90 个质子。在这里 Z^0 的交换发散出 1 个中微子和 1 个电子。

上述所提到内容的要点是：格拉肖-温伯格-萨拉姆理论（也称为“标准模型”、“弱电理论”，或以对称性研究小组 $SU(2)\times U(1)$ 而为人熟知）预测了弱力的一种中性载体的存在，弱力能够使中微子在普通物质中撞击或回弹后保持完好无损。

在最初四年里，$SU(2)\times U(1)$ 理论逐渐在众多竞争模型中销声匿迹。它所受的冷遇可以通过 1967 年至 1973 年温伯格论文的引用记录来说明：1967 年 0 次；1968 年 0 次；1969 年 0 次；1970 年 1 次；1971 年 4 次；1972 年 64 次；1973 年 162 次。[①] 转折点是在 1971 年赫拉德・特霍夫特（Gerard't Hooft）证明了广泛类别的规范对称性理论都

① Coleman, "Nobel Prize," *Science* 206(1979): 1290 - 1292.

是不可重正化的。[①] 正如西德尼·科尔曼（Sidney Coleman）所说，特霍夫特的吻将温伯格的青蛙变成了被施了魔法的王子。[②] 引用率是如此地吸引人以至于其他假冒者纷纷迅速露面。谢尔登·格拉肖与霍华德·乔吉（Howard Georgi）提出了一个替代的规范理论，根据特霍夫特的证明也是不可重正化的，但该理论去除了看似不受欢迎的中性流。[③]

当要讨论的实验完成的时候，他们已经帮助将格拉肖-温伯格-萨拉姆理论带到物理界瞩目的中心。更广泛地说，实验的结构有助于促成粒子物理学远离启发式与现象的技术的集合，进而转变为弱电相互作用，甚至强子的场论描述。1976 年，一位评论家恰当的捕捉到了对弱相互作用理论态度的彻底转变被，这名评论家指出现在我们有了一个“真实的弱相互作用理论，逐渐向麦克斯韦的电磁理论靠拢”。[④] 依靠这个成就，理论家建立了一个强相互作用的规范理论，甚至还有更加展示雄心壮志的规范理论，统一了弱、强以及电磁相互作用。中性流的发现在理论与实验方面对此规范项目的促进起到至关重要的作用。

优先顺序

我们现在来看两组发现中性流的实验，分别在大西洋两岸进行。尽管这些特定的实验仍留下许多关于中性流特性的有待解决的问题，

---

① 't Hooft, “Renormalization of Fields,” *Nucl. Phys*, *B* 33 (1971): 173 - 199. 对于验证规范理论所做的努力，其详述请参见 Veltman, “Gauge Field Theories,” in Rollnik and Pfeil, *Symposium*, (1974), 429 - 447, cited and discussed in Pickering, “Against Phenomena,” *Stud. Hist. Philos. Sci.* 15(1984): 116.

② Coleman, “Nobel Prize,” *Science* 206(1979): 1291.

③ Glashow and Georgi, “Without Neutral Currents,” *Phys. Rev. Lett.* 28(1972): 1494 - 1497.

④ Taylor, *Gauge Theories* (1976), 1.

但做出了更多的精密研究(例如关于时空以及中性流同位素自转的实验),这些研究首次说服了许多物理学家(理论家与实验者兼有)相信高能级中性流的存在。两组实验分别为位于伊利诺伊州巴达维亚的费米国家加速器实验室所开展的 E1A,以及在欧洲核子中心开展的加尔加梅勒协作研究。担任 E1A 实验工作的合作团队由来自哈佛大学、威斯康辛麦迪逊分校、宾夕法尼亚大学,以及美国国家加速器实验室(后来更名为"费米实验室")的实验小组组成,即哈佛-威斯康辛-宾夕法尼亚-费米实验室通常简称为"哈佛-威斯康辛-宾夕法尼亚-费米实验室合作团队"。

在欧洲,加尔加梅勒研究组织由来自牛津大学、奥赛直线加速器实验室、亚琛工业大学第三物理研究所、米兰大学、英国伦敦大学学院、巴黎综合理工学院、布鲁塞尔大学跨校高能物理研究院以及欧洲核子中心的实验小组组成。超过 70 名物理学家最终签署了各类关于中性流的报告(见附录)。还有许多其他的管理者、实验人员、学生以及技术人员参与了不计其数的策划与分析阶段。

这里并非回顾 20 世纪 60 年代弱相互作用理论发展。然而,站在实验者的角度看,众多理论上的兴趣点简单明了地共同交织在由梅尔文·施瓦兹(Melvin Schwartz)个人、李政道与杨振宁在《物理评论快报》(*Physical Review Letters*)的两篇相关论文,以及布鲁诺·庞蒂科夫(Bruno Pontecorvo)独立概括的一项广泛的实验项目中。① 这三名作者强调中微子会成为弱相互作用的理想探针,因为其(像电子和 μ 介子)对于强作用力是完全免疫的,且中微子不含任何电荷,所以它不会受到电磁力的影响。他们所提出的一些建议成为下一个十年所执

① Schwartz, "High Energy Neutrinos," *Phys. Rev. Lett.* 4(1960): 306 - 307; Lee and Yang, "Neutrino," *Phys. Rev. Lett.* 4 (1960): 307 - 311; Pontecorvo, "Neutrinos," *JETP* 10(1960): 1236 - 1240.

行实验的指导原则。所有使用过的中微子束大致产生的方式如下：质子加速撞击到坚硬的目标物体,在其中产生了介子与k介子。介子与k介子延着一根真空管下方移动直到其中部分衰变为μ介子与中微子。通过引导μ介子与未衰变的介子穿过数米深的泥土,他们可以停下来,仅留下一束中微子(见图4.18和图4.19)。

凭借中微子束,许多实验成为可能,包括：①两类中微子实验。衰变产生的中微子可能与那些产生于介子衰变的中微子相同或不同。凭借一束介子产生的中微子我们可以判断是哪种情况。②测试弱相互作用的时空结构。自费米提出弱相互作用理论的那天起,众多不同

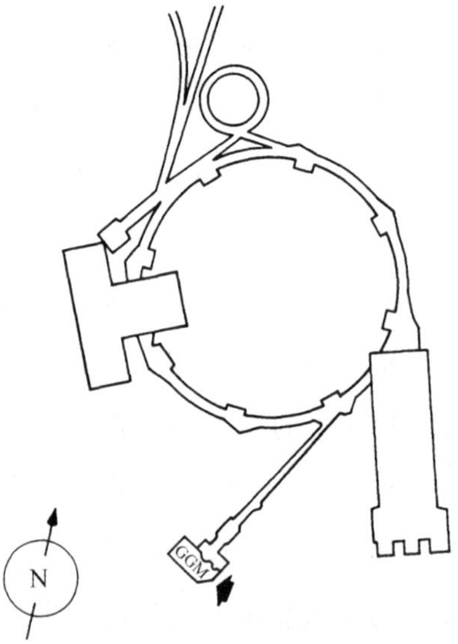

图4.18 1967年加尔加梅勒室的位置以及中微子束。示意图中的大圈是欧洲核子中心的质子同步加速器,能够将质子移动速度提高到240亿电子伏特。其中一些质子会沿着连接加尔加梅勒(GGM)的束流管射出。当高能量质子猛烈撞击铍或者铝目标物体时,它们会产生大量的介子和K介子。这些轻质的不稳定的新粒子继续朝着加尔加梅勒移动,其中一些衰变为中微子。大部分没有衰变为中微子的粒子被超过3 000吨重22米长的铁所阻挡。

来源：示意图,CERN/PIO/RA 77-4。

图 4.19　欧洲核子中心安置加尔加梅勒室的厂房航拍图，1967 年 8 月。该图片所示的方位与图 4.18 类似。来源：CERN 109-8-67。

形式的弱相互作用应运而生。“V-A 理论”保持了费米最初的想法——使基本的相互作用像电流那样进行。这在格拉肖、温伯格，以及萨拉姆的理论诞生前是占主导地位的弱相互作用理论。[①] V-A 理论也很好地解释了最近发现的宇称不守恒现象。[②] 此外，中微子束能够详细测试 V-A 理论的影响，例如预测部分弱电流会像电磁流那样守恒（矢量流守恒假设）。③测试轻子守恒。当电子与 μ 介子产生于

① Feynman and Gell-Mann, “Fermi Interaction,” *Phys. Rev.* 109(1958): 193-198. Sudarshan and Marshak, “Universal Fermi Interaction,” *Phys. Rev.* 109(1958): 1860-1862.

② Franklin, “Parity,” *Stud. Hist. Philos. Sci.* 10(1979): 201-257.

粒子的相互作用时,通常伴有中微子。中微子束有助于确定是否存在新的和电子与 μ 介子有关的量子数。如果有,则情况可能是 1 个电子(电子数+1)总是与 1 个反电子中微子(电子数- 1)共同产生。④测试电子—μ 介子普遍性。μ 介子看似仅仅是质量更大的电子。中微子束能够帮助物理学家发现除质量外,μ 介子与电子中产生的弱相互用是否真的相同。⑤中间矢量玻色子研究。对于 E1A 与加尔加梅勒来说,关于中微子束最重要的建议是主张中微子相互作用能够用于尝试及产生中间矢量玻色子,W。

在 1960 年发表的关于中间矢量玻色子研究的作品中,李政道与杨振宁提出带电中间矢量玻色子的最好的研究方法是研究中微子反应。

$$v + Z \rightarrow W^{+} + l^{-} + Z, \tag{4.1}$$

其中 Z 代表带电 Z 粒子的一个核,l^{-} 是带阴电荷的轻子。[①] 此外,因为众所周知 K 介子无法承受快速地衰变为中间矢量玻色子和伽马射线,李政道与杨振宁认为中间矢量玻色子的质量必须大于 K 介子;从为大家接受的费曼/盖尔曼(V - A)形式的弱相互作用来看,中间矢量玻色子处于旋转态。除此之外,所知甚少。杨振宁与李政道提出的研究假设中间矢量玻色子中含有已知粒子中质量最大的粒子——核子。凭此假设,他们能够粗略计算反应式(4.1)的交集以及中间矢量玻色子衰变产物的产生率:μ 介子加上中微子。“如果通过实验没有发现 $W^{\pm}$”他们写道,“可能会将 W 的质量限制设定得更低一些。”[②]

对 $W^{\pm}$ 的研究形成了国家加速器实验室开展 E1A 以及欧洲核子中心建造加尔加梅勒的主要动机。通过对比,对中性流的研究是次要

---

① Lee and Yang, “Intermediate Boson Basis,” *Phys. Rev.* 119(1960): 1410 - 1419.
② Lee and Yang, “Neutrino,” *Phys. Rev. Lett.* 4(1960): 310.

的，因为在关于现象的理论中看似没有任何迫切的理由要去证明中性流存在。因此，当拉加里格、鲁塞，以及缪塞于1964年2月为筹建一个新的气泡室共同提出一个初步项目方案时，他们的兴趣集中于研究带电中间矢量玻色子，即使现象学理论对于中间矢量玻色子的质量没有上限约束。① 因此，无法确保在新方案中的中微子能量足够产生中间矢量玻色子。尽管如此，随着1963年锡耶纳会议的临近，人们希望能在某处，在一定电子伏特的范围内会发现该粒子，这在下一代实验的掌控之内。②

缪塞和鲁塞讨论了其他的项目，但是即使是在1964年加尔加梅勒室的施工人员准备好一份主要的项目方案时，他们仅用三句话便搁置了中性流研究项目。③ 像加尔加梅勒室这么大的物理研究目标必须在会上讨论，有特定的工作小组汇报关于束流、K介子研究、μ介子研究，以及通过使用质子消除反质子而形成新粒子等问题。对此项目来说，通过常规的物理研究会议讨论细节毫无意义；参与的实验室有权决定如何使用它们的设备。此外，随着项目的进展，确定室内液体的特性、束流的参数，以及进行适当的数据分析会超出旁观者的正常兴趣范围。

加尔加梅勒使用者委员会是为陈述这些内容所成立的，成员会间歇性地会面制定会议日程。有时会邀请到访的理论家或其他专业人士讲话。会议一般会持续几天并发布数百页的会议记录。在1968年10月的第一次会议中，唐纳德·珀金斯(Donald H. Perkins)做了一

① Lagarrigue, Musset, and Rousset, "Chambre," draft proposal for bubble chamber (1964), MP.

② 格拉肖-温伯格-萨拉姆理论将W的质量设为80 GeV；1983年，UAI合作成果发布与此质量的中间玻色子相一致的事件. 参见 Arnison et al, "Large Transverse," *Phys. Lett.* *B* 122(1983)：103-116.

③ Allard et al., "Proposition," (1964), Ⅶ-9.

份关于中微子物理学的报告,将中性流作为附属话题。① 两年后,随着加尔加梅勒临近完工,珀金斯重写了所提议的物理学方案。② 在物理研究目标清单的最上方保留了中间矢量玻色子的研究。然后是对早先弱相互作用理论所预测的各种过程的研究,并未采用中间矢量玻色子的理论。尽管如此,并非一切都是相同的。自最初的项目提案提交那天起,斯坦福直线加速器中心的一个小组便开始了一项实验,在实验中他们凭借大的动量传递实现了从核子中非弹性散射出电子。③ 就像欧内斯特·卢瑟福所展示的那样,原子通过分散的阿尔法粒子包含坚硬的小核子,因此斯坦福直线加速器中心实验团队通过散射电子展示了核子的内部结构。

更确切地说,卢瑟福所观察到的散射模式(卢瑟福散射)描绘了粒子从点散射体发生偏转的特征。"莫特散射"对于相对速度粒子来说仅仅是此模式的普遍化描述。斯坦福直线加速器中心令人震惊的实验结果是核子中电子的散射模式以一种不受高达 50 亿电子伏特能量影响的方式与莫特散射模式成正比例放大或缩小。

此特殊的实验结果(称为标度)对理查德·费曼与詹姆斯·布约肯(James Bjorken)的启示是电子从尚未明确包含于质子与中子中的点散射体散射出来。费曼将这些点散射体命名为"部分子",此部分子很快地被布约肯与伊曼纽尔·帕斯克斯(Emmanuel Paschos)确定含有夸克。④

出于对部分子的兴趣,研究高能量中微子相互作用的表现更具激

① Perkins, "Neutrino Physics," in Fiorini, *Milan* (1968), 13 - 14. Cf. Fiorini, "Gargamelle Meeting" (1968).

② Perkins, "Draft Gargamelle Proposal" (1970), MP.

③ Briedenbach et al., "Inelastic Scattering," *Phys. Rev. Lett.* 23(1969): 935 - 939.

④ Feynman, "Hadron Collisions," High Energy Collisions (1969). Bjorken and Paschos, "Proton Scattering," *Phys. Rev.* 185(1969): 1975 - 1982.

励性。如果斯坦福直线加速器中心的实验结果适用于更高的能量，中微子与部分子发生相互作用的可能性随能量线性增加。因此，如今对中间矢量玻色子的研究都伴随着部分子模型研究所带来的兴奋感觉。每个人都将中性流研究视为次要的。在列出重要的题目清单后，珀金斯在他1970年列出的计划开展的实验清单后附上了备注："此外，当然还有很多吸引人的题目，例如中性流等。然而，这些问题也可用其他室来研究。另一方面，我们可以断言加尔加梅勒是一个用于研究像中间矢量玻色子和部分子假设问题的独特设备。"①当来自法国的实验小组对此方案提出新的草案时，他们也主张增加对部分子模型测试的关注。中性流实验仅需要走一个过场："我们没有提及几处显著的问题，其中现有的限制并非主要来自背景：弹性碰撞过程、轻子守恒以及中性流。"②

尽管他们的作用、方案、附录以及文字不足以应对为这样的大型设备解决研究优先级的任务。人们还是需要进行面对面的会议。早在1971年6月，便有超过100名物理学家聚集在一起参加在伦敦召开的使用者委员会会议；其中大多数已经致力于加尔加梅勒项目。就像在米兰的会议中，与会者提出了范围广泛的物理专题，均能够凭借大型室来进行研究。第一个话题是弗兰齐内蒂(C. Franzinetti)所提出的关于中微子物理学的报告，回顾了许多已经开始的题目，并以对于斯坦福直线加速器中心特别的标度结果的热点问题所做的评论结束。弗兰齐内蒂的结论是可以遵循费曼对于数据的解读并得出结论——核子是由呈点状的成分构成的。"除此之外，"他略带戏谑地补充道，"什么是部分子对我来说是很神秘的……我听说过许多不同的

① Perkins, "Draft Gargamelle Proposal" (1970), 1, MP.
② Aubert et al., "Amended Draft Gargamelle Proposal" (1970), 8.

部分子定义,并且据我所知,部分子可以是只要你相信它是的任何东西。"①

关于部分子无论选择相信什么,都立即出现与启用新型复杂的探测设备有关的技术问题。到伦敦会议召开的时候,加尔加梅勒已经运行多次用以测试设备。在此前期工作阶段,对早期气泡室照片的分析揭示出一些不寻常的事件。就像让-皮埃尔·维来尔(Jean-Pierre Vialle)后来所回忆的那样:

> 我们在图片上立刻能看到的是在不含 μ 介子的气泡室中存在超高能事件。但很显然,我们不能说这些就是中性流。我认为我们的第一个念头是好奇,当我们观测到星点,其可能来自于中子,但有着过高的能量,我们或许应该去一探究竟。②

一切按计划进行,实验者使整个实验项目向前推进,将中性流研究搁置在一边。例如,这种情况我们可以在气泡室开始采集数据后召开的伦敦使用者委员会会议议程中看到。中性流课题仅仅出现在一份伴随新轻子与中间矢量玻色子所产生的"尚未检测到"的现象清单中。③

有三个论据对与认真对待中性流的存在产生了不利的影响。首先,如珀金斯所提出的,有许多其他课题更需要关注:研究中间矢量玻色子、重轻子(像仅仅是质量更大的电子或 μ 介子),以及违反斯坦福直线加速器中心标度结果的情况。其次,众多实验得出的气泡室证据明确地表明中性流或者根本不存在,或者是被惊人地有效抑制了。对这个令人意外的事实值得做出一些解释,因为它阐释了一种在理论与实验间格外重要的相互作用。

---

① Franzinetti, "Neutrino Physics," *Experiments with Gargamelle* (1971), 16.

② Vialle, interview, 28 November 1980.

③ Franzinetti, "Neutrino Physics," *Experiments with Gargamelle* (1971), 10.

提出质疑的充分理由

让我们以一个定义开始。“奇异性”是一种归于像电荷这样的物质以及角动量的一种特性。电荷在粒子相互作用中保持守恒：如果即将发生碰撞的电荷总数为 0（包括目标粒子），那么射出的粒子中的电荷总数也为 0。为了记录许多在第二次世界大战后发现的新粒子，奇异性成为一种有用的记录设备。可以赋予每颗粒子一个“奇异数”，这样在电磁与强相互作用中，总奇异数会守恒。例如，质子与反质子均不含奇异数。当质子撞击反质子时会产生强烈的相互作用，并且如果在撞击中产生任何新的粒子，它们的总奇异数仍是 0。然而，在弱相互作用中，奇异数并不总是守恒的。这给实验高能物理学家提供了一个不可错过的好机会。

你们应该还记得，中性流不涉及碰撞粒子间的电荷交换。这意味着如果碰撞粒子为带电粒子，他们也能够发生电磁相互作用。两颗从彼此中发散出来的电子也能够通过光子的交换实现电磁相互作用；或者是，如果中性流存在，可以通过弱相互作用实现。因为电磁力要远强于弱力，对弱中性流的探求会彻底终结（见图 4.20）。实验者愉快地认为该性质为奇异性变化的弱相互作用提供了可能性；因为电磁力与强作用力均保持奇异性守恒，所以奇异性变化的中性流为弱相互作用的个人秀提供了一次完美的机会（见图 4.12）。

奇异性变化过程的一个例子：

$$K^{+} \rightarrow (\text{正极介子}) + (\text{中微子}) + (\text{反中微子}) \qquad (4.2)$$

K^{+}是一种奇异粒子但介子与中微子不是，因此电磁与强作用力均不会涉及在内。因为单独正电荷 K 介子转化成一个单独带电的正介子，

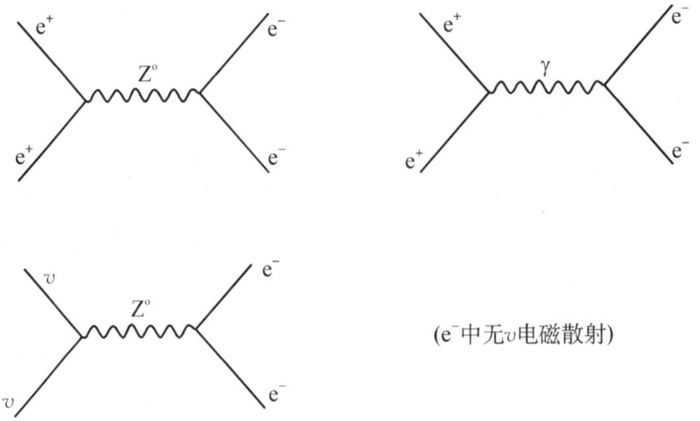

图 4.20 电磁背景。在两个相互作用的粒子带电并且无奇异性改变的事件中，电磁相互作用与弱相互作用同时发生。20 世纪 60 年代以及 20 世纪 70 年代初期可获得的加速器能量条件下，大的电磁效应淹没了相比之下小得多的弱相互作用。例如，弱正电子发散(左上)被电磁发散(右上)所压倒。E1A 与加尔加梅勒通过使用中微子避免了这个问题，因为它们是中性的，不能够与光子发生相互作用。因此，左下说明的过程无电磁竞争对手。

此过程涉及到中性流。实验者认为，这一定会是一次成功的确定中性流存在的测试。

直到 1969 年，乌戈・卡梅里尼(Ugo Camerini)等人已经表明(4.2)这样的过程被很好地抑制了：此 K 介子的衰变率低于相同 K 介子其他方式衰变率的 5×10^{-5} 倍。[①] 其他实验小组对奇异性改变的中性流给予了许多类似的较低限制。因为在那时没有任何理由去相信在奇异性改变的与奇异性守恒的中性流间会存在任何相关的差别。人们得到的合理的结论是中性流根本不存在。

该情况与洛克(Locke)在他的《人类悟性论》(*Essay concerning Human Understanding*)中描述的相似。看似在一次与德国大使愉快的访问后，暹罗国王询问起低地国家人民的生活习惯。作为这样一个

① 参见 Camerini et al., "Search," *Phys. Rev. Lett.* 13(1964): 318 - 321.

伟大的航海国家的国王，暹罗的领导无疑认为自己熟悉水的各种形态。可以想象当他听到说在德国境内的水有时会变得"无比坚硬，人可以在上面行走，甚至能够承受一头大象时所表现出的疑惑。对此这个国王回答道：'迄今为止，我相信你告诉我的所有的奇闻异事，因为我认为您是一位清醒公正的人，但现在我确定你在说谎'"（洛克的重点）。① 物理学家经过反复地测量百万倍抑制程度的奇异性改变的中性流，对在奇异性守恒的情况下不存在任何抑制的期待不会高于暹罗国王对大象能在冰上行走的期待。没有任何合适的理由去相信该差别会造成这么大的不同。

至少在当时看是这样的。物理界内关注点边缘外的是几年后会成功在两种中性流间区分开来的一项建议。在 1970 年，谢尔登·格拉肖、约翰·伊利奥普洛斯（J. Iliopoulos），以及卢西亚诺·玛亚尼（L. Maiani）（统称为 GIM）在古老的 V－A 理论框架内假定了一种引起第四个夸克的机制。举例说明，他们希望解释两种 K 介子质量的微小差别以及奇异性可变的中性流的抑制。② 仅在几年后，该 GIM 机制与温伯格-萨拉姆模型相关联，认可奇异性守恒的中性流但抑制那些奇异性改变的。考虑到即使是格拉肖直到 1972 年才将该机制联系到规范理论中，所以这并不令人感到十分惊讶。③

因此，三种不同的基础理论结果在 E1A 和加尔加梅勒设立车间时处于讨论之中。部分子模型是新的；它向中微子以及更高能量的延伸仍不清楚。规范理论本身尚未被完全接受，并且温伯格-萨拉姆理论特别地加入第四代夸克看似很遥远。必须要记住在 1967 年温伯格

---

① Locke, *Human Understanding* (1959), vol. 2, p. 367.

② Glashow, Iliopoulos, and Maiani, "Weak Interactions," *Phys. Rev. D* 2 (1970): 1285－1292.

③ Glashow, "Unified Theory," *Rev. Mod. Phys.* 52(1980): 539－543.

最初的理论中,规范理论仅针对电子、中微子以及 μ 介子,夸克没有任何作用。因此,要严格地将奇异性可变的电流从奇异性守恒的电流中分隔出来,需要承认所有这些元素: 部分子、第四代夸克以及 $SU(2)\times U(1)$ 规范理论。只能完成这样分离后,关于奇异性可变的中性流的结论才是确定的。

其他优先项目以及奇异性改变的结论已经足以说服大多数实验者淡然地忽略中性流。如果仍有疑问,其他的实验结果会给出无懈可击的解释。另外两个实验似乎排除了奇异性守恒的中性流。李元龙(Wonyong Lee)通过实验检测了 μ 介子中微子从质子中的发散;理论家本杰明·李(Benjamin W. Lee)很快地分析了实验结果并声称该结果“排除了温伯格弱相互作用所预测的中性流存在的可能”。[①] 到缪塞开始研究这些论文时,李元龙与本杰明·李的结论已经开始饱受质疑,因为他们都没有充分研究质子内部的过程。例如,唐纳德·珀金斯据此在李的论文发表后提出了对其理论的批判,并且,本杰明·李承认奇异性守恒中性流不能被绝对地排除。[②]

欧洲核子中心本身似乎已经排除了中性流的存在。在 1963 年,加尔加梅勒在拉加里格眼里还只是灵光一闪之前,古老的欧洲核子中心重液气泡室协作团队将注意力转向了中性流。在参与者中有几位研究中微子的物理学家,他们后来成为了加尔加梅勒实验中的高级合作者: 杰拉尔德·米亚特(Gerald Myatt)、唐纳德·坎迪(Donald Cundy)以及珀金斯。在 1963 到 1964 年间,此欧洲核子中心研究小组开始对奇异性守恒的中性流施加极端严苛的限制,将中性流限制在

---

① W. Lee, “Limit on Neutral Currents,” *Phys. Lett.* *B* 40(1972): 423 - 25. B. W. Lee, “Weinberg's Model,” *Phys. Lett.* *B* 40(1972): 422.

② Perkins, “Neutrino Interactions,” Batavia (1972), 189 - 247. B. W. Lee, “Weak Interactions,” Batavia (1972), 249 - 305.

3%的范围，远低于格拉肖-温伯格-萨拉姆的水平。[①] 类似这样的结果阻碍了很多关于中性流以与荷电流相应的一定比率存在的推测。（在1970年，有些参与者重新分析了所得的数据并实现严格程度略低的限制，得到与后来的发现相符合的结果。）[②]其他实验者也排除了看似表明中性流可能存在的结果。赫尔穆特·费斯奈尔（Helmut Faissner）也是加尔加梅勒协作团队的一员，记录了在他职业生涯的早期也曾看到类似后来被解读为中性流的照片，但并没有感受到他们的意义："我们不能将此归咎于不合格的仪器。我们不相信眼睛所看到的是不幸的思维阻隔、理论偏见以及实验恶作剧的阴谋。"[③]因此，实验界有多种理由坚持在与荷电流同量的层面上不存在中性流。

理论家的角色

在1971年春，理论家突然对中性流重新拾起了兴趣，而原因与气泡室或火花室中发生的事件完全无关。1967年取得进展的温伯格与萨拉姆理论在他们进行实验的同行的计划中尚未起到任何作用。但当有一次赫拉德·特霍夫特发布他的重正化证据时，一切都随之发生变化。包括伊曼纽尔·帕斯克斯、林肯·沃尔芬斯泰因（Lincoln Wolfenstein）、亚伯拉罕·派斯、山姆·特莱曼（Sam B. Treiman）、温伯格以及特霍夫特在内的理论家均开始计算该理论的

---

① 珀金斯当前研究参见 Bingham et al.. "Preliminary Results," *Sienna* (1963), 555 - 584. 在附加的结论写道，"因此'弹性事件'的中性电流小于约3%，很明显，带电的平衡标定不容许中性轻子流."参见 J. S. Bell. J. Løvseth, and M. Veltman, "CERN Conclusions," *Sienna* (1963), 586. 同样的中性电流的上限值参见 M. M. Block et al. "Neutrino Interactions," *Phys. Lett*, 12(1964): 281 - 285，其结果参见 Dubna by D. C. Cundy, "Progress Report," Dubna (1964), 7 - 15.

② Cundy et al., "Upper Limits," *Phys. Lett. B* 31(1970): 478 - 480.

③ Faissner, "Neutral Currents," *Lepton-Hadron Physics* (1979), 374.

实验结果。[①] 就像在量子电动力学领域中,在纯理论与计算间存在差异,此差异会显露出对实验者的暗示。正是重新建立的理论兴趣与预测截面的有效性的结合唤醒了实验领域沉睡许久的兴趣。[②]

在特霍夫特于 1971 年 11 月发表论文后不久,布鲁诺·朱米诺(Bruno Zumino)、雅克·普兰吉(Jacques Prentki)以及玛丽·盖拉德(Mary K. Gaillard),在欧洲核子中心加尔加梅勒大厦中的一间小实验室中与一组实验者以及理论家进行了交谈。朱米诺解释了对现今可重正化的格拉肖-温伯格-萨拉姆理论突如其来的理论沉迷。最初,缪塞回想起曾经对测试理论家最爱的过程的预期持悲观态度:从电子中发散出 μ 介子中微子。理论家喜欢这个想法因为该事件将完全不受任何背景影响,因为不会涉及任何强相互作用。作为一名实验者,缪塞是很机智的。因为发现类似事件的可能性是极小的。通过对比,如果仅仅与荷电流进行比较,在强子中性流中的相互作用中,在缪塞看来从质子与中子中发散出中微子应该是非常频繁的。然而,理论家们持有保留意见,因为他们感觉到涉及强子与强相互作用的任何运算都会是极其复杂的。[③] 因为有谁会了解高能量的中微子会如何与部分子发生相互作用?

缪塞后来回想起他关于实验小组研究强子中性流的建议没有引起协作团队其他成员的很大热情。[④] 他们的犹豫当然不是出于对问题的漠不关心。坎迪、珀金斯、赫尔穆特·费斯奈尔、霍斯特·瓦克斯穆特(Horst Wachsmuth)以及杰拉尔德·米亚特,在执行超过十年的强

---

① Paschos and Wolfenstein, "Tests for Neutral Currents," *Phys. Rev.* *D* 7(1973): 91-95; Pais and Treiman, "Neutral Current Effects," *Phys. Rev.* *D* 6(1972): 2700-2703; Weinberg, "Neutral Intermediate Boson," *Phys. Rev.* *D* 5(1972): 1412-1417; 't Hooft, "Cross-Sections," *Phys. Lett.* *B* 37(1971): 195-196.

② Sullivan et al., "Rapid Theoretical Change," *Scientometrics* 2(1980): 309-319.

③ Musset, interview, 26 November 1980.

④ Musset, interview, 26 November 1980.

子中性流研究中有着丰富的共同经验。恰恰相反，正是由于他们的早期经验，许多加尔加梅勒合作成员直接地了解到从背景中发掘任何关于中性流的信息是极其困难的。因此，有些人认为在常规扫描程序中列入一项稀有的中微子-电子研究会更加容易并可靠，而协作团队以优先处理其他项目继续向前推进。

背景与信号

在图 4.21 中，展示了在按推定引起气泡室效应的弱相互作用过程中每个重要气泡室的图示。强子中性流过程(图 4.21b)中存在的问题是该过程可能是伪造的。接下来是如何断定的：电子束中的中微

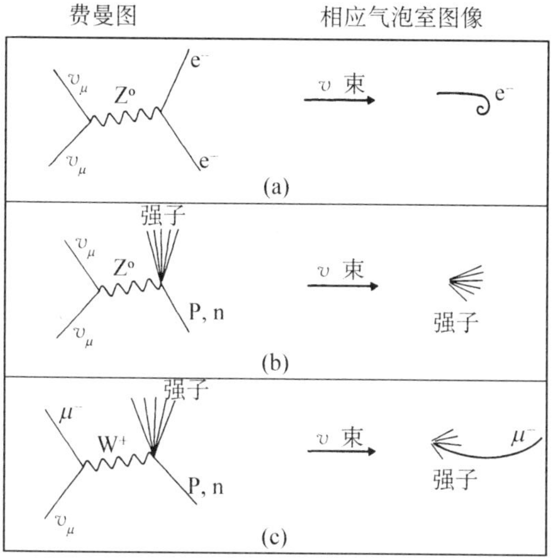

图 4.21　费曼图以及气泡室图像。此图说明了运行轨迹间的对应关系。可以在室中以及过程背后的理论表述中看到运行轨迹。(a)轻子中性流。1 个 μ 介子-中微子放射出 1 个 Z^0 并散射出 1 个电子，在气泡室胶片中能够看到其反冲过程。因为是中性的，所以中位没有留下任何痕迹。(b)强子中性流。1 个 μ 介子-中微子放射出 1 个 Z^0，将质子或中子分离成许多强子。(c)荷电流事件。1 个 μ 介子-中微子放射出 1 个 W^+，由此，W^+ 转化成 1 个阴性 μ 介子。当 W^+ 被质子或中子吸收，后者会分解为强子。

子不可避免地造成不计其数的中子从周围的磁体、地面以及结构中进入室内。如果这些次级中子中有 1 个在室内撞击 1 个中子或质子,产生的强子簇(见图 4.23)可能会看上去很像真正的中微子中性流事件。在这两种情况中,均可在胶片中看到没有新 μ 介子出现的强子簇。

总之,加尔加梅勒小组面对的任务是,通过证明或反驳在中子背景引起的类似中性流事件以外还存在更多的类似中性流事件来确定中性流是否存在。就像旋磁实验者每次都以不同的方式解决遇到的背景问题那样,中微子物理学家也获得了各式各样解决问题的方法。其中一种方法是研究“中性流备选”的空间分布,定义为图 4.21b 右侧所示的任意强子的爆发。真正的中微子几乎不与物质发生相互作用。如果发生了相互作用,在室内任何地方发生的可能性或多或少是相同的。另一方面,中子通过强作用力与物质发生相互作用,并且更有可能在室的进入点附近造成假的中性流事件。因此,在室的正面或侧面附近中性流备选的峰值会表明中子在活动中;均匀的分布与中性流假设相符。

采用中性流备选的空间分布作为测试中子背景的方法是受到加尔加梅勒要比任何早先的气泡都大这一事实的影响。加尔加梅勒独自提供了描绘背景的机会,因为当时众所周知在发生相互作用前,中子通常能够移动的距离要长于 1963 年古老的室。这意味着在古老的实验中没有办法像从室壁看的更远那样看到中子诱发的事件的指数减少。因此,不可能指出中子事件会存在什么样的问题。[①] 因此,当在早先的试验中分析可能是中性流备选的事件时,气泡室物理学家非常合理地将所有的无 μ 介子事件归于中子背景中。

加尔加梅勒室很大,它的尺寸使其使用者能够研究室壁与防护层一定区域的液体。此外,物理学家不仅能看到指数式衰减,他们也能

① Cf. Young, “Neutrino,” CERN Yellow Report 67-12(1967).

够通过检测所谓的关联事件(见图 4.22)来追踪中子整个运行轨迹。在上游领域,这些事件中含有普通的荷电流事件,在此事件中,除了 μ 介子,核子还会放出一个中子。该中子在室的可视范围内形成了一个“虚假的”中性流事件。通过研究在中子造成此“虚假的”备选前,其运行线路的长度及角度,加尔加梅勒团队能够通过 3 台计算机的模拟程序来描述类似的事件,即使是最初看不见中子的地方(见图 4.23)。令人失望的是,相关的时间在实验初期是很少的。

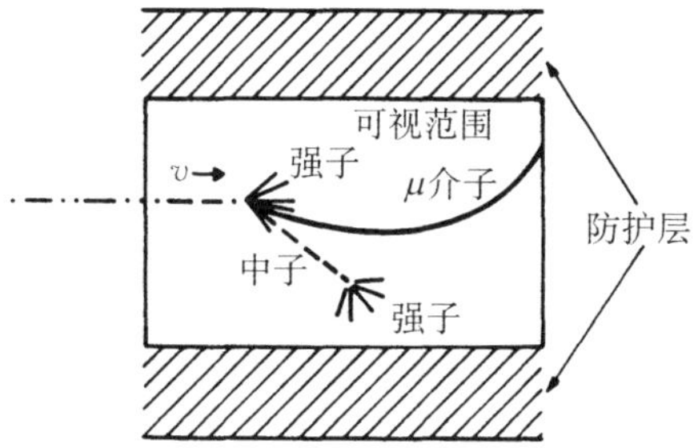

图 4.22　关联事件。关联事件的定义是发生在可视范围内,释放 1 个中子的荷电流事件。中子撞击核子,在同一画面产生不含 μ 介子的强子簇,能够与中微子事件相关联。通过研究这些事件,加尔加梅勒团队能够确定产生于荷电流相互作用的中子的能量与角度分布。此信息可输入计算机以模拟墙内中子释放的过程。

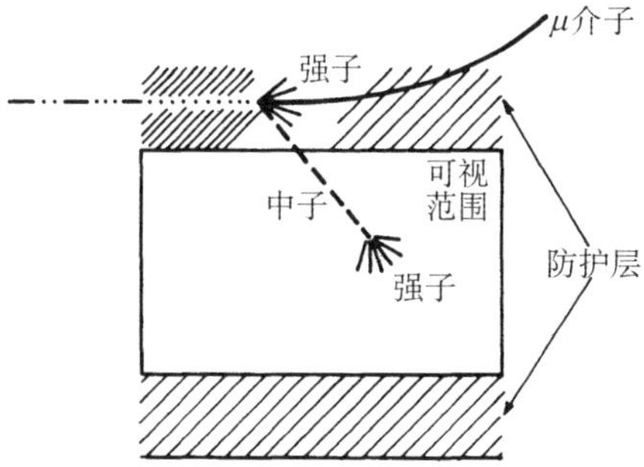

图 4.23　中子诱发的“虚假的”中性流事件。在加尔加梅勒实验中,主要的背景是由中子诱发的看上去像真正的中微子事件的无 μ 介子事件所引起。这些酷似图 4.22 中所示的事件,除了无法看到中子的来源。在这里显示的原型背景事件中,荷电流事件发生在可视范围之外,通常发生在厚重的混凝土防护层中。在未被观察到的情况下,1 个中子穿透进入室内,以某种方式分解核子,看上去像真正的中微子诱发的中性流事件。

加尔加梅勒协作团队中,首批参与中性流分析的成员有缪塞(当时在欧洲核子中心)、来自米兰的安东尼诺·普利亚(Antonino Pullia)和比安卡·奥苏拉蒂(Bianca Osculati)、来自威斯康辛的乌戈·卡梅里尼和威廉姆·弗莱(William Fry)、欧洲核子中心的迪特尔·海德特(Dieter Haidt),以及来自布鲁克海文实验室的罗伯特·帕尔默(Robert Palmer)。他们早期为解决中性流问题所做的尝试很明显缺少实证的支撑。然而,这些初步的分析有助于形成信仰与方法,这些在后来的实验中逐渐成为有说服力的论据。

除其他内容外,讨论中性流相关问题的首次重要会议在 1972 年 3 月2 日至 3 日于巴黎召开。在那里,加尔加梅勒协作组织各成员聚集在一起讨论事件率、超子检测方案(质量大于质子或中子的不稳定粒子)以及子组的建立,可能会包括一个从事中性流研究的子组。就在他们动身去参加会议之前,来自米兰的团队发现自己被赶出了办公室,因为学生占领了该研究机构。聚集在普利亚的家中,埃托雷·菲奥里尼(Ettore Fiorini)、贝洛蒂(E. Bellotti)、布里尼(M. Brini)以及普利亚共同为普利亚在会议中就中性流所要讲述的内容出谋划策。经过总结那些讨论内容,普利亚发布了一份谨慎的报告,提出了关于中性流研究的初步结论。他的结论是宇宙射线不是导致中性流备选的原因,因为存在太多的备选——平均每卷 5 个。凭借测量到的 16 个中微子卷,他发现中性流备选的纵向分布与径向分布一样都很均匀。普利亚推测,这"似乎是从磁体中荷电流中微子的相互作用中排除了次级相互作用"。① 尽管这些初步的迹象违背了大多数可能的中性流模拟情况,但迄今为止,该团队仅对现实的结果有着试探性的承

---

① Fiorini to author, 16 July 1986, and Cundy and Haguenauer, "Gargamelle Meeting," CERN-TCL, 9 March 1972.

诺，与1935年及1936年的“新穿透粒子”的情形类似。

帕尔默在巴黎会议以及与弗莱和卡梅里尼的交谈后，在1972年初开始研究此问题的解决方法；他的工作在协作团队内部是饱受争议的(后来也一直是这样)，因为他的工作是在出现标准测量技术之前开始进行的，因此他的分析仅仅是基于一些数据测量不充分的事件。通过设计，帕尔默的报告是“要激发更多的想法，而并非代表任何最终的结论”。[①] 在一份帕尔默于1972年5月分享给有限的几名合作者的影印手稿中，他试图通过使用8台照相机的图像将室划分为4个纵向区域在加尔加梅勒内部建立粗略的事件布局。到那时他便可以根据与室正面的距离绘制事件的位置。[②] 作为一种初步测试假设事件是由于中微子而并非中子引起的方法，他将自己所绘制的结果与一项“束流收集实验”所得的模拟数据进行比较，在“束流收集实验”中，有许多中子直接进入了气泡室，但几乎没有中微子。两项结果显示数目几乎相同的中性流备选聚集在室正面附近。这表明类似中性流事件很可能只是中子通过防护层泄漏出来。

当帕尔默绘制更高能量相互作用下发生的事件时，他发现一项更加令人震惊的结果：“我们注意到该分部情况显示出在下游端存在数目非常可观的事件(无μ介子)。与在束流捕集器运行中看到以及外部中子事件所预期的有很大的不同。事实上，在去掉‘不能确定的’的事件后，弗莱与卡梅里尼得到一个略微偏小的样本，完全符合均匀分布这一特点。”[③]然而，仍然存在这种可能，事件并不是由直接进入的中子引起，而是由中微子在墙体以及室的防护层中产生的中子所引起

① Fry, interview, 30 May 1984. Camerini, interview, 1 June 1984. Palmer, interview, June 1983; and Palmer, “Preliminary Results,” May 1972, PP.

② Palmer to author, 8 June 1983; Palmer, “Preliminary Results,” May 1972, PP.

③ Palmer, “Preliminary Results,” May 1972, PP.

的。如图 4.23 所示,在防护层中发生的中微子事件是将中子送到室的可视范围的普通荷电流事件。因此这些事件就像关联事件一样,除了在关联事件中,在室的可视范围内发生的“上一代”荷电流事件。

为判断可能性,帕尔默粗略地估算出中微子在防护层材料以及磁体中相互作用的方式与在氟利昂中的一样。进而他能够凭借关联事件的数量和分布来发现从外部进入设备并产生中性流备选的中微子诱发的中子的数量与分布。① 当帕尔默从观察到的中性流备选中提取出这些“虚假的”中性流事件时,仍有至少 41～71 个“真正的”中性流事件。②

还有最后一个支撑帕尔默信仰的因素。随着荷电流事件中能量的增加,荷电流事件发射出的中子倾向于更频繁的指向光束方向。光束沿着气泡室更长的维度运行。于是,针对增加的事件能量,更多“虚假的”中性流事件在室的可视范围内有了他们自己的荷电流“母体”。因此,如果所有的中性流备选都是由中微子诱发的中子形成的,分数 AS/NC 应随着能量的增加而增大(为简略起见,AS 代表关联事件备选数,NC 代表中性流备选数,CC 代表荷电流备选数)。通过对比,如果中性流备选中大部分是“真正的”中性流事件,预计该比率应随着能量的增加而减少。这是因为:①中微子相互作用的数量随着能量的增加而增加;②产生能够形成“虚假的”中性流事件的中子的可能性在能量为 10 亿电子伏特以上时迅速下降。没有真正的计算机辅助测量,帕尔默只能通过实验者的经验法则来估算簇的能量。该经验法则表明能量随着离开顶点的带电粒子轨迹数目的增加而增长。他推断,轨迹越多,储存的能量便大。(当可以采用更好的测量方法时,这样一

① Palmer, “Preliminary Results,” May 1972, PP.

② Palmer, “Preliminary Results,” May 1972, PP.

个与能量有关的多重性方程饱受猛烈的批评。)根据这一粗略的能量管理理论,帕尔默推断 AS/NC 会随着能量的增加而降低,符合存在中性流的结论。[①]

此类因素说服帕尔默相信存在真实的效应。需要强调的是,他的推理不足以动摇他的加尔加梅勒同事。帕尔默在假期结束时离开了欧洲核子中心前往美国,并在 1973 年春天返回造访欧洲核子中心。那时,他的注意力已经转向新式的更加严密的数据评估方法。通过使用电脑,加尔加梅勒团队的其他成员已经执行关于轨迹位置以及能量的系统测量。在他对欧洲核子中心的访问结束时,帕尔默向《物理评论快报》(*Physics Letters*)提交了一篇文章,在文章中他重新解读了该协作团队曾经公开提出过的中性流的上限,这使那些认为此举为时过早的人感觉非常气愤。帕尔默暗示这些结果不仅应被视为界限,也应作为中性流"符合简单的温伯格模型"的证据。[②] "这是秘密发表的吗?"后来他问道。[③] 自始至终,帕尔默笼统的争辩都在引起摩擦。他认为他"私下"发表的文章遭到不正当地延期发表;而他的一些同事对帕尔默在他们做出充分的证明之前所做的宣传而感到气愤。

在帕尔默概述他的粗略估算的同时,缪塞、卡梅里尼以及普利亚正致力于制订一项有条不紊的程序来进行扫描、测量以及胶片的数据处理。除了缺少具体事件的支持(特别是缺少关联事件),帕尔默的程序在很多方面都不堪一击。没有计算机重建技术的帮忙,广角镜头严重扭曲了粒子运行轨迹并使得任何能量的估计都存在严重的问题。灰尘的影响在运行轨迹上增加了表观电离效应,使得粒子识别以及后

① Palmer, "Preliminary Results," May 1972, PP.

② Palmer, "Semileptonic Neutral Currents," *Phys. Lett.* B 46 (1973): 243. Received 24 May 1973.

③ Palmer to author, 8 June 1983.

续的能量估计精确度更加糟糕。最后,没有标准的事件分类程序,事件计数很不稳定。例如,没有明确的定义来确定某个事件是否应被列入"中性事件"种类中去。

对于处在中性流研究萌芽阶段的其他人来说(特别是卡梅里尼、缪塞以及普利亚),有说服力的论据不仅仅是要提供更多的关联事件,还要在平等的基础上看待荷电事件与中性事件。就是说,他们为选择中子相互作用的强子部分选择标准,顶点的位置以及能量等确定 μ 介子是否以完全相同的方式存在。此外,因为当时的主要问题是中性流是否存在并且还没有确定精确的比例,他们仅仅是完整地记录了清晰的事件。最后,要减少任何遗留偏见所带来的影响,并降低测量方法对中微子束强度计算结果的敏感度,该实验小组选择将注意力放在中性事件与荷电事件的比例上。因为荷电流与中性流的相互作用都会根据中微子能量成比例的增长。NC/CC 比率不受能量影响。

我会花一些时间细致地讲清楚一些关于数据简化的问题,因为在中性流发现中,就像在许多高能物理学实验中一样,类似的问题证明是人工制品中得出分隔信号的全部。这是一个典型的问题。在无 μ 介子的事件中,很大一部分能量被看不见的中微子带走。大约相同分数的能量被荷电流事件中的 μ 介子占据。于是,如果天真地将总可视能量视为轨迹所印证的,那么可以通过将强子能量与 μ 介子能量相加来测量荷电流事件的能量,但对于中性流事件能量的测量则仅通过强子的能量。实际上,这意味着正在将能量值为 E 的荷电流事件数目与能量值远大于 E 的中性流事件的数目相比较。因为中微子束包含相对较少的高能量中微子,所以类似的分析结果可能会是中性流事件与荷电流事件比率极低且人为成分较高。未能仅凭强子的能量来处理两种事件无疑要为某些早期实验者的结论负责,他们认为在荷电流事件这一层面不存在中性流相互作用。

数据分析能够造成根本的区别。如何分析事件以及在分类并组织从一次大型实验中所获得的大量信息的任务中投入什么资源通常能够给予实验巨大的优势，或者甚至能确定是否能够做出新的发现以及何时能够发现。在团队内部，以不同方式分析信息的子组会以全部竞争的热情去争论在宇宙射线时代或早期关于原子性质的争论时实验小组所展示的实验结果的重要意义。

中性流真的存在吗?

在 1972 年 4 月，拉加里格将中性流研究视为中微子项目三大主要目标之一。正如在他给当时的欧洲核子中心负责人威利巴尔德·延奇克(Willibald Jentschke)所写的书信中写道："在温伯格的理论发表以后，每个人都渴望知道中性流是否真的存在。"[①]中性流研究，始于 1972 年 1 月的加尔加梅勒，到了 1972 年春季末期，对于整个写作团队的许多物理学家来说已经成为研究的核心领域之一。然而，有部分个人就该实验是否会肯定或驳斥温伯格的理论以及是否应优先追踪轻子或强子的通道等问题持不同意见。例如，在那年秋季，查尔斯·巴尔戴(Charles Baltay)、坎迪、费斯奈尔、珀金斯、米亚特以及豪尔赫·莫芬(Jorge Morfin)几乎将注意力全部放在单电子的研究上。[②]

当然，子组之间并不是完全封闭的。例如，珀金斯对在强子组的数据所产生的异常巨大的影响表示十分担忧，而他从痛苦的经历中了解到一个人能够轻易地被夸大的关于中性流的限制强度所欺骗。在牛津，珀金斯用钢笔给坎迪写了一篇技术备忘录。目的是：

① Lagarrigue to Jentschke, 12 April 1972, LSP.

② Cundy and Baltay, "Leptonic Neutral Currents," CERN-TCL, 11 July 1972.

> 鼓励协作团队中的人员仔细研究中性强子弱电流的问题,因为:①很可能会有明显的效果;②证明中性流存在的条件要(比在欧洲核子中心古老的气泡室时)更加优越。这会产生很大的影响,大到在加尔加梅勒细致系统的分析,通过采用室中获得的相互作用的位置以及事件更加清晰的统计数据,应该能够首次证明中性流的存在。①

巴尔戴给予了回应,声称他仅凭借低能量的 μ 介子就能解释过量的中性流事件。从第 3 章我们能够明确,μ 介子,与强子不同,对其特点最精确的描述便是其能够穿透大量物质的能力。因此,在加尔加梅勒实验中(众多实验的典型),μ 介子备选通过其穿过整个探测器的能力被识别出来。然而,如果有某个移动特别慢的 μ 介子产生于室内的相互作用并且停留在氟利昂中,它就会被误认为是一个强子。错误的是,扫描仪与物理学家会将该事件列为中性流的例证,而这却仅是荷电流物理学中一个再普通不过的例子。珀金斯怀疑所有的事件都能用这种方式来解释,因为早先的欧洲核子中心气泡室数据显示几乎没有低能量 μ 介子事件发生。"简而言之,"珀金斯写道:

> 我认为你的解释没有作用,并且我仍旧无法解释过量的中性流事件,尽管我当然不会去断言他们证明了中性流的存在。要提供最终的解决方案(如果有的话),当然需要对早先所得数据给出令人满意的解释。②

可以看出,珀金斯在努力克服一种不会自行慢慢消失的影响。然而,该现象涉及麻烦的假设,以及反驳他自己早先在欧洲核子中心做出的实验结果的显著困难。对不存在中性流这一传统观点的信任已

① Perkins, "Neutral Currents," TM [April 1972?].

② 珀金斯致巴尔戴,在加尔加梅勒合订本中作为副本,1972 年 4 月 28 日,D. C. 坎迪的个人论文。

经面对挑战但未被动摇。巴尔戴，像几名协作团队中的其他成员一样，保持了对轻子研究的狂热并继续在 15 英尺的费米国家加速器实验室气泡室从事关于中性流的研究。

缪塞、普利亚以及米兰代表团继续致力于强子通道的研究。在 1972 年 6 月，普利亚代表加尔加梅勒协作团队出席在匈牙利巴拉顿菲赖德召开的会议，在那里他做了一份关于强子中性流研究的进度报告。虽然他拒绝冒险对该影响是否会持续下去给出一个明确的判断，但他相信加尔加梅勒团队最终会计算出中子背景。①

在 1972 年 7 月，中性流研究小组对中性流问题已经产生了足够浓厚的兴趣，他们在巴黎召开了一次特别会议，与会人员没有包括其他中微子协作团队的成员。他们的目的是为将于 1972 年 9 月在伊利诺伊州巴达维亚的国家加速器实验室召开的一次会议准备报告。② 在巴黎会议开始前，组织者要求所有中性流备选的图片提前发送到欧洲核子中心。该子组希望通过此举来统一用于区分荷电流事件与中性流事件的标准。遍布欧洲的 7 家实验室所承担的一项重要任务是处理加尔加梅勒的胶片。处理数据卡以针对总的纵向和横向动量以及位置绘制事件能量的分布。通过积累这些卡片并将信息录入数据汇总磁带，该小组希望一探有统计意义的背景问题。

对于整个小组来说，一个决定性论据的意义要远大于 1972 年初的首批猜想。通过改变普利亚报告中所采用的策略，强子研究小组放弃了相对罕见的介子形成的事件。反而，他们选择直接将注意力放在数量更多的一类事件中：中微子＋(中子或质子)→中微子＋任何事。

在 1972 年的巴士底日当天，巴尔戴、卡梅里尼、弗莱、缪塞、奥苏

① Pullia, "Search for Neutral Currents," *Balatonfured* (1972), 229.

② Baltay, Camerini, Fry, Musset, Osculati, and Pullia, "Proposal for a Meeting in Paris," CERN-TCL, 14 July 1972.

拉蒂以及普利亚，连同会议方案一起，书写了一份完全关于中性流问题的备忘录。[①] 该子组成员建议他们最好能够将中微子从高能量的中子相互作用中单独分离出来，因为他们预计中子所含的能量大量少于中微子。简单地说，这是因为中微子是粒子束中的主要粒子，而中子是当中微子撞击核子时从核子中释放出来的。从已经得到的数据中该子组可以看出核子中放射出的质子(作用很像中子)仅含有中微子原始能量的一小部分。并且根据不受格拉肖-温伯格-萨拉姆理论支配的理论，核子内部质子与中子的相似之处在理论上很好理解。

该研究小组选择数据的精简方法是否因此依靠某种理论？是的，在某种意义上说，能量精简确实产生于新的理论。也就是说，没有新的弱电理论，此特定的现象领域可能不会被挑出作为研究对象。做这样精简绝不会保证中微子备选的数目会超过预计的中子诱发事件数目。此精简开拓出一片新的现象领域。在那个领域中，新的理论使能够发现中性流备选看似是合理的，但早先的理论则表明无法发现中性流。类似精简方式对于粒子物理学家所掌握的技巧来说，就像安排设备或评估粒子运行轨迹一样基本。每一层次的精简都要求实验的判断；每次都是必要配置的工具，用于从噪声中分离出信号。

到了1972年7月末，强子研究小组的注意力完全放在能够伪装成中性流的背景上。有5种结果让该团队担忧：

(1) 中性粒子可能随着粒子束进入室中并在室中发生相互作用。

(2) 中微子在室的周围产生的中子或中性K介子可能会进入室中并发生相互作用。

(3) 宇宙射线产生的中性宇宙射线或中性粒子可能会带来不良

---

① Baltay, Camerini, Fry, Musset, Osculati, and Pullia, "NC Work Milano and CERN," CERN-TCL, 14 July 1972.

影响。

(4) 荷电流事件可能会产生不够活跃的 μ 介子，他们可能会停留在液体中被误认为是强子。

(5) 中性 K 介子，在室内两种形式间来回摆动，可能会大幅延长穿透距离，远超原来天真的预期。

不是组内的所有人都同样担忧所有这些问题。例如，弗莱特别关心 K 介子再生的可能性(上述提到的背景 5)，也没有人因为宇宙射线而受到拖延，并且每个人都感觉有义务去解决慢速 μ 介子以及中子的问题。

1972 年 7 月 14 日发表的子组报告的作者们认为可以通过几种方式来估算慢速 μ 介子的数目。首先，它们的数目能够半理论化地从标度假设中得到，但这有些牵强，因为在加尔加梅勒内发生的碰撞是中微子，要比之前在斯坦福直线加速器中心研究的电子能难理解。因此，此方法相当于是对部分子假设的推广，并使计算出的背景减少量达到大约为荷电流事件的 2%。其次，在丙烷中，慢速 μ 介子比在氟利昂中更容易识别。并且在丙烷中拍摄到的照片显示慢速介子背景大约占到 3%。

该子组采用了另外两种方法去除慢速 μ 介子背景。一种相对原始的技术是废弃所有短程的负极轨迹，构成该轨迹的粒子无法作为已知粒子被识别。更微妙的是，可以使用一套结合计算与测量的方案来为隐藏 μ 介子污染物的数量设定上限。丙烷在加尔加梅勒中流动的过程中所拍摄到的图片显示出 μ 介子频谱以及核质子从液体中捕捉低能 μ 介子的比率。理论给出了 μ 介子捕捉衰变粒子的比率，因此衰变粒子的数目能够立即被计算出来。因为慢速 μ 介子的总数等于捕捉到的数目加上衰变粒子的数目，所以备忘录的作者们知道在给定能量下存在多少 μ 介子。这为中性流备选中的“隐藏 μ 介子”中微子事件设定了上限。最后,该子组为记录中性流备选建立了一套标准系统。在扫描仪检查事件后至少会有一名物理学家对事件进行检查,并且一点一点的,数据会被搜集到一起,以为计划于 1972 年 9 月召开的巴达维亚会议做准备。

在那次会议中,珀金斯从他的角度总结了整个小组的工作。要注意他对强子与电子中微子实验未来前景的评估,因为这反映出他纯粹依靠轻子而非强子数据的决心。

> 就温伯格的理论而言,最具决定性的以及明确的证据一定来自纯粹的轻子反应。因为强子过程涉及可能包含未知抑制效应的强相互作用的细节。

在这里我们可以看出应用于核子的进一步证明并没有让珀金斯感到满意。同样地,其他的实验,例如弗雷德·莱因斯(Fred Reines)对反应器中中微子的研究,对于珀金斯来说,

> 都会被严重的背景问题所困扰。即使是在未来得到改进的实验中能够探测到清晰的信号,为了推翻温伯格的理论,有必要证明观察到的信号比率在近似限制范围内符合 V-A 预测。很难相信精确度能够达到 20%以上。①

通过对比,珀金斯指出中微子-电子的碰撞是"更有希望发生的,因为 μ 介子-中微子电子发散的事件中获得的信号将会是中性流特定的迹象"。这就是珀金斯认为加尔加梅勒团队应该全力紧密追踪的不在强子区的信号。他继续说道,"迄今为止,在欧洲核子中心的加尔加梅勒试验中,预计仅涉及轻子的中性流事件数在 1 到 9 之间,但目前没有一个被观察到。如果在剩余的实验中,还是没有观察到任何中性

---

① Perkins, "Neutrino Interactions," Batavia (1972), 208. 提及的反应堆实验报告参见 Gurr, Reines, and Sobel, "Search," *Phys. Rev. Lett.* 28(1972): 1406 - 1409.

流事件，这会成为推翻温伯格理论相当决定性的证据”。

珀金斯理论以高举反对接受任何“表面是简单的图片，例如夸克模型”去解释质子与中子的内部结构的旗帜终结。凭借引用伏尔泰的言论，他以一段文采飞扬的文字结束了他的演讲，这段文字的目的很明显是要约束他的同事，不要过于认真地看待物质的内部结果：

> 那些为宇宙秘密建设建造系统的哲学家们，就好像去过君士坦丁堡的游客在讨论苏丹的宫殿！他们只看到了外面，却声称知道谁是苏丹的宠妃。①

并不是协作团队中的每个人都同意珀金斯的警示。很可能是协作团队内该部门的一部分，许多成员能够生动地回忆起的内容并不是基于是否应该研究中性流，②而是所处的过程。的确，在 1972 年秋季，每个子组都在进行各自的数据分析，并完成冗长、通常令人沮丧的任务，其中有数以百计需要比较的事件、大量需要修改的定义以及需要调整的标准。到 1973 年 1 月，缪塞及其他成员已经搜集了足够的数据来在美国物理学会于纽约召开的会议上展示他们的发现。

缪塞演讲的重点几乎完全是关于中子背景问题。他的数据是以荷电流事件的数目、中性流事件的数目以及关联事件的数目这种形式呈现，针对在气泡室中的纵向与横向位置绘制分布情况。像许多早先讨论的内部研究一样，缪塞的目标是证明事件在整个设备的容积范围内发生得相对均匀，像中微子事件而不像中子诱发的事件。这不是最可靠的检查，但在当时，很少会有关联事件去研究。部分原因是研究小组提高了强子最低能量要求以便排除中子诱发的事件并在过程中发现大量不合格的数据。默认的空间分布，承担着主要论据的重担

---

① Perkins, “Neutrino Interactions,” Batavia (1972), 226.

② Musset, interview, 26 November 1980; Vialle, interview, 28 November 1980; Cundy, interview, 27 November 1980.

(见图 4.24)。[①]

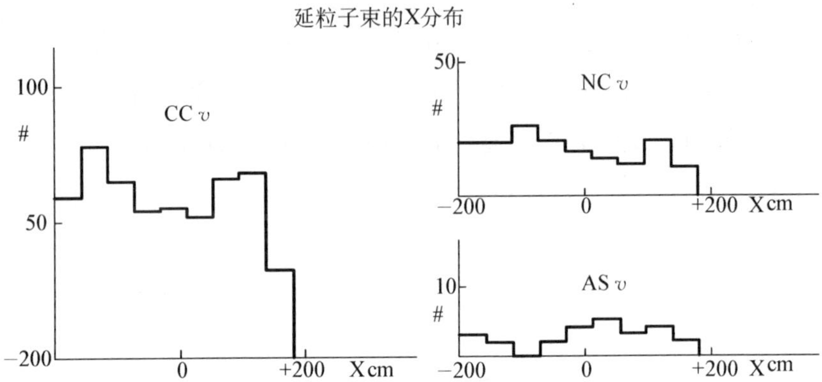

图 4.24 早期加尔加梅勒数据：中微子的证据？缪塞在 1973 年 1 月美国物理学会于纽约召开的会议上用幻灯片展现了这些初始的加尔加梅勒数据。每张图均描述了 3 种类似中微子事件之一的空间分布。尽管缪塞没有做出任何发现声明，但这些图标的目标很明确是要说服听众中性流备选的表现(NC)就像真正的中微子事件。中性流备选均匀地分布在空间中，就像他们会在真正的中微子相互作用中那样。#CC 代表荷电流事件(存在 μ 介子)的数目；#NC 代表中性流事件(无 μ 介子)的数目；#AS 代表关联事件(见图 4.22 所给出的定义)的数目。来源：MP.

在缪塞发表言论的时候，该研究小组相信他们的论证已经发展到能够在协作团队外从正面角度去讨论影响，但他们不能确定所得数据是否高于中性流与荷电流事件比率的上限。[②] 在演讲结束后，伊曼纽尔·帕斯克斯叫缪塞与他一起讨论新的研究成果。

仅仅在几周之前，帕斯克斯和沃尔芬斯泰因已经根据温伯格模型，针对普利亚、缪塞、拉加里格以及强子研究小组正在研究的信号公布了理论限制。[③] 这两位理论家因此掌握了缪塞自 1971 年 11 月首次见到朱米诺后便一直想从理论家身上获得的成果。例如罗伯特·奥

① Musset, American Physical Society transparencies, January 1973, MP.

② Musset, interview, 26 November 1980.

③ Paschos and Wolfenstein, "Tests for Neutral Currents," *Phys. Rev. D* 7(1973): 91-95.

本海默的簇射模型，通过架设部分子的存在，中微子的计算将高阶理论与实验者能够使用的数量联系起来。

帕斯克斯自己的陈述明确地将中微子实验解读成为中微子与夸克的相互作用。不像珀金斯那样，帕斯克斯会反复思考隐秘位置的奥秘。关于部分子没有任何单一证据会具备说服力，但

> 将它们组合在一起就好像是拼好了一副拼图，并且可能在能量大10亿倍的条件下出现汤姆森所描述的质子。释义所引证的汤姆森的内容，"这些实验与理论思想开拓了新的研究领域，这是我们信心满满所希望出现的，会对两个基本问题提出很多见解：强子的结构与弱相互作用的性质是怎样的"?①

帕斯克斯和沃尔芬斯泰因估算中性流事件在荷电流事件中发生的概率超过18%。这样的比率，恰好位于先前的上限值，对于加尔加梅勒团队来说，已经大到足够掌控。如果这两位理论家是对的，加尔加梅勒正面临一个几乎令人难以置信的巨大效应：与先前的K介子限制相比，中性流的出现频率高100万倍。

图集中的一个事件

缪塞对于新的理论成果的兴奋感因另外一条好消息而得到提升。在1月初，就在他离开前往美国的几天前，亚琛研究小组为中微子-电子(仅含有轻子)发散事件找到了备选。在亚琛进行一些图片的常规扫描时，拍摄到的图像可以被解读为一个明显发起于室的中央的单体高能电子。亚琛电子事件满足所有电子研究小组应用在研究中的标准。它是与外界隔绝的并且正好在可测量的室的可视范围内。这排

---

① Paschos, "Interpretations," NAL-Conf-73/27-THY (1973).

除了电子受到光子撞击的可能性,因为高能量光子在气泡室液体中只能移动几厘米。电子已经融入束的方向,使其符合电子受到一束中微子撞击的假设。最后,电子有着如此高的能量,使它不会受到荷电流事件发射出的相对能量较低的中性强子的撞击。

对亚琛事件的认知以及作为一项真正"发现"的定位是分几个过程发生的,起初作为在实验室等级体系中逐渐提高地位的"黄金事件"到后来面对整个协作团队的研究。在第一级中,一位担任扫描气泡室底片工作的女性工作人员,汉内洛・蕾赫根(Hannelore von Hoegen)注意到一个不平常的事件(见图 4.25,并与图 4.21 比较),她将其归类为极其罕见的 μ 介子加 γ 射线事件。在检查扫描仪的工作时,从事研究工作的学生之一,弗朗茨-约瑟夫・哈泽特(Franz-Josef Hasert)对此古怪的事件更加好奇。他回去重新查看胶片并认出其中螺旋状的粒子为电子(再次见图 4.25)。第二天,哈泽特带着图片大步上楼奔向研究组副组长约根・克罗格(Jürgen von Krogh)。克罗格同意该图片有相当重要的意义。他将图片交给研究所负责人赫尔穆特・费斯奈尔,他后来写道:"该事件是我们几个月来一直期待出现的形象的例子:中微子电子发散的背景。但要评估的关键点是背景。"①对于单一电子来说,占主导地位的背景正是逆 β 蜕变。普通的衰变是:

$$\text{中子} \rightarrow \text{质子} + \text{电子} + \text{反电子中微子} \tag{4.3}$$

逆 β 蜕变是:

$$\text{电子中微子} + \text{中子} \rightarrow \text{电子} + \text{质子} \tag{4.4}$$

或

$$\text{反电子中微子} + \text{质子} \rightarrow \text{正电子} + \text{中子} \tag{4.5}$$

---

① Faissner to author, 7 December 1981.

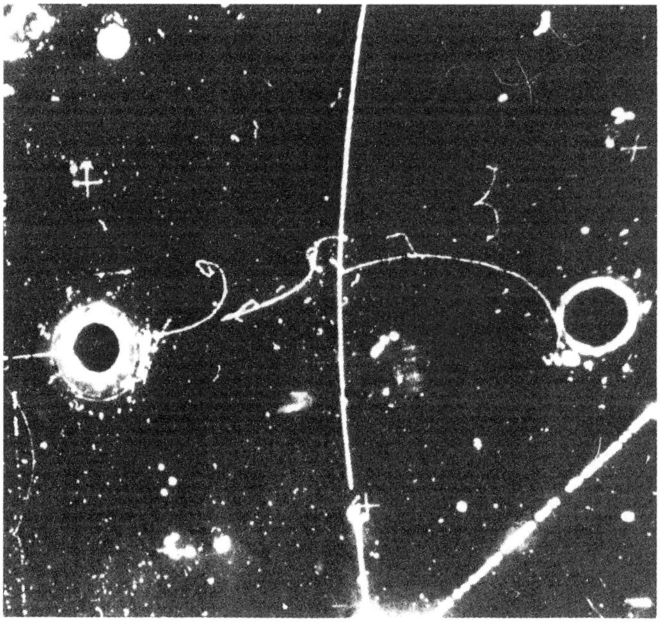

图 4.25　图集中的事件。加尔加梅勒室中第一个单体电子事件在 1973 年 1 月初发现于亚琛。这是电子中 μ 介子中微子完全的轻子发散的备选。许多理论家和实验者发现这些事件特别引人注目，因为他们的分析不需要任何关于质子和中子内部的假设，并且特别易于分析。电子的运行轨迹是从左向右。在箭头的末端开始，表面上被一颗向右移动的中微子撞击。带有光环的黑色圆圈是照亮气泡室液体的灯光。来源：Hasert et al.，“Muon-Neutrino Electron Scattering，” *Phys. Lett. B* 46(1973)：122.

只有电子-中微子产生电子。因为照片明确捕捉到了 1 个电子，并且拍摄到反 μ 介子中微子的移动，所以仅有的重要背景是来自电子中微子的细微混合，不约而同地进入反 μ 介子中微子束。这就是让菲斯奈尔感到兴奋的根源。

菲斯奈尔搜集了所有的“图集”例子，并与克罗格一起前往英格兰，将搜集到的例子交给珀金斯。通过他几个月前在巴达维亚发表的言论判断，珀金斯怀疑根本没有或仅有极少的中性流，因为没有发现任何梦寐以求的轻子事件。在拿到菲斯奈尔在亚琛拍到的图片后，珀金斯的态度改变了：

> 我只有一个问题,这是一张中微子的照片还是反中微子的?在了解到这是一个反中微子事件后,我带头冲到酒吧去庆祝。在那时,预计的背景是0～1个事件,因此这一个实例已经足够说服我(尽管显然不能代表整个世界)。所有在那以后发生的事都很令人扫兴。[①]

菲斯奈尔在1973年1月11日给拉加里格的信中写道:“该事件令我们感到非常兴奋;它实际上是中性流例子中一个非常令人喜欢的候选。”[②]在几天后的回信中,拉加里格强调了两个重要的背景程序,解释了需要如何去研究。我会很快回到关于这些问题的讨论中,但在研究小组能够掌握针对背景的全套理论武器之前,一些粗略的计算结果改变了许多协作者的信仰。[③] 对于他的同胞,欧洲核子中心负责人菲斯奈尔持非常乐观的态度,在2月9日声明:

> “亚琛事件”可能会撼动整个世界,或者至少是科学界。因为我们努力寻找的背景并未出现很多。因此更大可能是,这是第一例从电子中发散出μ介子中微子的事件！这会是很美妙的,不仅仅对于亚琛。就像机智的卡比玻所说:(这里的文字是从德语译成英文的)“你们知道,亚琛真正代表了欧洲核子中心!”(笑声,掌声)。[④]

经验丰富的气泡室实验者发现亚琛事件中的电子特别引人注目。他们以擅长根据一些明确的实例做出重要发现著称。Ω^-粒子因一张图片而被众人所承认,就像零式级联那样。乳剂以及云室研究小组也根据类似的“黄金事件”来编辑论据,包括第一批奇异粒子以及大量的

---

① Perkins to author, 9 September 1983.

② Faissner to Lagarrigue, 11 January 1973, HFP.

③ Lagarrigue to Faissner, 16 January 1973, HFP.

④ Faissner to Jentschke, 9 February 1973, HFP.

K 介子衰变。在一封写给拉加里格的信件中，菲斯奈尔援引了拉加里格早先关于类似光辉事例的声明："我仍清晰地记得您在 12 年前所做的宣言，一个单独明显的电子足够证明 μ 介子-中微子与电子-中微子的特性。"[①]然而还有太多处于紧要关头的实验而无法立刻发布结论。此外，来自美国方面的竞争力似乎已远远落后。

在看到此事件后，拉加里格告知菲斯奈尔接下来需要做的工作；协作团队要很多种实验去消除背景影响。[②] 在高能物理学中，情况常常就是这样。这意味着要求助于电脑的数据库。

在 1973 年 2 月 6 日召开了全体中微子协作团队大会，讨论这幅令人震惊的新图片。[③] 从一开始，对每个人来说很显然最危险的背景就是电子-中微子通过反应(4.4)放出单体电子，但并未发现质子，可能是因为被重新吸入到核子中：

$$\text{电子}-\text{中微子}+\text{中子}\rightarrow \text{电子}+\text{质子(未出现)}。\qquad (4.6)$$

反应(4.6)只不过是一个普通的很容易理解的荷电流事件。在电传终端外部聚集了数据汇总磁带中录制的数据，含有无数扫描轨道的集体智慧：309 次出现含有 1 个或更多质子的 μ 介子；质子数小于 3 个并且介子移动偏离粒子束 5°以内的(称这些为"硬"μ 介子)。考虑到 30%的扫描效率，也是就是说扫描仪仅会发现 30%的事件，这产生了如下公式：

$$\frac{\text{不含质子的硬}\,\mu\,\text{介子}}{\text{含质子的}\,\mu\,\text{介子}}=0.03\pm 0.02.\qquad (4.7)$$

因为 μ 介子与电子的荷电流相互作用在加尔加梅勒室能量条件

---

① Faissner to Lagarrigue, 11 January 1973, HFP.
② Lagarrigue to Faissner, 16 January 1973, HFP.
③ Cundy, "Minutes of 30 January," CERN-TCL, 6 February 1973.

下是完全相同的,结果是获得相同比率的电子:

$$\frac{\text{不含质子的硬电子}}{\text{含质子的电子}} = 0.03 \pm 0.02. \quad (4.8)$$

数据汇总带显示在一半的体积内有 11 个含有质子的电子,给出不含质子的电子的期望值为 0.6;因为在反 μ 介子-中微子胶片中电子中微子数要比在 μ 介子-中微子胶片中少 7 倍,所以由此产生的最终背景是 0.09±0.07 事件。

验证这个结果的一种方式是计算直接由电子-中微子造成的背景数。要这样做需要了解一共有多少电子-中微子。来自伦敦大学学院的杰拉尔德·米亚特确信百分之一的 μ 介子-中微子通量,给出的背景为 0.04±0.02。①

另一个背景过程是 γ 射线产生的正负电子对,但在两种粒子间,能量分布十分不均匀,以致在正电子中只能发现很少的能量。早在 1973 年 2 月 6 日召开的协作会议中便已明确"此背景是很小的"。博士后学生豪尔赫·莫芬在该月 21 日的一次演讲中向德国物理学会阐明了究竟有多小。将不对称的比例按照一本早在 1961 年由罗西编纂的教科书中两两组成"标准"的电子对并将该比率乘以一个给定的 0.015 事件,作为由非对称电子对引起的背景。该团队仅记录一个高能康普顿电子对。②

可能性更小的是该备选只不过是被撞入 γ 射线的范围(例如康普顿电子)。但是亚琛电子影响力非常大,以致这种可能性从未在协作会议中提起;莫芬采用克莱因与仁科芳雄 20 世纪 30 年代陈旧的公式为德国物理学会就此做了明确的计算。该公式是用于计算在亚琛电

① Cundy, "Minutes of 30 January," CERN-TCL, 6 February 1973.

② Rossi, *Particles* (1961), 79; Morfín and Weerts, "Neutral Currents," PITHA, 21-23 February 1973.

子能量的条件下，康普顿散射效应与产生电子对的比率，结果仅为0.5%。因为该协作团队仅有一个电子对产生的粒子，所以康普顿背景是微小的0.005事件。[①]

在接下来的几个月中，论据的基本结构基本保持相同，尽管该研究组认为他们在获得扫描效率方面的更好信息前，不应公布结论。在彼此相互规劝进行下去的条件下，每个实验室都必须出力、必须尝试，并"查证他们是否是真正的单体 μ 介子。每个实验室都必须提供高能 γ 射线事件的扫描及重新扫描的结果以求得到足够的数据。对测量所有的电子-强子事件需要做出很大的努力"。[②] 其他研究组承担了检查电子-中微子实际流量的任务，以求能够进行更为确定的背景直接计算。在1973年3月和4月，背景降到更低，因为在胶片的重新扫描过程中发现了更多的含质子的 μ 介子事件，但硬 μ 介子的数量相对较少。

但在得到数据后，协作人员开始挣扎于一个基本问题：从这些数据中能够得到什么结论？对于一些物理学家来说，他们明确的目标是要约束温伯格角理论，也就是说要假设该统一理论是正确的并通过实验来修正自用参数。（事实上，在一本备忘录中，该写作团队将单电子事件命名为"温伯格事件"。）[③]对于包括坎迪在内的其他人来说，适合采取更为谨慎的方法。在1973年3月6日，坎迪就中性流研究的状态发表一篇备忘录，回顾了早先的限制条件并提醒他的同事"从获取

---

① Morfín, "Purely Leptonic," in *Neutral Currents*, PITHA, 21 - 23 February 1973.

② Cundy, "Minutes of 21 March," CERN-TCL, 26 March 1973. 尽管二次检索正在进行中，协会在1973年4月11至12日开始发布单电子的研究论文。参见 Cundy, "Minutes of 11 & 12 April 1973," CERN-TCL, 17 April 1973.

③ E.g., Morfín, "Purely Leptonic," in *Neutral Currents*, PITHA, 21 - 23 February 1973. "Weinberger" reference: Cundy, "Minutes of 30 January," CERN-TCL, 6 February 1973.

的事件中,除了应继续进行此类关于反中微子的实验以外,不会得出任何结论”。[①]

协作团队的结构很复杂,组织成员们都要面对压力,在整个研究组接受之前不得私自发布任何结论。事实上,当有人确实发表了初步的判断,协作团队会迅速在协会团体会议的会议记录中做出回应,该会议记录起到的作用就像一种内部期刊。公开“未经讨论的结论”

> 是不被协作团队所接受的并且应立即撤回。由于会议的次数很多,所以,经协作人员同意,各类人员提出相同(并正确)的结论是很重要的。如有人想要提出新的结论,应事先将这些结论交给协作团体审批。
>
> 到目前为止,在这一点上,该协作团队一直都做的相当好。希望大家能够尊重上述流程。[②]

像这样的约束使得大家很清楚:虽然在协作子组的内部,信息可以畅通传播,但跨越整体协作团队界限的信息可能会危害实验的可信度。涂尔干(Durkheim)经常强调社会实体的界限在犯规过程中遇到阻力时会变得明显。非常普遍的是,协作的实验使得社会周界在这样的控制信息公开的纪律下能够精确地显示。通过对比,美国的研究组会提供一种协作的例子,在这种协作方式中,不会在类似与外界的交流中强加任何限制。

信仰的扩展

亚琛电子对加尔加梅勒团队研究优先顺序的影响是立竿见影的。

---

① Cundy, “Search,” CERN-TCL, 6 March 1973.

② Cundy, “Minutes of 21 March,” CERN-TCL, 26 March 1973.

在 1973 年 1 月之前，致力于中性流研究的小组一直占主导地位。单电子研究的一个优势是可以在没有针对各种其他物理影响而进行的日常扫描的干扰下进行。避免了令人痛苦的背景中微子分析并巧妙地处理了关于隐藏的强子内部的全部假设。电子研究的成功进而在更广泛的实验领域使人们对中性流感到兴奋。

当缪塞从美国归来时，原来对于将主要资源投入到中性流研究上的犹豫不决开始逐渐消散。凭借数目不断增加的不含 μ 介子的强子事件，在一定程度上开始形成新的观点。更为直接的是，这一转变是受到发现亚琛电子的影响。随着来自强子与轻子领域的证据越来越多，鲁塞——作为重液气泡室研究组的负责人，也因此负责了欧洲核子中心的加尔加梅勒项目，要求质子同步加速器有更长的运转时间；他可以将团队在中性流调查研究过程中积累的信心作为武器："在加尔加梅勒对强子中性流的研究中显示出数目相当可观的可能发生的强子事件。这些事件一定要与中子背景加以区别。由两到三个因素引起的数据激增会增加实验成果的重要性。"此外，鲁塞主张可能会呈现更多的轻子中性流，如果该团队能够同意让加速器再多运行两到三周。①

到 1973 年 3 月中旬，拉加里格与鲁塞已经在这项研究上倾尽全力。中性流现在已经站在万众瞩目的中央。每天都产生更多的经过处理的数据，因此研究小组很快地就有了足够的数据去要求中性流备选要比以前的能量更加充沛，除了更多假定的中子事件（见图4.26）。欧洲核子中心以及奥赛研究组在 1973 年 3 月 19 日完成对先前数据磁带的重新分析。② 奥赛研究组单独成立一个小组进行独立的核查。

① Rousset, memorandum to Cresti, CERN-TCL, 19 February 1973.
② Musset, "Hadronic Neutral Currents," CERN-TCL, 19 March 1973.

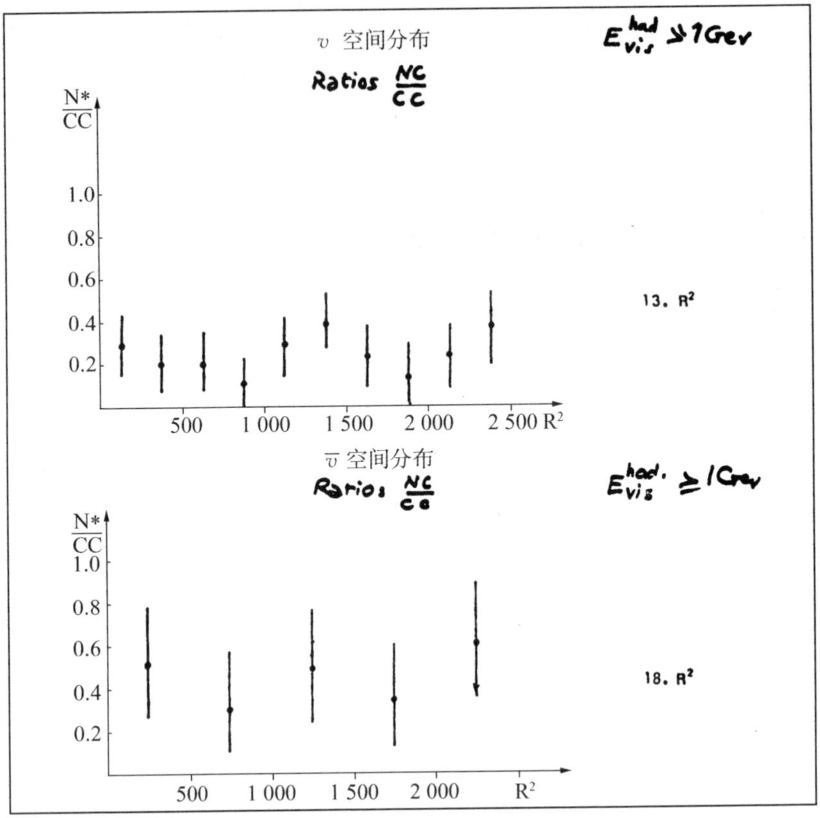

图 4.26 R＝NC/CC。1973 年 3 月的数据。截至当天，加尔加梅勒团队有足够的数据去根据室内的位置在数据精简后计算出 NC/CC 比率，不包括能量小于 1 GeV 的事件。从其他方面考虑，众所周知产生于荷电流事件的中子通常仅携带一小部分中微子的能量，一般是小于 1 GeV。来自粒子束的主要中微子(以及真实的中性粒事件中)，要含有的能量要远大于 1 GeV。来源：Musset (for Orsay and CERN groups), "Hadronic Neutral Currents," CERN - TCL, 19 March 1973.

两个研究组意见达成一致：对于中微子来说，中性流事件与荷电流事件的比率是 0.24；而对于反中微子来说则是 0.44。[①] 对此，他们发表评论道，“这与温伯格的模型完美兼容，但仍存在一个纠缠不清的问题：背景能够解释数目吗”？

---

① Musset, "Hadronic Neutral Currents," CERN-TCL, 19 March 1973.

缪塞就细致研究每个中性流备选所要求的大量工作提出寻求帮助，在两天后的欧洲核子中心协同会议上要求就此问题进行讨论。从米兰抵达伦敦的扫描小组负责事件类型的挑选、分类以及测量。技术人员准备适用图片的巨大放大版，这样整个研究组都可以判断它们的正确性。物理学家聚集在每张照片周围，就合适的分析展开争论。

这些会议的记录中包含很长的类似判断的清单（见图4.27）："错误：可能是μ介子"——这张图片不再是备选，因为其中的"强子"轨迹之一可能实际上是一个停止的μ介子。"正确：一个急需测量的轨迹"——如果该事件无法正确地测量，从中得出的结论会是不可靠的。"错误：宇宙射线"，"错误：进入轨道"——如果除μ介子以外的粒子进入室内，可能预示着荷电流事件发生于墙体内，释放出中子或者其他危险粒子。"错误：外部基准体积"——如果轨迹不在室内的最佳位置，测量结果是不可靠的。"错误：可能发生μ介子扭结"——带有扭结的μ介子轨迹事实上可能是介子。① 这些论据一条一条地向前推进。在这需要测量数据、电脑分析以及丰富的经验来做出判断：有时将图片高举在面前凝视它，可能会在运行轨迹中发现扭结，但如果仅是从旁边瞥一眼的话，很可能会认为是位于轨迹下面。

类似这样的讨论，在米兰大学、欧洲核子中心、奥赛，以及遍布欧洲的其他实验中都曾发生过。1973年4月，该协作团队已经放弃了为中性流进程找到上限这个问题。问题随着信心的增加而更加具体。中性流与荷电流的比率是多少？在单电子研究中意见也达成了一致。1973年3月召开的一次会议的会议记录以宣告"一般协定开始，规定关于电子研究与发现相关事件的论文应尽快发表"。②

---

① Musset, "List of NC Events," CERN-TCL, 17 April 1973.

② Cundy, "Minutes of 21 March," CERN-TCL, 26 March 1973.

TC - L/PA 17.4.1973
PM/ju

1973 年 4 月 12 日至 13 日欧洲核子中心控制能量大于 1 GeV
的中性流事件清单

总数 v：96
总数 $\bar{v}$：61

事件数	分类	评论
亚琛		v 7 项通过
399/276	OK	2 个可能的至高点
441/642	OUT	v 相关的
556/077	OUT	仅电子可能 ve
556/307	OUT	v 相关的
556/543	(OUT)	可能小于 1 Gev. 短轨迹
570/097	OK	核查是否不存在 μ 介子。π^+ 下游?
570/174	OUT	v 相关的
570/253	OUT	小于 1 Gev
570/399	OK	E 未知
707/244	OUT	ve 相关的
707/208	OUT	ve
714/252	OK	
742/203	OUT	进入轨道或 v 事件
749/449	OUT	E 小于 1 Gev，可能为 μ 介子
756/726	OK	
756/682	OUT	可能为 μ 介子
756/376	OK	(大于 1 Gev，如果 π 假设)
763/150	OUT	可能为 μ 介子
813/392	OK	

图 4.27 欧洲核子中心逐个事件分析，1973 年 4 月。典型汇总表扫描件。加尔加梅勒物理学家聚集在一起评估每个中性流备选并针对事件的分类规范标准。来源：Musset，“List of NC Events，” CERN - TCL，17 April 1973.

模型、背景与定论

并不是所有人都被说服，包括那些基于他们自己对各种论据表示赞同的人。在 1973 年 5 月 17 日，中微子协作团队在欧洲核子中心召开一次会议。是时候就单电子研究给出最终的评论了，但中性流子组凭借一份详实的进度报告主宰了整场会议。普利亚提出一种方法，能够完全根据在室的可视范围内事件的特点估计出中子背景。以无 μ

介子的事件为例，假设它是由一个中子造成的，并计算出在无任何相互作用的情况下中子在室内已经移动的距离(潜在路径)，然后测量从潜在路径的起点到发生相互作用时所在位置的距离。如果大部分中性流备选是由中子产生的，应该会出现很多事件，其中实际路径与潜在路径的比率趋近于0。相反地，如果真正的中微子造成了无 μ 介子事件，那么实际路径与潜在路径的平均比率应正好为50%。中微子在潜在路径起点发生反应的可能性与在终点相同。[①]

普利亚从内部进行的分析避免许多关于设备周边物质分布或中微子进入实验区的流量的假设。在同一次会议中，巴尔迪(R. Baldi)与缪塞提出了另一种内部分析，涉及室范围内的进入内壳层与外壳层的虚拟区域。如假设所有的中性流备选都是由中子引起的，法国的物理学家可以估算出"本源的"荷电流事件发生在合适范围内的外壳层的可能性。他们的结论是："此类事件无法用中子解释。"[②]

同时，其他几个研究组加紧努力，想要制成计算机合成的中子背景蒙特卡罗模拟(从外部分析)。伯纳德·奥贝特(Bernard Aubert)发表了一篇带有初始结论的论文，但当他说到纯中子背景预测的关联事件数要比观察到的多十倍这一假设时，他表达出的倾向没有招致任何质疑。在奥赛，维来尔与布鲁姆(D. Blum)完成一件关于线圈以及防护层中物质分布的高度简化的电脑模型。对此他们还附上了中子能量分布与角度分布的粗略估计，并使用计算机对背景做出大量预测。同时，欧洲核子中心研究组制定好了自己的蒙特卡罗程序。[③]

---

① Cundy, "CERN Meeting, 17 May 1973," CERN-TCL, 21 May 1973.

② Baldi and Musset, "Self-contained Method," CERN-TCL, 16 May 1973.

③ [Vialle and Blum], "Simulation," TM, Orsay, 15 May 1973. 有关奥贝特的著作参见 Cundy, "CERN Meeting, 15 May 1973," CERN-TCL, 21 May 1973. 奥尔赛蒙特卡罗更详细的解释参见 Blum, "Simulation de neutrons," TM, Orsay, 11 September 1973.

只有输入模型的参数或者程序员精密的设置才能使蒙特卡罗模型起到良好的作用,"输入的是垃圾,产出的也就是垃圾"。对于中子背景来说,有几项参数对于程序来说必须要符合实际,有其所代表的含义。一项重要数据是中子相互作用的长度,Λ。(假设大约一半——$1/e$——的中子会发生相互作用,如果他们移动 Λ 距离。)一般而言,编写程序的物理学家会使用不同的 Λ 值来进行研究,希望最终的结果不会过于敏感地受他们选择的数据影响。甚至在实验结束十年后,在欧洲核子中心 EP 大楼的地下室里仍到处是装满卡梅里尼、奥苏拉蒂、普利亚以及其他同期的物理学家打印出的实验数据的纸箱;每个纸盒上都标有"$\Lambda=70$ 厘米;$\Lambda=50$ 厘米"等。[①]

利用各种相互作用长度,有几个人制定出"粗略"的分析方法来估算中子背景。鲁塞倡导一项技术,由于其简易性而特别受到协作团队成员的广泛关注。[②] 此方法的核心是进入室内的中子与粒子束中产生的中子相平衡这一思想。(在几年前,一名从事早期欧洲核子中心中微子气泡室实验的研究生便提出过类似的方案,尽管得出了迥然不同的结论。)[③]鲁塞的推理方法的好处在于简单地通过推导 B(背景中子诱发的假中性流事件的数量)与 AS(关联事件的数量)的比率。通过计算这个比率就可以完全摆脱对中微子绝对通量的依赖。更好的是,因为关联事件的数量能够在扫描气泡室胶片的过程中轻易统计,所以背景 B 也会很容易获得。如果 B 的结果要比观察到的无 μ 介子事件少很多,结论可能会是他们不是中子。鲁塞的分析是基于 3 个简单的公式 4.9—4.11,可以很容易地以各种方式推广以实现更多实际的

---

① Camerini, computer output: QQ61 16TCL batch EO, 6 August 1972, time: 14: 57: 01. MP.

② Roussel. "Calcul" CERN-TCL, 22 May 1973. Cundy, interview, 27 November 1980.

③ Young, "Neutrino," CERN Yellow Report 67 - 12(1967).

估算：

$$N = B + \mathrm{AS}, \tag{4.9}$$

在这里，N 代表在看似中性流事件中中子相互作用的比率。也可以根据 N_v 的形式来计算 N（中微子事件产生中子的比率），以及 α（产生满足中性流标准的事件的中子比例）。假设液体的长度是无限的，在这样的条件下中子发生相互作用：

$$N = \alpha N_v. \tag{4.10}$$

最后，关联事件的数量 AS，是根据上述计算结果以及 $\langle P\rangle$（探测中子相互作用的可能性）计算。如果中子产生于基准范围内，则：

$$\mathrm{AS} = \alpha N_v \langle p\rangle. \tag{4.11}$$

因此，

$$B/\mathrm{AS} = (1/\langle p\rangle) - 1. \tag{4.12}$$

假设一个中子是由一个中微子在距离基准范围的下游端 L 时，在基准范围内产生。P（该中子在范围内产生中性流事件的可能性）以此公式计算，

$$p = 1 - \exp(-L/\lambda), \tag{4.13}$$

在这里 λ 是测量到的在气泡室液体中典型中子相互作用的距离。因此，

$$\langle p\rangle = \langle 1 - \exp(-L/\lambda)\rangle \tag{4.14}$$

以及

$$\frac{B}{\mathrm{AS}} = \frac{1}{\langle 1 - \exp(-L/\lambda)\rangle} - 1. \tag{4.15}$$

根据这个运算 B/AS 的公式以及测量到的关联事件的数量

(AS),背景事件 B 的数量可以很快求得。随着其他协作者为他的模型做出更多精确的数据输入,鲁塞的论据也变得更加稳固。关于中微子通量径向分布、气泡室周围物质密度、中子级联的特性以及中子能量频谱的更好的信息逐渐累积。有些计算方法改变了 B 的计算结果。但即使是当电脑模拟从数值上解决了这个问题,中子背景只能解释仍不超过 20%的中性流备选。①

在鲁塞的方案中,许多数据输入取决于细致的中子动力学建模。因此,现有工作中没有能够令威廉姆·弗莱和迪特尔·海德特满意的。首先,他们担心没有人充分地研究了中子撞击核子、重新发散,进而在此产生相互作用的可能性。此外,一旦与核子发生撞击,一个充满能量的中子可能会撞散其他的中子和质子,这些中子和质子本身可能会再发散多次。这样的中子级联可能会造成超过级联距离 Λ_c 的假中性流事件,该级联距离可能会远远长于平均的相互作用距离 Λ_i——中子在发生首次撞击前移动的距离。因为更长的相互作用距离意味着更多中子诱发的背景事件,所以似乎完全有可能期待的中性流效应可能会消失在这更大的背景中。② 大多数协作团队都忽略或不予理会利用高度简化的中子动力学模型的中子级联;弗莱和海德特发现他们的论据完全没有说服力。

在 1973 年 5 月 17 日召开的会议中,弗莱与海德特向他们的同事展示了第一个近似的电脑生成的级联模型,该模型考虑到了室周围各种密度的物质,粒子束中中微子的径向分布,产生于防护层中的中子

---

① Rousset, "Neutral Currents," Philadelphia (1974), 141 - 165; Rousset, "Calcul," CERN-TCL, 22 May 1973.

② 瓦克斯穆特用欧洲核子中心蒙特卡罗项目存在的观点抨击该问题。参见 Wachsmuth, "Neutron Cascade," CERN-TCL. 24 May 1973. 早期弗莱和海德特讨论关于串联问题的著作参见"Neutron Flux," CERN-TCL. 22 May 1973. Haidt to author, 9 July 1986.

的角度和能量分布，以及中子级联的简化模型。① 电脑随机在磁体与防护层中产生荷电流事件，并追踪每颗发射出的中子，直到与核子发生第一次撞击。

在碰撞后，中子的能量为 ξE。其中，E 是初始能量。对于任一给定中子，电脑按预定的分配方法随机安排一个“弹性”值 ξ。因此，对于弹性值为 1/2 并且初始中子能量为 100 亿电子伏，在发生一系列碰撞后，放出的中子中含有的能量为 5、5/2、5/4 等，以此类推。当然即使对于一束能量相同的中子来说，也会有弹性值的分布。中子会从碰撞中反弹出来，带有与其他中子相比不同比例的初始能量。此外，弹性值的分布取决于中子的初始能量。弗莱和海德特证明中子在室内的扩散很大程度上取决于弹性分布的形式以及中子的能量。

在许多情况中，电脑告诉他们背景要比他们的同事所怀疑的更不那么容易确定。虽然在 5 月 17 日的会议中，弗莱和海德特只是想要“给出一些初步结果”，但他们的消息还是令人感到不安。有由于级联带来的风险，特别是那些从室的侧面进入的中子，假中性流事件的分布范围在室内看不见的区域内可能会快速地缩小。尽管如此，假中性流事件可能会均匀地分布在加尔加梅勒的可视范围内。这是蓄谋已久的事件转变。因为，如果弗莱和海德特的分析站得住脚，那么基于中性流备选的古老观点便开始出现漏洞。②

从 1973 年 5 月 17 日之前几周紧张的筹备阶段到 7 月份结论的发布，弗莱和海德特一直在努力说服他们的同事，在没有细致的级联计算以及现实的弹性分布情况下，中性流的证明最多也只能算是不完整的，甚至有可能是错误的。大家都认为说服过于勉强。团队的其他

---

① Fry and Haidt, “Neutron Flux,” CERN-TCL, 22 May 1973.
② Fry and Haidt to author, 9 July 1986.

成员都制定了各自的方法，因此海德特的观点“所有截至目前所做的中子背景计算都是不切实际的，因为他们都没有考虑强子级联”，并不受大家欢迎。弗莱和海德特质疑“整个中性流效应”。① 事实上，在《物理评论快报》上发表的一些早期的论文草稿中，缪塞对古老的内部计算的重视程度明显要高于在第一版中所呈现的。对于缪塞来说，类似的计算，连同空间分布以及不同中子相互作用距离的模拟程序所提供的论据，已经足够了。② 级联计算对于说服缪塞相信中性流存在这个目的来说是不必要的。

弗莱和海德特没有时间在首次发布(1973 年 7 月 23 日发出)前针对他们对 B/AS 的确定结果进行误差线的计算，这也是事实。然而，他们两个确实针对第一篇论文的内容及时引入一种简洁而有力的论据形式。正是这种限制中子诱发的事件数目的论据为加尔加梅勒研究组所援引，作为在许多后来发表的作品中的核心证明方法。例如：如果悲观地制定蒙特卡罗模拟程序，基于假设所有观察到的中性流事件都是由中子引起的，进而得出的 B/AS 值与从测量到的关联事件数量中获得的 B/AS 的值完全不符。

但弗莱和海德特为使级联计算结果更加实际所做的不懈努力花费了大量时间，并且在电脑运行的最后那几个月里，包括拉加里格在内的一些协作者，开始对他们拖延协作研究的进程失去了耐心。弗莱为能解决级联问题而自己所做的奋斗带给他的不完全是舒服的感觉，即使是在 1973 年结论发表时，断定中子背景问题已经被真正地解决。对此，弗莱坦率地说：

> 我记得曾经与拉加里格谈论过中子级联的问题。但他说：

---

① Haidt to author, 16 November 1984.

② Musset, first two drafts of Hasert et al., “Without Muon,” 4 July 1973 and before 18 July 1973, MP.

"你知道你在将协作团队拖入泥沼。我们想要证明我们发现了中性流。"拉加里格说中子级联是不重要的。作为一名访问者,对此我感觉很糟糕。但我仍坚定地认为,如果要做实验,最好能够解决出现的问题。因此作为这样一个坏脾气的人,我坚持下来。迪特尔·海德特和我偏离主流很远,因为我们比他们任何人都更担心中子级联。[①]

1973年7月首次宣告结果前的几周充斥着焦虑情绪。人们必须就中性流事件的阐释做出决定,并且风险很高——对于物理学家个人、对于加尔加梅勒,以及对于整个欧洲核子中心。协作团队的某些成员建议采用可能的新型背景;其他的则试图证明类似的模仿效应无法大到去解释完全过剩的中性流备选。例如,维来尔回想起拉加里格几乎每天都非常气愤地冲进他的办公室,带着一个新的、巧妙地人为来源的可能背景。[②] 在缪塞即将宣布中性流的发现仅仅几天前,埃托雷·菲奥里尼发现自己深深地陷入对K介子再生的担忧中,只有在他给缪塞写信不久之后,他才说服自己相信这不是问题,因为K介子会产生其他的陌生粒子并且都没有被观察到。[③] 因此,通过利用大量的途径、技术、启发式的论点、早先的数据、理论以及模型,该协作团队的成员说服他们自己坚信他们观测到了一个真实的效果。

所以说,没有任何一个单独的论据在推动实验完成方面比得上将μ介子引入物理学家的研究项目所做出的贡献。在这两种情况中,是一个完全聚集了完整论据的共同体。在20世纪30年代,该共同体已经开始在研究小组间起到作用。到了20世纪70年代,物理学家已经在研究组内大量重建相关的社会与知识共同体。因此,欧洲协作团队

① Fry, interview, 30 May 1984.
② Vialle, interview, 28 November 1980.
③ Fiorini to Musset, 11 July 1973, MP.

的其他物理学家针对每个对背景提出的质疑组成了审阅人共同体。例如,海德特提出级联计算。其他的对于设备与不同实验思路有深入了解的人员,有提出重要的反对意见以及建议这一独特职责。几周后,海德特带回一个更加复杂、更加实际的方案。从这个意义上讲,尽管成员个人会有显著的贡献,协作团队作为动态异质集合而非同质集合发挥作用。

当然,对于研究组商议结果来说,论据并不是唯一的决定因素。并且事实上,不再延迟发表的最终决定几乎与加尔加梅勒中的物理学无任何关系。在 1973 年 7 月初,卡罗·鲁比亚(Carlo Rubbia),也任职于欧洲核子中心,让大家都知道美国的研究紧跟加尔加梅勒的脚步。根据许多参与者的说法,这打破了原本就已倾斜的平衡,并推翻了已经做出的要发表结论的决定。不是所有人都对最终稿中呈现的论据感到完全满意,[①]但协作团队一致认为他们已经控制了背景。在 1973 年 7 月 19 日,缪塞在欧洲核子中心召开了一次研讨会,在会上宣布了这一发现。在 6 年后的 7 月 25 日,该论文发表于《物理评论快报》。他们关于单电子的论文在三周前便已收到。[②]

在《物理评论快报》中发表的总共 3 页的文章中,作者展示了一幅论据示意图以支持他们所声称,在中微子运行中产生的 102 个中性流事件、428 荷电流事件以及 15 个关联事件(在反中微子中为 64 个中性流事件、148 个荷电流事件以及 12 个关联事件)与背景影响不符。其

---

① 例如,坎迪当时不认为该论文能使人充分信服(1980 年 11 月坎迪,缪塞和维来尔的采访)。1973 年 7 月普利亚也十分担心结论,直到在费米实验室的 E21 结果公布才有十足的把握。Pullia, interview, 3 July 1984; Fiorini, Roilier, and Bellotti, joint interview, 11 July 1984. 关于 E21 参见 Barish et al., "Results," London (1974): IV - III - 13.

② Hasert et al., "Without Muon," *Phys. Lett. B* 46 (1973): 138 - 140; Hasert et al., "Muon-Neutrino Electron Scattering," *Phys. Lett. B* 46(1973): 121 - 124.

中包含了几个我们在上文已经详细描述过的论据。首先，就荷电流与中性流备选来说，各种类似于空间与能量分布的特性是很相似的。如果无 μ 介子事件是由中微子以外的因素引起，会非常令人感到惊讶。第二，通过“潜在路径长度”（普利亚类型）分析得出，荷电流与中性流事件的明显相互作用长度与中微子几乎无穷的穿透距离相符。第三，作者提到他们已经排除了慢速 μ 介子会被误认为质子，并进而被错误地归类为中性流事件的可能性。第四，该团队指出中微子与反中微子事件会产生不同的中性流/荷电流比率，如果是由中性强子所引起的，将会是无法预计的。第五，（如在菲奥里尼写给缪塞的信中所提到的），中性 K 介子是不可能存在的，因为他们应该会产生 λ 粒子，但实际上并未发现。第六，鲁塞的平衡论出现，尽管仅被缩减为一句话。所得出的结论：B<AS 支撑了反中微子的结论，因为这样的不平衡暗示在中微子中性流备选中含有不超过 15 个中子背景事件。最后，提出了蒙特卡罗方案来阐明对于级联可能会就观察到的 NC/CC 比率所做的解释。

在类似言论与图 4.28 那样的整洁的概要图中蕴藏着多年的努力工作，逐渐聚齐了这 7 个论据，并且埋藏在明显地简单反背景论据形式下面的不是 A、B 以及 C，而是很多部分自主路线的说服方式。但他们是那样的路线，一旦聚集在一起，将会使来自比利时、英国、法国、德国、意大利、瑞士以及美国等世界各地的物理学家群体在一种新的物理学上以自己的名誉为赌注。

在早期的初稿中，该论文便已通过将研究的动机归于要更新涉及中性流的统一的、可重正化理论而为众人所知。[①] 对于最终版本来说，相关协议使实验者与类似的抽象理论保持一定的距离，并且缪塞在引

---

① Musset, draft 1 of Hasert et al., “Without Muon,” 4 July 1973, MP.

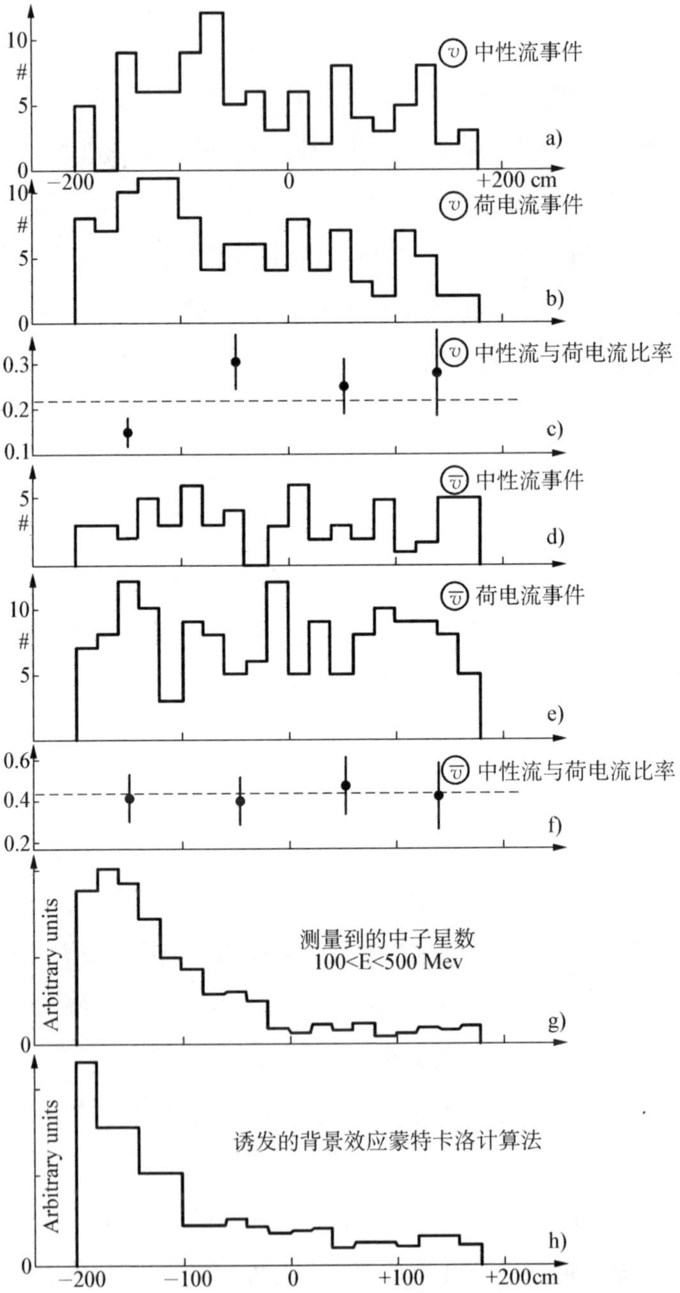

图 4.28　第一篇加尔加梅勒强子中性流发表论文中的图片，1973 年。沿中微子束轴的事件分布：(a)含中微子束的中性流事件；(b)含中微子束的荷电流事件(具体分布基于总的中微子胶片 1/4 的参考样本)；(c)中微子束标准的 NC/CC 比率；(d)含反中微子束的中性流；(e)含反中微子的荷电流事件；(f)含反中微子束的 NC/CC 比率；(g)测量到的中子星，能量为 E，100 Mev<E<500 MeV，并且仅含有质子；(h)根据蒙特卡罗模拟得出的背景事件分布。来源：Hasert et al.，"Without Muon," *Phys. Lett.* *B* 46(1973)：139.

言处潦草地写一个很大的X。① 只有在结论中,作者们才够断言他们的数据"能对于除中子以外的穿透性粒子、主要衰变为强子的重轻子,或者由中微子产生并且与中微子束相平衡的穿透性粒子,够归因于中性流诱发的反应"。尽管如此,第一篇关于强子的论文的最后一句话仍回到了弱电理论,给出了中性流与荷电流的比率,并且总结了加尔加梅勒实验结果会将温伯格的参数 $\sin^2\theta$ 固定在0.3到0.4之间。

在首个加尔加梅勒实验结论于7月份发布之后,弗莱和海德特仍需要提炼他们对于级联的分析。的确,当1973年8月末在德国波恩召开会议时,观众在他们咄咄逼人的询问加尔加梅勒实验代表的问题中,特别挑出了中子背景。到那时,弗莱和海德特已经改良了级联计算方法,现今已经包括了中子输入参数的不确定性导致在背景中可能出现的错误。加尔加梅勒的临时发言人,弗雷德里克·布洛克(Frederick Bullock)播放了一部幻灯片,总结道:"要使用中子来复制绝对数量的中性流事件会需要关于中子能量分布的一种荒诞的假设。"因为存在计算误差的情况,该团队现在可以说有90%的把握确定背景事件的数量不会超过观察到的备选数量的30%。这是最坏的情况。在更多合理的假设下(基于观察到的荷电流事件发射出的质子的移动),存在更少的假事件。② 回想起他自己在首个中性流结论发布之前的感觉,布洛克写道:"最后的背景计算,以及唯一说服我们大多数人相信问题最终已被解决的计算都是由海德特和弗莱完成的,这一过

① Musset, draft 2 of Hasert et al., "Without Muon," no date, but between 4 July 1973 and 18 July 1973, MP.

② 参见布洛克,波恩会议的分组讨论演示稿,1973年8月(未出版),布洛克个人论文。"结果可用于波恩会议演示,中子后台最多可弥补10%的可观测备选中子流。"参见Fry and Haidt, "Neutron-induced Background," CERN Yellow Report 75-1(1975) p. 1.

程历经数月的艰苦工作以及大量一知半解的批判。"[1]当然,不是每个人都同意布洛克的结论,但这确实表明了级联方面的工作对于协作团队中的一些成员是多么地具有说服力。

在1973年秋季,美国协作团队E1A指责中性流是最大的谎言,其根本不存在。因为名誉受到侵害,欧洲的协作团队开始致力于研究支撑中性流的原始事例:设计了一项基于质子与中子相似性的后续实验。质子与中子进行相同的核相互作用,但其优点是会在气泡室留下痕迹。因此,它们像中子那样诱发了核子簇射,但在气泡室中留下了发射角度以及相互作用的距离。事实上,从气泡室中质子的反应便能了解到足够的信息去直接确定背景B,而无需像之前那样通过B/AS间接计算。[2] 利用他们的级联计算程序,弗莱和海德特预测出质子束实验的结果。并且在1975年1月,几乎是在第一篇关于加尔加梅勒发现成果的论文发表后的一年半,两位级联方面的专家很满意地提出:"实验结果与计算结果良好的一致性证明,后面确定核子级联的参数的正确估计是合理的。"[3]

到了1974年1月,作者们对于他们所从事的核子物理学B的工作有了更为全面的总结。其中包括一些弗莱和海德特蒙特卡罗方案产生的B/AS的数值,包括中子能量与角度分布输入值方面的误差。并且该团队首次能证明数据的稳定性,即使是在程序员改变包括弹性分布在内的重要级联参数时。甚至在最坏的情况下,对于荷电流事件来说,无μ介子事件的数量过大,已经无法靠中子背景来解释。依照

---

① Bullock to author, 5 March 1984.

② Fry and Haidt, "Neutron-induced Background," CERN Yellow Report 75 - 1 (1975).海德特称波恩会议后的阶段为"危机期,"并在1986年7月9日告诉作者说,"作为一名科学家,我的名誉被质疑了。"

③ Fry and Haidt, "Neutron-induced Background," CERN Yellow Report 75 - 1 (1975).

加尔加梅勒项目的物理学家判断，“事件会按照预期发展如果他们是由中微子与反中微子诱发的中性流过程引起”。[①]

但并不是所有人都如此乐观。在 1973 年 11 月到 12 月，另一支校际间高能实验者组成的团队发现中性流并不存在。为了正确理解接踵而至的事件，我们需要回到 20 世纪 60 年代末期并了解为建造当时美国最大加速器而制定的物理计划。

E1A：构成与参与者

美国的物理学家与欧洲的物理学家一样，都渴望能在高的能量下利用中微子来探测核子。随着计划明确要建造一间美国国家加速器实验室，未来的研究人员援引中微子物理学作为实验室主要的物理学理论根据之一。1968 年 4 月中旬，议会通过提案并且由约翰逊总统签署授权文件允许建造设施，工人在当年 10 月开始破土动工以安置加速器的第一部分。[②] 在 1968 年与 1969 年的夏天，占地 6 800 英亩、耗资 2.5 亿美元的实验室仍在建设之中，物理学家在科罗拉多州的阿斯彭举办了一次夏季研讨会议，以求就即将开展的实验提出方案并讨论。有很多参与者提交了研究 W 的提案，其中就有阿尔弗莱德·曼恩(Alfred K. Mann)，一位拥有丰富计数器和火花室实验经验的宾夕法尼亚大学物理学家。

曼恩在阿斯彭提出了一份关于通过高能量中微子来源事件，以高电荷核子为目标产生 W，进而利用地块间的火花室探测粒子衰变产物的可能性的报告。[③] 根据开始的计算结果，曼恩辩称这样的研究会是

---

① Hasert et al., “Without Muon,” *Nucl. Phys. B* 73 (1974): 2.

② Hoddeson, “KEK and Fermilab,” *Soc. Stud. Sci.* 13(1983): 1 - 48, esp. 13 - 21.

③ Mann, “*W* Searches,” Batavia, 1969 (no publication date), 201 - 207.

很有效的,如果 W 的能量值小于大约 50 亿电子伏。就像施瓦兹、杨振宁以及李开复所提出的方案,以及欧洲核子中心很多的提案那样,W 研究被许多在阿斯彭的实验者视为基础物理学研究中的当务之急。

部分是由于他为会议所作的准备,而部分是由于在此提出的其他研究方法,曼恩主张在国家加速器实验室开展一项高能中微子实验。① 但他显然不是唯一一位将目光放在即将在新的加速器中开展的首次中微子实验的物理学家。一开始便很明显,无论是谁进行了第一次中微子实验,都将在收获能量高于任何之前的加速器中产生的中微子束这一胜利果实中占据有利位置。当曼恩开始起草方案时,很可能对他来说如果协作团队中的梅尔文·施瓦兹、杰克·施泰因贝格尔(Jack Steinberger),以及利昂·莱德曼(Leon Lederman)也提交了进行首次中微子实验的申请,那么他将面对严酷的竞争。这些来自哥伦比亚大学布鲁克海文学院的物理学家不仅有一起致力于二分量中微子研究以及后续实验的经验,他们所使用过的设备也与曼恩希望建造的火花室探测器十分相似。② 此外,詹姆斯·沃克(James Walker)提出的方案在计划委员会作出最终决定之前一直对实验 1 构成直接竞争。为了在自己的方案上增加分量,曼恩求助于一名给他留下深刻印象的更加年轻的物理学家——大卫·克莱因(David Cline)。

像曼恩一样,克莱因有丰富的弱相互作用物理学实验经验。并且对于克莱因来说,中性流是一个长期关注的目标,自从他在威斯康辛大学的毕业作品开始,在那里他是威廉姆·弗莱的学生。为了准备论文,克莱因研究了位于伯克利质子加速器的鲍威尔重液气泡室中所拍

---

① Mann, interview, 29 September 1980.

② Danby et al., "Two Neutrinos," *Phys. Rev. Lett.* 9 (1962): 36 - 44.

摄的 K^+ 衰变图片。在大约 25 万张图片中超过 2 900 万个静止的 K 介子中，克莱因在寻觅罕见的衰变。克莱因对于稀有的鲜明特征的探索成为他之后多年保持的一种实验风格。

罕见的衰变模式是很重要的，即使是在无法发现目标事件时。有时，如克莱因在他论文的开篇所指出的："某些衰变模式的缺失同另一些衰变模式的存在同样重要。因此，不论是否能够成功发现它们，去仔细寻找某些衰变模式仍是非常重要的。"[①]并且正是中性流的不存在标志着早期工作的最大成就。就像在之前章节中谈到的结论，克莱因当时正在研究奇异性变化的中性流，而没有去注意奇异性守恒的中性流以及他们之间的区别。他论文研究的一个实例是 $K^+ \rightarrow$ pi－plus＋电子＋正电子，其中克莱因认为该反应式原理是：首先，$K^+ \rightarrow$ pi－plus＋B^0（一种中性负责传递力量的粒子，与 Z 不同）；第二，$B^0 \rightarrow$ 正负电子对。起初克莱因使用扫描仪挑选出很明显没有观察到动量的事件，显示中性粒子的范围。扫描仪也同时去除了能够看到是由光子产生的正负电子对的事件。对于剩余的上千事件，克莱因采用更进一步的选择标准，包括对于蒙特卡罗模拟给出的介子动量要求。当他最终实现面对很小一部分样本时，他就可以一件一件地去讨论事件。这是克莱因推理个体事件的一个例子：

> 事件编号 116859 很可能不是[$k^+ \rightarrow \pi^+$]e^+e^- 衰变的例子，因为不变的质量与 $\pi^+e^+e^-$ 含有相同的 π^+ 动量衰变所预期的有很大的不同。同时，范围内的动量要大于平均合适的动量。该事件很可能是背景的例子。事件编号 187088 因其很高的不变质量而符合 $\pi^+e^+e^-$ 衰变。[②]

① Cline, thesis (1965), 1.
② Cline, thesis (1965),88.

事件187088如图4.29所示。克莱因用它确立了该衰变模式与所有正K介子衰变小于3.7×10^{-6}的比率。[①] 根据此衰变以及其他几种衰变,克莱因总结道:“不存在中性轻子流(中性矢量玻色子衰变为轻子的中性流)看似已经得到确认。”[②]在接下来的几年里,克莱因继续着为中性流设定范围的工作。

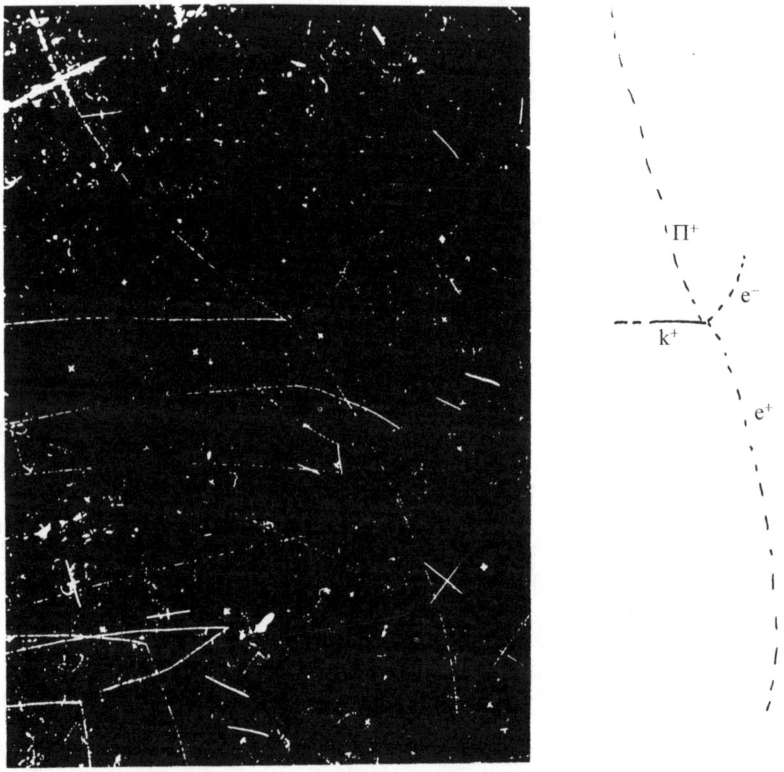

图4.29 编号187088:是个黄金事件?通过特别细致地分析此事件,克莱因表明如果这是$K^+\rightarrow\pi^+e^+e^-$的一个明确的例子,他就可以针对事件的发生率设定一个上限。此类中性流事件与相似的荷电流事件的比率小于大约1/30 000。来源:Cline, thesis (1965),89.

---

① Camerini et al., “Leptonic Currents,” *Phys. Rev. Lett.* 13(1964): 318-321; Cline, thesis (1965), 89-90.

② Cline, thesis (1965),96.

如上述衰变研究所示，克莱因关于奇异性可变的中性流的细致工作涉及典型特征的识别。（见图 4.30）。但在此实例中，利用罕见事件的证明不仅要求发现这些特殊的事件，还要说明这些事件的背景是很小的。用克莱因最喜欢的一个词组来形容，这样的事件即为黄金事件。像第一张正电子图片，第一张静止 μ 介子图片或第一张亚琛电子图片所展示的那样，此单组轨道可能会经常说服那些在国内凭借探测现实影像的视觉技术的实验者。其他经受不同的培训方法并且有着不同倾向的实验者给出的反应也相应地不同，并且这会证明理解美国中性流实验是如何结束的重要性。

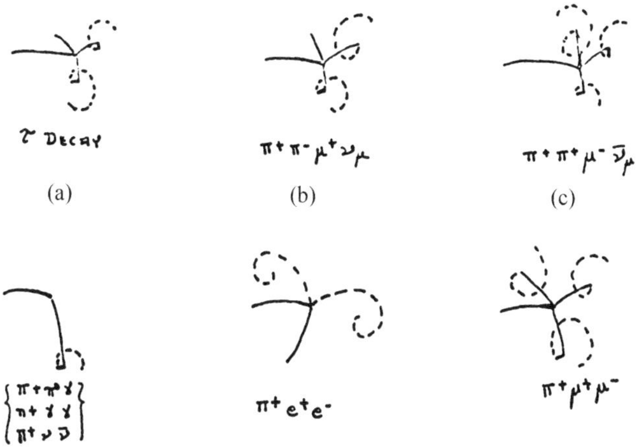

图 4.30　克莱因进行的罕见的弱相互作用研究。从克莱因在物理学方面工作的开始，他便关注罕见的相互作用，视为解决弱相互作用理论基本问题的关键，例如中性流的存在问题。在这张草图中，克莱因绘制了会在 K 介子衰变中探索的一些类型的事件。来源：Cline，thesis (1965)，6.

在他的论文发表几年后，在他与其他许多实验者已经完成了各种关于奇异性变化的中性流的其他实验之后，克莱因回顾了 1967 年在巴黎国际基础粒子物理研究院的研究课题。他对于中性流的不存在

几乎没有任何质疑。克莱因总结道:

> 萨拉姆、沃德、古德、米歇尔、拉斐尔、德斯帕那特以及布鲁德曼提出的此类弱相互作用模型的决定性测试,很可能会来自从目前来看几乎不可能发生的轻子-轻子发散的实验研究。然而,对于不存在中性轻子耦合(及可能的原始中性强子耦合)做出的成功解释无疑会在弱相互作用的终极理论中成为一个非常重要的因素。①

曼恩与克莱因一同在 1969 年 12 月起草了一份新的提案,制定了一份更加完整的计划,这份计划的概要呈现在阿斯彭夏季研究报告中。② 他们有两个目的:第一,他们想要针对中微子事件,根据从中微子转移到目的地的能量与动量来测量横截面,以及荷电流事件总的横截面;第二,当然是 W 粒子的研究,要么通过产生一个真正的 W 粒子(如果 W 小于 80 亿电子伏),要么产生一个虚拟的 W 粒子(如果 W 较重)。这些过程的细节如图 4.31 和 4.32 所示。

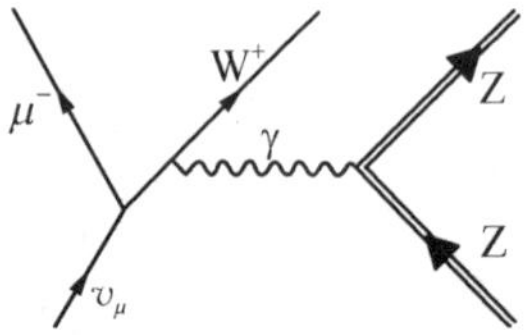

图 4.31 中微子产生 W。每项高能中微子实验的早期目标实质上是要通过这里描述的过程产生 W。这一期望有可能实现只是因为大家都认为 W 的质量不会超过特定的电子伏特数值。20 世纪 80 年代进行的实验以及格拉肖-温伯格-萨拉姆理论均认定 W 的质量超过 800 亿电子伏,因此凭借 20 世纪 60 年代的中微子能量是完全无法达到的。

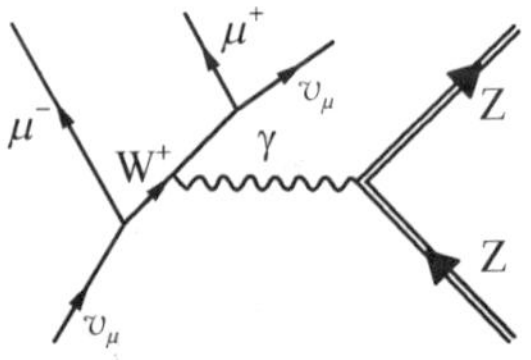

图 4.32 寻找 W。如果 W 能够像在图 4.31 中那样产生,那么当 W 衰变时将能够探测到 W。如此图所示,W 的信号是 1 个正极与 1 个负极的 μ 介子。中微子仍无法看见。

为了实现这样的宏伟目标,曼恩和克莱因申请了一台比曼恩原来

① Cline, "Search for Neutral Currents," in *Ecole Internationale*, Heceg Novi (1967).
② Cline and Mann, "Proposal for Neutrino Scattering," draft NAL proposal (1969).

计划使用的简单火花室更加复杂的装置。作为第一个创新，他们建议将液体闪烁容器交叉放置于铁矿中间，以此构成样本电离热量计。具体运行方式如下：当强子撞击铁块时，会产生带电粒子簇。通过液体闪烁体级联，它们造成光线的发散，能够通过光电管收集并测量。该修饰语“样本”指的是并不会测量所有粒子的能量这一事实，而是仅会测量一小部分的粒子能量并据此推测出总的能量。曼恩和克莱因建议将铁块与火花室交替放置，位于热量计下方25米左右的位置来确定范围，并进而确定μ介子的剩余能量。为了显示μ介子的标记，μ介子探测器的第一部分将会被磁化。通过测量强子与μ介子的能量，该实验装置能够确定原始中微子中的能量，因为所有的中微子能量不是进入强子就是进入μ介子。因此，根据中微子能量发现横截面的目标可以实现。

尽管取得了这些进展，但曼恩仍认为该装置还不足以对于国家加速器实验室的计划委员会构成影响，因此他和克莱因求助于当时在哈佛的卡罗·鲁比亚，他是曼恩在欧洲核子中心时期休假的时候所结识的。① 最重要的是，鲁比亚给他带来了设计与建造大型电子探测器的经验(见图4.33)。

鲁比亚的实验用到了计数器数组、火花室、闪烁计数器以及丝室。它们大多是带有大量关于从μ介子衰变及捕捉到K介子研究等课题的统计数据的实验。在一项实验中，有将近24亿个μ介子被控制在一个火花室装置中，以便检查它们是否能够在没有中微子的情况下衰变。② 在20世纪60年代后期，鲁比亚的工作转变为更加精确地确定两种中性K介子质量的差别，这会为弱相互作用的对称性提供线索。

---

① Mann, interview, 29 September 1980.

② Conforto et al., “Neutrinoless Capture,” *Nuovo Cimento* 26 (1962): 261 - 282.

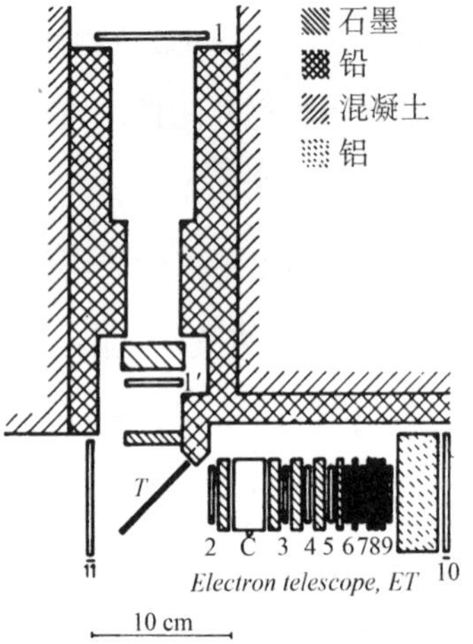

石墨
铅
混凝土
铝

Electron telescope, ET

10 cm

(a)

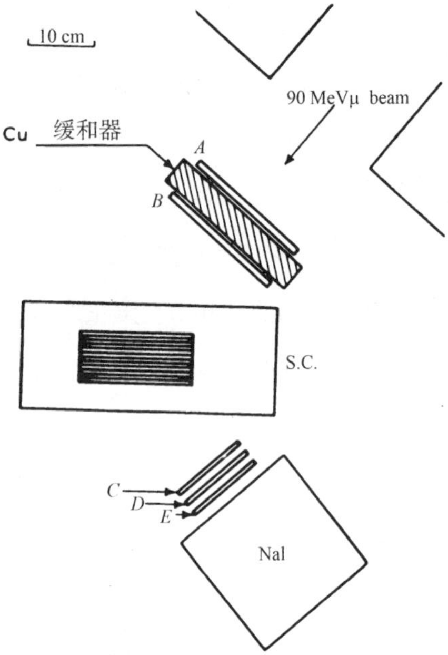

10 cm

90 MeVμ beam

Cu 缓和器

S.C.

NaI

(b)

H_2O

Scintillator

Spark Chamer

π^+ 10 GeV/c

10 cm

Pb

(c)

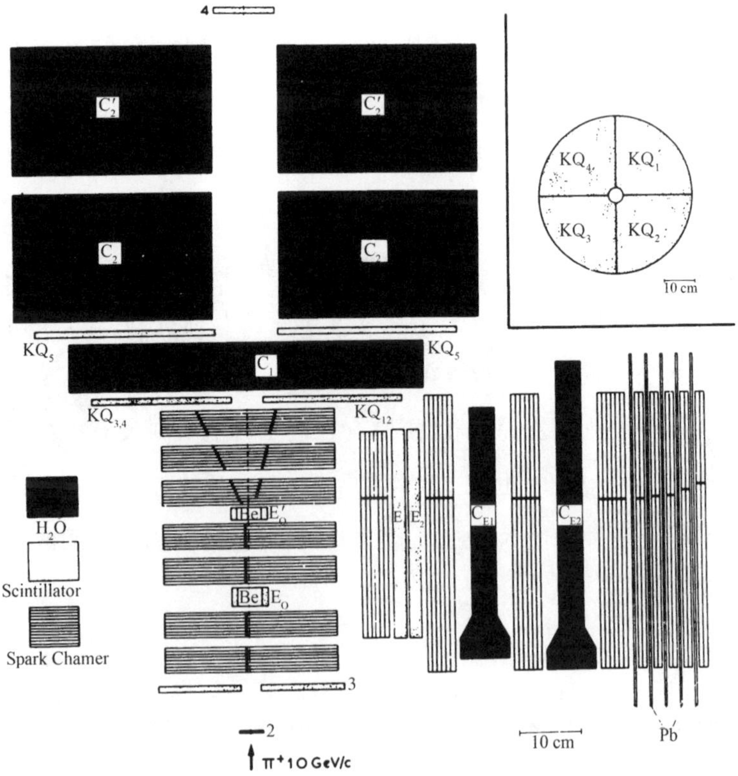

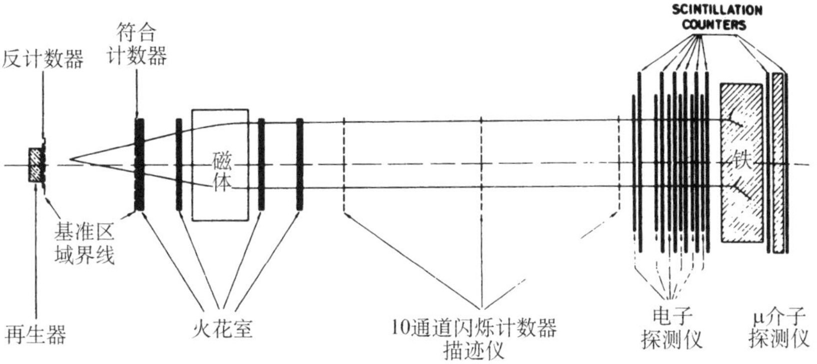

(d)

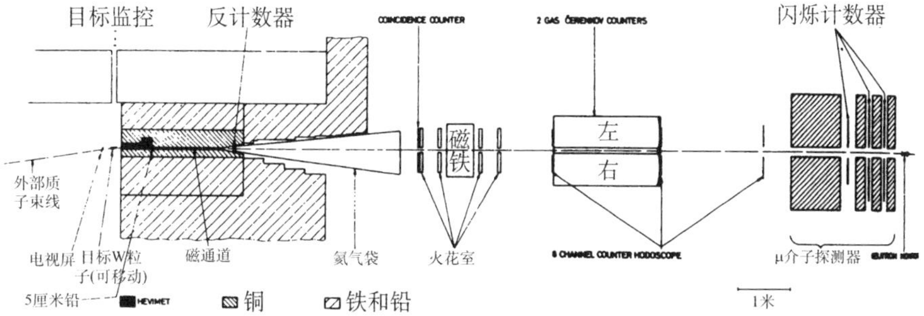

(e)

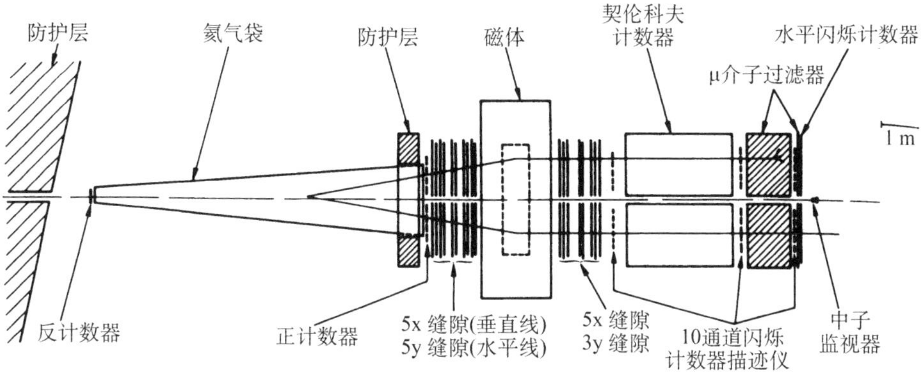

(f)

图 4.33　鲁比亚的电子探测器。在他进行 E1A 实验之前的职业生涯中，卡罗·鲁比亚实质上是专业从事电子探测器设计与制造的——计数器、闪光体以及火花室。但当电子技术与数据积累遍布所有设备时，请注意与 1960 年的装置(a)相比，规模与复杂程度上有着怎样的改变，当时的装置仅能够测量大约 25 厘米的跨度。到了 1970 年，混合探测器从一端到另一端的跨度为 15 米。他正是利用这个经验来帮助改变 E1A 非常大的目标/计算器。

来源：(*a*) Conversi et al.，“Muon Capture，” *Nuovo Cimento* 18(1960)：1284. (*b*) Conforto et al.，“Neutrinoless Capture，” *Nuovo Cimento* 26(1962)：268. (*c*) Barlow et al.，“Asymmetry，” *Phys. Lett.* 18(1965)：65. (*d*) Alff-Steinberger et al.，“CP，” *Phys. Lett.* 20(1966)：208. (*e*) Böhm et al.，“Regeneration，” *Phys. Lett.* B 27(1968)：596. (*f*) Darriulat et al.，“Search，” *Phys. Lett.* *B* 33(1970)：250.

特别是,两种对称性存在争论:如果任何发生反应的镜像也发生反应,则是奇偶对称;如果任何过程的电荷相反的模式仍能够发生,则是电荷对称。弱相互作用似乎违反了这两种对称性。首先,物理学家发现奇偶对称失败;然后瓦尔·菲奇(Val Fitch)与詹姆斯·克罗宁(James Cronin)发现即使是电荷与奇偶对称性的组合也无法实现弱相互作用。① 对于20世纪60年代大部分时间来说,鲁比亚建造了更为复杂的电子探测器来研究K介子系统中的这些结果。

E1A的三位主要协作者因此带着弱相互作用物理学领域丰富的经验共同开始了此项研究,虽然他们所使用过的装置是不同的。正如我们将要看到的,早先的技术经验有助于确定每位参与者均发现其具备说服力的数据。

为了协调计划,三位主要的研究人员——曼恩、克莱因以及鲁比亚——于1969年末在肯尼迪机场的大厅会面。在分开前,他们一致同意继续拟定一个中微子实验的联合方案。现在,"哈佛-宾夕法尼亚大学-威斯康辛协作团队"他们的方案设定了三个目标,每个都与形成于大西洋对岸的欧洲核子中心计划中的三个主要目标相似:

(1) W研究

(2) 横截面研究

(3) 部分子测试

因为自从曼恩-克莱因的方案提出后,部分子模型便开始作为基础粒子物理学中的热门话题出现。②

---

① Christenson et al. ,"Meson,"*Phys. Rev. Lett.* 13 (1964): 138 - 140. Fitch, "Parity Asymmetry," *Rev. Mod. Phys.* 53 (1981): 367 - 371. Cronin, "CP Symmetry Violation," *Rev. Mod. Phys.* 53(1981): 373 - 383. 对离散对称相关实验的历史性分析参见 Franklin, "Discovery and Nondiscovery," *Stud. Hist. Philos. Sci.* 10(1979): 201 - 257; and Franklin, "CP Violation," *Hist. Stud. Phys. Sci.* 13(1983): 207 - 238.

② Beier et al. , draft HWP proposal, HUEP - 17 (1970).

探测器不得不再一次重新设计(见图 4.34)。现在热量计会是完全有效的,所有储存在矿物油液体闪烁体中的能量都会被光电管收集。在闪烁体容器间会放置火花室来记录强子与 μ 介子的运行轨迹。此外,计数器 A、B、C 与 D 都可以用于启动火花室。例如,该装置可以设定为仅在没有任何带电粒子通过 A 进入设备的同时,在热量计中有强子簇的时候启动。这会否定(阻止记录)任何由随中微子偷偷进入室内的带电粒子引起的事件。曼恩、克莱因以及鲁比亚也改进了探测器的第二个阶段。取代用 μ 介子通过铁块的范围来确定 μ 介子能量的方法,该小组计划安装巨大的磁铁块,用于通过造成粒子延弯曲轨迹运行来测量 μ 介子的动量。①

因此,这些物理学目标与欧洲核子中心的相似。但实验不同。在设备设计的背后仍有关于中微子相互作用两个阶段的分析:热量计与 μ 介子分光仪。通过将这两种探测器结合起来,与简单的火花室实验相比,E1A 研究组可以记录更多的信息,使研究组能够更顺利地与气泡室中微子物理学家竞争。火花室热量计也有两个其他重要的优势。

最重要的是火花室是处于启动状态的,这意味着能够通过设定计数器,仅在有趣的事件发生时运行火花装置与照相机。如我们在第 3 章中所看到的,此局部的特性的确是将计数物理学与早期(1932 年之前)的云室研究区分开来的特点。但当朱塞佩·奥基亚利尼与塞西尔·鲍威尔能够创造一个计数器控制的云室时,计数器控制的气泡室从未达到预计的效果。(气泡室无法启动,因为带电粒子存储的热量在发生扩张前就已消散。)火花室的另一个优点是他们可以比气泡室更大,得出的目标质量的比例为 10∶1(100 吨比 10 吨)。因为与物质

---

① Beier et al., draft HWP proposal, HUEP-17 (1970).

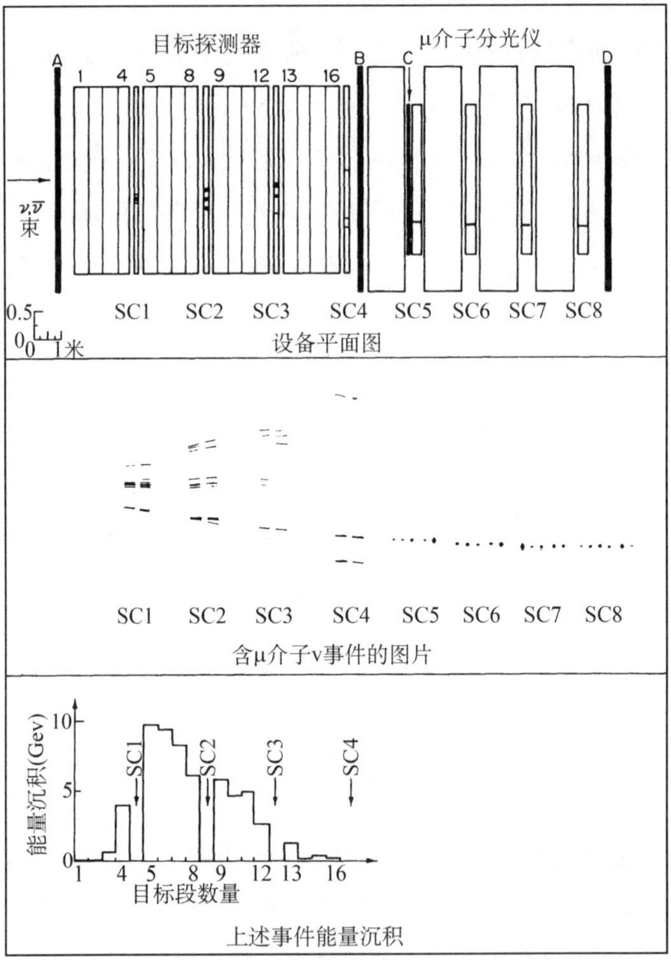

图 4.34 E1A(上方)设备图解。第一阶段由 4 个液体闪烁体部分元件组成(标签 1—12),交替放置于双间隙火花室(标签为 SC1—SC4)中间。带电粒子通过闪烁体时产生的光线由光电管收集。当收集到一起后,光电管的输出与储存的能量成正比。同时,火花室按照带来粒子运行轨迹产生了相应的痕迹,能够用于分析后续发生的事件或者触发线路上的电子。此外,闪烁体与火花室还起到中微子目标的作用。在磁场的第二阶段,用于测量 μ 介子动量(μ 介子,而非强子,很容易穿透厚厚的铁防护罩)。(中间)荷电流事件典型火花室展示。通过 SC5—SC8 的那条线路会自动归类为 μ 介子。所有其他的轨迹均终止,暗示他们很有可能都是强子。(下方)热量计记录了事件每个闪烁部分的能量储备。来源: Benvenuti et al.,“Observation,” *Phys. Rev. Lett.* 32(1974): 801.

发生相互作用的中微子大体上与目标的质量成正比，这给美国的协作团队带来大于欧洲团队10倍的优势。E1A会以10倍于加尔加梅勒的能量进行：200亿电子伏对比20亿电子伏，预计的中微子相互作用比例也相应为10∶1。所以，如果粒子束密度（粒子数目）相同，国家加速器实验室可以预计在日内瓦以外看到的100个事件的顺序。事实上，在大西洋两岸正在进行一场关于增加每次脉冲（P/P）产生的质子数的大型竞赛。在1972年3月，国家加速器实验室有5×10^{9}能量每脉冲；在7月为10^{11}能量每脉冲，在10月为10^{12}能量每脉冲；在11月为4×10^{12}能量每脉冲。到了1974年5月，达到8×10^{12}能量每脉冲。① 欧洲核子中心的质子同步加速器在1972到1973年度即已达到2×10^{12}，在1972到1973年度末已达到5×10^{12}。② 如这些数字通过图表的显示，我们可以看出即使是一项高能实验进行时也并不完全由最终签署发表论文的人来控制。成功或失败经常直接取决于加速器工程师保持粒子束以正确的密度及能量行进的能力。

两类探测器中存在的竞争反映出一个深奥的实验难题：气泡室提供了详尽的特定要素与识别的相关信息，但它们是需要大量胶片与运行时间去定位并记录事件的被动装置。而火花室通常在时间分析中提供较少的细节，但它们是时刻处于启动状态的，只有在特定逻辑电路启动时才会记录事件信息，凭此能够提供更高比例的有用信息。E1A采用一部设计用于尝试缩小局部差距的探测器。正如我们将要看到的，选择粒子识别还是高统计数量这一难题在形成这些实验结束的方式中起到至关重要的作用。

---

① Teng, "NAL Synchrotron," in *U. S. -Japan Seminar* (1974), 21 - 22; NAL Staff, " NAL Accelerator," Stanford (1974), 13.

② CPS Staff, "Improvements," in Stanford (1974), 527.

在哈佛-威斯康辛-宾夕法尼亚的提案中几乎没有提到中性流。[①]在主要物理学目标中也没有提及，并且在提到中性流的时候，也没有列在定量预测的内容中。在 $SU(2)\times U(1)$ 的模型中没有出现任何内容。更加重要的是，设备的设计，即便在原理上就是这样，以至于在初始模式的实验还不能记录中性流。

无法发现中性流是因为逻辑电路是设计用于记录只有粒子能够穿透一块 4 英尺厚的铁板进入 μ 介子分光仪的事件。中性流是那些不含 μ 介子的中微子事件。触发器的特点，与其他很多特点一起都来自于哥伦比亚-布鲁克海文实验，其中这样的触发器有效地消除了不会产生任何 μ 介子的无关事件。这有一件逸闻趣事。据施瓦兹与莱德曼所述，在他们早期的火花室实验中记录了许多事件，在这些事件中的最终阶段根本没有 μ 介子存在。以研究组的专用语描述，这些奇异事件被命名为“骗子”，充分证明了他们对与关于本性的深奥问题所感知到的重要意义。[②] 有一段时间当扫描火花室胶片成为一件持续的令人讨厌的事情，增加一个可以选择真正中微子事件的触发器似乎是通过开拓电子探测器多能性所取得的重大进步。

短路与高深理论

一切都对原始中性流的存在产生不利的影响：机械设备的指示、已经接受的实验结果，以及没有任何令人信服的理由去相信存在这样的现象。随着 1970 年冬季和春季施工建设的全面展开，实验按计划继续向前推进。当年夏天，克莱因、曼恩，以及鲁比亚发表一篇描述另

---

① Beier et al., draft HWP proposal, HUEP - 17(1970).

② Schwartz, interview, 20 October 1983; Lederman, conversation, May 1985.

一个渠道的文章，通过该渠道，他们可以使用他们的装置发现正在衰变的 W 粒子。[①] 再一次的，弱相互作用需要 W 粒子来获得在高能量条件下存在意义的机会，但这项研究没有与任何特定理论相关。事实上，三位哈佛-威斯康辛-宾夕法尼亚的带头人于 1970 年所讨论的这项研究甚至不符合 W 粒所属的 $SU(2)\times U(1)$理论，因为后者的 W 粒子重量超过 800 亿电子伏特，而且中微子实验无法研究高于 100 亿电子伏特的事件。在 1972 年前，协作者没有在印刷出版物中提及过格拉肖-温伯格-萨拉姆模型的任何方面。

竞争不限定于国际领域，也不是指实验室间的争斗。就集中化进行而论，加速器实验室必须做出决定由谁在什么时间开展实验。就像欧洲核子中心必须在不同探测器研究组的需求中做出裁定，国家加速器实验室也是如此。在 1970 年 8 月，曼恩写信给威尔逊让他召集一次会议，在会议中，可就每个拟进行的中微子实验陈述实验概要。曼恩总结道："假设即使是在充满喧嚣与愤怒的时期，此次讨论也会有重要的教育性内容并无不妥。"[②]威尔逊同意他的建议并且认为竞争会愈发激烈。备忘录被反复传递，并且实验室负责人要求实验人员要强调他们方案中的不同之处，因为很明显，可选择范围已经缩小到 E21（巴里・巴里什以及他的团队）与 E1A。[③]

在 1970 年 10 月 3 日，康纳德・里德（Donald Reeder）、吉姆・皮尔彻（Jim Pilcher）、曼恩，以及鲁比亚聚集在布鲁克海文以对加州理工

---

① Cline, Mann, and Rubbia, "Weak Intermediate Boson," *Phys. Rev. Lett.* 25 (1970): 1309 - 1312.

② Mann to Wilson, 14 August 1970. Related documents: Wilson to Mann. 25 August 1970; Wilson to Barish, 9 September 1970. All in Program Committee files on EIA. director's office. FNAL.

③ R. R. Wilson to Cline, 27 October 1970. Program Committee files on E1A, director's office, FNAL.

学院的要求作出回应，并准备反击。加利福尼亚人是如何计算信噪比的？他们是怎样处理强子级联的？关于中微子束所设计的实验是够切合实际？正在为陈述准备弹药的哈佛-威斯康辛-宾夕法尼亚协作者们煞有介事地问自己："我们要用幻灯片展示实验数值的比较吗？不。我们准备了幻灯片，但除非是强制性要求否则不会使用。"更加巧妙的是，他们进而确定了所采取的合适口吻："陈述内容应强调仪器与事实——远离论据与讨论——利用时间提出事实与想法——不要有存在争议性与煽动性的内容。"他们总结道，"让我们用数据说话——让观众得出顺理成章的结论"。[1]

当威尔逊在 1970 年 10 月 27 日以文字形式批准了 E1A 时，他强调了 E1A 与加州理工学院的实验可以研究的重要物理学问题，没有(并不出人意料)提到中性流。他同时催促克莱因将更多国家加速器实验室的陈述材料带入实验中并明确他对此实验领域的计划。[2] 在这一点上，11 月初在哈佛召开的另一个 E1A 中微子会议充分证明："戴夫通过展示中微子束以及区域的布局开始……加州理工学院人员会研究 μ 介子装置旁边的接地屏蔽的孔隙，我们拥有自己的中微子研究区域。"[3]

鲁比亚继续概述巨大热量计的计划：费用、规格以及电子设备。曼恩检查了每个研究组所预计的工作量：哈佛负责热量计；宾夕法尼亚负责室；威斯康辛负责磁体与中微子束。整合这样大量的努力投入需要管理技术以及对物理学知识的掌握。主要的协作者必须要挑选他们在国家加速器实验室的同事，安排从各机构获取资金支持，并且向原子能委员会申请重新分配实验经费。[4]

---

① Reeder et al., "Minutes," 3 October 1970, Reeder, personal papers.
② Wilson to Cline, 27 October 1970, AMP.
③ Cline et al., "Minutes," 7 November 1970, Reeder, personal papers.
④ Cline et al., "Minutes," 7 November 1970, Reeder, personal papers.

实验人员设定基本计划不久后,现场建设施工开始。探测器所需元件开始从各个参与实验的实验室运抵巴达维亚。在宾夕法尼亚大学的物理学家与技术人员建造、测试,并将一些前期的火花室运抵国家加速器实验室;哈佛的研究组组装热量计;威斯康辛的研究人员负责组装大型磁体。① 在工地现场需要组装、测试,并调试产自各个实验室以及工厂的零件。

甚至分别运行的零件可能无法组装到仪器。出现磁体短路、塑料闪烁体损坏、光电管失灵等问题都必须修理或更换。自然因素也不是一直都配合。令实验人员烦恼不已的是,鸟类会在火花室上排放粪便,并且老鼠会啃食输气管线作为它们"最后的晚餐"。曼恩雇用了一名来自宾夕法尼亚大学的研究生——弗雷德·梅辛(Fred Messing),以及一名博士后学生——理查德·伊姆利(Richard Imlay),加入这个项目的工作。劳伦斯·苏拉克(Lawrence Sulak),一名哈佛大学的助理教授,由鲁比亚带入此协作团队,偶尔会出现负责监控热量计的进展;阿尔贝托·本韦努蒂(Alberto Benvenuti)被派驻在威斯康辛大学,但却频繁来到初期的实验室;并且曼恩时刻关注着装置的建造(见图 4.35)。甚至这些早期的测试都与我们对于实验是如何结束所作出的解释有关,因为通过这些连续的测试,协作团队开始得到了信心:元件开始运行并且开始了解它们的特质——敏感度的范围以及失效的频率。通常地,一项测试会涉及亲身在已经建立好的探测器旁边放置一个新的探测器,两者会受到同样的刺激,然后比较它们的探测结果(见图 4.36)。在日益增加的探测器周围,工程师、科学家以及施工人员将伊利诺伊州的农田变成了国家加速器实验室(见图 4.37)。

① Projected completion dates, costs, and suppliers are given in [Pilcher and Rubbia], "Time Schedule," HUEP-18, ca. July 1971.

图 4.35　正在建设中的 E1A。国家加速器实验室，巴达维亚，伊利诺伊州。1971 年 7 月 20 日。只有房屋框架与磁体工件就位。来源：NAL 71-579-1。

图 4.36　测试双间隙火花室。这张宝丽来照片是从一次完成典型的仪器测试中得出的一部分证据。曼恩与宾夕法尼亚研究组已经组装好了新的火花室，只有在被宇宙射线穿过时才会点火。通过比较不同火花室之间的相互反应，以及与已经检验过的计数器的比较，为此新的仪器颁发合格证书。来源：AMP.

图 4.37 在建中的国家加速器实验室，巴达维亚，伊利诺伊州，1971 年 7 月 29 日。当哈佛-威斯康辛-宾夕法尼亚-费米实验室协作团队组装 E1A 时，国家加速器实验室正处于建设中，如此图所示。可以看到 E1A 位于最显著的位置；光束线与左上角的大圆圈相切。来源：NAL T71 - 259。

正当实验者深陷于具体的材料细节中时，理论家已经转向规范理论最为细微的环节：它们的可重正化性。赫拉德·特霍夫特的格拉肖-温伯格-萨拉姆理论的重正化证明重新开启了对统一规范理论的兴趣,并且再一次地,哈佛-威斯康辛-宾夕法尼亚-费米实验室(国家加速器实验室正处于建设中)与加尔加梅勒协作团队齐头并进。然而在瑞士,朱米诺、普兰吉以及盖拉德已经与实验人员讨论新理论的影响。在特霍夫特的证明发布后,温伯格开始计算一些他所提出的理论的实验结果,那是之前看似不值得进行的计算。用温伯格的话来说:

> 现在我们有弱相互作用于电磁相互作用全面的量子场理论,从物理学与数学角度与量子电动力学在同样的意义上符合大家的要求,是以同一立场看待光子与中间(矢量)玻色子的理论,基于一个精密的对称性原理,使能够进行任何需要的精确度的计算。为了测试这个理论,解决中性流存在性这一问题变得十分紧迫。①

温伯格发布了给出中性流类型事件的预期数量的计算结果。此外,他从麻省理工给身在哈佛的鲁比亚打电话,告知对于哈佛-威斯康辛-宾夕法尼亚-费米实验室研究组来说研究如今激动人心的无 μ 介子事件是多么的重要。鲁比亚回忆道:

> 斯蒂夫·温伯格有着罕见的毅力,一直敦促我及许多其他人员进行中性流的研究。我直接从他那里学到了所有这些关于规范理论以及中性流的知识。我仍记得当我在牛津大街 44 号因古老的回旋加速器而感到沮丧时,他给我打了一个电话。起初我想,上帝啊,他想让我思考什么?然后我意识到那是多么美妙的一件事。②

E1A 很快地决定要进行此项研究。这是该实验团队第二次改变

---

① Weinberg, "Unified Theory," *Rev. Mod. Phys.* 52(1980): 518.

② Rubbia, interview, 3 October 1980.

实验目标，第一次是从 W 粒子研究变为部分子测试，现在这是变为中性流调查。新的方向与一些他们早期的兴趣交织在一起并且看似可以在没有广泛修改装置的条件下进行。这也给予他们额外的筹码，有助于他们说服国家加速器实验室的计划委员会选择 E1A 作为第一项实验。正如他们快速地向院长罗伯特·威尔逊说明的："最近，对于中性弱电流与中性弱中间（矢量）玻色子更为敏感的研究的需求意识不断提高。中性弱电流的存在会对弱相互作用与电磁相互作用间的联系做出额外的阐释。"要注意的是，论据首次转向能量的规模以及可利用的力，目的是使可以发现的力的中间的一些统一的特点貌似可信。作者们继续写道：

> 随着可以用于实验的质心能量 $S^{1/2}$ 的增加，以及 GS（G 的产物——恒定不变弱相互作用特性，以及 S——质心能量的面积）在量级上逐渐向 α 靠近（恒定不变的电磁相互作用特性），发现这样的联系的可能性变得愈发现实。我们现在可能与奥斯特、安培以及法拉第等人在 150 年前所处的位置类似，就像他们试图得出电与磁之间的联系那样。

在那时，实验人员只是会一带而过地提到重正化这一理论家主要感兴趣的理论特色。

> 我们与其他人一起，已经观察到针对最近一个可重正化的敏感型测试弱相互作用理论，可能会通过比较观察到的强子中性流与荷电流的比率来进行。不同的模型会导致在中性流与荷电流比例的预期值出现偏差，但 $\leqslant 0.01$ 的数值会很难适合该理论。①

触发电子装置必须立刻重新设计以便探测器能够在强子能量高于热量计所设定的某一最小值或 μ 介子进入 μ 介子分光仪时启动。

---

① Benvenuti et al. to R. R. Wilson, 14 March 1972, AMP.

鲁比亚后来评论道,他赞成将触发器应用到实验中去,"并不是我事先决定的,而是因为斯蒂夫·温伯格给了我一个很好的理由去支持它"。[①] 触发器的实际建设是拉里·苏拉克在此项目上独立承担的第一个任务。除了组装电子装置这一眼下的问题以外,苏拉克将全部精力都投入到中性流的研究上。[②]

首批数据

从火花室中得出的数据慢慢地进入仪器追踪器(见图 4.38 和图 4.39)。第一个 2 000 亿电子伏的质子束直到 1972 年 3 月才成功

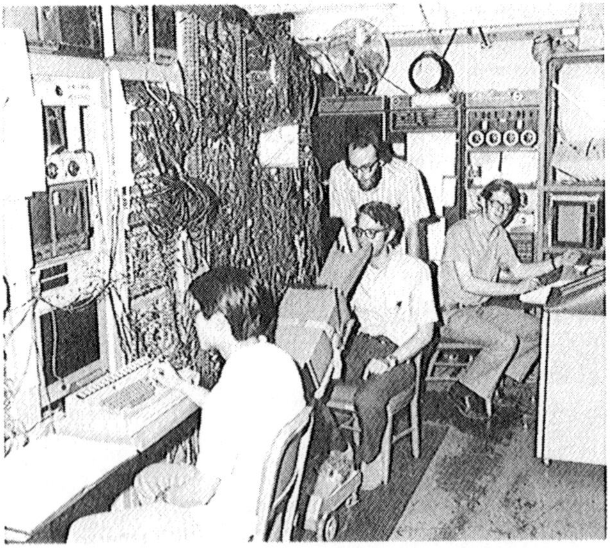

图 4.38 在费米国家加速器实验室操作追踪器,1975 年。这张用于 E1A 的拖车操作图片拍摄于 E1A 后续实验中,在首次实验结束不久后。然后,大多数设备仍是一样的。来源:Fermilab photograph 75 - 365 - 6A

① Rubbia, interview, 3 October 1980.

② Sulak, interview, 8 September 1980.

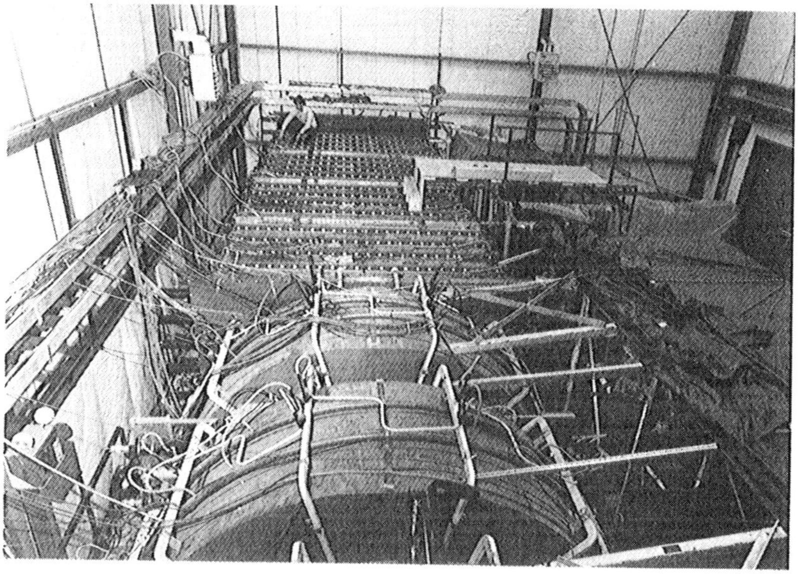

图 4.39　完工后的 E1A，1973 年。中微子从远端的墙壁进入并撞击目标/闪烁体(物理学家蹲在上面)。除非 μ 介子以特别大的角度脱离，否则在磁体/火花室组合最显著的位置还是能探测到 μ 介子。来源：NAL 73-255-3。见原理图(图 4.40)。

地穿过国家加速器实验室的管线，[①]并且可用的中微子束直到 1972 年感恩节前后才给出数据，然后就是在一段时间之后的圣诞节前后。在两次运行之间，能量触发器截获了大约 150 个需要检查的事件。起初，威斯康辛研究组依靠苏拉克乘坐飞机前来提供的帮助对数据进行评估。然而，很快地，胶片开始陆续抵达哈佛，对于实验的第一部分来说(一直到 1973 年 8 月)，成为了中性流研究的焦点。

几乎就在 E1A 团队安装好能量触发器的同时，一张张图片开始显示不含 μ 介子的事件(与图 4.2 所复制的那张图片相似)。很久以后，该协作团队人员一致同意这些图片中的很大一部分都显示出弱中性流。但在当时，至少有一些成员对这些图片有十分不同的解读。曼

① Hoddeson, “KEK and Fermilab,” *Soc. Stud. Sci.* 13(1983): 20.

恩就此评论道：

> 你们可以说我们很快地得出结论：我们看到了弱中性流。但你们一定会感到惊讶，这是我们得出的最后一个结论。我们得出的第一个结论是我们正在犯一些错误；这些 μ 介子是以某种方法逃离设备或者是我们以某种方式错过的；以及不可能存在那么大程度的影响。[①]

用理论去划分一个有趣的问题是一回事，而相信实验的结果是另一回事。如我们所看到的细节所展示的那样，很多人不愿意去相信中性流的存在。为了在这一点上领会实验人员的意图，读者必须铭记克莱因、曼恩[②]以及许多其他 E1A 的参与者非常认真地看待 K 介子物理学中无中性流的结果。一个据显示以百万分之一的概率存在于某个领域的效应，很难期待能够在其他领域出现的概率为四分之一或五分之一。我无法过于频繁地强调只有在很久以后才会接受 E1A 与加尔加梅勒研究的中性流，在奇异性可变的过程中会受到严重的抑制但在奇异性守恒的事件中则会不受抑制的结论。因此，对于凭借在刚刚建造完毕的加速器上安装的未经证实的探测器来探索未知能源的实验人员来说，推断一些误差会使不含 μ 介子的事件与含有 μ 介子的事件比率超过 30%。

结果，在 1973 年春季，曼恩和克莱因主要关注对荷电流事件的物理学知识以及最初被设定为 E1A 实验目标的项目的理解。他们推断荷电流事件会产生关于探测器性能以及荷电流事件本身的信息。有这么多方面的光束、探测器以及物理学知识尚未被完全理解，所以细致的荷电流研究对于研究任何一个新的物理学知识都是一个必要的

---

① Mann, interview, 29 September 1980.

② Beier et al., "Doubly Charged Weak Currents," *Phys. Rev. Lett.* 29(1972): 678 - 682.

先决条件，包括中性流、重轻子，以及标度不变性违逆。E1A 初步的努力以在《物理评论快报》发表的一篇题为《在高能量条件对中微子与反中微子事件的早期观察》（"*Early Observation of Neutrino and Antineutrino Events at High Energies*"）的论文宣告结束。①

同时，在 1973 年春季，苏拉克研究了从加工实验室发回的胶片。有几位本科生协助他工作，并且该小组一直与鲁比亚保持联系，多次往返于欧洲核子中心以及哈佛大学。根据电脑磁带中的内容，苏拉克确定了事件胶片的帧数，在这些事件中，超过最小值的能量储存于热量计中。然后，在哈佛莱曼实验室一间位于四楼的房间内，苏拉克与那些本科学士在一台高精度胶片投影机中逐帧地注视所有照片，从荷电流事件中挑选出不含 μ 介子的事件并对两者展开测量工作。②

如图 4.40 所示的 μ 介子脱离是他们首要关心的问题。因为任何单独的无 μ 介子事件实际上可能会涉及一个 μ 介子以很大的角度偏离热量计，对此哈佛研究组创建一套电脑模拟程序来模拟大角度移动

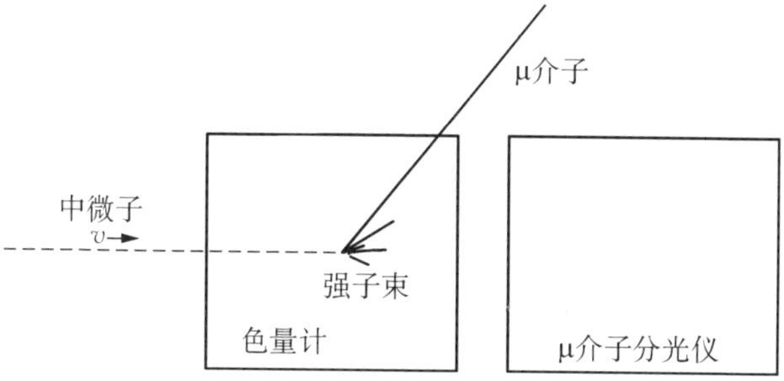

图 4.40　正在脱离的 μ 介子。从哈佛-威斯康辛-宾夕法尼亚-费米实验室的中性流研究的开始，主要的担忧就是 μ 介子会在 μ 介子分光仪中以很大角度的偏离而逃过探测。该事件会因此看上去像不产生任何 μ 介子的中性流事件。

① Benvenuti et al.，"Early Observation，" *Phys. Rev. Lett.* 30 (1973)：1084 – 1087.

② 自 1973 年，早期 E1A 数据删减下来的成堆的关于火花室的胶卷由雷曼实验室的放映师保管。1986 年 8 月份它们被销毁。

的 μ 介子。通过预计不会到达 μ 介子分光仪的 μ 介子数与测定的不含 μ 介子事件的数量的比较,他们就可以确定是否存在统计上显著过量的中性备选。共有两个蒙特卡罗模拟程序,一个位于威斯康辛,而另一个则位于哈佛,它们通过利用理论的(部分子模型)μ 介子在荷电流事件中的角向分布模拟了 μ 介子的分布。①

当蒙特卡罗模拟的结果即将公布并与首批图片比较时,很明显可以看出存在过量的无 μ 介子事件。经过修正后,电脑生成的比率 R 为②

$$R = \mathrm{NC}/\mathrm{CC} = 0.42 \pm 0.08, \tag{4.16}$$

其中 NC 是中性流备选的数量,CC 是荷电流事件的数量。在 1973 年 6 月和 7 月,苏拉克与那几位本科生在为《物理评论快报》准备一篇文章。与此同时,在国家加速器实验室,威廉姆·福特(William Ford)——一位宾西法尼亚大学的助理教授,以及其他相关人员开始研究光束能量为 4 000 亿电子伏的情况下收集到的数据。这些结果会稍后得出,因此并不没有包括在首批无 μ 介子事件分析中。福特的实验晚于哈佛研究组。因此,当论文在 7 月末等待最终发表时,与能量为 3 000 亿电子伏时相比,能量为 4 000 亿电子伏时,存在的数据量仅为前者的一半,但所有的数据均一致。苏拉克将原稿交给曼恩。曼恩、福特以及克莱因一致同意此论文发表。

所有美国方面实验的参与者在 1973 年春季末期均在埋头苦干,

---

① Rubbia and Sulak, "Neutrino Events," TM, Harvard (1973).

② R 的值参见第一版"Observation of Muonless Neutrino-induced Inelastic Interactions," Benvenuti et al., "'Observation,' First Version," typescript (August 1973), 由苏拉克于 1973 年 8 月 3 日交于乔治·特里格(*Phys. Rev. Lett.* 的编辑),SuP. 一份稍作修订的版本(同时收录在 SuP),于 1973 年 9 月 14 日提交。有关此的清单和后续草稿参见附录,Benvenuti et al., "Obesrvation," *Phys. Rev. Lett.* 32(1974): 800-803.

因为他们清楚地知道欧洲核子中心正在搜集关于弱中性流的证据。美国得到的情报来自于鲁比亚，他定期往返于欧洲核子中心与美国，以及其他经由国家加速器实验室来到欧洲核子中心研究组的相关人员。在1973年7月17日，鲁比亚单独给拉加里格写了一封信，告知他来自巴达维亚的最近消息：

> 我从欧洲核子中心的几名人员那里听到您在加尔加梅勒的中微子实验，除美妙的电子事件以外，目前针对强子中性流有着越来越多的证据。
>
> 我们在国家加速器实验室已经观察到大约100个明确的此类事件，并且我们正处在最终撰写结论报告的阶段。考虑到结论的重要性，我写信给您以便了解在公布我们的结论时是否应该提到您现有关于强子处理所做的工作（如果提及，应以哪种形式）。在这种情况下，我希望您也能采取类似的态度看待我们的工作。
>
> 我目前正要出发前往美国。在本周末前的任何时候您都可以在哈佛联系到我。我会在下周携带论文的最终版本回到欧洲核子中心，到那时我会立刻将此论文转发给您一份。①

拉加里格第二天拒绝了鲁比亚的请求，礼貌地建议结论的发布独立进行，无需提及其他的结论。他补充说，欧洲核子中心会在24小时之内，也就是7月19日紧跟着做出声明。②

回到美国后，鲁比亚马上协助完成哈佛-威斯康辛-宾夕法尼亚-费米实验室论文的最终版本，作者们在1973年7月末和8月分发了预印本。在7月27日，鲁比亚被迫离开美国后（因为移民原因），苏拉

---

① Rubbia to Lagarrigue, 17 July 1973, LSP.

② Lagarrigue to Rubbia, 18 July 1973, LSP.

克完成了论文的初稿,并于8月3日亲自将稿件交给《物理评论快报》编辑乔治·特里格(George Trigg)受理。①

同时,有相当多的理论家和实验人员也看到了这篇论文初稿。根据他们的评论,研究组做出了一些修改。到1973年8月18日,哈佛研究组以两种方式支持他们的论证:第一,他们按部就班地改变了许多输入到模拟程序中参数,确保μ介子探测的效率不会受到太大的影响;他们考虑到探测器的几何形状、光束参数以及中微子的能量。第二,他们引入了一种新的分析方法,一种不那么依赖于蒙特卡罗模型但涉及较少事件的方法。该想法只针对于事件中所有的轨迹都指向μ介子探测器——这种情况下他们可以预计几乎所有的μ介子都会进入μ介子探测器中。R值为0.334 ± 0.099。②

通过尽可能快的积累数据,截至1973年9月14日,该协作团队收集了1 116个3 000亿电子伏条件下发生的事件,几乎是8月初事件数量的5倍。现在,他们掌握了足够的数据能够凭丰富的经验来核实他们运用于蒙特卡罗程序的理论μ介子角度分布。结论是很适合。通过进一步地将实验结论与尚未确定的部分子模型分离开来,该研究组强化了他们关于中性流对抗可能的异议的结论。③ 他们也通过以三种不同的方式计算R值来阐释他们的分析:他们针对轨迹被限制在一个平面很小的角度的事件确定R值,针对轨迹被限制在狭小的圆锥形区域,全部指向μ介子探测器的事件确定R值,以及针对所有的事件确定R值。

既然三种方法中,每一个都以非常不同的方式使用蒙特卡罗模拟

---

① Rubbia, interview, 3 October 1980. Sulak, misc. notes in file: "E1A Analysis," SuP.

② Sulak, "Muonless Events," TM, Harvard, 3 September 1973.

③ Benvenuti et al., second version of "Observation," 14 September 1973, SuP. 完整的参考请见附录。

程序，那么数据的稳定性则表明在减少背景的方法中没有严重的错误。[①] 不同数据分析程序的一致性能够说服高能物理学家相信存在真实的结果。一个类似的隐性论元出现在更小范畴的物理学中。在实验台上，实验者可以轻松地改变实验条件；当所得数据仍保持一致时，实验人员就会相信所得的结果不是侥幸。在大规模及小规模的实验中，潜在的假设是相同的：在经历足够的条件变化时，任何人工的行为都会因造成不同“子实验”的不一致而暴露自己。

尽管感到非常兴奋，但在暗处仍潜藏着一种来自剑桥外部的令人不安的发展：近期麦迪逊以及费城分析结果中减少的数据产生了大大降低的 R 值。对于 4 000 亿电子伏的条件下所得的数据来说，威廉姆·福特发现，在最近的热量计室中，R 值仅为 0.06 ± 0.16，是零与标准差的一半。为了配合福特的结论，该研究组降低了 R 的平均值，从 1973 年 8 月 3 日的 0.42 ± 0.08 到 9 月 14 日的 0.20 ± 0.09。[②]

“怀疑的阴影”

1973 年初春至 9 月间，哈佛-威斯康辛-宾夕法尼亚-费米实验室小组（HWPF）对自己的论证结果进行了巩固——对照蒙特卡罗法、修改参数、使用理论数值替代测量数值。成员们的信念慢慢地加深，在当年 8 月 3 日亲手递交“观察”报告时到达了信念的最高点。在决定将研究结果公之于众时，小组面对了崭新的、更为广泛的受众群体——初次审稿时面对的就是《物理评论快报》严格的审稿人。这些

① Benvenuti et al., second version of “Observation,” 14 September 1973, SuP. 完整的参考请见附录。

② 比较第一版（Benvenuti et al., “Observation,” 3 August 1973）与第二版（14 September 1973）中 400 Gev 的直方图。

审稿人坚持认为,报告作者做出的这些明确论证在研究小组内部仍然是含蓄未明的:如何使用测出的数量计算中微子通量?对由侧面进入的强子应该如何评估?审稿人集中关心的是事件的核心问题:对中性流效应的存在有多大把握?①

于鲁比亚而言,中性流效应的统计显著性是毋庸置疑的。1973 年 8 月末,鲁比亚在评论他人发言时强调:“在我看来,重要的问题是中性流到底存在与否,还没有达到研究分支比比值这一步。我们获得的效应证据具有六个标准差。”②然而,在精细的问题上统计数据具有不可信性,这一点人尽皆知。在修改版论文(9 月 14 日)最后的表格中,E1A 小组以多种不同方式对具有统计显著性的数据进行了分组。

通过仔细观察美国小组与审稿人之间的意见交换,我们可以了解到理论假说、统计处理和实验论证“某种东西的存在性”之间的关系。其中存在的问题是超出的无 μ 介子事件数量的意义在哪里?可能的方法至少有两种,互不相同,它们引发的对论证力量的评价也并不一致。以下的实例是 1973 年 9 月 14 日小组草稿中的实际数据:③

μ 介子可见事件	56
无可见 μ 介子事件	54
计算出的无 μ 介子事件	24
超出部分	30
统计显著误差	5.1

鲁比亚和他的同事们采取的最初方法是关注于之前的物理学,该

① 匿名,第一和第二部分摘自 Benvenuti et al., “Observation,” *Phys. Rev. Lett.*, with cover letter. Trigg to Sulak. 16 October 1973. SuP.

② 鲁比亚在 1973 年马亚特在波恩会议上发言之后的评论,参见 Myatt. “Neutral Currents,” Bonn (1974),405.

③ Benvenuti et al., second version of “Observation,” 14 September 1973, SuP. Data from 300 GeV beam, vertices in scintillator segments 1 - 12, angular requirements imposed in one plane.

方法提出这样的问题：假设在格拉肖-温伯格-萨拉姆理论之前，弱相互作用的理论是正确的（无中性流），那么哈佛-威斯康辛-宾夕法尼亚-费米实验室小组在实验中记下尽可能多的无 μ 介子事件的概率是怎样的？在 9 月 14 日版“观察”的报告草稿中，他们的目标是“显示出观察到的无可见 μ 介子事件数量较预期的（无 μ 介子事件）数量是波动的可能性”。换言之，他们想要知道，在完全由广角 μ 介子引起的情况下，观察到的无 μ 介子事件与 μ 介子事件的比率（54/56）在计算出的比率（24/56）的统计分布范围之内的可能性有多少。若 24 个和 56 个样本的标准差是其平方根的近似值，24/56 的比率误差将为：

$$(24 \pm \sqrt{24})/(56 \pm \sqrt{56}) \tag{4.17}$$

或 $24/56 \pm (24/56)\sqrt{(1/24 + 1/56)} = 24/56 \pm 0.105$。观察到的比率（无 μ 介子事件与 μ 介子可见事件的比值）减去预期的比率等于 $(54 - 24)/56 = 0.536$。效应为 0.536/0.105，与预期的超过值 0 相比具有约 5.1 个标准差，这是一个强有力的结论。

从数学的角度而言，这一推导过程是正确的，但是审稿人认为它还不够保守。一位审稿人进行了详尽的阐释，他认为作者并未对测出数量的所有不确定性进行恰当的考虑。首先，计算出的无 μ 介子事件数量（24）是取决于观察到的 μ 介子事件数量，因此 56 的部分误差给出的计算误差为 24 ± 3.2（实际上要小于哈佛-威斯康辛-宾夕法尼亚-费米实验室假设的值）。然而，更重要的问题在于，哈佛论文中并不包括观察到的无 μ 介子事件数量（56）相关的不确定性。若假设这一数量也是某些（其他）分布的一部分，那么它的不确定性将表示为它的近似平方根 54 ± 7.3。理论“碰撞”与观察到的“碰撞”之间不一致的消失概率为：

$$\begin{aligned} & 54 \pm 7.3 \\ & -24 \pm 3.2 \\ & = 30 \pm 8 \end{aligned} \tag{4.18}$$

或与 0 具有 3.7 个标准差。

这两个计算结果反映出了不同的物理学前提，任何一个都会让统计学家心惊。哈佛-威斯康辛-宾夕法尼亚-费米实验室存在着这样的疑问：在只有蒙特卡罗法，而无其他无 μ 介子事件来源时，获得至少 54 个无 μ 介子事件的频率应该是多少？《物理评论快报》的审稿人假设，超过无 μ 介子/μ 介子的平均比值为 30/54，并询问了这个值与 0 之间的标准差数量。通过审稿人自己的计算，他的过程“（即便在数学上是错误的）是更为保守的”。[①] 但是，在 20 世纪五六十年代的“碰撞寻找”中，这正是传统性的方法；在气泡室的全盛时期，每一周都会有新的碰撞图像加入大规模图表，日常任务是确定“新的”碰撞是否只是邻近碰撞引起的波动。

这一争论的焦点在于证明的责任。实验者们是否应该展示出他们根据特殊值而发现的具有一定可信度的效应？还是仅仅应该展示出他们已经获得了事件样本，告诉大家这些样本不太可能成为陈旧理论中不具有统计学价值的事物？这个二选一的选择确定了恰当的统计学分析，由此确定了研究结果的说服力。

在审稿人对论文进行仔细思考之时，鲁比亚和苏拉克为在埃克斯和波恩召开的夏季会议做着准备。他们将在会上公布研究发现。1973 年 8 月末，苏拉克将数据带到了欧洲，鲁比亚离开美国之后一直居住在这里。E1A 成员们与吉姆·皮尔彻和唐纳德·里德一道来到

---

① Anonymous, referee reports, *Phys. Rev. Lett.*, with cover letter, Trigg to Sulak, 16 October 1973, SuP.

了德国首都，参加高能电子光子相互作用主题的国际会议。他们提交论文较迟，错过了被纳入全体大会的机会，虽然还可以在较小的分组会上进行结果报告。然而，来自欧洲核子中心的杰拉尔德·迈亚特（Gerald Myatt）本已计划好要进行中性流主题的重要发言，但他还是同意宣读哈佛-威斯康辛-宾夕法尼亚-费米实验室代表在最后时刻交给他的一份简短的手写报告。[①]

迈亚特的发言结束后，鲁比亚观察到，“两个小组真正观察到的是过量的无 μ 介子事件。这并不一定要被解释为对中性流的形式证明。这一效应可以通过其他的新现象进行解释……证据并不充足”。这时，一位听众向迈亚特提出了质疑，他质疑迈亚特是如何使核子研究中心或加速器实验室的研究结果与广为人知的奇异性改变中性流的限制达成一致的。迈亚特回应称：“这是温伯格式理论面临的主要障碍。”[②]通过这简短的回应，这一点已经完全明确了：即便在中微子实验者获得首次发现之后，研究结果仍然没有得到强有力的理论证实。更确切地说，他们仍然相信弱中性流只有一种，或者至少奇异性改变和奇异性守恒流之间的区别还不够明显，这种信任丝毫没有被理论所削减。确实如此，他们若不接受 GIM 机制，就无法在理论上同时解释新旧两种结果。正如笔者在后面几章中反复强调的一样，迈亚特这样的实验家使用的是理论，而不是全系列的理论观念，后人可能会将理论观念错误地归因于这些实验家。

1973 年 9 月 6 日至 12 日，加尔加梅勒和 E1A 的代表们再次聚集在埃克斯，对他们的研究结果进行探讨。缪塞再次主张，中微子和反中微子束数据间的一致性、宽能区中中性流和荷电流对象的恒定比

① Myatt, “Neutral Currents,” Bonn (1974), 389 - 406. Reeder, “Bonn Conference,” TM, 4 September 1973.

② Myatt, “Neutral Currents,” Bonn (1974), 405.

值,以及中性流/荷电流对象的强子簇射间的普遍相似性,这些证据都证明了中性流的存在。[①] 温伯格在评论中慎重地支持了他的实验家同僚们提出的结论:

> 在当下的情况看来,已经观察到中性流的这个结论可能还并不成熟。可能存在某些未知的背景来源,会破坏这些实验。之前的轻子模型是正确的,要做出这样的结论自然还为时过早。但是,现在已经出现了怀疑的阴影,比如 $\sin^2\theta$ 阶数为 0.3 的 $SU(2)\times U(1)$ 模型,它可能离真相并不遥远。[②]

因此,欧洲核子中心的小组(至少是哈佛-威斯康辛-宾夕法尼亚-费米实验室的哈佛小分队)在受到鼓励之后,一系列艰难实验貌似到达了终点。

解除终结

在国家加速器实验室里,E1A 的研究才刚刚开始。由于四种情况的产生,克莱茵和曼恩对投给《物理评论快报》的论文产生了严重的不信任感。首先,在麦迪逊推导出来的 4 000 亿电子伏数据显示,中性流和荷电流的比值较小,这令人感到忧虑。其次,克莱茵并无证据可以证明新的结果具有足够的说服力,以至于可以反驳那些具有极低限制的奇异性变化中性流过程实验。1973 年夏天,他对中性流的精确范围进行了不合理的预期。再次,鉴于新装置使用中的不确定性问题以及 μ 介子的广角问题,在新的结果中试图进行深度检查也是很自然的。最后,曼恩意识到,整个实验可以进行方式的改进,迅速地重做,但这

---

① Musset, "Neutrino Interactions," *Journal de Physique* 34 (1973): C1-23-42.
② Weinberg, "Gauge Theories," *Journal de Physique* 34 (1973): C1-47.

与装置的规格和装置更改伴随的难题是无法协调的。克莱茵、曼恩和国家加速器实验室的其他研究人员们暂时将全部的注意力都转向了探测器的重新调整上。随着会议报告的完成，研究团队将论文的编撰置于了次要的位置。

与此同时，E1A 在 9 月想办法为余下几个月至次年初期间获得了大量的运行时间。[①] 通过几次改进后，克莱茵进行了乐观的预期，预计他们可以提高事件探测的效率，获得更为精确的位置测量值，最重要的一点在于破除了 μ 介子广角的诅咒。为了解决广角的问题，研究小组以两种方式对装置进行了改进。首先，他们在热量计第 16 段和4 号火花室（SC4）之间安置了一块新的 13 英寸厚的钢护板，尺寸为 12×12 英尺（见图 4.41）。原则上而言，钢护板和热量计的下游段应该会阻止所有强子进入 SC4。因此，凭借钢护板在恰当位置上的作用，只有 μ 介子可以到达 SC4 和计数器 B。这一新调整有效地将 SC4 和计数器 B 这两件装置转化为 μ 介子探测器的首要构件。这一任务原先是由 5 号火花室和计数器 C 来完成的。由于 SC4 距离时间产生的目标处和热量计位置相对要近得多，可以检测出更多的广角 μ 介子（见图 4.42）。其次，由图 4.41 中可以看出，之前在 μ 介子光谱仪中使用的较小的宽距火花室是如何被较大的窄距火花室所替代的。更换后的火花室规格较大，对角也较大。对于计数器 C 而言亦是如此，当它的规模变大后，可以捕获更多的无定向 μ 介子。

凭借着这些创新，当时物理学家们实验所需的花费貌似并不高。强子护板之前是由更厚的铁板（4 英尺）组成的，可以屏蔽通过 SC5 的上行流。虽然如此，但若不将 SC4（和计数器 B）向下行方向推移，以消

① 克莱因，"探测器修正，"TM，威期康辛，未标日期，约于 1973 年晚夏，确定于 9 月 29 日之前，克莱因在后来提及这个日期。

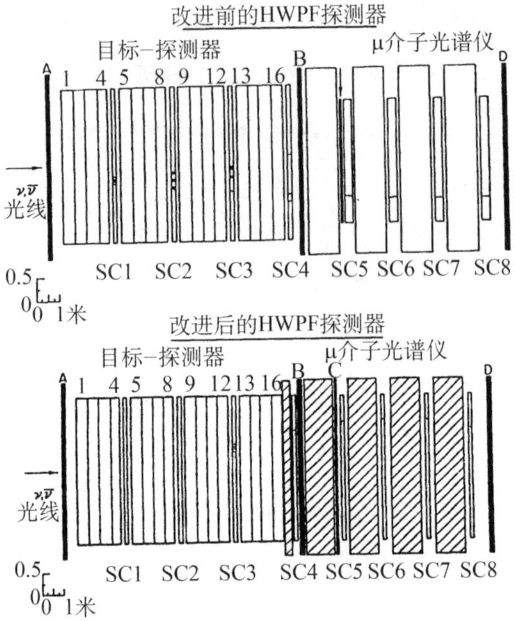

图 4.41　两台 E1A 的改进前后对比(上图)。图 4.34 中描述的更改前的装置(下图)。1973 年秋季建造的新装置,使用 4 号火花室(之前是第一阶段的一部分)在较之前更广的角度内捕获 μ 介子。为了将强子分离出来,研究小组在 SC4 前方放置了一块 13 英寸厚的钢护板。μ 介子探测器中放置的其他离子过滤板的厚度为 4 英尺。来源:Aubert et al.,"Further Observation," *Phys. Rev. Lett.* 32(1974):1455.

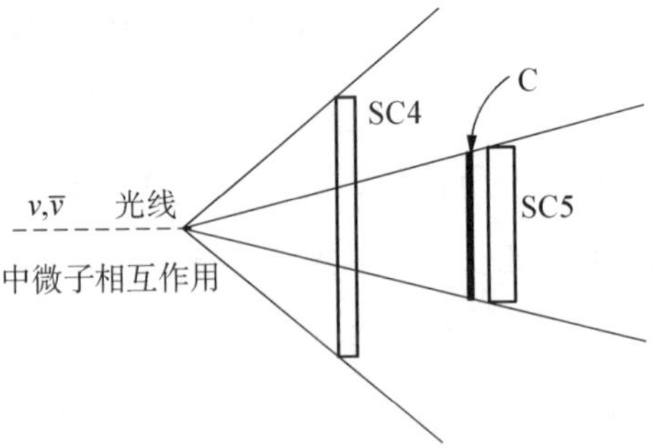

图 4.42　图 4.41 中广角陷阱的细节图。SC4 捕获了之前使用 SC5 才可能捕获的广角 μ 介子。而且 SC5 和计数器 C 的规模扩大也对广角 μ 介子的记录起到了帮助性作用。

除它们捕获广角 μ 介子的目的作用，那这样的厚物质是无法嵌入热量计第 16 段和 SC4 之间的。1973 年 9 月 28 日，研究人员对新装置进行了首次试运行，之后克莱茵很快撰写了一份备忘录，在其中对这一更改进行了这样的评论：

> 放置在热量计后方的新的铁块在减少通过(计数器 B 和 4 号火花室)的强子方面十分有效。虽然小部分事件显示出了穿透结果，但这一比例要小于 20%……为了确定这一结论的可信性，仍需对数据进行更多的研究。①

很遗憾，在数个月的时间里，从量化方面而言人们并没有了解到这一点：钢护板的厚度不足，无法有效地减少强子的穿透数量。这是一个决定性的问题。若强子穿透铁板，即便在顶点并未出现 μ 介子，该事件也将被记录为荷电流事件(见图 4.43)。

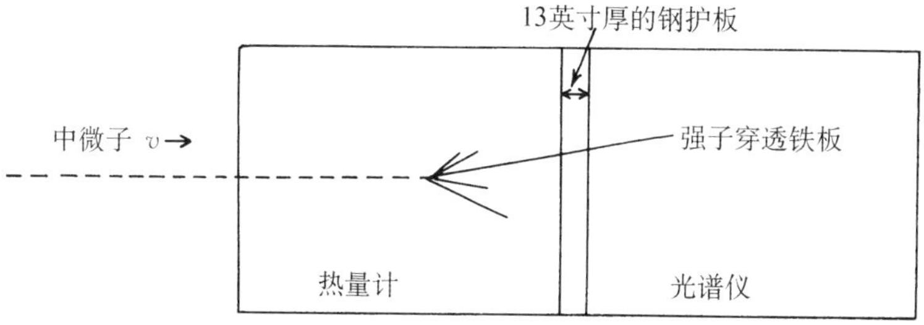

图 4.43　穿通现象。在插入了 13 英寸厚的钢护板之后，哈佛-威斯康辛-宾夕法尼亚-费米实验室小组逐渐意识到，在解决一个背景问题的同时他们在不经意间又引发了另一个问题。强子可以通过钢板进入 μ 介子光谱仪的第一阶段，使得“真正的”中性流事件也貌似是 μ 介子。

鉴于实验者们并未对“穿通现象”进行足够的补救，中性流信号消失了。精确预测之所以不适用于强子穿通现象，是与加尔加梅勒小组对中子相互作用长度的艰难计算相关的。两个问题都涉及穿透粒子

---

① Cline, “Revised E1A Detector,” TM, Wisconsin, 1 October 1973.

相互作用较强的物质。强烈的相互作用表明,其中涉及的问题较广为人知的电磁相互作用而言难度要大得多,例如 μ 介子在物质中的轨迹问题。中微子相互作用产生的强子能量和动量分布相关优秀数据的缺失加剧了这一问题。需要记住的是,这是对高能中微子反应的首次观察,对反应产物的构成成分还没有进行研究。鉴于穿通现象并非早期实验中的主要问题,一开始研究人员并未意识到薄的钢护板使问题变得严峻了。研究人员使用仪器的习惯十分顽固,很难改变。

我们不该认为研究小组成员们是在单枪匹马地行动。不同的成员寻找的论证方式也不尽相同。穿通现象的计算机模拟以及广角 μ 介子并不是克莱茵所寻找的目标。正如他之前进行的稀有 K 介子衰变研究一样,很明显,克莱茵更能够接受基于"镀金事件"(gold-ploted events)的论证,它们本身就是一种效应的确凿证据。从这一点来说,他的方法与欧洲核子中心电子研究小组的方法十分类似。因此,对于他而言,继续在 E1A 寻找同样类型的中性流证据也是再自然不过的了。克莱茵从数据带中提取出了顶点信息,以便对特定事件进行检查。其中一个事件引起了他的兴趣,这是一个单一事件,是基准量中的死点,它逃过了位置和能量的削减(见图 4.44)。在给同事的信中,克莱茵这样写道:

> 研究我们预期的中点(x, y)无 μ 介子事件的可能性是十分有趣的……(其他的两个事件离基准区域的边缘过近,不可能是镀金事件)我们期望可以发现……一个事件。由此,很遗憾,这一事件的可能性是存在的,我们还未能发现镀金事件。[①]

通过类似的推论,克莱茵在之后发布了备忘录,记载了云室中产生的小块电子-中微子污染物产生电子的事件。克莱茵复制了其中的

① Cline, "Revised E1A Detector," TM, Wisconsin, 1 October 1973.

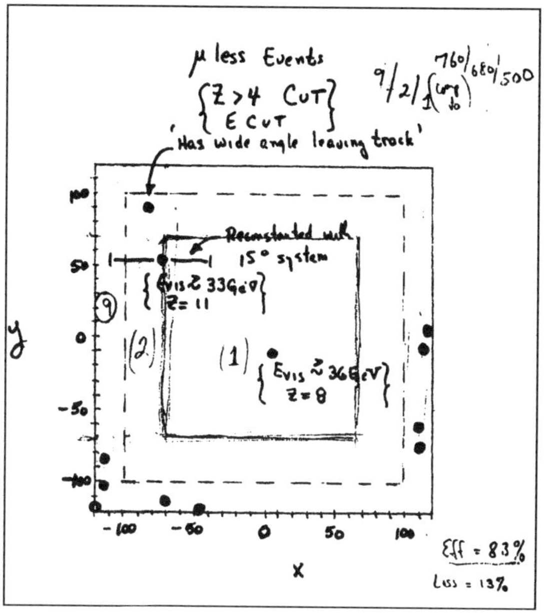

图 4. 44　克莱茵“镀金事件”的候选数据。来源：Cline, “Revised E1A Detector,” Wisconsin, TM, 1 October 1973.

一个单一电子事件，并向他的同事建议寻找这些稀有事件，通过谨慎的研究了解弱相互作用的各个方面。对于这些单个电子而言，克莱茵这样写道：“它们是真正的无（μ 介子）事件，在正确层面上对这些事件进行观察将对（少部分层面上的无 μ 介子事件使用的）探测器的校准起到帮助性作用。”①

克莱茵的研究风格——寻找“闪闪发光的例证”——带来的一个必然结果是他对最初论文的统计学方法基础并没有特别的信心。② 没有了讨论现象的确切范例，于他而言这样的计算机模拟在固定不同参数（如中微子束和 μ 介子角分布的特性）的过程中，很容易受到误差的影响。曼恩也因为蒙特卡罗法令人苦恼的可挠性而感到不安。针对

---

① Cline and Ling, “Electron Neutrino,” TM, Wisconsin, 13 November 1973.

② Cline, interview, 14 January 1981.

1937 年 9 月的模拟实验，弗雷德·梅辛在给他之前的论文导师的回信中表示："在曼恩返回的时候，我回想起来，他的反应就如同吃了不新鲜的海鲜一样。在最开始吃起来味道不对，随着时间推移，胃也越来越觉得不舒服了。"[①]简单而言，曼恩感到研究人员对可信的实验参数的细小改变过于敏感了。[②]

毫无疑问，迄今为止产生的数据量反映出要发现黄金事件的尝试已经落空了，此后克莱茵又针对中性流的存在与否多次表示质疑。在初期的备忘录中，他对无 μ 介子事件的寻找兴趣进行了回顾，这可能是源于实验中 W 的产物和衰变。这一可能性与当时的格拉肖-温伯格-萨拉姆能量理论完全矛盾。在之后的 10 月 11 日，克莱茵首次指出，E1A 与欧洲核子中心的发表结果间不再具有物理学一致性。[③] 他的计算较为粗略，使用了两个粗略的数据：唐纳德·里德曾计算出 μ 介子的检测效率为 83%，而 T. Y. 林(Ta-yung Ling)预计 13%的强子通过了钢护板。13%这一数值不到最终确定值的一半，大幅度地降低了计算出的过量无 μ 介子事件的数量。简而言之，穿过钢护板的介子比物理学家预想的要多，他们将许多"真正的"无 μ 介子事件算作了荷电流事件。

鉴于多种原因，在人们进行严密的计算之前，对穿通现象的较低预测持续了一段时间。其中一部分原因在于强子的穿通现象在之前并未被认作是由厚铁板引起的问题。这一较低的预测之所以能存在一段时间，是由于对强子在铁板中快速移动时产生的相互作用仍无良好的测量值或理论性对待，由于中微子相互作用产生的介子缺少能量

① Messing to author, 22 May 1984. 新的实验结束后不久梅辛写道："早期版本的热量计……导致了一个低精度的测试结果……产生了不确定的背景……模仿中性电流。参见 Messing, thesis (1975), 12.

② Mann, interview, 29 September 1980.

③ Cline, "Statistical Analysis," TM, Wisconsin, 11 October 1973.

分布，这一问题更加严峻了。但是，这一问题在最初虽然貌似只是纯粹的技术性问题，其实也有社会学方面的因素。为了展示研究数据，研究小组承受了巨大的压力。此外，小组的数位成员现在是为了发现他们想要发现的目标，如同多年前的爱因斯坦和密立根一样，一出现预期的答案，他们就试图结束对问题的研究。

在 1973 年 10 月 11 日的备忘录中，克莱茵为 0.07 这一 R 值（NC 与 CC 的比值）赋予了 90％的置信界限，为 0.21 这一值赋予了 99％的置信上限。他总结道："由表面来看，这些结果同欧洲核子中心的（中微子和反中微子）混合光束测量值 $R=0.28\pm0.03$ 并不一致。很明显问题还是在于，100 次实验中的 1 次或者其他哪里出现了错误。"其他哪里出现了错误，但是为了确定错误所在，小组还需要额外的两个月时间才能完成。

与此同时，压力又增多了。随着小组获得中性流确切值的速度越来越快，克莱茵越来越无法安睡了。在当年的 10 月 16 日，他又分发了一份新的备忘录：

> （1）鉴于中性流问题的重要性，事实是我们之前一直将关注点放在了这一主题上，而世界上其他的研究小组正在飞速地针对我们和欧洲核子中心的结果进行检查，我建议 11 月上旬在国家加速器实验室对（无 μ 介子）事件进行迅速而统一的分析。……
>
> （2）在 11 月末，我们的实验室运转计划出现了改变，现在是将运行时间插入到 E21（加州理工-国家加速器实验室实验）中。鉴于在接下来的一两周中，他们可能提交实验建议，我猜想这一次是用于（无 μ 介子）事件的查找。这再一次证明我们有必要加快分析，赶在别人前面将这个问题解决。[①]

① Cline, "Unified Analysis," TM, Wisconsin, 16 October 1973.

就在同一天，即 1973 年 10 月 16 日，哈佛论文中心给出的审稿人报告由《物理评论快报》返回给了苏拉克。[①] 两名匿名审稿人均表示，为了厘清广角 μ 介子问题，文章还需要进行修改。正如我们所见，二人均对使用的统计资料进行了批评，认为文章在发表之前还需要更为保守的方法。然而，当时鲁比亚正在国外，苏拉克身处哈佛，而克莱茵和曼恩的精力都投注到了改进后的实验中。在之后的几个月里，几位物理学家都没有对审稿人的评论进行回复。

审稿人并非是唯一对哈佛-威斯康辛-宾夕法尼亚-费米实验室分析存有质疑态度的人。欧洲科学家伯纳德·奥贝特曾与加尔加梅勒小组共同进行过研究，直至 8 月才转移到 E1A。他报告称，他已经花费了部分时间，针对欧洲中微子物理学家的批评对美国的实验进行维护。据他称，E1A“之所以缺少公信度，主要是由于(欧洲物理学家)并不知道，我们(对 μ 介子能量和强子能量)进行了多么好的测量，他们认为我们的结果大多是源于猜想而非对(这两种能量)不确定性(比值)的测量”。[②]

当年 11 月中旬，曼恩和克莱茵确定了新的结果肯定无法作为中性流的证据使用。鲁比亚对此也表示了认可。随后曼恩根据这一点撰写了一篇简报，投稿给《物理评论快报》。这一文章旨在取代之前已投至该期刊、等待改进实验结果的那篇文章。虽然这一篇无中性流文章并未能真正提交，它确实对当时研究群体的观点进行了概括(见图 4.45)。部分摘要内容如下：

> 根据观察，对于浓缩反中微子束的特定情况而言，无 μ 介子事件与有 μ 介子事件的比率为 0.05±0.05。这一结果与近期欧

① Anonymous, referee report on Benvenuti et al., “Observation,” *Phys. Rev. Lett.* (1973).

② Aubert to neutrino collaboration at NAL, 16 October 1973, Aubert papers.

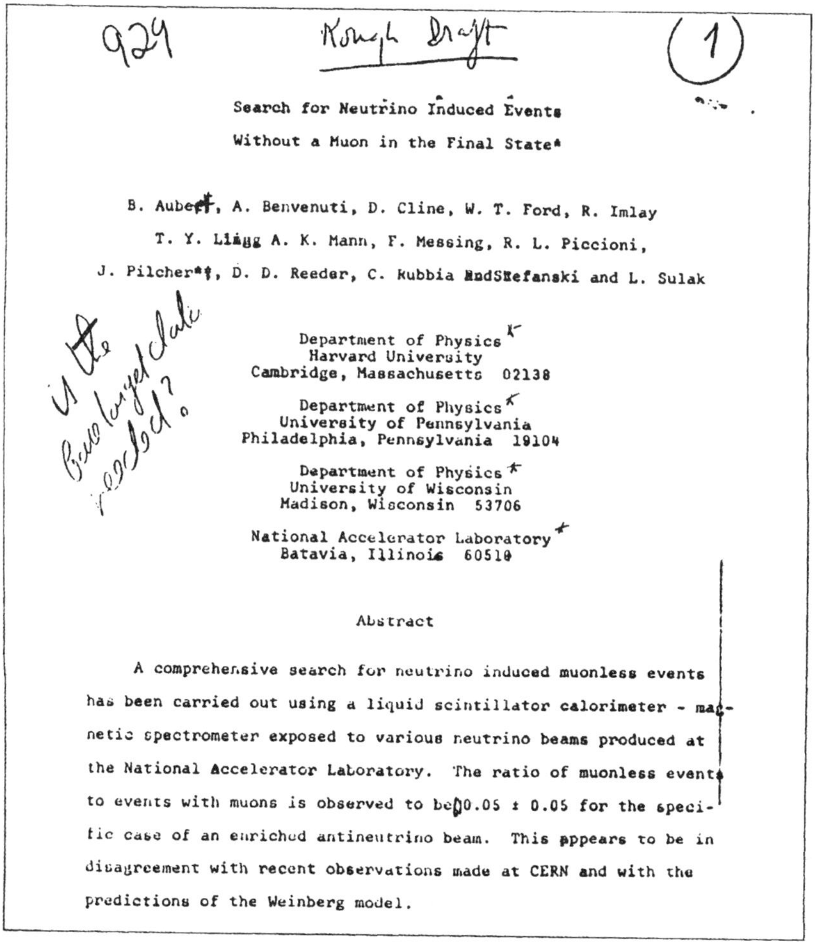

929　Rough Draft　(1)

Search for Neutrino Induced Events
Without a Muon in the Final State*

B. Aubert, A. Benvenuti, D. Cline, W. T. Ford, R. Imlay
T. Y. Ling, A. K. Mann, F. Messing, R. L. Piccioni,
J. Pilcher, D. D. Reeder, C. Rubbia, Stefanski and L. Sulak

Department of Physics
Harvard University
Cambridge, Massachusetts 02138

Department of Physics
University of Pennsylvania
Philadelphia, Pennsylvania 19104

Department of Physics
University of Wisconsin
Madison, Wisconsin 53706

National Accelerator Laboratory
Batavia, Illinois 60510

Abstract

A comprehensive search for neutrino induced muonless events has been carried out using a liquid scintillator calorimeter - magnetic spectrometer exposed to various neutrino beams produced at the National Accelerator Laboratory. The ratio of muonless events to events with muons is observed to be 0.05 ± 0.05 for the specific case of an enriched antineutrino beam. This appears to be in disagreement with recent observations made at CERN and with the predictions of the Weinberg model.

图 4.45　无中性流文章的初稿(1973 年 11 月)。在这一投稿给《物理评论快报》的简报文章中,E1A 的校长断言称,在格拉肖-温伯格-萨拉姆理论层面,E1A 并未发现中性流存在性的证据。这篇文章并未发表。来源：AMP.

洲核子中心进行的观察和温伯格模型的预期情况并不一致。①

对于新结果的公布方式和公布时间,众人的意见并不一致。曼恩

① Aubert el al.,"Search for Neutrino Induced Events without a Muon in the Final State."内容未标日期,但指的是日期为 1973 年 11 月 13 日的书信(以下会提及),因此大约写于是在 1973 年 11 月的第二周。AMP.

认为小组应该等一等再披露结果。[①] 鲁比亚和克莱茵则分别与小组以外的人探讨过研究结果的进展。1973 年 12 月,鲁比亚回到欧洲核子中心时,他和很多人进行了谈话,包括缪塞、拉加里格、鲁塞、延奇克等。[②] 到了这时,加尔加梅勒小组自然已经发表了研究结果,认为中性流是存在的。欧洲核子中心的管理部门对此表示出了关切。

延奇克当时担任欧洲核子中心总所长一职,他在加尔加梅勒小组中召开了一次会议,仔细询问小组的实验情况。延奇克担心,研究中心会因为美国科学家即将发表的研究成果而陷入尴尬的舆论状况中。加尔加梅勒小组不会放弃,他们对此仍给予着深切关注。[③] 缪塞和维来尔传阅了一份备忘录,建议小组不再将重点放在温伯格理论上,而是加倍努力对相关事件进行研究。备忘录的开头部分是这样的:

> 亲爱的朋友们:
>
> 在上次中性流会议之后,各位可能已经听说了这样的传闻:巴达维亚的研究小组使用略微改进过的装置(安装于 1 英尺厚铁板后的 μ 介子计数器)和聚焦喇叭研究(反中微子)运行,发现了宽频带光束的新结果。(μ 介子)探测的效率较之前有了提高,研究结果很明显缺少中性流型事件。
>
> 在不久的将来,我们将对自己实验的可靠性产生深刻的质疑。
>
> 除了这些新的传言,较对 $\sin^2\theta_w$ 的精确测量而言,了解中性流事件是否可以通过不重要的背景进行模拟,如中微子感应中子,这一点是更重要的。[④]

---

① Mann, interview, 29 September 1980.

② Musset, interview, 26 November 1980; Rousset, interview, 30 November 1980.

③ Rousset, interview, 30 November 1980.

④ Musset and Vialle, "Gargamelle Collaboration," TM, CERN-TCL, 20 November 1973.

在国家加速器实验室，不仅是理查德·伊姆利，连奥贝特、T. Y. 林和苏拉克也几乎将所有的时间都用在了穿通现象的研究上。初步结果显示，这一效应较开始预想的要强(因此中性流也更多)。[①] 估计值会更高，但不会持续几周。

当非中性流论文初稿完成时，曼恩写信给研究中心小组，通报了结果。[②] 曼恩、克莱茵和鲁比亚在上面签了名。但是，在信件寄出前，作者们(曼恩、克莱茵、鲁比亚和里德)与当时的国家加速器实验室负责人罗伯特·威尔逊进行了商谈。威尔逊建议他们等到实验结束再公布结果。[③] 因此这封信并未正式寄出，但是鲁比亚将未签字的副本交给了原定的收信人拉加里格，这一副本现在还在拉加里格的论文中。信件被放置在他的办公室中，很明显是一份复件，加尔加梅勒小组的多位成员手上都有信件的复件，或者曾见过这封信件(见图 4.46)。

这封惊人的信件的结语内容是修正后的无 μ 介子荷电流事件比率：

$$R = 0.02 + 0.05 / -0.03 \qquad (4.19)$$

如同 0.05 ± 0.05 一样，式子从统计学上来说与 0 很难区分。由穿通现象得以对广角 μ 介子进行更好的控制，这需要比预期更高的代价。

到了 11 月初，为了确定穿通现象仅仅进行了最简单的尝试。克莱茵在中性流论文初稿的复件空白处草草写就了一些文字："伊姆利做一下这个(穿通现象)计算"。(博士后们由他们的前辈那里获得了这样的简单指示。)除了不确定性以外，对穿通现象概率的不同测量方

---

① Imlay, "Punchthrough," TM, Wisconsin, 29 November 1973.

② D. Cline, A. K. Mann, D. D. Reeder, and C. Rubbia to A. Lagarrigue, 13 November 1973, signed by Cline, Mann, and Rubbia. 签名的版本在 AMP，未签名的版本保存在拉加里格在奥尔赛的科学论文里。

③ Mann, interview, 29 September 1980.

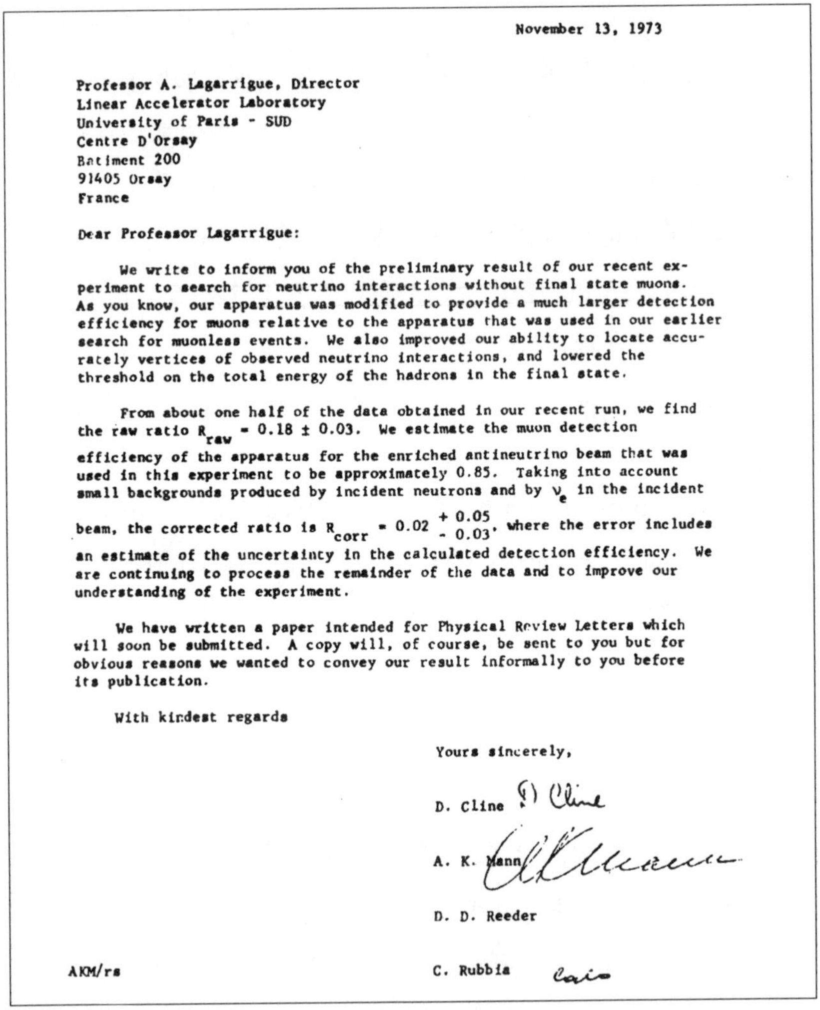

November 13, 1973

Professor A. Lagarrigue, Director
Linear Accelerator Laboratory
University of Paris - SUD
Centre D'Orsay
Batiment 200
91405 Orsay
France

Dear Professor Lagarrigue:

We write to inform you of the preliminary result of our recent experiment to search for neutrino interactions without final state muons. As you know, our apparatus was modified to provide a much larger detection efficiency for muons relative to the apparatus that was used in our earlier search for muonless events. We also improved our ability to locate accurately vertices of observed neutrino interactions, and lowered the threshold on the total energy of the hadrons in the final state.

From about one half of the data obtained in our recent run, we find the raw ratio $R_{raw} = 0.18 \pm 0.03$. We estimate the muon detection efficiency of the apparatus for the enriched antineutrino beam that was used in this experiment to be approximately 0.85. Taking into account small backgrounds produced by incident neutrons and by ν_e in the incident beam, the corrected ratio is $R_{corr} = 0.02 {+0.05 \atop -0.03}$, where the error includes an estimate of the uncertainty in the calculated detection efficiency. We are continuing to process the remainder of the data and to improve our understanding of the experiment.

We have written a paper intended for Physical Review Letters which will soon be submitted. A copy will, of course, be sent to you but for obvious reasons we wanted to convey our result informally to you before its publication.

With kindest regards

Yours sincerely,

D. Cline

A. K. Mann

D. D. Reeder

C. Rubbia

AKM/rs

图 4.46　1937 年 11 月 13 日 E1A 研究小组给拉加里格的信。这封信并未寄出，但是鲁比亚将未签名的副本交给了拉加里格，之后欧洲核子中心的多名成员都见到了这封信。来源：AMP，参见第 311 页脚注②。

法在最开始获取了不同的结果。几个例子一定能够满足要求。1973 年 11 月末，苏拉克测量了一定的荷电流事件——钢护板下行方向的 SC5 中出现多个火花——次数的比率（见图 4.41）。鉴于其中应该只有一个火花是由 μ 介子引起的，苏拉克推测其他的火花必定是强子穿透护板时引起的。之后，他计算了 SC5 中仅出现一次火花的荷电流事件的次数。[①] 两个数量的比值近似于可以穿透钢板的强子簇射的百分比。假设这一比值等于无 μ 介子事件的比值，苏拉克可以大概推论出穿通引起的“虚假的”荷电流事件的次数。这个方法有一个问题，单个火花通常不会明显地出现。另一个问题是两台立体相机给出的结果间具有分歧：x 视角给出的穿通比率为 15%，而 y 视角给出的值为 30%。

这是苏拉克的另一种论证：荷电流事件与中性流事件的次数可以作为探测器的纵向位置函数进行测量。他发现，随着下行荷电流事件数量增加，而中性流事件的数量出现了减少。按照之前对“真正的”中微子事件的预期，荷电流和中性流事件的总数是恒定的位置函数。但是数据解释是多么难以捉摸啊！对于对中性流存在性进行支持性论证的苏拉克而言，如果强子穿透了钢板，那么中性流事件的减少正是预期的效果，这是因为钢板附近产生的强子的能量比较远的上行方向上产生的能量要多，因此更具能量的粒子才可以更多地穿透防护板。它们被（错误地）认作是荷电流事件。但是，假设同克莱茵和曼恩一样，在这个阶段主要担忧的是广角 μ 介子的研究角逐，那么你会认为“最安全的”事件是钢板上行方向发生的事件，其中几乎所有的 μ 介子都无法逃脱探测器的检测。仅仅在这个“确定的”区域内没有发现中性流。你的结论与苏拉克的将会不一致。所以，当他以这样的语句结束备忘录时他想要表达的讽刺含义可能更多：“这就是所有的数据了，结论就留给读者去总结吧！”[②]

这些对苏拉克的阐释的反对意见并不是历史学家捏造出来的。

---

① Sulak, “Study of $\bar{v}$ Run, ” TM, Harvard, 17 November 1973.

② Sulak, “Study of $\bar{v}$ Run, ” TM, Harvard, 17 November 1973.

福特和曼恩遵从了这一论证,通过推算钢板上行方向的最后一段,试图避免广角 μ 介子的出现,从而确定了真正的 R 值。[1] 与此相反,他们无意中选择了从位置上来说最容易造成穿通强子的事件。从当下来看,他们能在 11 月发现这一数值也就不是什么令人惊讶的事了:

$$R(\text{改正后}) = 0.057 \pm 0.053 \tag{4.20}$$

他们得出的 R 值与计划投稿给《物理评论快报》无 μ 介子事件论文中的值具有完美的契合度。

伊姆利之前的实验[2]是基于对介子穿透性的测量,1973 年 12 月 6 日,克莱茵对伊姆利的穿通研究和之后的一项研究进行了概括,在国家加速器实验室面向对这一问题最为关注的科学家们进行了演讲。在演讲中,他讲述了自己和同事们是如何确定了几何效率和穿通现象的不同参数,并将最终结论确定为: R 的范围是 0.05 至 0.15 之间。这一值小于欧洲核子中心的数据和规范理论的预期值。克莱茵直言不讳地以大屏幕形式展示了最终的透明性,如图 4.47 所示,并附上了这一段话:

> (1) R' 的值很可能过小,以至于无法与温伯格模型和帕斯克斯、沃尔芬斯泰因所推导的此模型下限保持一致,如果这是由温伯格模型引起的,那么也无法与核子研究中心的数据保持一致。能量依赖性还是一个漏洞。

做出这些评论时,克莱茵还提出了这种可能性:核子研究中心和加速器实验室之间的分歧可能是由中微子能量的不同引起的,之后一些小组成员也考虑到了这一可能性。换言之,某些无 μ 介子过程可能发生在核子研究中心,但巴达维亚并未发生这一过程。尽管现在看来这样

① Ford and Mann, "Method to Find R_{corr}," TM, Pennsylvania, 28 November 1973.

② Imlay, "Punchthrough," TM, Wisconsin, 29 November 1973.

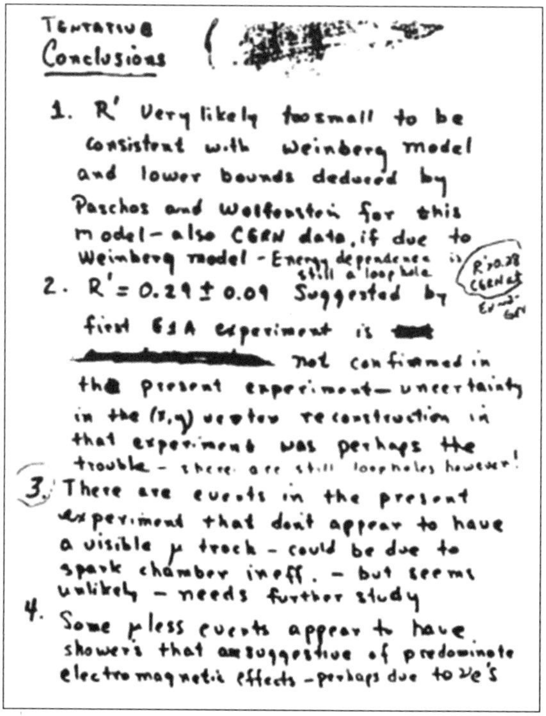

Tentative
Conclusions ([redacted]

1. R′ Very likely too small to be consistent with Weinberg model and lower bounds deduced by Paschos and Wolfenstein for this model — also CERN data, if due to Weinberg model — Energy dependence is still a loophole
2. R′ = 0.29 ± 0.09 Suggested by first E1A experiment is [redacted] not confirmed in the present experiment — uncertainty in the (x, y) vertex reconstruction in that experiment was perhaps the trouble — there are still loopholes however!
3. There are events in the present experiment that don't appear to have a visible μ track — could be due to spark chamber ineff. — but seems unlikely — needs further study
4. Some μless events appear to have showers that are suggestive of predominate electromagnetic effects — perhaps due to νe's

图 4.47　宣告不存在中性流。对克莱茵 1973 年 12 月 6 日在费米实验室进行的穿透性演讲的总结。来源：Cline, "Data at NAL Talk," Wisconsin, TM, 13 December 1973.

的假设完全是有目的性的，但在当时而言，研究人员对中微子-夸克相互作用动力学的计算并没有充分的信心，即便在数年之后这种假设的惊人程度仍然远远没有达到预期的程度。在演讲中，克莱茵又做出了这样的阐释：

> (2) E1A 首次实验中得到的 $R'=0.29\pm0.09$ 一值在当前的实验中没有得到确认，该实验中 (x, y) 顶点重构的不确定性可能是问题所在，然而其中仍然存在着漏洞。[①]

① 克莱因 1973 年 12 月 6 日的访谈之幻灯片，复制于"Data at NAL Talk," TM, Wisconsin, 13 December 1973.

随着新相机的添加，立体照片可以给出更为精确的顶点位置。结果改进后的照片中改变微乎其微，但是当时克莱茵等人认为，新的光学器件可能正是对旧的“之前中性流”结果的一种解释。通过对中性流理论预测和测量仪表安排的诽谤中伤，克莱茵为 E1A 的新结论留下了余地。如同未决的审判一样，这个问题可以留待日后再行解决。

“我没有发现消除这些效应的方法”

我们已经了解到，高能物理学领域的激烈竞争是如何进行自证的。但是，1973 年 9 月至 12 月这最后的几个月里，哈佛-威斯康辛-宾夕法尼亚-费米实验室研究小组经受到的压力成倍地增多了。他们不得不明确地选择支持或反对中性流的存在。压力是来自于其他的实验家们——小组接受了加尔加梅勒同僚们的拜访，他们为了最新成果而来。理论家们从不同的成员处获得了不完整、非正式的进度报告，因此也对研究小组施加着压力。后来曼恩做出了这样的描述：

> 随着结果开始显现，我们受到的压力越来越大，人们要求我们提供最终的答案。当你处在舞台中心时，很难向你们描述(当时的情况)，特别是在高能物理学研究中，你对自己的命运都没有十足的把握能力。你必须和同事、实验室、负责人、项目委员会共事，必须和实验周边杂务相关的所有人共事。大家一再地依赖着你去产生结果，无论你是否已经准备好了。①

在巨大的压力之下，小组成员们都在努力使各种计算和测量值更加完善。每个人都不得不让自己相信事实，或者相信人造的效应。每个测量值和计算结果都有自身的弱点和优势，相关的研究个人和子组

① Mann, interview, 29 September 1980.

对此具有最深的了解。围绕着特定的问题，人们组成了小型协作组，然后又解散。基于来自小组外以及小组内部新证据的力量，人们的意见不断产生着变化。1973 年 12 月 13 日，克莱茵在小组中分享了一份内容新颖的备忘录(见图 4.48)：

THE UNIVERSITY OF WISCONSIN
MADISON 53706

DEPARTMENT OF PHYSICS
475 NORTH CHARTER STREET

December 13, 1973

SUBJECT: Are We Seeing a μless Signal at the Level of 10%?
FROM: D. Cline

Three-pieces of evidence now in hand point to the distinct possibility that a μless signal of order 10% is showing up in the data. At present I don't see how to make these effects go away.

图 4.48　克莱茵接受了中性流的存在性。图为克莱茵的备忘录，其中概述了接受中性流存在的原因。来源：Cline, "10%," Wisconsin, TM, 13 December 1973.

> 现在手边的三项证据指向了一种明显的可能性：数据中显示出了阶数为 10%的无 μ 介子信号。目前我还没有发现消除这些效应的方法。

这三项证据分别为：蒙特卡罗模型给出了 0.1±0.04 的 R 值；事件的空间分布看似是由真正的中微子事件引起的；但是在笔者看来，对克莱茵而言最具说服力的一点是他提供的第三项证据。在 20 个中性流研究对象中，5 个"没有广角轨迹的迹象"。

> 这些事件处在探测器的中心，(μ 介子)角度必然至少有 200 至 300 摩尔，在结果中(μ 介子)轨迹将清楚地与其他簇射分离开来。这一区分应该会对火花效率的提高起到帮助性作用。表面看来，对于这样的适当角度而言，火花室效率不太可能(降至) 25%。……这必定与真正的(无 μ 介子)信号 R' 约等于 0.08 具有

一致性……[1]

克莱茵倾向于这一论证：少量事件的选择清除了可能的边缘效应，具有 μ 介子轨迹，该轨迹若在该位置上则可以清晰地看到。这一分析中不需要多个事件的统计总和，也不需要应用蒙特卡罗模型。

几乎与此同时，曼恩也发现了证据，并得出了同样的结论：信号不会消失。[2] 在 1973 年 12 月至次年 1 月间，曼恩再次对数据和照片进行了检查，应用了多种选择标准，以便确保不会出现由简单误差造成的无 μ 介子事件。如同核子研究中心会议上的情况一样，他一再扫描了这些事件，重新测量了能量值，对基准区域进行了再定义，并对 μ 介子完全穿透探测器的证明数据进行了再次检查。12 月间，曼恩紧密地遵从了伊姆利的穿通计算结果。随着一周又一周时间的流逝，曼恩的论文显示出了越来越多的关注。12 月 9 日，在长长的计划事项列表中，首个也是迄今为止最多的注释符号都是标注在了穿通现象问题上。这些记录结束在了一系列"悬而未决的"问题上：

> 从观察到的 E_h-Z 分布来看(模块数量所显示出的事件强子能量与目标中相互作用的纵向位置的对比)，我们能否通过穿通计算值来预测 R_{obs}(观察到的中性流和荷电流事件的比率)与 Z 的比值？跟我们观察到的相比，这一值会迅速减小吗？还是会缓慢减小？……有没有可以进行的、穿通现象改正的"全局性"检查方法？[3]

曼恩与克莱茵不同，在写下这段话时，很明显他还对穿通问题存有疑虑，伊姆利继续对这一问题进行讨论。12 月 15 日，伊姆利和曼恩进行了通话，通过这次通话曼恩的疑虑得到了部分缓解。[4] 穿通的平

---

① Cline, "Signal," TM, Wisconsin, 13 December 1973.

② Mann, interview, 29 September 1980.

③ Mann, untitled list, 9 December [1973], AMP.

④ 梅恩的复制版参见 Imlay, "Punchthrough," TM, Wisconsin, 1973 年 11 月 29 日，带有梅恩的手写批注。1973 年 12 月 7 日梅恩收录。AMP.

均值升至18%。穿通数量越多,中性流就越多。三天后,奥贝特、林和伊姆利完成了对穿通现象的系统性研究,在研究中,他们通过其他强子伴随的荷电流事件的次数测出了穿通的百分比。在重新扫描了30%的数据之后,他们描绘出了穿通概率的能量函数图像,并发现图像与他们的模型是匹配的,高能事件的百分比升到了令人惊讶的40%。然后,他们将计数器B的响应与邻近火花室的响应进行关联,再次检查了测量值。最后,他们又对测量值进行了检查,将相互作用限制在了目标中的不同区段上。荷电流穿通现象测量值之间是相互一致的,与他们的模型间也具有一致性,他们对此感到满意,通过计算机模拟计算出了改正后的 R 值。在备忘录的最后,他们给出了简洁的最终结果:"数据点仍然显示出了12%~15%的效应"。①

新的穿通计算结果在曼恩的解释过程中起到了作用。1974年1月末,他面向协作组成员以公开备忘录的形式展示了自己新的态度:

> 看起来我们的扫描标准和基准区域段事实上将绝大多数的疑问事件都除去了。由后附的副本中可见,在最终样本的328至332操作中,13次N事件(中性流对象事件)中有8次是"值得考虑"的。②

发表的延迟还有另外一个原因。2月26日,奥贝特、福特、伊姆利、林和梅辛传阅了一份手写的备忘录,要求获得更多的研究时间。

> 在一周左右的时间里,我们将以几近自由穿通的方式,仅通过SC4获得数据分析所需的测量值。鉴于我们几乎完全没有依

---

① Aubert, Ling, and Imlay, [Punchthrough Probability], TM, 18 December 1973. 从1974年1月4日到7日,安德鲁·鲁塞(加尔加梅勒协作)拜访了国家加速实验室,还带去了他关于动态中子引发的强子流经验。他(用从E1A得来的当前扫描结果)给里德和其他人呈现了他对于穿通率支持中性流的质疑。Rousset to author, 9 July 1986; Reeder interview, 30 January 1987.

② Mann, "300 GeV $\bar{v}$ Run," TM, Pennsylvania, 26 January 1974.

> 赖蒙特卡罗法……就测出了(穿通概率),我们将等待一段时间,以便将这一分析添加到论文中。①

苏拉克表明,哈佛和加速器实验室项目给出的预测是别无二致的,这时甚至连蒙特卡罗法本身也受到了强化,“之前的不同点……可能是由于直方图研究中或几何常数中的不同造成的”。②

根据这些备忘录的基调和背景,这些原因很明显不是用于说服小组成员的——直到2月末,人们都相信中性流不会“消失”。这样的最终论证更像是为了将对计算机模拟计算量的依赖程度减至最小,进而支撑已公开的论文。在举行了数次小组会议之后E1A第二版几近完成,小组打算将最初的哈佛论文进行发表(不含对统计显著性或不同角度段的论证),仅将论证了早期发现的额外工作加入到文章中。③

1974年3月中旬,针对改进后的实验,小组完成了论文的撰写,文章题目为《对无μ介子中性流感应非弹性相互作用的进一步观察》(“Further Observation of Muonless Neutrino-induced Inelastic Interactions”),并投稿给《物理评论快报》。④ 到这时为止,新证据可以简明地概括为图4.49和图4.50中的9幅图表。图中和说明文字中使用的大部分标志仍沿用前文中的定义。$\bar{A}EBC$标明了带能量触发装置的计数器A的反符合电路,以及计数器B和C的符合电路。⑤ 由

① Aubert et al., “Further Observations” paper, TM, 26 February 1974.

② [Sulak], “Consistency,” TM, Harvard, 5 March 1974.

③ 在此时出版早期论文的决定引发了一些关于共同印刷已拖延许久的首版论文恰当性的争论。

④ Aubert et al., “Further Observation,” *Phys. Rev. Lett.* 32 (1974): 1454 - 1457. 伊姆利于1973年2月6日给出了对修改实验的第一次展示。Imlay, “Neutrino Interactions,” *Am. Phys. Soc. Bull.* 19(1974): 58.

⑤ 当一个带电粒子随着光束进入探测器,反A触发器阻止了事件被记录下来;只有当高于中止能量时,能量触发器才会触发事件;B和C计数器确保事件中包含有一个μ介子。

上行方向的顶端起计，SC4 是第四台火花室。E_{μ}表示 μ 介子探测器的几何效率，即：每个到达探测器的 μ 介子均被记录下来（在过大角度处的部分出口）时，将被捕获的 μ 介子的百分比。

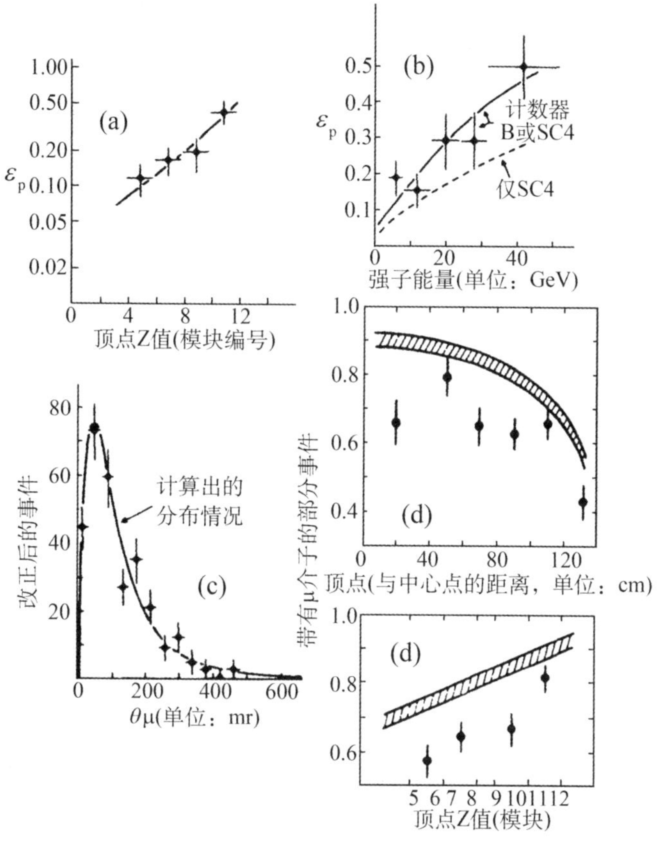

图 4.49　1974 年发表的 E1A 数据第一部分。E1A 在第二次中性流研究结果发表中提出的证据。(a)（针对所有强子能量）伴随 $\bar{A}EBC$ 事件测出的强子穿通概率 ε_P 与 Z（由下至上方向计算出的火花数量）的函数图像，以及（实线表示）基于其他实验的预期的分布形状；(b)（Z 为 5—12 之间时）测出的穿通概率，是强子能量与预期变化的函数图像；(c) SC4 测出的、修改后的 μ 介子角分布与预测分布的对比图；(d) 观察到（未逃脱的）μ 介子的事件的百分比，事件顶点位置的函数图像。（d 图上部表示）仅以 c 图中分布为几何背景，仅通过 SC4 测量出的、带有 μ 介子的 ε_P 事件部分，阴影部分表示预期会到达 SC4 中的部分 μ 介子。阴影部分说明 c 图中统计数据引起了不确定性。（d 图下部）与上部相同，只是 Z 函数不同。来源：Aubert et al.，"Further Observation," *Phys. Rev. Lett.* 32(1974)：1456.

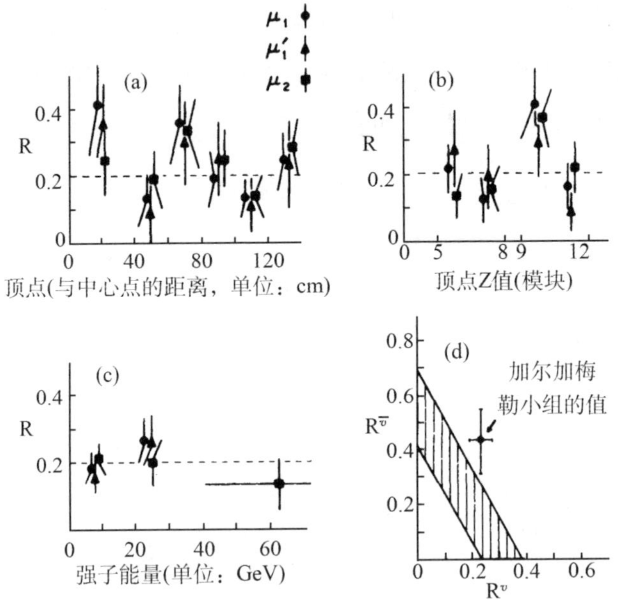

图 4.50　1974 年发表的 E1A 数据第二部分。E1A 在第二次中性流研究结果发表中提出的附加证据。(a)三台 μ 介子鉴定器给出的 R 值，黑色点表示 mu1′(SC4 或计数器 B)，黑色三角表示 mu1′(仅 SC4)，黑色方块表示 mu2(SC5 或计数器 C)，图中表示与热量计中心的横向距离函数；(b)R 值随着三台鉴定器纵向位置的变化；(c)R 值随着三台鉴定器强子能量(EH)的变化；(d)E1A 给出的中微子束的允许范围 R^{ν} 和反中微子束的允许范围 $R^{\bar{\nu}}$ 与加尔加梅勒小组给出的中微子/反中微子束 R 值的对比图。来源：Aubert et al.，"Further Observation," *Phys. Rev. Lett.* 32(1974)：1456.

实验获得的数据较为稳定。三台不同的 μ 介子探测器给出了一致的结果：mu1(通过 SC4 和计数器 B 的轨迹)几乎完全独立于广角 μ 介子，而 mu2(计数器 C 或 SC5)受到厚铁板的防护，因此(同之前的实验一样)几乎不受穿通现象影响。mu1′(仅 SC4)指出了分别获取的 SC4 和计数器 B 的相对效率。两次实验最终获得了一致性，"虽然修改结果在数量级和技术方面有很大的不同，(这样的一致性)为结果的正确性提供了具有说服性的支撑"。①

---

① Messing，thesis (1975)，21.

毋庸置疑的是，E1A 的研究工作能被后人记住，凭借的是这些以及与这些相似的图表。随着文章在《物理评论快报》上的发表，弱中性流发现进程的第一个阶段落下了帷幕。全世界的多个实验室继续进行了进一步的实验研究，试图确定弱中性流对称性的详细情况，但是这一效应的存在性貌似已经是确信无疑的了。在这缓慢而令人沮丧的任务中——分离真实与人为现象，哈佛-威斯康辛-宾夕法尼亚-费米实验室研究小组进行了双倍的努力。

1974 年 4 月，国家加速器实验室的小组首次发表了相关论文，几周之后(4 月 26 至 28 日)费城举行了中微子物理学的主题会议。中性流问题很自然地占据了舞台焦点的位置。与会的一位科学家在他的开场发言中这样描述人们达成的一致意见："现在看来，高能中微子实验中强子中性流的存在性是由四项'独立的'实验证明的。很明显，接下来我们的主要目的是确定它的对称性。"[①]理查德・费曼在他的总结发言中，也表现出了这样的乐观态度。在发言中他表示，对于电弱理论而言中微子的成功预测是一种荣誉。"但是，"他又表示，"我应该遵从曼恩先生的建议。对中性流的本身应该进行研究。也就是说，实验者们应该这样说：'好，我们发现了中性流，现在我们来研究它的特性吧！(而不是仅仅将它们同温伯格和萨拉姆的理论进行对照。)'"[②]

1974 年 6 月，高能物理学会议在伦敦举行，在会上中性流问题得到了进一步的强化。其中尤其惊人的是巴里・C・巴里什所做的加州理工-费米实验室中微子研究小组报告(1974 年 5 月国家加速器实验室更名为"费米国家加速器实验室"，即 FNAL)。一开始，巴里什和他的研究团队并未将资金用于中性流的研究，而是用于重轻子存在性的

① Sakurai, "Neutral Current Interactions," Philadelphia (1974), 57.
② Feynman, "Summary," Philadelphia (1974), 315.

研究。在巴里什看来,重轻子的研究只需要一个奇迹的发生,而中性流的研究貌似需要两次奇迹(GIM 机制和中性流)。[1] 为了这一目的,他和他的小组设计了同之前实验中微子一样的触发系统,用来触发带电轻子,将中性流排除在外。在众多理论家中,加州理工学院的费曼是巴里什的支持者,他鼓励巴里什以怀疑的态度看待格拉肖-温伯格 2 萨拉姆模型。[2]

然而,凭借对 μ 介子同类较重的粒子的期待,是无法凭空产生数字的。只有 8 个标记错误的 μ 介子在底片上留下了记录,它们其实是重轻子的痕迹。[3] 在伦敦会上,巴里什对他们的重轻子主题进行了评论,对他们选错了的透明性问题进行了总结:“观察到的事件在数量级和特征方面都与(反中微子)背景具有一致性!”他们重新设计了触发系统,以便记录下 30 亿电子伏左右的强子事件,然后再次进行了实验。这一次寻找的目标是中性流。使用的装置与 E1A 和加尔加梅勒的装置都不相同,新的结果表现出了说服力。巴里什将结论以投影的形式投射在大屏幕上:“(1)中性流确实存在。(2)测量出的数量级为 R(中微子) $= 0.21R$(反中微子) $= 0.33$。”[4] 加尔加梅勒和 E1A 的研究人员们都如释重负。

阿尔贡-肯考迪亚-普度的 12 英尺气泡室实验和哥伦比亚-伊利诺伊-洛克菲勒-布鲁克海文小组也给出了初步但又具有积极性的结果。[5] 除此以外,针对一度被禁止的过程的存在性,这些小组使更多的

---

① Barish, interview, 2 August 1985.

② Barish, interview, 2 August 1985.

③ 巴里什在伦敦的访谈之幻灯片,B. Barish, personal papers. 该访谈发行的版本是 Barish, “Cal Tech FNAL.” *London* (1974), IV - III - 13.

④ 巴里什伦敦访谈之幻灯片,B. Barish, personal papers.

⑤ Schreiner, “Bubble Chamber,” *London* (1974), IV - 123 - 26. W. Lee, “Reactions,” *London* (1974), IV - 127 - 28.

人们投身到了对此的研究中。

因此，早期的中性流实验接近尾声。两个不同的研究小组凭借着各自预期和专业知识这一内在动力，各自找到了获得结论的途径，对相矛盾的方法进行整合，熟悉机械装置，学会如何对现象进行再分类。在大洋两岸，在同僚们提出的大量分析研究、反对意见和建议提案面前，成群的物理学家们不得不进行妥协。两个小组一次又一次地推动着实验，使其与测量数量具有更直接的联系。他们还与自己的研究结果做着斗争，直到结果显示出了稳定的状态，所有这一切都是在巨大压力之下完成的。

欧洲物理学家们最终进行的是两项实验：一是单一电子实验，一是强子中性流实验。与此类似，美国的同僚们进行的论证也不仅仅是一种。1974 年 2 月末，E1A 小组实质上已经完成了两项实验。小组不仅改变或改进了光束、几何结构、火花室、照相系统、背景等，两次研究涉及的主要人员也是不同的。两个亚组的实验样式和实验预期各不相同，最终他们确信实验可以结束之时所凭借的证据也是不同的。

在 1973 年秋天的艰难时间里，一个残酷的玩笑在实验群体中传开了，哈佛-威斯康辛-宾夕法尼亚-费米实验室小组发现的不是中性流，而是"交变"中性流。到了次年 4 月，物理学界在这一点上达成了共识：振荡已经被永久整流了。理论和实验物理学领域都不得不应对针对物质本质的新的约束所带来的挑战。

第 5 章

理论文化与实验文化

在 1974 年,斯坦福直线加速器中心的夜班员工将他们自己比作淘金矿工。他们这种形象的比喻准确地抓住了实验要求争分夺秒这一特点。从物理学家们的操作记录中可以看出,他们就像矿工一样需要采用记录中提到的以及一些未曾囊括的办法来筛出金子:一些系统的淘金方式、对金子位置的推算以及一些实际经验。在这个比喻中,甚至还隐含着竞争,这种竞争的存在形式是受到其他矿工的惊吓而不得不重新筛查掉落的金块而产生的挫败感。

在最初的一系列对于前文历史资料的思考中,我想要关注的是实验者关于一直处于研究过程中的理论及实验技术的运用特点:从德哈斯 1914 年对旋磁效应初步探索到加尔加梅勒团队对计算机打印输出结果的分析。通过创造一种语言,描述关于实验逻辑性的不同程度的理论及实践约束,可以说明在实验结果得到社会认可或者被迅速否定的情况下,理论假设与实验工作的关系。

强调理论预设的不同作用,我并不是要暗示实验结果仅仅反映了现有理论信仰体系的情况。在评估理论预设的作用方式后,我们再次重新分析历史材料以探索促使实验者相信实验结果的各种原因——甚至是针对那些违背实验者所信奉理论的结论。最后，在第 6 章里，内容的方向转变为去讨论已经改变了 20 世纪实验论据建设的特点，特别是规模及复杂程度等重要因素。我们会问，工作机构、经费预算与电脑间这种新的关系是如何影响到在微观物理学中援引有力证据的方式的？

理论的层次

爱因斯坦曾经以这种方式开玩笑地描绘理论和实践的区别：除了理论的发布者，没有人会相信它的可靠性；反之，除了进行实验的物理学家，没有人会质疑实验的可靠性。[①] 如爱因斯坦的众多妙语一样，这句话中蕴藏的深刻见解，正是他对自己所做工作总结而成的。

当爱因斯坦提到理论时，他可能已经想到了他自己关于相对论、宇宙学，以及原子物理的自由思辨思想，这些使他的成就远远超出了可用数据所展示的范畴。如果他的理论陷入困境，通常是由于理论的初始假设或者近似假设未能成形，而并非是理论的执行失败。因此，当爱因斯坦与大多数人对于量子力学的完整性的观点斗争时，他不是在挑战此理论的预测，而是在挑战其中潜在的假设。同样地，将他与众人区分开来的是在关于物理学目的的问题上，他对于一种统一电力和重力的几何理论的支持，而并非特殊模型的细节。更广泛地说，对于明确说明指导原则合理推断的条例，在保持条例一致性的同时，理论家经常在指导原则的选择上存在分歧。有创造力的理论家经常会

---

① 爱因斯坦 1922 年的评论，参见 Dr. Herman F. Mark in an interview with A. Rabinovich in "Questions of Relativily," *Jerusalem Post*, 22 March 1979, 7.

孤独地主张他们自身的观点。

而实验者们的处境则是不同的。如我们所见,即使特定的实验目的不在争议范围之内,关于实验的争论依然会很激烈。爱因斯坦也许一直在考虑一种积极影响,能够符合他 1915 年提出的旋磁效应,伴随着的是他以及德哈斯对于他们自己所给出答案的怀疑。只有他们两个知道测量的难度有多大,想要在电磁轴上排列铁棒是多么的困难,以及试图阻断地球磁场的结果是多么的令人沮丧。从概念上讲,实验是孩子的游戏——在游戏进行的技巧细节中存在极难克服的阻碍。

实验与理论之间的这种不对称性通常是不明显的,因为实验者持有这样一种言论:实验的结果是不受研究者的判断、经验或者技能所支配的,以此来表达他们的公开主张。读一篇文章,可以凭借逻辑蕴涵的不可抗拒性来推断出实验设置所能产生的结果。但是,在实验文件的自信背后,潜藏大量的成果需要依赖一种细微的判断,而众所周知,这种细微的判断不适合于假设和推论。实验只能够被人为地简化为一项草案,并且实验装置数目的大量增长也仅仅提高了执行实验的难度。只有实验者知道设备配置及材料的真正优点和缺点,以及了解实验的合作者,熟悉对实验的解读及判断。

通过对实验者社会群体的描述以及对他们所具备的相关技术、秉承的信仰以及采用的演示模型作为一种独特文化的描述,我想要强调的是实验并非完全脱离理论。很明显,实验结果的确立需要理论。除了那些最顽固的实证主义者,没有人会否认这点。但是,"实验无法摆脱理论"或者"实验与理论是共生的"这些老生常谈是无用的。对格式塔心理学的模糊暗示可能已经成为一种与教条的实证主义者对抗的有效手段,但实验者真正担心的不是世界观的整体性转变。在实验室中,科学家要找到合适的地方性方法来消除或至少量化背景噪声,以此来了解信号是在何处消失以及改正系统的错误。格式塔转换的理论过于简单，无法描述在20世纪初实验物理日复一日的实践。因此，用鸭兔图来描述高能物理实验及其复杂的数据分析并不恰当。要争论的不应该是是否要采纳某个理论，而是在实验的过程中该理论在哪里发挥作用以及实验者应如何将理论作为他们技艺的一部分来使用。

在回答任一问题之前，需要作出相应的澄清以避免存在一整套被称之为"理论"的行之有效的信仰体系这样的误解出现。特别是当哲学家们断言观察数据为"负载理论"时，他们倾向于将所有的思想一概而论，从对电子电路图的老生常谈到关于全部理论普遍对称性的形而上学的假设。

细分某个理论的思想或者某个理论预设的一种方式是去分析以"理论"为名义所开展的活动。伊恩·哈金与埃弗里特(C. W. F. Everitt)有效地将推测的过程(如在力的统一中)从计算的过程(如在带电体上电场的影响)与模型建立的过程中(如在为某种效应假定特定机制)剥离开来。① 它们的分类改进了传统的理论运用方式，涵盖了从关于解释某种效应的特定机制的具体假设到根深蒂固的关于因果或统一的形而上学信仰。

在保留理论标准区分精髓的同时，我希望以略微不同地方式拆分这些标准，是由于以下三点原因：第一，术语"推测"可能会带来不恰当的含义，激起读者完全脱离经验的假设(并非哈金与埃弗里特所预期的)思想；第二，我想要选择一套理论标准的公式，能够更清晰地使经常互相交织的实验实践标准及预设标准相对应；第三，依照三个约束标准，对于理论标准的不同分析会使得该理论更容易接受历史分析。

---

① Everitt and Hacking, "Which Comes First?" unpublished manuscript; also Hacking, *Intervening* (1983). 210ff. 其中，哈金抨击了关于实验结果"污染"理论的概念。

长期约束

在区分形成实验背景的理论假设标准时,打比方说,我们能够从历史的另一分支吸取教训。面对描绘整个文明历史的艰巨任务,年鉴学派的创始人之一,费尔南德·布罗代尔(Fernand Braudel)将历史时期分为若干个不同等级。在布罗代尔关于地中海文明的作品中,他发现将事件置于他称之为"地理时代"、"社会时代"以及"个体时代"中是非常有用的。[①] 例如,地理时代包含了对于文明发展的广泛趋势在山区(发展成为农业民主制)及平原(发展为更为集中的政治形态)所存在的差异的描述。因此,地貌的宏观特征是以障碍物的形式呈现——并非绝对的障碍,但是可视为人类文化发展的阻力。布罗代尔将包罗万象的历史与"社会时代"区分开来,指的是更加严格的中期发展,在这一阶段,包括封建主义在内的社会经济制度兴衰更迭。在布罗代尔的方案中,上述提到这两种时代均区别于短期的"个体时代",指的是在某一历史事件中,指定的国王发布声明及订立条约。每一层级均针对历史的行动者的行为给予相应的约束。通过了解这些地理、社会以及个体约束的交点,布罗代尔试图对于做出特定决定的原因给出更加详实的解释,例如宣战。

在物理学的历史中,我们可以将布罗代尔针对通史所提出的长期、中期以及短期约束的思想,拓展为明晰早期的实验及理论信仰是

---

① Braudel, *Mediterranean* (1972), 21. In *On History* (1980), 31. 布罗代尔说道:"一些结构,因为寿命较长,变成了无尽的代际更迭中的稳定元素。他们进入历史,阻碍历史的洪流,同时塑造着历史。另一些结构则寿命很短。但是所有这些皆同时提供支撑和阻碍……只要想一想打破地理框架的难度,一些特定的生物学现实,一些来自生产力的限制,甚至是特别的精神上的约束:精神上的限制也能够形成长久的精神桎梏。"

以何种方式帮助那些实验者为采用合理的信仰及行为缩小选择范围。实验者通过使用所有可用的工具、计算方法、建设方法、解读方式、操作方式以及类似的工艺来寻求排除某一现象的可替代选择。此排除过程在决定结束一项实验项目时得以告终。

什么是实验者工作时需要经历的长期理论约束？这些可能包括对方法论的形而上学承诺以及超越关于事物本质的特定信仰兴衰更迭的目标。例如，在 19 世纪末期，能量守恒定律提出了一项长期的理论约束，对于任何实验者来说，这一理论约束都要设定在实验的设计或阐释中；如果实验结果与能量守恒定律相矛盾，实验者会重新检查实验的仪器及流程。某些约束条件可能是由实验者不自觉地强加进去；而其他的可能是由于没有注意特定纪元的理论而必须面对的。这样的假设为布罗代尔的地理时代提供了模拟，因为他们不会附加于任何单一研究小组的目标中，甚至通常不会附加于某个单一科学领域。

另一个长期承诺的例子是考虑理论假设，假设特定的解释应该是有目的性的。这不是那种科学家引入仅仅使用一个为期三个月的设想，而是要持续几个世纪的信仰。有时，正如杰拉尔德·霍尔顿所提出的，跨文化承诺可能会以有主题的配对形式出现，以此信仰为例：性质必须用连续或独立的物质来解释。[1] 像这些慢慢演变的形而上学约束即使是在基于特定制度构建的短期项目经历盛衰时通常仍能保持稳定。

关于旋磁实验，爱因斯坦带着对几个截然不同的层次的期待开始这个实验。在普遍性的最高层次，爱因斯坦致力于统一原则。正如我们所看到的，在近一个世纪以前，安培已将磁学和电学的统一视为自然哲学的理想目标。因此，爱因斯坦在对统一的热衷方面很难做得独

---

① Holton, *Thematic Origins* (1973), esp. 28ff.

一无二。公平地说,对于爱因斯坦,几乎没有什么能够比为之前认为不同的两种现象假定一种解释能产生更大的吸引力。安培假说及洛伦兹电子刚好符合要求。

像爱因斯坦一样,密立根凭借坚定的信念开始新射线的研究。在普遍性的最高层次,密立根坚信赋予这个世界不断前进力量的上帝是不会允许宇宙停止运转,驱散热量并终结生命。这是一个广泛流传的信仰,不仅仅限于物理领域、加州理工学院以及美国,甚至 20 世纪初期。为达到我们的目的,此信仰是有重大关系的。因为密立根认为他能够确定一种原理,能够证明大自然通过递升次序来避免热寂现象。物质能够自然地组成更高级的元素。在密立根的绝大部分科学生涯中,他对于宇宙射线的兴趣是受到将此哲学信仰引入到物理过程的可能性的鼓舞。

在规范物理学的时代,那些特定的长期宗教约束,例如密立根所采用的,很明显是不切正题的。但联合各种力量的愿望仍是关系重大的,可以作为理论建设的动力指南;也可以作为格拉肖、温伯格,以及萨拉姆等人的规范理论的一种美学建议。当 E1A 小组试图劝说罗伯特·威尔逊——他们团队中的实验者及主管领导批准他们进行这项实验,以此拉开新型加速装置的序幕时,他们将自己比作过去伟大的统一者:“我们现在可以与 150 年前的奥斯特、安培以及法拉第平起平坐,就像他们尝试引出电与磁间的联系那样伟大。”引发此类豪言的理论发展来到一个极高的抽象层面上。赫拉德·特霍夫特已经证明了整类规范理论的可重正化性——一项很基本的数学事实。总之,关于规范理论的理论兴奋点引起对理论种类的关注。其中格拉肖-温伯格-萨拉姆模型脱颖而出。作为统一理论之一,特霍夫特使其更加引人注目。并且此理论预测了一种与荷电流效应足够相似的效应,可以在现有设备上按照他们所熟悉的荷电流比例加以应用。

长期约束不需要理论性。实验工作不会随着理论的创新而彻底改变。频繁发生的是，同一个人使用相似的仪器跨越理论上的分歧继续他们的工作。旋磁实验开始于玻尔的首件原子模型诞生之前；工作通过旧量子论甚至凭借成熟的量子力学的起源以一种实质上连续的方式得以延续。安德森在密立根的理论困扰他之前就建立了云室，并且他凭借那些早期理论以及量子力学继续研究工作，一直延续到 20 世纪 50 年代拉开现代高能物理序幕的粒子的发现。E1A 与加尔加梅勒实验者通过部分子模型带来了用于 W 研究的专业知识、设备与技术，并将其引入到 20 世纪 70 年代的弱电规范物理中。

实验文化是基于专门的技术——消除各种背景的能力及对设备有效限制直觉般的熟悉感。此类的判断经常仅仅通过反复使用特定的仪器来实现。直到曼恩与鲁比亚研究 E1A 时候，他们是火花室与普遍电子装置的专家。同样地，他们在欧洲的众多同行拥有经久不衰的用于气泡室的知识：摄影、光学、扫描，在更早的气泡室工作或乳剂与云室的研究中掌握的影像、光学及扫描技术。

在这我们看到一段隐藏的物理历史的迹象，理论分歧并没有划分它的时期。在第 3 章和第 4 章，我们一次又一次地目睹了两种截然不同风格的实验。一种包含了视觉探测器，例如在薄膜上刻有个别事件细节的云室与气泡室。电子监测仪周围形成的完全不同的传统，以第 3 章中提到的电子逻辑电路以及第 4 章中提到的带有逻辑电路的火花室与之抗衡。与这两个传统有关的是关于证明的信仰和态度。形象传说中的实验者怀疑有一些隐藏的机制可能作用于逻辑传统宣称的结果中。美国国家先进制造项目机构针对罗西的符合实验的质疑便是最好的例证。另一方面，逻辑传统仍坚持提供大量事件的描述，以对抗被斯特里特贴切地称之为对“任何事情终会发生”的恐惧。

当受到挑战时，传统的优势经常是很明显的。当克莱因由气泡室的图像传统转向 E1A 的电子逻辑探测器时,他继续探究曾在他职业生涯早期起到重要作用的"黄金事件",即使其他火花室的科学家从未采用过这种形式的证明。

在这些例子中,我们逐步降低了原来高层级的物理观点。这些观点似乎认为此学科中所有引人瞩目的问题都是由高深的理论构成的。对于实验文化的一段恰当的长期历史,我们必须降低另一个层次到通过学徒期从一代到下一代的仪器实验。在较低的层次,会看到三个叠加的历史延续:有一段技术发展的历史,在这段历史中特定的设备及实验对于统一风格的承袭仪器是共同的;有一段教育连续性的历史,会延续一个相同风格但通过不同的探测设备展示给学生;有一段辩论的历史会包含数据及黄金事件的不同用途。只有在 20 世纪 80 年代初期,这两个传统合并,在那时电子探测设备能够制作计算机设备构建的高分辨率图像,使得个别事件获得了意义。

整个领域在很大程度上未被探索。[①] 云室物理学家是如何并且为什么要转向气泡室及核乳胶领域?对立面的物理学家是如何创造并应用火花室及丝室的?谁喜欢大量统计数据并且是谁发现了在"黄金事件"中最有利的证据?关于此类仪器史只进行了第一步,但这样的描述对于提供物理目标及构成实验室生命的静态技能间的联系是至关重要的。

中期约束

特定的理论或者实验的程序化目标持久度虽然低于那些重大的

---

① 使用仪器的历史沿着这些线索发展的初级阶段可参见:Galison,"Experimental Workplace," In Achinstein and Hannaway, *Experiment* (1985).

主题，例如统一、离散性、持续性，以及仪器的类型，但更加适合特定机构及人员。像布罗代尔提出的“社会时代”，对这些程序化愿望的承诺涉及不只一项个体计算或实验，但是并不构成类似奥斯特或者法拉第对信奉力统一的长期或广泛约束。德哈斯与爱因斯坦对于实验的贡献是在莱顿对磁矩早期研究工作的继续。并且在回到荷兰后，他延续了此种精确的磁测量方法。通过早期的合作，德哈斯带给柏林自由电子不会导致物质磁性特质的信念。因此，细致的磁测量方法而非原则塑造了他的研究风格。同时，他也倾向于发现物质中束缚电子的某些形式。德哈斯的预设可被认为是实验性的而非理论性的，尽管区别并不严格。

有时，实验和理论假设并不是完全的分离。考虑到其他一些引入混合理论与实验工具的，并对此领域做出一定贡献的物理学家。例如理查森，曾经在卡文迪什实验室受过培训，1905 年的卡文迪什实验室是世界上几个为数不多的、理所当然地认为电子为一种材料颗粒的几个地方之一。汤姆森关于阴极射线的实验，与理查森自己关于热金属电子发射而获得诺贝尔奖项的研究工作一样，提供了一种实验时间背景，利用了电荷载体材料在经历电子理论重大变化后仍保持不变的概念。此英国传统的微粒调查，伴随着光谱学的解释，侵蚀了麦克斯韦的电荷载体场变量的置换。因此，先前理论和实验假设的结合使得理查森的旋磁实验看似合理。

通过把阴极射线和热离子效应联系到旋磁效应，理查森给予旋磁实验一个自然量：一个电子的角动量与磁矩的比例应该近似于电子的质量与电荷的比例。理查森与斯图尔特的实验设计本质上都取决于电子模型。环绕正电荷的电子简单图像通过确定规模形成了设备的建造式样。因此，不像麦克斯韦，理查森以及后来的爱因斯坦有着一块特定的非凡空间去探索。此层次的理论使得理查森将获得怎样

的 g 值成为一个开放性的问题。

巴奈特已经找出了能够阐明地磁学的问题及实验。他的关于地磁场精密机械的理论发生了改变,但他对于此课题探索的终极信念延续在他早期职业生涯的大部分时间里。他对于此问题的关注在 1918 年就职于卡耐基研究所地磁部门时得到制度上的承认,尽管在那时,他的想法正在朝新的方向发展。当巴奈特沉浸于地球物理学中,他沉浸在一个充满不同于爱因斯坦所面临问题的世界。什么能够解释我们星球的旋转轴与磁轴的重合? 通过凭借地球内部的未知物理确定实验样本的过程,巴奈特含蓄地提出关于关键性原理的理论观点,这些观点与爱因斯坦、德哈斯以及理查森所提出的大相径庭。就巴奈特所期待的结果的程度来说,他希望是很大的,即使不足以完全解释地球磁场,至少要足够有力,以便未知力的引用可以弥补存在的差距。

爱因斯坦也有不同于物理学广泛统一目标的信奉。在旋磁效应中,他看到了令他如此赞赏的实例化统计力学,并且磁分子的方向很好地与郎之万提出用于解释居里定律的数据研究相结合。爱因斯坦对于旋磁效应的预测通过配置他及其他人在其他领域有效利用的技术变得更具说服力。

在计划层次,密立根期望能够将构成宇宙射线的 γ 射线的生产联系到宇宙空间中更加有序的物质的形成。这点在对于指定单个进程时比发现宇宙反熵过程这一更加普遍更加长期的目标更进一步,必须在此背景下才能理解密立根以及他学生及同事的工作。更具体地说,密立根有一系列相对短期的特定模型,可以预测宇宙射线光子准确的能带。每一层次都影响了密立根的实验过程及结束实验的决定,尽管他是以不同的方式做了这些。广泛的神学问题增加了此类研究的风险,其中对于密立根来说,就宇宙射线光谱研究所提供的动力而言是无可置疑的。与后来物理学背道而驰的那些密立根的判断可能导致我们改造他的理论课程影响学校实验过程的方式。但不管后来的裁定是如何评价密立根对于“原子构造”的信奉，他的实验方案设定了范围并且制成了带来一些重要宇宙射线发现的仪器，这些发现于安德森在正电子与 μ 介子研究中取得的成就中达到顶峰。

正如存在纲领性的理论承诺那样，也有纲领性的实验室实践。实验者可能会相信，一般而言，显微镜、望远镜、火花室或者盖革计数器是用于研究现象世界某部分的有效仪器。对于显微镜及火花室信任的问题仍旧存在。物理学家时常通过采用校准试验来做决定，例如斯图尔特曾采用的或者是相同探针的比较反应，例如用于 E1A 的火花室上所采用的试验。一旦仪器的测试结果与其他仪器的结果及其性能测算的结果相悖，此仪器还有一种其本身的可靠性。

机械设备能够在无需理论参考的情况下验证结果，也能够引入建立在设备本身的假设。我们可能最好称这些根深蒂固的假设为“技术前提”以此提醒自己设备不是中立的。例如，密立根原来用于研究宇宙射线的设备很明显是借鉴了用于研究 X 射线与 γ 射线而开发的实践。仪器的设计方式以实验者的解读为条件。确定 γ 射线及 X 射线能量的标准方式是根据需要穿过多少吸收体去测量他们的电离能力而定的。对于密立根来说，在他貌似合理的离子化与深度曲线中看到宇宙射线光子的证据是必然的。

密立根在加州理工学院所表现出的韧性和能力在卡尔·安德森的早期职业生涯中打上了烙印。这里的实验设计也具有潜在的理论。磁铁会使密立根宇宙光子释放的电子轨道线发生偏转，并且电子能量会显示在宇宙缓慢停滞的空间深处的逆转现象。考虑到磁铁云室的巨大成功，很容易倾向于忽视设计的起源。回想起罗西及斯特里特等人是如何辩称他们的计数器显示出带电粒子穿过了几英尺厚的铅金属。只有理解了密立根的方案才能完全理解安德森、密立根、尼德美尔以及皮克林并不仅仅通过挑战反对方数据有效性来回应数据统计工作的原因,但也会通过动摇竞争者的完整方法。对于现象来说,计算器所给出的结果甚至不可视为判断其真伪的标准。但是,一台设备的制成,程序或者一个理论框架的分析不会像防止破坏原始期望那样去约束实验。接下来我会详细叙述这一点。

通过追溯第一组中性流实验是如何终结的,我们必须要问在1973年末一个团队确信中性流并不存在的原因是什么。那项研究显示电子触发器只有在最初的实验任务中有效。最终发表的关于中性流的报告无法给出的真相是,在更早的时候,该团队已经有目的地铺设仅仅会记录产生带电轻子过程的电路。这是一种寻找W粒子及探测荷电流理论的完美方式。然而,这对于中性流研究候选者的探索是一个绝对致命的方法。原因是中性流候选者是精确地以在最终状态时带电轻子的缺失为表征。因此,设备本身负载了先前理论预设的物质体现。

这些例子提出了另一个可供研究的成熟领域。我们对科学信仰在仪器设计中重塑自我的方式所知甚少。我们所需要的是与崇拜纯技术的仪器的古文物研究历史截然不同的内容。我们需要的仪器历史必须是运用科学物质文化来发掘埋藏已久的理论假设及实验实践的考古学。

短期约束

最后,实验的设计与阐释可以通过特定的理论与模型,以及类似布罗代尔的“个体时代”的约束来构成。其中为数不多的不同的理论模型可以与任意纲领下的广泛约束共存。但准确地说,因为这些模型会决定确切的数量预测,所以众所周知,他们在控制实验者做出终结实验的决定方面是有效的。如我们所见,爱因斯坦有着一个纲领性的目标，要解释或至少测试零点能量。在第一次与斯特恩（Stern）完成的模型失败后，爱因斯坦回到起点，寻找一种能够解释这种神秘能量的原理。当爱因斯坦思考与斯佩里的专利侵权诉讼时，他看到在航海陀螺罗盘中存在一个完美的类比：地球自转与陀螺罗盘的关系就好像铁棒旋转与轨道电子的关系。

不仅仅是爱因斯坦对于对称性的一般信仰，更确切地说应该是普遍原理、纲领性目标以及切实的物理模型的组合形成了不可阻挡的理论预设。因此，当爱因斯坦开始他的实验，得出了著名的 $g=1$ 结论时，他便以一种带有倾向性的方式对系统误差进行评估，从而认定实验结束。

密立根也有特定的定量模型用于引导他从广泛的形而上学的纲领性的信仰到用实验方法能够测量的数据。通过确定确切的数量预测，确切的模型有助于确定数据的可接受性或不可接受性。像在爱因斯坦与德哈斯的实验中那样，理论决定了密立根对于数据的评估。正像爱因斯坦与德哈斯在与他们预期不一致的数据中发现问题那样，密立根也力图通过搅动云室中的气流来动摇安德森的言论，他宣称曾拍摄到更具活力的电子，已超出一直受到广泛支持理论的允许范围。

特定的模型是有余理的，但并不一定是可视化的。奥本海默采用几种簇射模型来规避完全运用量子力学运算这一棘手问题。一种模型仅仅是启发式的；而另一种是更加具体的，由与气体扩散的类比构成。加尔加梅勒合作者必须塑造有穿透力的中子，即使没有能够描述这些粒子中通过混凝土与液体的粒子的基本物理定律。然而，有许多有用的现象学模型用于计算：一些粒子中含有移动固定距离的中子；而其他的则含有带有不同能量的中子分散各处；最复杂的是让中子在中子流中析出。对于哈佛-威斯康辛-宾夕法尼亚-费米实验室实验团队来说，需要类似的本土实验方法。尤其是在第一次 E1A 实验中，最迫切的需求是要建立 μ 介子的角分布模型;在第二次实验中,探求强子穿通防护钢壳是至关重要的。

特定的现象定律起到了多方面的作用。他们可用于计算背景效应。也可用于确认本身的信号。在许多情况下,这些定律用于判断设备是否可靠,如在测试结果违背描述电子或者热力学的完善定律时。就卡尔森和奥本海默的簇射计算来说,他们的工作促成了一次引人注目的关于实体与效应的重新关联。通过将量子电动力学理论与簇射现象建立一种定量关联,奥本海默引发了对云室径迹应该符合用电子来作为解释的效应分类这一意义深远的重新考量。在 1935 年之前,物理学家认为簇射现象为"爆炸",新物理的暗示;实验者将直接径迹作为高速原子违背量子电动力学的证据。在奥本海默之后,物理学家引证簇射作为普通量子电动力学事件的证据并展示直接径迹作为一种新粒子的证据。奥本海默的工作重新描绘了高深理论与实验数据的联系,引发了实验方案的全新修订。他重新对之前被认为是没有问题的现象提出质疑,同时确保之前存在问题的效应不再出现问题。

引入短期实验约束是因为在实验者信任了一种设备之后,甚至在特定设备中,问题仍然存在:能够相信这样的实验或者气泡室图片吗?设备是不是给出了伪造的结果?在粒子物理学中,这些问题从某种意义上讲构成了比年鉴学派所梦想的更加直白的历史故事。因此,在此层面上,关于每个实验结果、每条轨道以及每个信号的数据都必须分类。

有时,可接受性的标准是常规的。事件是否高于特定的能量?附近是否有其他的径迹?其他的测试,通常不是那么的正式,经常用于评定仪器在特定运行或实验中的性能。这样的决定在局外人看来是极其武断的。教科书中不会告诉你成群的物理学家聚集在欧洲核子中心周围反复讨论实验备选方案。这可能是由于那个经久不衰的言论，至少在采集数据的层面上，人为干涉不应该发生在实验中，或者是如果发生了，任一选择标准均应完全符合预先提到的规则。但在这里，像在每一个科学的流程中，实验程序是既不守规则统治也不是武断的。刻板和无序这种错误的二分法是不适用于数据的分类以及所有其他的解决问题的活动。数据采集需要像修改原理应用或设计设备那样多的判断，这是不是让人感到很惊讶？

准确地说，打破常规使得一位历史学家评价艾伯特·迈克尔逊（Albert Michelson）干涉仪“更像是艺术而非科学”，并且引用了一则趣闻赞美迈克尔逊的设备为“如果由迈克尔逊操作的话，这将是一件非同寻常的仪器”。[①] 当迈克尔逊记录道：“经常发生的是，由于一些细微的因素（其中由于受热天花灯弹起）条纹会突然改变位置，在这种情况下，这一系列的观察结果被驳回，另一个新的系列观察开始。”[②]从中得到的教训并不是实验是反复无常的或者实验者是“有偏见的”。而是我们必须将实验室判断从始至终视为实验过程中细微但又至关重要的一部分。迈克尔逊用训练有素的眼睛及双手来估计什么时候甚至其他光学专家都不会注意到的图像中瞬间的振动能成为停止运行的理由。

要总结构成实验活动框架的不同实验与理论约束，带有实例的图表是很有帮助的：

	理论	实验
长期	统一	仪器类型
中期	规范理论	特定设备
短期	模型；现象学原理	个体运行

① Swenson, *Aether* (1972), 64.

② Michelson, “Luminiferous Ether,” *Am. J. Sci.* 22 (1881): 125 - 126.

以这种方式划分理论和实验约束的优点是避免传统的科学印象如同不可分割的网从高深理论降低为观察规律。从哲学角度来说，看起来较高层次的原理对于证明低层次的原理是必要的；然而，在科学实践中实验者很可能会放弃更加抽象以及更高层次的信念而去保持那些低层次的。安德森放弃了“初诞生之啼哭”理论图景，保持低层次的信念不去改变大多数为研究宇宙射线能量而设计的实验程序。巴奈特通过地磁学、古老的量子理论以及完全成熟的量子力学继续他的研究。当支配一切的理论架构被遗弃时，逻辑相关的低层次模型也必定会被摒弃，这不是不可避免的。历史，并不是先验的推理，必须确定在一个可靠的信号与背景的分离过程中这些层次所起到的作用。

由于认识论及史料编纂的原因，我们必须承认实验训练与理论训练、技术以及判断并不是必须同延的。未来，随着自然科学的其他分支经历理论与实验的分裂，我们将需要一个关于理论者与实验者关系的更好的定性描绘。必须在没有暗示他们从未互相影响的情况下，赢得局部自主性。此关系的一个模型可能来自于文化历史，其中历史学家必须定期地努力克服单一社会内多元的亚文化。卡罗・金兹伯格(Carlo Ginzburg)对于一位 16 世纪磨坊主的宇宙学的杰出研究阐明了这个问题。[①] 金兹伯格解释了这位磨坊主是如何收集成熟的基督教神学的片段并将他们植入具体的物质主义的背景中，将创作本身比作奶酪中自然产生的蛆虫。通过探索农民世界观的内部一致性，金兹伯格描绘了一个农民的“低阶”文化，不仅仅是高阶文化的“变形”，也不完全受高雅文化支配。每种文化都会借鉴其他文化，将借鉴的内容转化并合并到其核心内容中。文艺复兴协会同时接受高阶及低阶的文化。同样地，我们可以将更大的物理学科视为同时包含了实验者的文

---

① Ginzburg, *Worms* (1983).

化与物理学家的文化，这两种文化拥有各自的规范标准、对方法的信奉，以及规划的目标。两种文化的区别存在于20世纪大部分时间里，但高能物理学的规模与复杂度已经拉大了存在的差距。

剔除背景

这些不同类别的约束中的每一个都约束着实验室的行动和工作中的实验者看起来符合逻辑的口头结论。每一个都有助于分离出现象并将它们分类。这些约束的持续压迫，或者对他们的接受使得从背景中分离出信号得以持续。

米开朗基罗曾经被问到他是如何雕刻他的大理石雕塑巨作的。这位雕刻家谎称没有什么能够比这更简单了，所有需要的就是去掉不是大卫的一切。在这方面，实验室与制片厂没有太大的不同。如艺术故事所表述的，去除背景这一任务并不附属于确定前景。这两个任务地位相同。恰恰因为这个原因，关于背景分析及争论的讨论显著地出现在开篇。磁场、云室中的湍流，以及中子碰撞便是那些成功或者失败的证明所针对的问题。当背景无法得到恰当的限制时，证明就无法保持完整，就像米开朗基罗的圣马太，在这个作品中，艺术家无法从他的"大理石监狱"中"释放"出他的雕塑。①

在物理学中，从背景中"释放"一种效果的类似过程与上述提到的许多层面的理论相关联。通过关于存在什么样的东西或者什 么东西组合在一起的阐明假设，每个不同层次的理论可以促进或者阻碍一项研究。一名实验者经常会精确地设计一台设备来剔除背景；并且，就像在方向的选择上，可能会剔除今后认为至关重要的现象。在设备的

① De Tolnay, *Michelangelo* (1964), 96ff.

运行中,在记录现象前,在现代的实验中经常会以电子的方式产生进一步的选择。一旦数据记录后,数据的选择再次像区分"好"与"坏"那样区分前景和背景。"坏"结果可以根据很普遍的原理来废弃,比如当能量很明显是不守恒的,或者基于描述过程或设备的现象模型细节。有时,一项结果可以完全不予以考虑因为看上去就是错误的。

虽然对于背景的关注在理论家的心目中可能不是最重要的,但对实验者来说这却是关注的焦点。在 20 世纪 70 年代中期,某些研究者声称他们已经发现与磁单极子的存在相符合的一种信号。作为回应,路易斯·阿尔瓦雷斯凭借一种一般方法论声明提出了关于轻子与光子相互作用的专题讨论。这一方法论声明强调了实验者对于建立合理的证据来对抗备选方案的关注的中心地位。阿尔瓦雷斯强调,声称与理论的一致性构成了一个发现是不够的;这样做违反了"物理法则"。

> 为了说明今早我没有虚构这些"物理法则"这样一个事实,让我们回忆在正电子的发现中的单一关键要素。大多数物理学家会说正电子的发现涉及观察到磁云室中的一个类电子的轨迹偏向错误的方向。但这是不正确的,因为其他人之前曾经看到过类电子在云室中的轨迹弯曲向错误的方向;这种结果是由于电子朝着相反的方向移动……
>
> 安德森伟大的正电子发现完全依赖于他知道正电子移动的方向这一事实……许多观察者看到过与正电子假设一致的粒子,但是安德森是第一位能够否决所有其他备选答案的人。[①]

宣称大卫在石头里是一回事,但能够剔除所有其他的东西是另外一回事。

---

① Alvarez, "Monopole," Stanford (1975), 967 - 968.

现象的直接性、稳定性以及固执性

规程、设计、解释和数据的认可共同铸就了实验的终结。其中的每个环节都影响着一部分证明以及人工物的分离，任何忽视了艰辛过程的科学记述都错过了实验室生活的真实内容。约束偶尔也起到了超乎寻常的作用——至少是在互相竞争的科学家和物理学家实验之后的工作中。这时，其他的物理学家或许会根据一个实验程序或一个理论上的考虑而将一个信号归入背景，或是从无数的背景中分离出一个信号。正因为如此，认为实验只要遵循了固定的实验程序就能够得到确定的实验结果，而实验结果不依赖之前的理论和实验的想法是荒谬的。这本书中到处都是反例。

我想要按照历史学家的方式引入约束的概念来指定限制性并非绝对严格。在这，我对于实验过程的解读明显不同于某些科学社会学家，他们想要将实验室的决策约减为履行主要理论“利益”的行为。中性流的事例是有指导意义的，因为关于中性流已经存在“有力”的社会学解读。首先，社会学观点认为，通过观察所得的推论并不是独一无二的：“加尔加梅勒的实验者的解释实践原则上来说与绝对强制性的同意相距甚远。”[①]短语“原则上来说”的深层含义是很重要的；他指的是一个可能但不需要存在与历史记录中的虚构的论点。

因此，当要捍卫“争论可能永远不会停止”这一观点时，感兴趣的理论家经常会引入这样非历史性的措辞：“每个人可以很容易地想象一位足够坚定的批评者……”他能够对阐释中大量的特定行为假设提出异议。第二，社会学的解释还在继续，因为通过观察或者实验所得

① Pickering, “Against Phenomena,” *Stud. Hist. Philos. Sci.* 15 (1984): 96.

出的理论结论的不充分决定论,需要除理由以外的一些内容来稳固他们的想法。“这种稳定力是什么?”“很简单,”论点总结道,“粒子物学家接受了中性流的存在,因为他们能够看见如何在中性流真实存在的一个世界中有利地从事他们的工作。”[①]更广泛地说,每位科学家都可以选择“通过抛硬币来决定各自的立场”,但是世界并不是那样无规矩的。该如何解释这种一致性?“高能量物理学的世界是由社会产生的”。[②]

实验是否可以还原为这样的利益推演?如我们所看到的,E1A团队有一段时间发现不存在中性流,他们就此写信做出说明,甚至就结果起草了一份文件。直到1973年末,他们一直都相当依赖这份声明。与并不存在中性流这一结论一致的意见会证明他们先前的谨慎是正确的;他们会反驳欧洲核子中心并且否定之前欧洲科学家的结论。因此,重新阅读克莱因1973年12月10日的备忘录是令人感到震惊的。备忘录以简单的陈述开始:“现在我不知道怎样使这个效应消失。”这些话宣告克莱因放弃了他整个职业生涯对于不存在中性流这一理论的信奉。“利益”不得不屈服于那些宣布古老信仰站不住脚的交织的思想聚集以及实证结果,即使那些信仰仍是“逻辑上可能的”。

因此,我认为宣称早期或者后来的弱力理论从任何重要角度来说不可比较或在科学家的陈述中被设想不受测试影响是极其虚伪的。[③]在E1A实验中,在建立广角μ介子损失时有很多的困难,但绝对没有任何测量或者运算涉及格拉肖-温伯格-萨拉姆理论。当然,在现实世界中,背景计算包含理论,但是没有什么内容提到涉及的内容会使物理学家不可能(或者不合理的)从一种信仰,正如许多E1A的成员所

① Pickering, “Against Phenomena,” *Stud. Hist. Philos. Sci.* 15(1984): 87.
② Pickering, *Constructing Quarks* (1984), 406.
③ Pickering, “Against Phenomena,” *Stud. Hist. Philos. Sci.* 15(1984): 409.

做的那样，得出否定起初假设的实验结论。

这一切不是要说科学界的社会学不重要。我们已经看到数据简化、设备设计，以及实验目标是如何经常由科学界的集体信仰形成的。并且这些物理学家毕竟是人，激烈的竞争带给 E1A 以及加尔加梅勒巨大的压力，正如曼(Mann)所说，“在舞台的中央”，所有的注意力都放在提交结果上；当 E1A 没有发现任何中性流时，这毫无疑问地促进了加尔加梅勒团队再次在中心背景上加倍努力并且开展他们的质子串级测试。曼和克莱因之前的经历很明显地有助于推动他们用 13 英寸的钢板重新做实验。但自始至终地，参与者从事于论点的建立：图片推理，运行蒙特卡罗法，按照位置、能量以及角度减少数据，以此来隔离原因与消除备选。

想到安德森放弃了他的资助人密立根的反熵理论；安德森不能不予考虑他曾经观察的高能粒子。密立根控制了加州理工学院的财政大权，他在物理界的权力极大地掩盖了安德森的光彩，并且如我们所见，密立根几近痴迷地信奉他的初诞生理论。当然，安德森的实验与阐释形成于密立根方案塑造的环境中。但是，安德森最终还是提出了异议，因为他自己的数据越来越明显的指出存在的粒子能量远远超过密立根所提出思想的范围。

最后，考虑到斯图尔特、阿维德森以及贝克等没有特殊声望的细心的物理学家，他们都没有提出完全清晰的理论模型来替代轨道电子。然而，他们三个人都接受了 $g = 2$ 这一结果，尽管是全然不顾理论的事实，更不必说爱因斯坦、德哈斯以及巴奈特的结合结果。斯图尔特说：“事实不存在任何问题，因为这不仅仅是通过每条线还要通过每次观察结果来表现。并且，观察结果在数量上及质量上一致。”此结果仍顽固地存在，尽管他已用尽全力去消除：“不可能会造成被认为是理查森效应产生的任何改变，假如事情没有超出可调整的范围。”

他的告诫警示需要技术来保持物品在可调范围。“每个合理的测试都不会改变结果。”然后出现一批针对背景的论点：不管他以何种比率应用于退磁场，冒险也是一样的；180°旋转样品并不会改变风险；在某一个特定的点上增加反向磁场也没有改变结果，符合磁性饱和，并且因此斯图尔特继续下去。①

微观物理学现象，像旋磁效应，并不是能够简单地观察到的；他们需要通过各个层面的实验、理论以及在实验与背景效应之间建立的因果联系等要素作为媒介。然而，效应与实体媒介的品质并不能使他们柔化；实验的结论非常顽固，不会因理论的变化而轻易地改变。在面对变更的条件时，正是这种稳定性给予实验者自己深刻的印象，即使是在理论家提出异议的时候。

我想将这种可靠性用坐标轴来描述：分别代表测量直接性的增加和结果稳定性的增强。直接性②主要指实验室的活动使得实验推理向着包围因果阶梯③的方向前行：对预先估算的背景噪声的测量（比如测试棒的磁化）或者之前对产生同一效果的两个源一同测量，现在则分别对其进行测量（比如斯图尔特为了估算螺线管和地球产生的场而采取的分离测量程序）。或者直接性可以指涉信号本身。开始时斯

---

① Stewart, “Moment,” *Phys. Rev.* 11(1918): 112 - 113.

② 当然，在严格的逻辑意义上，没有“直观”的实验。在此我赞同杜雷・夏沛尔，他以一种反对通常哲学魅力的方式书写了关于对天体物理学的直接观察，他使用“逻辑上可能的物体”并关注在执行实验期间，特殊的背景信息是否存疑。参见 Shapere, “Observation,” *Philos. Sci.* 49(1982): 517，“哲学家，而不是天体物理学家，使用了‘直接观察’一词，这从中心上模糊了对知识的推论性和非推论性研究之区别的重要特征。哲学家着迷于正式逻辑，将‘推论’仅仅看做逻辑词汇；并且在逻辑的意义上，太阳中子案例中包含的计算和推导都必须被归类为‘推论’——就像对背景信息重要性的要求……以使得那些计算和推导成为事实。但是在认识的重要意义上——这种意义在追求知识的过程中是居于中心的——推论被提及是与推理和结论相关联，这些推理和结论我们都有特别的理由相信其是存疑的。”

③ 卡特莱特的《实验主义者的反击》(Empiricist Defense)探索了许多关于实验与因果故事的确定之间关系的话题。

特里特采用符合测量显示粒子可以穿透厚铅板。通过两边分别加了计数器的云室他能够直接显示出单个粒子的穿透。另一个例子来自富塞尔：当他将薄板放入某室后，他能够直接地展示——而非通过大量的爆发式现象推论出——散射粒子通过电子对产生。

通过稳定性我想要表达的是那些改变了实验条件的某些特征的程序：在实验对象、仪器、秩序或者数据分析方面的改变使得结果能够基本不变。每一个变化使得我们很难去假设一个替代的因果说明能够满足所有的观察。

通观本书，焦点已经被放在获得稳定性和直接性的程序。实验者在他们的决定中运用稳定性和直接性的数据将现象分为真实的或人造的。这种历史研究方式必须定期取得有悖于理论家、历史学家、社会学家或哲学家提出的标准的成果是不足为奇的，对于何时实验者"应该"接受某个实体，他们有着自己的标准。例如，中性流事件的"利益分析"因以下两个原因不予考虑亚琛单电子事件的说服力：第一，解释已经开始，是"基于某个单一的事件"，并且

> 我认为展示缺少特定解释实践的强制力是很重要的。因为这是粒子物理学的老生常谈。某个单一事件不能够证明一个新现象的存在，在这方面无需更多的讨论。①

事实上，粒子物理学中的许多过程在发现仅仅一个或两个事件后实验者已经予以接受。在物理学界，并且经常在教科书中重现的一些其他著名的例子有 μ 介子、Ω 超子以及第一个"V"粒子。对于排除单一电子研究的重要性，以社会学角度所给出的第二个原因是这样的：其他的物理学家引用关于此事件的加尔加梅勒报告少于强子中性流报告。但是到现在，在某个实验中满足人们的标准根据外部判断能够

---

① Pickering, "Against Phenomena," *Stud. Hist. Philos. Sci.* 15(1984): 93.

区别于科学家或者哲学家采用的标准是在意料之中的。

准确地说,因为纯粹的轻子通道为此现象提供了一条更加直接的路线。无需任何关于核子内部的秘密或者难以控制的中子背景的假设。许多加尔加梅勒合作者发现有说服力的单电子事例。在某种意义上说,轻子与强子的信号是互补的:轻子信号不够稳定(可再生性差)但更加直接;强子信号更加稳定但不算直接。对于一个作为整体的团队,整合构成了他们的论点。然而,对于加尔加梅勒协作中的许多参与者来说,包括佩金斯(Perkins)、菲斯内尔(Faissner)以及莫芬在内,单电子事例是至关重要的。而对于其他人来说,可爱的画面只是锦上添花。在协作中,这种观点的差异性值得更进一步考虑,并且我们会立刻重新研究。

伊恩·哈金以类似于上述的观点来争论实验实在论。通过关注实验者的干预能力,就像斯图尔特所做的,哈金认为实体是可以有根据的。"就我而言,"哈金说,"我从未过多地去考虑科学实在论,直到一位朋友告诉我一个以发现分数电荷[夸克]而正在进行的实验。""要改变一个测试铌球上的电荷,"哈金的同事继续说,"'我们在铌球上喷上正电子以增加电荷或者喷上电子以减少电荷。'从那天起,我已经成为一名科学实在论者。就我个人而言,如果你能喷涂他们,他们就是真实的。"①

根据哈金所述,介入的特殊力量开始发挥说服作用。因为一旦我们能够使用一个实体来探索新的现象,原来的实体与如此多不同的因果链有关,以至于它以另一种方式再现许多效应是不合理的。我们相信电子因为我们能够制造"使用各种各样的容易理解的电子因果属性

---

① Hacking, *Intervening* (1983), 22 - 23.

去干涉其他更多的自然组成部分的新设备”。[①] 哈金认为这种操作在理论变化的条件下是稳健的，使得电子的讨论在新的属性归因于电子时仍能继续，甚至在若干年后仍不会减弱。

在关于实验的哲学观点中，我最赞同的是哈金的观点。我与他存在分歧的地方是他提高了操作标准使其凌驾于其他所有标准之上。以此，他公开表示对黑洞的怀疑。[②] 然而，如果我们想要重视实验实践，我们需要公开描述证明过程；正是这种公开性由直接性与稳定性这两个共生思想所捕获。哈金脑中的那类操作是稳定性的一个亚种，是在可控条件下，数据反应的一种特定的方式。但是也有实验者发现有说服力的证据的其他方式：直接性取代稳定性，以及稳定性并不涉及干预的论点。让我们先处理其中的第一点，然后在第 6 章中处理第二点。

阿尔瓦雷斯在他的单极言论中选择了安德森的证明正电子存在的方法，他有意识地以一次实验为例，在实验中，实验者不能操作实体；任何人想要像斯坦福直线加速器中心那样喷射正电子需要数十年的时间。事实上，在阿尔瓦雷斯的报告中，他曾经暂停过，目的是谴责那些有其他想法的人：“安德森的发现这一事实是基于一个单一事件，这一单一事件应得到任何一位可能曾经批评过现在观察依赖于单一事件的人的注意。”[③]安德森的证明的力量在于它的直接性，清晰的图片，确定的轨道方向，明显的轨道电离密度，以及明显的轨迹曲率。磁场以光学与拍摄的过程著称。结果，这是决定性的一点，此证明会消除貌似合理的备选方案，例如朝另一方向移动的电子。

安德森的“黄金事件”正电子证明的直接性，在近现代粒子物理学

---

① Hacking, *Intervening* (1983), 265.

② Hacking, *Intervening* (1983), 274ff.

③ Alvarez, “Monopole,” Stanford (1975), 968.

中得以传承。但是证明的其他方面没有呈现在早期的小规模的作坊式的物理学中。因为技术的改变以及物理学家团队对于电脑和工业设备的探索,对特定过程进行协作式聚焦论证对于高能物理学来说是必要的。的确,在几个方面我们的分析已经深入到能够无需面对在20世纪的实验中规模和复杂性的增长。接下来我们来看看这些问题。

第 6 章

规模、复杂性以及实验的终结

论据的组合

按顺序考虑,20 世纪微观物理学实验的三个新时期展现了在规模方面翻天覆地的变化。从早期的平均值设备经过原始的单粒子探测器最终到高能量物理的机械设备,毫不夸张地说,实验工作的物质基础大幅地提高了。通过回顾这三个时期的论据整合,我们可以反思实验规模对于实验终结的意义。

经典仪器中相对便宜的机械设备使 20 世纪早期的实验者可以依靠他们自己的能力来改变设备以应对各种干扰效应。当德哈斯想要与存在于测试气缸与螺线管之间的错位斗争时,他重新组装了设备以便螺线管有形地缠绕在样本上。他的实验因此不受背景的影响,并且他的论据也会通过应对可能面对的反驳而得到巩固。爱因斯坦更加关注另一个难题:当螺线管激活时,样本磁化,在螺线管与磁铁之间可能会有直接的磁相互作用。因此他建立一个电路,凭借短暂剧烈的脉冲而非缓慢平滑的循环来改变螺线管磁场。爱因斯坦和德哈斯有一个非常粗糙的频率仪表;贝克用线和钳夹组装了一个更好的。来自柏林的物理学家必须通过眼睛来测量光波并且不得不放弃一些数据——因为振幅太小而无法感知;贝克组装了一台摄影记录器。每项举措都施加了进一步的约束,共同通过明确区分客观产生的结果与人为造成的结果确立了现象的真实性。

因为平均值仪器受到云室和盖革计数器使用寿命的控制,理论与其一起变得愈发复杂。起初,多量子过程隐藏了预测与实验结果直接的联系。这在奥本海默的簇射计算出现前的一段时间是特别明显的。在他的簇射计算中,单一轨迹与复杂簇射的现象显露无余,但他们对于狄拉克的"高深理论"中的原理的认同远非清晰。在奥本海默提出连接计算方法时,这些计算方法有效地将术语"电子"与"新过程"转化为笔直的成网状的云室轨迹。在实验方面,仪器本身变得愈发复杂,涉及子系统的增加,包括放大器、逻辑电路、继电器以及计数器。当云室物理学家开始将他们的影像手段与电子相结合时,他们必须掌握更为复杂的混合技术。依据麦克斯韦的角度,宇宙射线和放射性实验拥有了新的资源、新的能量传送方法,以及,最重要的是,对古老风格探测方法的彻底颠覆。

尽管在用于研究微观物理学的探测器的复杂程度有着质的增长,但实验的机构并没有大量地增加开销,至少在开始时没有。个人与小的团队仍能够管理实验过程。

在旋磁和宇宙射线实验中,我们看到了证据是如何逐渐地变得有说服力。在建设和论证论据的过程中,没有任何单一步骤足以获得众人的一致认可,但累积的过程却可以实现。实验逐渐结束过程中的这些步骤是如何随着大规模实验的发展而改变的?首先可能是爱因斯坦先前的实验与 E1A 所做实验间明显的类比。论证可能会继续进行，每个人都在努力通过增加结果的直接性和稳定性来确定对结果的约束；团队会改变实验的条件，探索不同的背景，并最终精选出备选方案以缩小可能结论的范围。

这样的重建在几个方面未能成功：第一个层面，规模上巨大的增长阻碍了从根本上改变仪器的打算；第二个层面，在得出实验结论之前许多工作必须在仪器已经运行后开展。因此，不像麦克斯韦的仪器，对于终结一次现代粒子实验的考虑必须估量数据分析在证明中的促进作用。但最惊人的是，错误地将大型粒子物理学实验比作宇宙射线或者经典聚合实验使得早期的个人实验及后继团队浮出水面。我们将依次考虑这些因素。

大量的火花室是很难移动的，也很难改变大小。一旦安装完毕，气泡室或者混合电子探测器是极难改变的，因此当物理学家建造主要的探测器时，他们必须考虑到不仅仅是针对眼下的问题，还要着眼于未来的物理学。但是，如果不能预见到探索新奇现象必要的实验条件，想做到这点是很难的。并且即使有此预见能力，价值数百万美元的仪器也必须根据产生合理结果的即时项目交予资助机构保护。大规模仪器的建设必须调和对于现有物理学的适用性以及适应未知情况的灵活性。

例如，几乎在 E1A 将目标转向为对中性流的研究的同时，协作者意识到他们必须要担心 μ 介子以大角度泄漏，一种在最初的设备设计中无法预期的可能性。如果他们计算规模是以磅为单位而不是吨，那么将火花室的大小扩大一倍就会是很简单的一个问题。反之，装配上更大型的探测器是一项精细的、昂贵的工作，要求实验停止几个星期。建造、测试以及将各种更大的室组装成仪器需要几周的时间。同时，团队减少了钢制 μ 介子外防护的大小，也并非微不足道的任务。

当然，增大的规模在构成证明时有利有弊。最明显的是中微子，因为他们很少发生交互作用,所以他们必须有一个数吨级的目标使其从根本上发生交互作用,越大越好。更微妙的是,加尔加梅勒协作团队成功地在很大程度上为中性流营造了一个有说服力的论据,因为容器对于中子在可视的体积内发生相互作用是足够大的。如果中子发生相互作用的平均距离大于气泡室的面积,粒子会创建与“真正的”中微子碰撞分布相同的无 μ 介子事件。

虽然这些事例是特殊的,但现象是普遍的:物理学的目标需要规模的扩大,但是论据不断地延长从提案到发布的时间,这使得物理学的目标会随着实验的进程而改变。然而,一旦他们建造了一个设备,随着时间的推移实验者将别无选择,只有在老化的设备的物质约束下探求新的问题。

夺回已失去的操作大型机械设备的能力的一种方式是在电脑上模仿他们的行为。在某种意义上,电脑模拟能够使实验者看到——至少通过中央处理器的眼睛能够看到——倘若在地板上是一个更大的火花室,如果防护层更厚,或者数吨的混凝土墙被移除的情况下,将会发生什么。

蒙特卡罗方案能够做的更多。它能够模拟自然界中不可能存在的情况。如果电与磁都不存在的话信号会是什么样的?变化的宇宙是在为实验者服务。加尔加梅勒证明的一部分是这样进行的:假设世界仅仅有荷电流中微子交互作用。会有多少中性流的替代品?从数据上说,他们将处于容器中的什么位置?加尔加梅勒团队的一些成员将多余的测定的替代品通过电脑的模拟,将其视为中性流强有力的证据。类似地,在 E1A,有说服力的证据在于很大一部分显示,当脱离的 μ 介子凭借电脑模式化并且从中性流候选总数中去掉时,就会存在过量的情况。

在某些方面,蒙特卡罗方案的作用就像是理论计算法,而在其他方面则像是实验方法。像一个计算方法时，物理学家根据方程式与数学运算方法写下他们的蒙特卡罗模拟，而不是通过附上表格或者焊接电路板。然而，不像一个计算方法时，从头到尾具有分析性地遵循一个典型的模拟是不可能的，因为太复杂了。相反地，如我们在加尔加梅勒案例以及 E1A 中所见，实验者会比较不同方案的产出就像实验者比较相关实验的结果那样。或者，像在某个实验中，蒙特卡罗记录器能够改变输入参数以求看到相应的运行良好的输出。回想起弗莱(Fry)与海德特证明的重要性，他们的模拟法指出，即使是他们极大地改变了输入参数，级联的中心仍不能对中性流数量作出解释。那么，在这里是对于一种新的在改变设备中未曾发现的稳定性。反之，稳定性的出现是根据新旧蒙特卡罗方案的比较，使用新的参数进行古老的操作，或者甚至是以新颖的方式削减数据。

如果稳定性在高能物理实验中能以一个新的形式存在，那么直接性也会有。贝克能够测量爱因斯坦所计算的数据：当 E1A 团队想要用一个测量好的模型替换他们现有的部分子模型 μ 介子分布时，他们通过从电脑分析的数据中提取数据做到了这点。当加尔加梅勒团队选择用测定的数量替换中子穿透度设想数据时，他们用电脑绘制了相关事件的信息。因此，此类直接性与稳定性仍用于表达使一个证明有力的行动。但是，如今那些步骤的形式以一种完整方式与电脑相结合。

因为电脑模拟取得了新的重要意义，很自然的他们也会引发争议；毕竟，他们其中也存在着理论与试验的假设。μ 介子分布从何而来？混凝土屏蔽层的理想化几何形状是什么样的？应假定什么样的电波？在粒子通过仪器的通道中应使用哪种近似值？所有这些问题的出现是由于物理学家采用模拟的方法来探索正在寻求的结果以及可能会模仿这种结果的背景效应的特点。至于中性流，像在这么多现代粒子物理学实验中,电脑不是一个可选择的用于校对数据的省时装置。电子数据处理既是对于实验规模扩大的应对也是实验规模扩大的来源。直到20世纪60年代末期,电子数据处理已经成为一项实验结束不可分割的一部分。麦克斯韦的三部分组成——能量来源、传递方法以及探测方式——必须由第四阶段来补充,即数据分析,如今从计算误差线提升为对物质与人力资源的主要投入。

合作与交流

在每个考虑到的事例中,实验者间的社会互动对于决定实验如何结束是关键的。安德森与密立根挑战了所有穿透粒子反证的有效性,他们的攻势迫使斯特里特重新组织了实验策略。巴奈特所感受到的来自爱因斯坦的竞争也是同样的例子。当巴奈特最终按照爱因斯坦和德哈斯所做的那样重新组织他的工作时,他很突然地感受到爱因斯坦行星原子模型的数量冲击性。在1915年之前,巴奈特的结论仅仅需要新的机制来描述地磁学;在爱因斯坦的实验后,巴奈特的想法在数量上与电子轨道理论以及爱因斯坦和德哈斯的实验结果相矛盾。作为回应,巴奈特做了所有物理教科书所能教他去做的。他尽可能大地改变了所用仪器的结构,以使新的探索最大程度上不受早期错误资源的影响。教科书中没有提及的是:在改变仪器后,实验者经常会失去细微的控制。经验通常带来熟悉的操作方法以及材料。突然地,巴奈特面对了一次全新的实验安排,使用高敏感度的仪表和陌生的材料。

不是所有的竞争都是平等的。可以想象,巴奈特1917年在俄亥俄州立大学时,与爱因斯坦那个时代相比,当时美国的物理学很明显是没有威信的。当实验结果以小于2的因数区别于先前的结果,并且所得的结果与爱因斯坦的结果一致时,他结束了实验似乎不足为奇。

后来，巴奈特发现他已经成为新系统错误的牺牲品。之所以未曾预料到，是因为这些错误在他之前的实验中是不重要的。总之，改变实验的安排消除了特定背景的同时又引入了其他的。

但是，旋磁和宇宙射线的实验都不会以某一位实验者的结论而结束。在某种程度上是因为研究旋磁效应的研究者同样有着足够多的实验实践，使他们能够把握每项工作的难点并对比背景的处理方式。阿维德森、贝克、爱因斯坦、巴奈特、德哈斯以及斯图尔特构成了一个小的群体，20 多年后的宇宙射线物理学家也是这样。每个人可能都强调过对某项技术的偏爱。但是到了 20 世纪 30 年代中期，密立根、尼德美尔、安德森、斯特里特、斯蒂文森以及富塞尔在一次重要对话中分享了很多想法。例如，斯特里特实际上采用了安德森在一次实验中得出的数据来解释他自己的实验。

实验间竞争的本质随着大规模实验的增加而发生了改变。从一些物理学家开始计划主要的机械设备那一刻起，在实验中便有多重劳动力分工。首先，有一批人从事实验的设计与建设：在 E1A，宾夕法尼亚大学负责建造和测试火花室，哈佛大学负责电子逻辑电路等。单独一个人或者一个实验室是不能监督所有的设备或者保证每个元件的可靠性的。大型探测器的建设和工业或军事系统设计与云室相比有着更多的共同点。

当他们的机械设备开始产生数据时，小组经过重组，不再受实验室的严格组织限制。加尔加梅勒首批对强子中性流感兴趣的小组来自于欧洲核子中心和米兰。相似地，为 E1A 而聚集在一起构建磁铁、火花室以及电子的小组与那些从事不同背景分析的人不是同延的。这样的重组完全是高能物理学中所特有的。从第 4 章中可以获悉，这为什么会发生是很清楚的。追求特定种类数据分析所必须的技术和兴趣并不一定要与那些用于组装、测试、运输以及维护硬件设备的技术和兴趣相同。

为数据分析所做的劳动力分工伴随着在高能量物理中论据建设的社会学的根本性转变。在小规模实验中,显而易见的是特定“发现时刻”的想法令人绝望的不足,因为它隐藏了实验者逐渐消除背景的关键活动。在大型实验中,这个过程不仅仅需要个人遵循,还适用于每个,有时是重叠的子组,其中每个成员都有自己的技术和关注点。

假设我们像探索 μ 介子发现的实验如何终结一样探索加尔加梅勒证明中性流实验的终结过程。中性流实验是如何结束的?是以罗伯特·帕尔默从未还原的图片中得出的“快速但粗略”的计算结果而结束的吗?很明显不是,因为他对于消除中子背景的尝试没有使任何人信服。帕尔默认为中子不能解释效应的观点对于他的同事来说是不充分的:他们必须得到更多的关于图片中光学变形的信息以及更多关于所有事件类型的数据,特别是关于相关事件的。当首批简化数据表明蒙特卡罗展示中性流候选均匀地分布在容器内时,是否可以认为实验已经结束?实验是否以鲁塞的热力学分析而结束,由于它很简易而且不需要任何模拟?实验的终结是否应该归因于弗莱和海德特详细的蒙特卡罗理论终结了中子级联能够延伸中子范围的可能性?

每次努力都以自身的物理假设开始。每次都关注不同的背景或者针对已考虑背景的新方法。如果中性流存在这一小组的结论不是任意单一背景研究的结果,这个结论最佳的描述方式是怎样的?当考虑到宇宙射线时,对于每次都处理不同的背景的许多个体实验的识别使我们错过发现时刻。这证明了对于按照从各种其他物理效应中的信号渐进分化来考虑发现是有用的,有时是通过证明现象的稳定性,有时是通过增加显示的直接性。

在表格顶部的旋磁实验中,我们看到策略的实质变化是如何针对背景来部署可以经常被视为一项独立的实验。例如,回想起爱因斯坦、德哈斯、阿维德森、贝克以及斯图尔特所面对的背景，其中两个主要的背景是由于已磁化的样本的直接相互作用，地球或者螺线管的磁场。这里是实验者为对抗干扰效应而做出的各自的选择：

	地球/M_1	螺线管/M_1
A：爱因斯坦/德哈斯	金属环	人工调准
B：爱因斯坦	金属环	快速脉冲
C：德哈斯	金属环	包裹的螺线管
D：斯图尔特	强制去磁	强制去磁

为便于与更加复杂的实验比较，用正方形代表每个已公布的实验是很有帮助的，如图 6.1 所示。

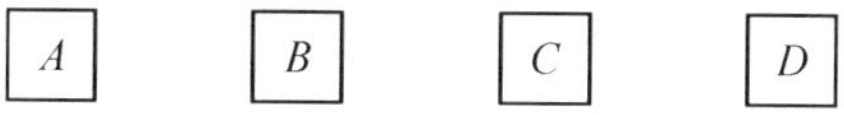

图 6.1　在研究附属专业中独立的子实验

正如在 20 世纪 30 年代那样，随着实验变得越来越复杂，自我支持的分项实验的聚集变得越来越频繁。我们看到这种情况在宇宙射线的实验中发生过，例如，在宇宙射线的试验中，斯特里特制定富塞尔使用为使组合的簇射理论明确而设计的薄板来探索簇射效应；此外，斯特里特指导了斯蒂文森和伍德沃德的工作。安德森、内尔以及皮克林在密立根的指导下工作；之后，安德森指导了尼德美尔的研究工作。通常发表的著作上会同时署有导师和学生的名字。为显示在这类实验中的这种紧密的同盟关系，可能需要附上带有方框的表格来代表实验，如图 6.2 所示。方框 A 可代表密立根，方框 B 可代表早期安德森关于“次级电子能量”的研究，方框 C 可代表内尔的纬度效应测量等。每项辅助调查都用于遵循密立根提出的总体实验项目因果关系的影响。在密立根的案例中，主要的光子假设引起了关于纬度变化以及次级电子能量分布的预测。

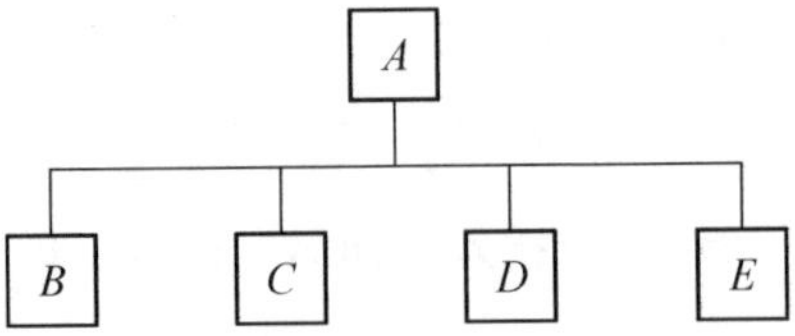

图 6.2 一个研究组内局部独立存在的附属实验

在 E1A 等高能物理实验中,社会、技术以及论证结构本质上要比出现在早期实验中的要复杂得多。起初,有三位主要研究者:鲁比亚、克莱因以及曼恩,每位都负责选择其他的教授、助理教授、博士后学生以及研究生。例如,克莱因选择了一位叫做理查德·伊姆利的博士后学生;曼恩选择了一位叫做梅辛的研究生;鲁比亚则带来了一位名叫苏拉克的助理教授,苏拉克进而在早期数据分析时聘用了参与"第一次"E1A 实验的哈佛研究生。在 E1A 之后的规模更大、时间更近的实验中,这些递阶关系甚至更加明显。在 1983 年的 W 发现实验中,有超过 130 个实验者的署名。① 在欧洲核子中心中针对正负电子的既定实验可能有数百个署名;如果建造超导超级对撞机的话,可能会有超过 400 名物理学家进行同一个实验。

等级制度发展壮大的一个结果是形成政策决定集中化的趋势。只有 E1A 和加尔加梅勒的领导能够决定在何时何地发布结果。例如,只有他们能够决定哈佛-威斯康辛-宾夕法尼亚-费米实验室小组会使用改变的探测器来重复 E1A 实验或者在关于费米实验室会首先进行那项实验的协商中做出方针决策。只有拉加里格、鲁塞以及其他少数人能够就加尔加梅勒应该将安置超级质子同步加速器的决定直接地与欧洲核子中心管理部门讨价还价。随着实验的规模越来越大,类似的决定必须集中到更少的人手中。民主原则除外,很容易看到只

① Arnison et al., "Large-Transverse Energy Electrons," *Phys. Lett.* B 122(1983): 103 - 116.

有很小一部分实验物理学家会指挥重要的高能物理学实验，如果每次实验都需要花费上亿美金。这样的关于物理学结构的集中研究的影响会是很深远的，并且应该细致研究；其他科学分支，包括固体态物理学、生物化学以及天体物理学，快速地朝着更大规模来发展。

子组、论据与历史

不是所有的战后发展都会带着实验者走向集中化。起初可能会显得自相矛盾。科学论断的产生，特别是那些通过数据分析得来的，会经历局部的分散，就像将单独的大型实验移交给各式各样的子组。如果我们简要描述这些子组的结构以及他们的子分析目标，在 E1A 与加尔加梅勒内论据的组成会更加明晰，使我们能够了解一些关于大规模实验本质的大致情况。

E1A 与加尔加梅勒都有各自的领导者：在欧洲的安德烈·拉加里格以及在美国的克莱因、曼恩以及鲁比亚这三位杰出的代表。然后，每个团队再次被拆分：美国派系被分为两个小组，一个在哈佛，另一个吸纳了来自麦迪逊、费米实验室以及宾夕法尼亚大学的人员。在欧洲研究的初期，一个子组集中注意力于强子中性流，而另一个主要致力于单电子搜索。甚至拆分这些子组是因为中性流的测试在主要背景研究上需要许多改变。实验者开始关注描绘高能物理学特性的高度网状的内部结构分项研究（见图 6.3），而非描绘宇宙射线研究特性的实验联盟。

在大西洋两岸，一些参与者由于早期解释过的原因，开始了强烈倾向于相信中性流不存在的实验。以最宽广的角度，加尔加梅勒协作团队分成了两个组，一个主要对强子信号感兴趣，而另一个主要关注轻子信号（见图 6.4）

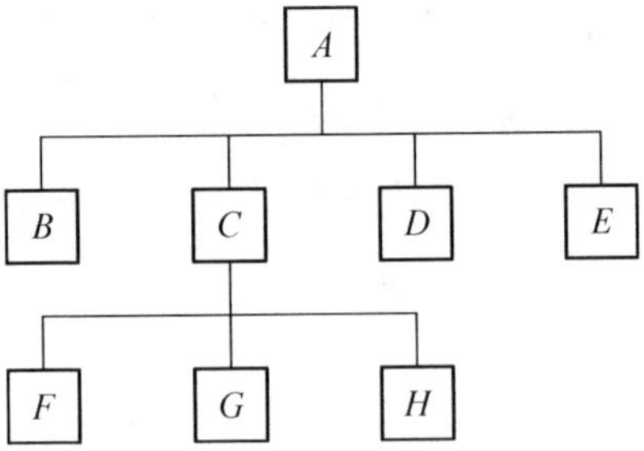

图 6.3　高能物理实验内子组的抽象结构。每个方框选定一类背景研究,最终形成一份内部报告,例如在协作会议中陈述的技术备忘录

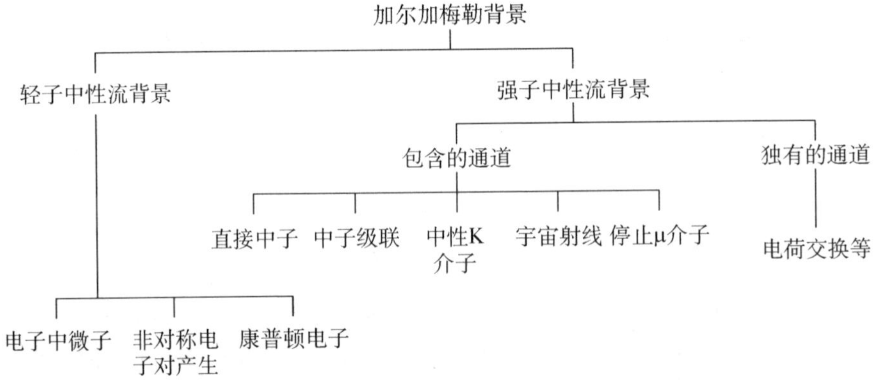

图 6.4　加尔加梅勒中性流背景的广泛示意图。图解了轻子和强子背景与任一背景下的主要任务之间的分离

实际上这些组群是高度复合的;未达到公开于内部发行物的子实验水平,必须再次细分。项目复杂度在于要确定“直接中子”(产生于荷电流的屏蔽下)不能解释类似中性流的事件。只有几个辅助演示是空间分布的论据,热力学平衡的论据,在欧洲核子中心的蒙特卡罗项目和奥赛的固定平均自由路径,以及缪塞、巴尔迪和普利亚提出的独立模型。其他的细分部分在宇宙射线和停止 μ 介子的背景计算范围之内。为了处理级联,小组必须模拟角度、能量以及弹性分布。

重要的是,轻子中性流背景与强子背景几乎没有共同点。特别是，对于单电子搜索，中子的问题并不存在，并且没有任何需要担心的来自原子核内部的复杂化物理学。反而，此证明要求实验团队排除电子中微子、污染束流是可能产生单电子的。此外，他们必须证明光子不应承担创建隐藏了正电子的非对称正电子对的责任，或者是承担将电子从原子中分离并呈现出来的责任。

在大西洋的西岸，E1A 没有什么重大机会去记录中微子电子，即使克莱因考虑过那种可能性。他们的实验沿不同的线路拆分（见图 6.5）。值得注意的是，加尔加梅勒的一些重要背景在 E1A 中被很轻易地排除了。更大的探测器使光子或中子几乎不可能穿透到机械设备用来接收事件的中心空间。

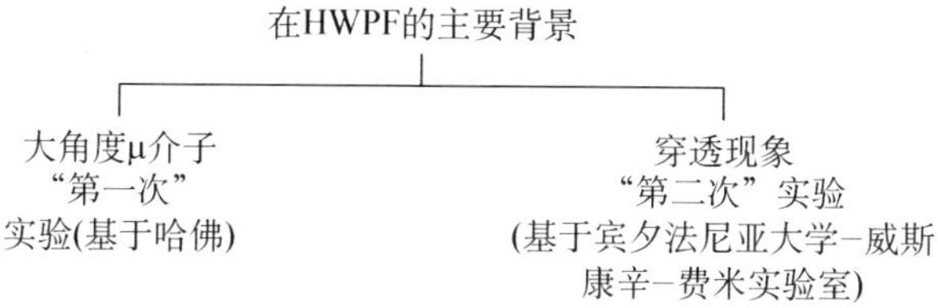

图 6.5　在哈佛-威斯康辛-宾夕法尼亚-费米实验室实验中的两个主要背景互相矛盾。在他们的“第一次”实验中（基于哈佛），几乎没有穿透现象的实验并且更多的关注宽角度 μ 介子。在“第二次”实验中，实验队伍重新调整了硬件以消除或评估可能出现的宽角度 μ 介子问题。在这样做时，他们慢慢地意识到穿透现象已经成为一个重要的问题。

为详细看到协作是如何进行在大角度 μ 介子问题分析中的证明（“第一次”哈佛-威斯康辛-宾夕法尼亚-费米实验室实验），让我们以古典主义者剖析历史的方式拆分为期六周的论证中的步骤。结果是与图 6.4 和 6.5 所示的流程图不同的示意图。图 6.6 揭示了哈佛-威斯康辛-宾夕法尼亚-费米实验室报告的前四稿的演变。我称之为“动态谱系”，称之为“谱系”是因为它借鉴了古典文本在描绘手稿谱系树时的传统，动态是因为我们能看到是如何采用每次修改来增加直接性

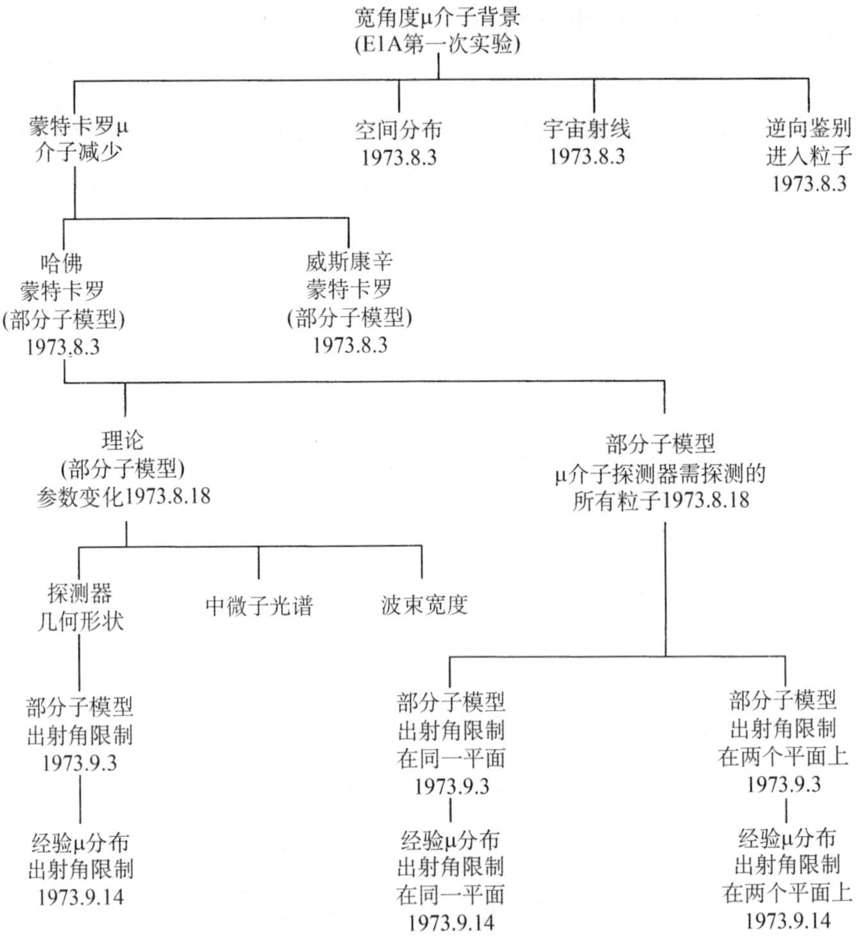

图 6.6 针对在首次(基于哈佛)E1A 实验中出现的宽角度 μ 介子问题动态谱系。日期指的是内部发布的时间。为简略起见,下面只详细说明 μ 介子减少。

和稳定性的。

在 1973 年 8 月 3 日发布的第一版谱系中,实验团队并排设置了哈佛和威斯康辛-蒙特卡罗法;他们得出结果的一致性论证了数据的稳定性。在 8 月 18 日那一版中,实验者通过改变探测器几何形状、中微子光谱以及波束宽度,进行进一步的数据稳定性测试。然后在 9 月 3 日那一版中,协作团队对数据进行了分析,根据每个事件是否在给出的向前水平角或垂直角之外存在射出粒子而做出标记。通过使用电脑,哈佛-威斯康辛-宾夕法尼亚-费米实验室团队将事件分为三类:不受限制事件,一个出射角受限的事件,以及两个出射角均受限的事件。此项积极提出的进一步稳定性测试使结论更加可靠。最后,在 1973 年 9 月 14 日那一版中,协作者能够说明计算出的 μ 介子分布和测量的结果一致,增加了测量的直接性。

这种分析可能对于考虑许多其他的实验是有帮助的,通过提供一种语言来描述发生在从怀疑向证明过渡的阶段的动态过程。但对于高能物理中的大量实验来说,这个过程不会简单。第二份哈佛-威斯康辛-宾夕法尼亚-费米实验室报告中,在论证结构的起源方面甚至比第一份更加复杂。在很大程度上,更多人的参与,以及因此而形成的一个更加复杂的部分重叠的子组网络,使得论据的起源更难追溯。

下面看第二份哈佛-威斯康辛-宾夕法尼亚-费米实验室报告。最初,第二次试验忽视了宽角度的问题;那个问题是通过建造以及对于实验团队来说似乎是降低强子穿透性非常有效的钢板而解决的。是已经解决了吗?很快,穿通现象的解决方案开始在一次次的测试后动摇。测试结果显示一个背景问题的解决方案诱发了另一个问题,大致相同的,巴奈特在修复一个背景的实验的同时,也使它遭受一种新的类似效应的影响。

随着大规模实验被分解为构成实验的小组,一些困难已经解决。在类似的复杂实验中,对于发现在什么是重要的论据,以及什么时间发生的问题中存在这样根本的分歧,我们可能会感觉很困惑。但是一旦实验是已分化的,并且不再将团队视为单独个体,分歧似乎是完全自然的。克莱因会发现一个比鲁比亚和苏拉克的早期蒙特卡罗法更加令人满意的"黄金事件"论据,是不是很让人感到震惊?或者是 $\mu 1$ 分析者(不受宽角度 μ 介子的支配)应该说服 E1A 的一些成员,反之,

$\mu 2$ 数据分割(不受穿通效应支配)应该说服其他人？或者是维来尔、布鲁姆以及奥赛应该相信他们的蒙特卡罗法，反之，弗莱与海德特会信赖他们的方法？或者是佩金斯会对强子中性流比缪塞持有更多的怀疑。

在子组间当然会存在竞争。并且在特定的实验中，有些竞争会得到来自个人、机构或者甚至是国家间对抗的加强。然而，当了解到实验中的个人及子组都有着自己的历史背景、自己的疑惑、自己的专业知识，就不难理解这些竞争的存在。如果某位物理学家过去的经历导致他或她特别担心在某个电子实验中的一种背景影响，他或她可能会在背景影响排除后才会判断证明生效。在理论和实验角度，佩金斯有充足的理由去怀疑能否克服中子的背景影响。单电子事件有意义的发现说服了他。克莱因有着多年处理稀有事件的高分辨率气泡室图片的经验。他应该发现发生“黄金”中性流事件特别有说服力也是合理的。类似这样的事例说明大规模实验的历史不能够像单一想法产生的实验那样书写。我们面对这一种新的历史现象，这一现象必须符合真实、多样的共同体多重结构。

实验论证的构成整体来说延伸到任一个人或任一单体小组所能生产的范围之外。特定小组通过他们提出质疑的角度，明确了与待定义信号相对抗的背景影响。但是实验组总的来说，作为一个整体并相互作用，然后构成了此形式的论证：我们已经看到中性流因为我们已经展示了中性流候选无法归因于中子，无法归因于级联，无法归因于宇宙射线，无法归因于中性 K 介子，诸如此类的各个阶段。没有一位单独的个人完全按照每个蒙特卡罗法的细节去做，也没有任何人检查每个数据搜集的过程。只有作为一个团队，协作者才能归纳子组的实验结果为协调的整体。

在早期的实验中，研讨会为比较实验结果提供了讨论的平台。一般性问题可以在全体会议交谈中得到处理，并且实验的细节可以在专门的部门反复研究。1934 年的伦敦研讨会就是一个很好的例子：对于参与者来说，讨论实验过程的细节是很有意义的，因为来自世界各地的实验团队几乎都在使用相同的工具：云室、盖革计数器、电离室以及符合电路。在 1921 年的索尔维会议中，对于理查德森、德哈斯等人来说是恰当的机会反复研究困难背景问题的细节。关于高能物理当然有全球性的会议。中性流实验者在波恩和普罗旺斯发布过重要的报告。但由于一些原因，最重要的问题不再可以有意图地在公开会议中处理。实验高能物理的转折点，例如决定从部分子转向为中性流研究，要求高改变度结构化的仪器，并且因此必须发生在协作范围内的会议中。

在某种程度上，这是竞争带来的问题。凭借爱因斯坦和德哈斯相对简单的仪器，一组物理学家都处于建议关于可能的方法的状态。理查德森、斯图尔特、爱因斯坦、德哈斯、阿维德森以及贝克都面对着电磁场和磁棒的横向磁矩直接耦合的问题。但是对于加尔加梅勒和 E1A 来说，重要的问题包括详细的计算机模拟，取决于当地条件的特质。加尔加梅勒协作团队以外的人，谁可以有效地判断该模拟是否已经覆盖了符合欧洲核子中心标准的特定建筑中线圈的分布或者混凝土防护层？E1A 以外的人，谁能够评估穿通效应？

完整的合作会议必须以一次会议要基于与会专家的判断尝试做出结论的方式，检查各种背景效应。同时，加尔加梅勒团队决定在 1973 年 3 月召开的一次会议中发布他们的单电子发现。甚至更专业的会议召开，以协作小组的身份聚集在一起为不同事件类别设立标准，并且讨论数据、背景以及设备性能。因此，关于强子子组协作的那两次在巴黎召开的会议意义是重大的，因为这两次会议召集了协作的努力去搜寻中性流。其他的会议涉及的范围更窄，例如从中性流候选中筛选单体事件、宇宙射线以及中子。

为把握共识在共同体内形成的过程,我此前谈到过不断扩展的信念。回顾过去,很明显,事实上有几个扩展圈。在亚琛,一群单电子的热衷者设立必要的论证来说服更大比例的协作团队:从哈泽到菲斯内尔、佩金斯、坎迪、莫芬,并向外扩展到更大的协作范围。从欧洲核子中心和米兰延伸出的下一波信奉者包括缪塞、普利亚以及奥科拉蒂(Osculati),接下来是鲁塞、拉加里格、菲奥里尼,到最后是来自远方的协作者。弗莱和海德特细致的级联计算结果将有说服力的影响延伸到第三批群体。断断续续地,在一个地方突然发现单电子,在别处增量式发展蒙特卡罗法,证明从奇特的新机械设备,通过证明指向"合理的根据"的一个阶段,最终转变为新物理学中一个实证根基。

竞争、会议、自主研究、层级、发表,以及补充论据在一个非常重要的实验中的投入标志着一种新活动的建立。科学生活的每个方面,之前以一个整体发生在实验领域,如今在单独的实验中发现了轨迹。在生物学中,一个庄严的信条充分体现在海克尔(Haeckel)著名的格言中:"胚胎重演律",说的是物种进化史的许多特点在个体胚胎发育中重复出现。在现代实验的历史中,个体实验重述了实验领域显而易见的动力学。在个体大规模实验的发展中,可以发现之前出现于试验间交互作用中的熟悉流程的内部模拟。现在,存在内部竞争、内部会议、内部发表、内部评判方法、内部理论假设以及内部模型建立。

通过聚集、改进、评判以及论据合成,做出了实验终结的决定。这是一个社会过程吗?对于这个问题的答案是绝对肯定的。对实验进行的社会影响随处可见,从计划到接收。竞争形成了应对策略、被迫的决定,并促成了现在立刻停止的决定。然而最重要的是,大规模实验的社会方面体现在分析部门,因为那里是实验的社会与证明结构同时存在的地方。谁担心哪些背景?哪类证明会说服他们?需要什么才能使一个特定的实验小组放弃确定的信念？但是坚持工作组与证明的覆盖结构不会迫使一个人就实验结论的问题站在根本上相对主义者的立场上。

此书的总体主旨是要传达实验是关于有说服力的论据的组合，那些通过他们对于背景因果关系树许多清晰分支的探索能够站得住脚的论据。探索是通过在两个广泛的意义上约束结果而进行，通过改进实验的直接性并使结果更加稳定。并且实验的内容成型于信念强化的阶段。通过将科学描述为可以被分为一个变化无常的发现环境以及一个受规则制约的辩护环境，哲学家可以使唯一真正有趣的实验室科学环境难以理解。现实的实验室生活不属于上述提到的任何一个环境。

在否定赖兴巴哈对于变化无常的发现与受规则制约的辩护之间的划分的过程中，我们的任务既不是要为发现制定理性的规则——最喜欢的哲学消遣方式——也不是要减少对于职业兴趣的海洋表面波的物理论据。手头的工作是要把握关于我们周围世界有说服力论据的构建，即使在缺少逻辑学家的确定性时。

结语

实验以一个矩阵形式的信念开始及终结。一些是形而上学的，其他的则是纲领性的，然而其他的不会比规范的或可视的模型更加普遍。但实验室工作也存在于实践的约束中，这些约束可能很少以理论的方式支持：仪器类型的信仰、实验研究程序的信仰以及关于仪器非常局部的行为，或者每天记录的轨迹、脉冲，以及计数训练有素的个体判断的信仰。阐明这些因素本质上来说是一项历史事业，没有遵循任何固定的规则。

抽去时间来判断安德森的轨迹75为一个正电子没有任何意义;关于此内容教科书的复制品已经去掉了先前使安德森确信云室、磁体、光学以及图像学的经验。实验物理学无法改写为一个逻辑幻象,即所有的从理论上阐明是禁止的直到事实作出最后的结论。实验也不能被简单的模仿,正如在一个街头古玩展览中已经失去了协商价格的合理理由。

当有差异的备选答案活跃时,(如在 $g=1$ 这一结果中,量子电动力学的失败以及无中性流的结果),他们公开了隐藏于存在更少争议时代的实验方法技术。理解这些不同的实验结束的原因显示了受制于约束的论据。经调查,每个决定都暴露了一些历史的踪迹:仪器的历史、竞争的历史、实验风格的历史以及理论假设的历史。

回想起长期的现场工作生涯,克劳德·列维·施特劳斯(Claude Levi-Strauss)停止了对于近乎普遍性的夕阳崇拜的批评。他曾经问过,为什么日落引起了比几何学上类似的日出多出那么多的兴趣?根据人类学家的说法,日出可能表明了某种意义上将要出现的天气。但日落,通过由所做的工作所激起的尘土和水珠发生折射,以浓缩的形式叙述当天完整的故事。一项实验的终结类似日落,在人类的环境中概括与世界合理的邂逅。

附录：中性流论文及作者

此附录列出了与中性流研究直接相关的第一批论文及作者，分别来自加尔加梅勒和哈佛-威斯康辛-宾夕法尼亚-费米实验室实验室的两个研究组。作者在实验论文中注明了其所属机构。

首先是早期最重要的来自欧洲方面的三篇论文。

1. "Search for Elastic Muon-Neutrino Electron Scattering," *Phys. Lett. B* 46(1973): 121 - 124. Received 2 July 1973, appeared 3 September 1973. The groups contributing to this paper were the following:

   为这篇论文作为贡献的包括以下研究组：

   F.J. Hasert, H. Faissner, W. Krenz, J. Von Krogh, D. Lanske, J. Morfín, K. Schultze, and H. Weerts—III. Physikalisches Institut der technischen Hochschule, Aachen, Federal Republic of Germany.

   G. Bertrand-Coremans, J. Lemonne, J. Sacton, W. Van Doninck, and P. Vilain—Inter-university Institute for High Energies, ULB-VUB, Brussels, Belgium.

   C. Baltay, D.C. Cundy, D. Haidt, M. Jaffre, P. Musset, A. Pullia, S. Natali, J.B.M. Pattison, D.H. Perkins, A. Rousset, W. Venus, and H.W. Wachsmuth—CERN, Geneva, Switzerland.

   V. Brisson, B. Degrange, M. Haguenauer, L. Kluberg, U. Nguyen-Khac, and P. Pétiau—Laboratoire de Physique des Hautes

Energies, Ecole Polytechnique, Paris, France.

E. Bellotti, S. Bonetti, D. Cavalli, C. Conta, E. Fiorini, and M. Rollier—Instituto di Fisica dell'Università, Milano, and INFN, Milano, Italy.

B. Aubert, L. M. Chounet, P. Heusse, A. Lagarrigue, A. M. Lutz, and J.-P. Vialle—Laboratoire de l'Accélérateur Linéaire, Orsay, France.

F. W. Bullock, M. J. Esten, T. W. Jones, J. McKenzie, A. G. Michette, G. Myatt, J. Pinfold, and W. G. Scott—University College, University of London, London, England.

2. "Observation of Neutrino-like Interactions without Muon or Electron in the Gargamelle Neutrino Experiment," *Phys. Lett. B* 46(1973): 138 - 140. Received 25 July 1973, appeared 3 September 1973.

为这篇论文作出贡献的包括以下研究组：

F. J. Hasert, S. Kabe, W. Krenz, J. Van Krogh, D. Lanske, J. Morfín, K. Schultze, and H. Weerts—III. Physikalisches Institut der technischen Hochschule, Aachen, Federal Republic of Germany.

G. Bertrand-Coremans, J. Sacton, W. Van Doninck, and P. Vilain—Interuniversity Institute for High Energies, ULB-VUB, Brussels, Belgium.

U. Camerini, D. C. Cundy, R. Baldi, I. Danilchenko, W. Fry, D. Haidt, S. Natali, P. Musset, B. Osculati, R. Palmer, J. B. M. Pattison, D. H. Perkins, A. Pullia, A. Rousset, W. Venus, and H. W. Wachsmuth—CERN, Geneva, Switzerland.

V. Brisson, B. Degrange, M. Haguenauer, L. Kluberg, U. Nguyen-Khac, and P. Pétiau—Laboratoire de Physique des Hautes Energies, Ecole Polytechnique, Paris, France.

E. Bellotti, S. Bonetti, D. Cavalli, C. Conta, E. Fiorini, and M. Rollier—Instituto di Fisica dell'Università, Milano, and INFN, Milano, Italy.

B. Aubert, D. Blum, L. M. Chounet, P. Heusse, A. Lagarrigue,

A.M. Lutz, A. Orkin-Lecourtois, and J.-P. Vialle—Laboratoire de l'Accélérateur Linéaire, Orsay, France.

F.W. Bullock, M.J. Esten, T.W. Jones, J. McKenzie, A.G. Michette, G. Myatt, and W. G. Scott—University College, University of London, London, England.

3. "Observation of Neutrino-like Interactions without Muon or Electron in the Gargamelle Neutrino Experiment," *Nucl. Phys. B* 73(1974): 1 – 22. Received 10 January 1974.

海瑟特与前面所列作者对本篇论文作出了贡献。

两篇哈佛-威斯康辛-宾夕法尼亚-费米实验室首先发表的关于中性流的论文如下：

1. "Observation of Muonless Neutrino-Induced Inelastic Interactions," *Phys. Rev. Lett.* 32(1974): 800 – 803. First version received 3 August 1973; second, slightly revised ver-sion received 14 September 1973; third and final version (shortened and modified from the second) sent 25 February 1974, appeared 8 April 1974.

为这篇论文作出贡献的包括以下研究组：

A. Benvenuti, D. Cline, R. Imlay, and D.D. Reeder—University of Wisconsin, Madison.

D.C. Cheng, R.L. Piccioni, J. Pilcher, C. Rubbia, and L. Sulak—Harvard University, Cambridge, Massachusetts.

W.T. Ford, T.Y. Ling, A.K. Mann, and F. Messing—University of Pennslyvania, Philadelphia.

R. Stefanski-National Accelerator Laboratory, Batavia, Illinois.

2. "Further Observation of Muonless Neutrino-induced Inelastic Interactions," *Phys, Rev. Lett.* 32(1974): 1454 – 57. Received 19 March 1974, appeared 24 June 1974.

为这篇论文作出贡献的包括以下研究组：

B. Aubert—Laboratoire de l'Accélérateur Linéaire, Orsay, France.

A. Benvenuti, D. Cline, R. Imlay, and D.D. Reeder—University of Wisconsin, Madison.

W.T. Ford, T.Y. Ling, A.K. Mann, and F. Messing—University

of Pennsylvania, Philadelphia.

R.L. Piccioni, J. Pilcher, C. Rubbia, and L. Sulak—Harvard University, Cambridge, Massachusetts.

R. Stefanski—National Accelerator Laboratory, Batavia, Illinois.

档案资源缩写对照表

AMP	Alfred K. Mann personal papers. Box of assorted materials on E1A and on miscellaneous earlier experiments.
BC	Hans Albrecht Bethe Collection. Department of Manuscripts and University Archives, Cornell University Libraries.
BP	S. J. Barnett Papers. Carnegie Institution Archives, Washington, D.C. See under "S. J. Barnett."
BSC	*Bohr Scientific Correspondence*. Microfilm copy on deposit in the American Institute of Physics.
CERN-Arch	CERN Archives, Geneva, Switzerland.
CERN-TCL	Internal Report for Gargamelle Collaboration or subgroup thereof within TCL division, CERN.
EA	Einstein Archive. Hebrew University of Jerusalem, Israel.
EdH	Einstein/de Haas Correspondence. These letters are part of a collection of letters I located in Holland with the assistance of A. J. Kox. They had been among the papers left by Geertruida de Haas (née Lorentz). A copy of the collection has been sent to the Hebrew University, Jerusalem.
FP	Wendell Furry Papers. Harvard University Archives.
HFP	Helmut Faissner Papers. Held by Helmut Faissner, Physikalisches Institut der technischen Hochschule, Aachen, Germany.
LP	Director's Correspondence. Theodore Lyman, 1910–38. Harvard University Archives.
LSP	André Lagarrigue Scientific Papers. Laboratoire de l'Accélérateur Linéaire, Orsay. In the possession of D. Morellet.
MC	Millikan Collection. Microfilm copy on deposit at American Institute of Physics, Niels Bohr Library.
MP	Paul Musset Papers. Held by Paul Musset, EP Division, CERN, Geneva, Switzerland.
PP	Robert Palmer Papers. Held by Robert Palmer, Brookhaven National Laboratory, Brookhaven, Long Island, New York.
SP	Jabez C. Street personal papers.
SuP	Lawrence Sulak personal papers.
TM	Technical Memorandum. Usually typed manuscript, photocopied and circulated within the collaboration.

参 考 文 献

Abers, Ernest S., and Lee, Benjamin W. "Gauge Theories." *Phys. Rep.* 9 (1973): 1–141.

Achinstein, Peter. *Concepts of Science: A Philosophical Analysis.* Baltimore: Johns Hopkins University Press, 1968.

Ahlen, S. P. "Theoretical and Experimental Aspects of the Energy Loss of Relativistic Heavily Ionizing Particles." *Rev. Mod. Phys.* 52 (1980): 121–73.

Alff-Steinberger, C.; Heuer, W.; Kleinknecht, K.; Rubbia, C.; Scribano, A.; Steinberger, J.; Tannenbaum, M. J.; and Tittel, K. "K_S and K_L Interference in the $\pi^+\pi^-$ Decay Mode, CP Invariance and the $K_S - K_L$ Mass Difference." *Phys. Lett.* 20 (1966): 207–11.

Allard, J. F.; Aubert, B.; Baglin, C.; Behr, L.; Beilliere, P.; Bezaguet, A.; Brisson, V.; Carlino, L.; Chounet, L. M.; Florent, R.; Hecart, R.; Hennesy, J.; Jacquet, F.; Jauneau, L.; Lagarrigue, A.; Lemesle, G.; Lloret, A.; Lowys, J. P.; Morellet, D.; Musset, P.; Nguyen-Khac, V.; Ohayon, M.; Orkin-Lecourtois, A.; Pascaud, C.; Pétiau, P.; Quéru, P.; Rançon, P.; Reposeur, M.; Rousset, A.; Six, J.; and Veillet, J. J. "Proposition d'une grande chambre à bulles à liquides lourds destinée à fonctionner auprès du synchrotron à protons du CERN." Printed report, Paris and Saclay, summer 1964.

Alvarez, L. W. "Analysis of a Reported Magnetic Monopole." In *Proceedings of the 1975 International Symposium on Lepton and Photon Interactions at High Energies.* Stanford: Stanford Linear Accelerator Center, 1975, 967–79.

Alvarez, L. W. "Round Table Discussion on Bubble Chambers." In *Proceedings of the 1966 International Conference on Instrumentation for High Energy Physics,* Round Table Discussion E, Data Analysis, 271–95. Stanford Linear Accelerator Center, Stanford University, 1966.

Alvarez, Luis, and Compton, Arthur H. "A Positively Charged Component of Cosmic Rays." *Phys. Rev.* 43 (1933): 835–36.

Ampère, A. M. "Mémoire presenté à l'Académie des Sciences, le 2 Octobre 1820, où se trouve compris le résumé de ce qui avait été lu à la même académie les 18 et 25 Septembre 1820, sur les effets des courans électriques." *Ann. Chim. Phys.* 15 (1820): 59–76 and 170–218.

Ampère, A. M. "Mémoire sur la théorie mathématique des phénomènes électro-dynamique uniquement déduite de l'expérience, dans lequel se trouvent réunis les mémoires que M. Ampère a communiqués à l'Académie Royale des Sciences, dans les séances des 4 et 26 décembre 1820, 10 juin 1822, 22 décembre 1823, 12 septembre et 21 novembre 1825." *Mémoire de l'Académie Royale des Sciences de l'Institut de France* 6 (1823, issued 1827): 175–388.

Anderson, C. D. "The Apparent Existence of Easily Deflectable Positives." *Science* 76 (1932):238–39.

Anderson, C. D. "Cosmic-Ray Positive and Negative Electrons." *Phys. Rev.* 44 (1933):406–16.

Anderson, C. D. "Discovery of the Positron." *Sci. Suppl.* 84 (1936):8–9.

Anderson, C. D. "Early Work on the Positron and Muon." *Am. J. Phys.* 29 (1961):825–30.

Anderson, C. D. "The Production and Properties of Positrons." Nobel Prize Lecture of 1936. In *Nobel Lectures, Physics, 1922–1941*, pp. 356–76. Amsterdam: Elsevier, 1965.

Anderson, C. D. "Space Distribution of X-Ray Photoelectrons Ejected from the *K* and *L* Atomic Energy Levels." Ph.D. thesis, California Institute of Technology, 1930.

Anderson, C. D. "Space-Distribution of X-Ray Photoelectrons from the *K* and the *L* Atomic Energy Levels." *Phys. Rev.* 35 (1930):1139–45.

Anderson, C. D. Track Catalog #1. 1–947 [1932–33]. Anderson Papers, California Institute of Technology.

Anderson, C. D. "Unraveling the Particle Content of the Cosmic Rays, Including Discovery of the Positron and Mu Meson." Paper for the International Symposium on Particle Physics, 28–31 May 1980. Fermilab, 1980. Revised version in Brown and Hoddeson, *Birth* (1983).

Anderson, C. D., and Millikan, R. A. "Cosmic-Ray Energies and Their Bearing on the Photon and Neutron Hypotheses." *Phys. Rev.* 40 (1932):325–28.

Anderson, C. D.; Millikan, R. A.; Neddermeyer, Seth; and Pickering, William. "The Mechanism of Cosmic-Ray Counter Action." *Phys. Rev.* 45 (1934):352–63.

Anderson, C. D., and Neddermeyer, Seth H. "Cloud Chamber Observations of Cosmic Rays at 4300 Meters Elevation and Near Sea-Level." *Phys. Rev.* 50 (1936): 263–71.

Anderson, C. D., and Neddermeyer, Seth H. "Energy-Loss and the Production of Secondaries by Cosmic-Ray Electrons." *Phys. Rev.* 46 (1934):325.

Anderson, C. D., and Neddermeyer, Seth H. "Fundamental Processes in the Absorption of Cosmic-Ray Electrons and Pho-tons." In *International Conference on Physics, London, 1934. Nuclear Physics*, vol. 1, pp. 171–87. Cambridge: Cambridge University Press, 1935.

Andrade, E. N. *The Structure of the Atom*. New York: Harcourt Brace & Co., 1924.

Anonymous. First and second referee reports, *Phys. Rev. Lett.*, 16 October 1973, with cover letter from George Trigg to L. R. Sulak. SuP.

Anschütz and Co. *The Anschütz Gyro Compass: History, Description, Theory, Practical Use*. London: Elliot Brothers, 1910.

Arnison, G., et al. "Experimental Observation of Isolated Large–Transverse Energy Electrons with Associated Missing Energy at $\sqrt{s}$ = 540 GeV." *Phys. Lett. B* 122 (1983):103–16.

Arvidsson, G. "Eine Untersuchung Über die Ampèreschen Molekularströme nach der Methode von A. Einstein und W. J. de Haas." *Physikalische Zeitschrift* 21 (1920): 88–91.

Aubert, B.; Benvenuti, A.; Cline, D.; Ford, W. J.; Imlay, R.; Ling, T. Y.; Mann, A. K.; Messing, F.; Piccioni, R. L.; Pilcher, J.; Reeder, D. D.; Rubbia, C.; Stefanski, R.; and Sulak, L. "Search for Neutrino Induced Events without a Muon in the Final

State." Draft, never published. Undated but probably written during first two weeks of November 1973. AMP.

Aubert, B.; Burhop, E. H. S.; Cundy, D. C.; Faissner, H.; Fiorini, E.; Lagarrigue, A.; Pétiau, P.; Rousset, A.; and Sacton, J. (these are the authors of the cover letter). "Amended Draft to the Gargamelle Proposal," 25 February 1970. MP.

Aubert, B.; Ford, W.; Imlay, R.; Ling, T. Y.; and Messing, F. "Subject: 'Further Observations of Muonless . . .' paper." TM, 26 February 1974.

Aubert, B., Ling, T. Y., and Imlay, R. [Punchthrough Probability.] TM, 18 December 1973. Personal papers, R. Imlay.

Aubert, B., et al. "Further Observation of Muonless Neutrino-induced Inelastic Interactions." *Phys. Rev. Lett.* 32 (1974): 1454–57. (For complete reference see appendix.)

Babbage, Charles. *On the Economy of Machinery and Manufactures*. London: Charles Knight, Pall Mall East, 1835.

Baldi, R., and Musset, P. "Analysis of the NC Candidates in ν and $\bar{\nu}$ Run by a Self-contained Method." CERN-TCL/PA/PM/ju, 16 May 1973.

Baltay, C. "Neutrino Interactions II: Neutral Current Interactions and Charm Production." In *Proceedings of the 19th International Conference on High Energy Physics*, edited by S. Homma, M. Kawaguchi, and H. Miyazawa, pp. 882–903. Tokyo: Physical Society of Japan, 1979.

Baltay, C.; Camerini, U.; Fry, W.; Musset, P.; Osculati, B.; and Pullia, A. "Proposal for a Meeting in Paris on Neutral Currents." CERN-TCL, 14 July 1972.

Baltay, C.; Camerini, U.; Fry, W.; Musset, P.; Osculati, B.; and Pullia, A. "Work on Neutral Current Search at Milano and CERN." CERN-TCL, 14 July 1972.

Barboni, E. J. *Functional Differentiation and Technological Specialization in High Energy Physics: The Case of Weak Interactions of Elementary Particles*. Ph.D thesis, Cornell University, New York, 1977.

Barish, B. C. Transparencies from the XVII International Conference on High Energy Physics, London, 1974. Personal papers, B. C. Barish.

Barish, B.C., et al. "Results from the Cal Tech FNAL Experiment." Paper for the Parallel Session on Neutral Currents and Heavy Leptons. In *XVII International Conference on High Energy Physics*, London, 1974, edited by J. R. Smith, pp. IV-111–13. Chilton, Didcot, Oxon: Rutherford Lab, 1974.

Barlow, J.; Blair, I. M.; Conforto, G.; Ferrero, M. I.; Rubbia, C.; Sens, J. C.; Duke, P. J.; and Mann, A. K. "Measurement of the Electron Asymmetry in the Leptonic Decay of Polarized Λ^0." *Phys. Lett.* 18 (1965): 64–68.

Barnard, Frederick. "Machinery and Processes of the Industrial Arts, and Apparatus of the Exact Sciences." In *Reports of the United States Commissioners to the Paris Universal Exposition, 1867*, edited by William P. Blake, vol. 3. Washington: Government Printing Office, 1870.

Barnes, Barry. *Interests and the Growth of Knowledge*. London: Routledge & Kegan Paul, 1977.

Barnes, Barry. *T. S. Kuhn and Social Science*. New York: Columbia University Press, 1982.

Barnett, S. J. "The Angular Momentum of the Elementary Magnet." In *Theories of Magnetism. Bull. Natl. Res. Council* 3, part 3, no. 18 (1922): 235–68.

Barnett, S. J. "Further Experiments on Magnetization by Rotation." In *Proceedings Philosophical Society Washington, J. Washington Acad. Sci.* 11 (1921): 162–63.

Barnett, S. J. "Gyromagnetic Effects: History, Theory and Experiment." *Physica* 13 (1933): 241–68.

Barnett, S. J. "Magnetization by Angular Acceleration." *Science* 30 (1909):413.
Barnett, S. J. "Magnetization by Rotation." *Phys. Rev.* 6 (1915):171–72.
Barnett, S. J. "Magnetization by Rotation." *Phys. Rev.* 6 (1915):239–70.
Barnett, S. J. "The Magnetization of Iron, Nickel and Cobalt by Rotation and the Nature of the Magnetic Molecule." *Phys. Rev.* 10 (1917):7–21.
Barnett, S. J., and Barnett, L. J. H. "Additional Experiments on the Nature of the Magnetic Molecule." *Phys. Rev.* 17 (1921):404–5.
Barnett, S. J., and Barnett, L. J. H. "Improved Experiments on Magnetization by Rotation." *Phys. Rev.* 20 (1922) : 90–91. Abstract 17.
Barnett, S. J., and Barnett, L. J. H. "New Researches on the Magnetization of Ferromagnetic Substances by Rota- tion and the Nature of the Elementary Magnet." In *Proc. Am. Acad. Arts Sci.* 60 (1925):125–216.
Beck, E. *Absolute Messungen über den Peltier-Effect*. Ph.D. thesis, University of Zurich, 1910.
Beck, E. "Zum experimentellen Nachweis der Ampèreschen Molekularströme." *Ann. Phys.* 60 (1919):109–48.
Beier, E.; Buchholz, D. A.; Mann, A. K.; and Parker, S. H. "Search for Doubly Charged Weak Currents through $K^+ \to \pi^- e^+ \mu^+$." *Phys. Rev. Lett.* 29 (1972): 678–82.
Beier, E. W.; Cline, D.; Mann, A. K.; Pilcher, J.; Reeder, D. D.; and Rubbia, C. "Harvard-Pennsylvania-Wisconsin Collaboration NAL Neutrino Proposal." Draft HWP proposal, HUEP-17, 1970. Addendum, July 1970.
Bell, J. S., Løvseth, J., and Veltman, M. "CERN Neutrino Experiment: Conclusions." In *Proceedings of the Sienna International Conference on Elementary Particles, 30 September–5 October 1963,* vol. 1, pp. 584–90. Bologna: Società Italiana di Fisiça, 1963.
Benvenuti, A.; Cheng, D.; Cline, D.; Ford, W. T.; Imlay, R.; Ling, T. Y.; Mann, A. K.; Messing, F.; Pilcher, J.; Reeder, D. D.; Rubbia, C.; and Sulak, L. "Early Observation of Neutrino and Antineutrino Events at High Energies." *Phys. Rev. Lett.* 30 (1973):1084–87.
Benvenuti, A.; Cline, D.; Imlay, R. L.; Ford, W.; Mann, A. K.; Pilcher, J. E.; Reeder, D. D.; Rubbia, C.; and Sulak, L. R. Letter to R. R. Wilson, 14 March 1972. AMP.
Benvenuti, A., et al. "Observation of Muonless Neutrino-induced Inelastic Interactions." *Phys. Rev. Lett.* 32 (1974):800–803. First draft hand-delivered to George L. Trigg, 3 August 1973. SuP. Second draft typescript labeled "New 9-14-73." SuP. Third draft returned to *Phys. Rev. Lett.* 25 February 1974 with cover letter from A. K. Mann. AMP. (For complete reference see appendix.)
Berg, Maxine. *The Machinery Question and the Making of Political Economy, 1815–1848*. Cambridge: Cambridge University Press, 1980.
Bernardini, G. "The Discovery of μ-Meson among the Cosmic Rays." Paper for International Symposium on Particle Physics, May 28–31, 1980, Fermilab. Revised as "The Intriguing History of the μ Meson." In Brown and Hoddeson, *Birth* (1983).
Bernardini, G. "Weak Interactions." In *Proceedings of the International School of Physics "Enrico Fermi" Course XXXII,* pp. 1–51. New York: Academic Press, 1966.
Bernardini, G.; Bienlein, H.; von Dardel, G.; Faissner, H.; Ferroro, F.; Gaillard, J. M.; Gerver, H. J.; Hahn, B.; Kaftanov, V.; Krienen, F.; Manfredotti, M.; Reinharz, M.; Salmeron, R. A.; and Stein, J. "Search for Charged Lepton Pairs in High

Energy Neutrino Interactions." In *XII International Conference on High Energy Physics,* Dubna, 5–15 August 1964, pp. 24–28. Moscow: Atomizdat, 1966.
Bernstein, Jeremy. *Hans Bethe, Prophet of Energy.* New York: Basic Books, 1980.
Bethe, H. "Bremsformel für Elektronen relativistischer Geschwindigkeit," *Z. Phys.* 76 (1932):293–99.
Bethe, H. "Discussion" of B. Rossi's "Some Results Arising from the Study of Cosmic Rays." In *International Conference on Physics, London, 1934. Nuclear Physics,* vol. 1, pp. 247–59. Cambridge: Cambridge University Press, 1935.
Bethe, H. "The Happy Thirties." In *Nuclear Physics in Retrospect, Proceedings of a Symposium on the 1930's,* edited by Roger H. Stuewer, pp. 9–31. Minneapolis: University of Minnesota Press, 1979.
Bethe, H. "Zur Theorie des Durchgangs schneller Korpuskularstrahlen durch Materie." *Ann. Phys.* 5 (1930):325–400.
Bethe, H., and Heitler, W. "On the Stopping of Fast Particles and on the Creation of Positive Electrons." *Proc. R. Soc. London, Ser. A* 146 (1934):83–112.
Bhabha, H. J., and Heitler, W. "Passage of Fast Electrons through Matter." *Nature* 138 (1936):401.
Bingham, H. H.; Burmeister, H.; Cundy, D.; Innocenti, P. G.; Lecourtois, A.; Møllerud, R.; Myatt, G.; Paty, M.; Perkins, D.; Ramm, C. A.; Schultze, K.; Sletten, H.; Soop, K.; Voss, R. G. P.; Yoshiki, H. "CERN Neutrino Experiment—Preliminary Bubble Chamber Results." In *Proceedings of the Sienna International Conference on Elementary Particles, 30 September–5 October 1963,* vol. 1, pp. 554–70. Bologna: Società Italiana di Fisica, 1963.
Bjorken, J. D., and Paschos, E. A. "Inelastic Electron-Proton and γ-Proton Scattering and the Structure of the Nucleon." *Phys. Rev.* 185 (1969):1975–82.
Blackett, P. M. S. *Cosmic Rays.* Halley Lecture, 5 June 1936. Oxford: Clarendon Press, 1936.
Blackett, P. M. S., and Occhialini, G. "Photography of Penetrating Cosmic Radiation." *Nature* 130 (1932):363.
Blackett, P. M. S., and Occhialini, G. "Some Photographs of the Tracks of Penetrating Radiation." *Proc. R. Soc. London, Ser. A* 139 (1933):699–720.
Bloch, M.; Lagarrigue, A.; Rançon, P.; and Rousset, A. "A 300-Liter Heavy Liquid Bubble Chamber." *Rev. Sci. Instr.* 32 (1961):1302–7.
Block, M. M.; Burmeister, H.; Cundy, D. C.; Eiben, B.; Franzinetti, C.; Keren, J.; Møllerud, R.; Myatt, G.; Nikolic, M.; Orkin-Lecourtois, A.; Paty, M.; Perkins, D. H.; Ramm, C. A.; Schultze, K.; Setten, H.; Soop, K.; Stump, R.; Venus, W.; and Yoshiki, H. "Neutrino Interactions in the CERN Heavy Liquid Bubble Chamber." *Phys. Lett.* 12 (1964):281–85.
Bloor, David. *Knowledge and Social Imagery.* Boston: Routledge & Kegan Paul, 1976.
Blum, D. "Simulation dans Gargamelle d'un bruit de fond de neutrons produits par le faisceau de neutrinos." Orsay, TM, 11 September 1973.
Böhm, A.; Darriulat, P; Grosso, C.; Kaftanov, V.; Kleinknecht, K.; Lynch, H. L.; Rubbia C.; Ticho, H; and Tittel, K. "On $K_L - K_S$ Regeneration in Copper." *Phys. Lett. B* 27 (1968):594–98.
Bohr, N. "On the Decrease of Velocity of Swiftly Moving Electrified Particles in Passing through Matter." *Philos. Mag.* 30 (1915):581–612.
Bohr, N. "On the Quantum Theory of Radiation and the Structure of the Atom." *Philos. Mag.* 30 (1915):394–415.

Bohr, N. "On the Theory of the Decrease of Velocity of Moving Electrified Particles on Passing through Matter." *Philos. Mag.* 25 (1913): 10–31.
Born, Max. "On the Quantum Theory of the Electromagnetic Field." *Proc. R. Soc. London, Ser. A* 143 (1934): 410–37.
Bothe, W., and Kolhörster, W. "Das Wesen der Höhenstrahlung." *Z. Phys.* 56 (1929): 751–77.
Braithwaite, R. B. *Scientific Explanation.* Cambridge: Cambridge University Press, 1953.
Braudel, Fernand. *On History.* Chicago: University of Chicago Press, 1980.
Braudel, Fernand. *The Mediterranean and the Mediterranean World in the Age of Philip II.* New York: Harper & Row, 1972.
Briedenbach, M., Friedman, J. I., and Kendall, H. W. "Observed Behavior of Highly Inelastic Electron-Proton Scattering." *Phys. Rev. Lett.* 23 (1969): 935–39.
Bromberg, Joan. "The Concept of Particle Creation before and after Quantum Mechanics." *Hist. Stud. Phys. Sci.* 7 (1976): 161–91.
Brown, Laurie. "Yukawa's Prediction of the Meson." *Centaurus* 25 (1981): 71–132.
Brown, Laurie, and Hoddeson, Lillian, eds. *The Birth of Particle Physics.* Cambridge: Cambridge University Press, 1983.
Buchwald, Jed Z. "Matter, the Medium and Electrical Current: A History of Electricity and Magnetism from 1842 to 1895." Ph.D. thesis, Harvard University, 1974.
Buchwald, Jed Z. *From Maxwell to Microphysics: Aspects of Electromagnetic Theory in the Last Quarter of the Nineteenth Century.* Chicago: University of Chicago Press, 1985.
Bullock, F. W. Transparencies for Bonn Conference. Personal papers, F. W. Bullock.
Cahan, David L. *The Physikalisch-Technische Reichsanstalt: A Study in the Relations of Science, Technology and Industry in Imperial Germany.* Ph.D. thesis, Johns Hopkins University, Baltimore, 1980.
Camerini, U. Computer program. QQ61 16TCL batch EO, 6 August 1972, time: 14:57:01. MP.
Camerini, U.; Cline, D.; Fry, W. F.; and Powell, W. M. "Search for Neutral Leptonic Currents in K^+ Decay." *Phys. Rev. Lett.* 13 (1964): 318–21.
Carlson, J. F., and Oppenheimer, J. R. "On Multiplicative Showers." *Phys. Rev.* 51 (1936): 220–31.
Carnap, Rudolf. "Protocol Statements and the Formal Mode of Speech." In *Essential Readings in Logical Positivism,* edited by O. Hanfling. Oxford: Blackwell, 1981.
Cartwright, N. "An Empiricist Defense of Singular Causes." Forthcoming.
Cassidy, D. C. "Cosmic Ray Showers, High Energy Physics, and Quantum Field Theories: Programmatic Interactions in the 1930's." *Hist. Stud. Phys. Sci.* 12 (1981): 1–39.
Cavendish, H. "To Determine the Density of the Earth." *Philos. Trans.* 18 (1809): 388–408.
Central Scientific Co. *Central Scientific Co. Laboratory Apparatus Catalog C, No. 218.* Chicago: Central Scientific Co., 1918.
CERN. Annual Reports, 1964, 1965. CERN.
CERN. "European Organization for Nuclear Research." September 1981. CERN/PU-ED 81-8.
CERN Finance Committee. "Adjudication for the Design and Construction of Scanning Tables for Gargamelle." Finance Committee, Ninety-Eighth Meeting, 18 June 1969. CERN/FC/1149, 30 May 1969.

CERN Finance Committee. "Broad Outlines of a Draft Agreement between CERN and the C.E.A. for Gargamelle." Finance Committee, Sixty-Seventh Meeting, 3–4 May 1965. CERN/FC/770, 23 April 1965.

CERN Scientific Policy Committee. "Future of Bubble Chambers at CERN and in Europe." Scientific Policy Committee, Thirty-Third Meeting, 16 February 1965. CERN/SPC/194, 10 February 1965.

CERN Scientific Policy Committee. "Recommendations of the Scientific Policy Committee to the Council." Twenty-ninth Session of the Council. CERN/576, 10 March 1965.

Chattock, A. P., and Bates, L. F. "On the Richardson Gyromagnetic Effect." *Philos. Trans.* 223A (1922): 257–88.

Christenson, J. M.; Cronin, J. W.; Fitch, V. L.; and Turlay, R. "Evidence for the 2π Decay of the K_2^0 Meson." *Phys. Rev. Lett.* 13 (1964): 138–40.

Cline, D. "Are We Seeing a μless Signal at the Level of 10%?" University of Wisconsin, Madison, TM, 13 December 1973.

Cline, D. "Data Reported at NAL Talk, December 6, 1973." University of Wisconsin, Madison, TM, 13 December 1973, with photocopied transparencies from NAL colloquium, 6 December 1973.

Cline, D. "E1A Detector Modifications for September–December Neutrino Runs." University of Wisconsin, Madison, TM, undated (probably late summer 1973).

Cline, D. "Experimental Search for Weak Neutral Currents." Reprinted from the Ecole Internationale de la Physique des Particules Elémentaires, held in Heceg Novi, Yugoslavia, 1967.

Cline, D. "Performance of Revised E1A Detector for μ-less Event Search." University of Wisconsin, Madison, TM, 1 October 1973.

Cline, D. "Statistical Analysis of the μless Events from the Test Run." University of Wisconsin, Madison, TM, 11 October 1973.

Cline, D. *A Study of Some Rare Decay Modes of the Positive Kaon.* Ph.D. thesis, University of Wisconsin, Madison, 1965.

Cline, D. "Unified Analysis of the μless Events in the November–December Runs." University of Wisconsin, Madison, TM, 16 October 1973.

Cline, D., and Fry, W. F. "Neutrino Scattering and New-Particle Production." *Ann. Rev. Nucl. Sci.* 27 (1977): 209–78.

Cline, D.; Jeenicke, E.; Mann, A.; McFarland, A.; Reeder, D.; and Rubbia, C. "Minutes of [Neutrino] Meeting." 7 November 1970 at Harvard University. Unsigned notes by D. Reeder. Reeder, personal papers.

Cline, D. and Ling, T. "Observation of Electron Neutrino Interactions in the μless Sample of Events." TM, 13 November 1973.

Cline, D., and Mann, A. K. "Preliminary Version of a Proposal for Neutrino Scattering Experiments at NAL." Draft NAL proposal, 18 December 1969.

Cline, D., Mann, A. K., and Rubbia, C. "Detection of the Weak Intermediate Boson through Its Hadronic Decay Modes." *Phys. Rev. Lett.* 25 (1970): 1309–12.

Cohen-Tannoudji, Claude; Diu, Bernard; and Laloë, Franck. *Quantum Mechanics.* Vol. 1. New York: Wiley, 1977.

Coleman, Sidney. "The 1979 Nobel Prize in Physics." *Science* 206 (1979): 1290–92.

Collins, H. M. "The Seven Sexes: A Study in the Sociology of Phenomenon, or the Replication of Experiments in Physics." *Sociology* 9 (1975): 205–24.

Collins, H. M. "Son of Seven Sexes: The Social Destruction of a Physical Phenomenon." *Soc. Stud. Sci.* 11 (1981): 33–62.

Collins, H. M. "The TEA Set: Tacit Knowledge and Scientific Networks." *Sci. Stud.* 4 (1974): 165–86.
Commins, Eugene D. *Weak Interactions*. New York: McGraw-Hill, 1973.
Commissariat à l'Energie Atomique and CERN. Contract between CEA and CERN. Contract 7.275/r Gargamelle. Signed 2 December 1965. CERN–Arch. Diradm F434.
Compton, A. H. "A Geographic Study of Cosmic Rays." *Phys. Rev.* 43 (1933): 387–403.
Compton, A. H., and Bethe, H. A. "Composition of Cosmic Rays." *Nature* 134 (1934): 734–35.
Conforto, G.; Conversi, M.; di Lella, L.; Penso, G.; Rubbia, C.; and Toller, M., "Search for Neutrinoless Coherent Nuclear Capture of μ-Mesons." *Nuovo Cimento* 26 (1962): 261–82.
Conversi, M.; Di Lella, L.; Egidi, A.; Rubbia, C.; and Toller, M. "Search for Electrons from Muon Capture." *Nuovo Cimento* 18 (1960): 1283–86.
Corson, D. R., and Brode, R. B. "Evidence for a Cosmic Ray Particle of Intermediate Mass." *Phys. Rev.* 53 (1938): 215.
CPS Staff (CERN). "The CPS Improvements, 1965–1973, An Assessment," pp. 524–28. In *Proceedings of the 9th International Conference on High Energy Accelerators,* Stanford Linear Accelerator Center, 1974. Stanford: SLAC, 1974.
Cronin, James W. "CP Symmetry Violation—The Search for Its Origin." *Rev. Mod. Phys.* 53 (1981): 373–83.
Cundy, D. C. "Minutes of the Neutrino Collaboration Meeting, 30 January 1973." CERN-TCL/PA/DCC/ju, 6 February 1973.
Cundy, D. C. "Minutes of the Neutrino Collaboration Meeting Held on 21st March 1973 at CERN." CERN-TCL/PA/DCC/fu, 26 March 1973.
Cundy, D. C. "Minutes of the Neutrino Collaboration Meeting Held at CERN on 11th and 12th April 1973." CERN-TCL/PA/DCC/PM/fv, 17 April 1973.
Cundy, D. C. "Minutes of the Neutrino Collaboration Meeting Held at CERN on 17th May 1973 at CERN [sic]." CERN-TCL, 21 May 1973.
Cundy, D. C. "Plenary Report on Neutrino Physics." In *XVII International Conference on High Energy Physics, London, 1974,* edited by J. R. Smith, pp. IV-131–48. Chilton, Didcot, Oxon: Rutherford Lab, 1974.
Cundy, D. C. Presentation of the work of M. M. Block et al. "Progress Report on Experimental Study of Neutrino Interactions in the CERN Heavy Liquid Bubble Chamber." In *XII International Conference on High Energy Physics,* Dubna, 5–15 August 1964, pp. 7–15. Moscow: Atomizdat, 1966.
Cundy, D. C. "Search for Weak Neutral Current Processes at CERN Using Gargamelle." CERN-TCL/PA/DCC/ju, 6 March 1973.
Cundy, D. C., and Baltay, C. "Purely Leptonic Neutral Currents." CERN-TCL/PA/DCC/CB/fv, 11 July 1972.
Cundy, D. C., and Haguenauer, M. "Résumé of the Gargamelle Neutrino Collaboration Meeting on March 2 and 3 1972." CERN-TCL/PA/DC/MH/ju, 9 March 1972.
Cundy, D. C.; Myatt, G.; Nezrick, F. A.; Pattison, J. B. M.; Perkins, D. H.; Ramm, C. A.; Venus, W.; and Wachsmuth, H. W. "Upper Limits for Diagonal and Neutral Current Couplings in the CERN Neutrino Experiments." *Phys. Lett. B* 31 (1970): 478–80.
Danby, G.; Gaillard, J.-M.; Goulianos, K.; Lederman, L. M.; Mistry, N.; Schwartz, M.; and Steinberger, J. "Observation of High-Energy Neutrino Reactions and the Existence of Two Kinds of Neutrinos." *Phys. Rev. Lett.* 9 (1962): 36–44.

Darriulat, P.; Ferrero, M. I.; Grosso, C.; Holder, M.; Pilcher, J.; Raddermacher, E.; Rubbia, C.; Scire, M.; Staude, A.; and Tittel, K. "Search for $K_L \rightarrow \mu^+\mu^-$ Decay." *Phys. Lett. B* 33 (1970): 249–52.

Darwin, C. G. "A Theory of the Absorption and Scattering of the α Rays." *Philos. Mag.* 23 (1912): 901–20.

Dauphiné libéré. "En souvenir de M. Paul Musset." 26 September 1985.

Davidson, Martin, ed. *The Gyroscope and Its Applications*. London: Hutchinson's Scientific and Technical Publications, 1947.

Day, J. S., Krisch, A. D., and Ratner, L. G. *History of the ZGS*. AIP Conference Proceedings, no. 60. New York: American Institute of Physics, 1980.

De Tolnay, Charles. *The Art and Thought of Michelangelo*. New York: Pantheon Books, 1964.

Deutsch, M. "Evidence and Inference in Nuclear Research." *Daedalus* (fall 1958): 88–98.

Duhem, Pierre. *The Aim and Structure of Physical Theory*. New York: Atheneum, 1977.

Dunham, J. L. "Harvard Cosmic Ray Expedition." 5 December 1932. LP. File "Merriam."

Eddington, Arthur Stanley. *The Internal Constitution of the Stars*. Cambridge: Cambridge University Press, 1926.

Einstein, A. *Albert Einstein–Michele Besso Correspondence, 1903–1955*. Translated and edited by P. Speziali. Paris: Hermann, 1972.

Einstein, A. "Ein einfaches Experiment zum Nachweis der Ampèreschen Molekularströme." *Verhandlungen der Deutschen Physikalischen Gesellschaft*, Berichte 14, 18 (1916): 173–77.

Einstein, A. "Experimenteller Nachweis der Ampèreschen Molekularströme." *Naturwiss*. 3 (1915): 237–38.

Einstein, A. "Expert Opinion." Cited in "Anschütz, Patent Opinion," EA 35-385-1 to 385-18, 12 August 1918.

Einstein, A. "H. A. Lorentz, His Creative Genius and His Personality." In *H. A. Lorentz: Impressions of His Life and Work*, edited by G. de Haas (née Lorentz). Amsterdam: North-Holland Publishing Co., 1957.

Einstein, A. "Über die Entwicklung unserer Anschauung über das Wesen und die Konstitution der Strahlung." *Physikalische Zeitschrift* 10 (1909): 817–26.

Einstein, A., and Haas, W. J. de. "Experimental Proof of the Existence of Ampère's Molecular Currents." *Koninklijke Akademie van Wetenschappen Te Amsterdam* 18 (1916): 696–711.

Einstein, A., and Haas, W. J. de. "Experimenteller Nachweis der Ampèreschen Molekularströme." *Verhand-lungen der Deutschen Physikalischen Gesellschaft*, Berichte 13, 17 (1915): 152–70.

Einstein, A., and Haas, W. J. de. "Proefondervindelijk bewijs voor het bestaan der moleculaire stroomen van Ampère." *Koninklijke Akademie van Wetenschappen Te Amsterdam, Verslagen der Afdeeling Natuurk*. 23 (1914/15): 1449–64.

Einstein, A., and Stern, O. "Einige Argumente für die Annahme einer molekularen Agitation beim absoluten Nullpunkt." *Ann. Phys*. 40 (1913): 551–60.

Ellis, Susanne D. "Graduate Student Surveys," R-207, and "Employment Survey 1983," R-282.7. New York: American Institute of Physics, Manpower Statistics Division.

Everitt, C. W. Francis. "James Clerk Maxwell." In *Dictionary of Scientific Biography*, edited by C. Gillispie, vol. 9, pp. 198–230. New York: Charles Scribner's Sons, 1981.

Everitt, C. W. Francis. *James Clerk Maxwell: Physicist and Natural Philosopher.* New York: Charles Scribner's Sons, 1975.

Everitt, C. W. Francis, and Hacking, I. "Theory or Experiment, Which Comes First?" Unpublished typescript.

Faissner, Helmut. "Weak Neutral Currents Unveiled." In *New Phenomena in Lepton-Hadron Physics,* edited by D. Fries and J. Wess, pp. 371–432. New York: Plenum Press, 1979.

Feinberg, Gerald. "Theory of Weak Interactions at High Energy." In *Brandeis Summer Institute in Theoretical Physics. Lectures on Astrophysics and Weak Interactions, 1963,* vol. 2, pp. 278–375. Boston: Colony Offset, 1964.

Fermi, E. "Versuch einer Theorie der β-Strahlen." *Z. Phys.* 88 (1934): 161–71.

Feynman, R. P. "The Behavior of Hadron Collisions at Extreme Energies." In *Third International Conference on High Energy Collisions, State University of New York, Stony Brook, 1969,* edited by C. N. Yang, J. A. Cole, M. Good, R. Hwa, and J. Lee-Franzini. New York: Gordon & Breach, 1969.

Feynman, R. P. "Conference Summary." In *Neutrinos—1974.* American Institute of Physics Conference Proceedings, 26–28 April 1974, Philadelphia, edited by C. Baltay. No. 22, Particles and Fields, subseries no. 9, pp. 299–327. New York: American Institute of Physics, 1974.

Feynman, R., and Gell-Mann, M. "Theory of the Fermi Interaction." *Phys. Rev.* 109 (1958): 193–98.

Fiorini, E. "The Gargamelle Users' Meeting, Milan, 11 and 12 October 1968." CERN-TCC/68-40 NPA-GAR/69-1.

Fiorini, E. (chairman). *Proceedings of the Meeting on Future Experiments with Gargamelle.* London, 3 and 4 June 1971. CERN-TCC/71-31. TCL/GAR/71-4, 27 August 1971.

Fiorini, E. "Report to the Track Chamber Committee by the Chairman of the Gargamelle Users' Committee." CERN-TCC/68-18 NPA-GAR/68-6.

Fitch, Val L. "The Discovery of Charge-Conjugation Parity Asymmetry." *Rev. Mod. Phys.* 53 (1981): 367–71.

Flückiger, Max. *Albert Einstein in Bern.* Bern: Haupt, 1974.

Ford, W. T., and Mann, A. K., "Method to find R_{corr} *(N/C)* with Minimum Reliance on Monte Carlo Calculations." University of Pennsylvania, TM, 28 November 1973.

Forman, Paul. "Alfred Landé and the Anomalous Zeeman Effect." *Hist. Stud. Phys. Sci.* 2 (1970): 153–261.

Forman, Paul. *The Environment and Practice of Atomic Physics in Weimar Germany: A Study in the History of Science.* Ph.D. thesis, University of California, Berkeley, 1967.

Forman, Paul, Heilbron, John L., and Weart, Spencer. "Physics *circa* 1900: Personnel, Funding, and Productivity of the Academic Establishments." *Hist. Stud. Phys. Sci.* 5 (1975): 1–185.

Fowler, R. H. "A Theoretical Study of the Stopping Power of Hydrogen Atoms for α-Particles." *Cambridge Philos. Soc. Proc.* 22 (1925): 793–803.

Franklin, A. "The Discovery and Acceptance of CP Violation." *Hist. Stud. Phys. Sci.* 13 (1983): 207–38.

Franklin, A. "The Discovery and Nondiscovery of Parity Nonconservation." *Stud. Hist. Philos. Sci.* 10 (1979): 201–57.

Franklin, A. "Millikan's Published and Unpublished Data on Oil Drops." *Hist. Stud. Phys. Sci.* 11 (1981): 185–201.

Franzinetti, C. "Neutrino Physics at the CERN PS." In *Proceedings of the Meeting on Future Experiments with Gargamelle,* edited by E. Fiorini, pp. 1–17. London, 3 and 4 June 1971. CERN-TCC/71-31. TCL/GAR/71-4, 27 August 1971.

Frauenfelder, Hans, and Henley, Ernest. *Subatomic Physics*. Englewood Cliffs: Prentice-Hall, 1974.

Frenkel, V. Ya. "Historiia effekta Einshteina–De Gaaza." *Uspekhi fizicheskikh nauk* 128 (July 1979): 545–57. Translated as "On the History of the Einstein–de Haas Effect." *Soviet Physics—Uspekhi* 22 (July 1979): 580–87.

Fry, W. F., and Haidt, D. "Calculation of the Neutron-induced Background in the Gargamelle Neutral Current Search." CERN Yellow Report 75-1 (1975).

Fry, W. F., and Haidt, D. "Evaluation of the Neutron Flux in Equilibrium with the Neutrino Beam." CERN-TCL/PA/WF/DH/fv, TM, 22 May 1973. Draft copy in Haidt, personal papers.

Furry, W. "Speculative Background for Hypothesis of New Charged Particle." File "New Charged Particle Colloquium, 1937." FP.

Furry, W., and Carlson, J. F. "Production of High Energy Electron Pairs." *Phys. Rev.* 45 (1934): 137.

Fussell, L. *Cloud-Chamber Study of Cosmic Ray Showers in Lead Plates*. Ph.D. thesis, MIT, 1938.

Fussell, L. "Production and Absorption of Cosmic-Ray Showers." *Phys. Rev.* 51 (1937): 1005–6. Abstract 41.

Galison, P. "Bubble Chambers and the Experimental Workplace." In *Observation, Experiment, and Hypothesis in Modern Physical Science,* edited by P. Achinstein and O. Hannaway. Cambridge: MIT Press, 1985.

Galison, P. "The Discovery of the Muon and the Failed Revolution against Quantum Electrodynamics." *Centaurus* 26 (1983): 262–316.

Galison, P. "How the First Neutral Current Experiments Ended." *Rev. Mod. Phys.* 55 (1983): 477–509.

Galison, P. "Theoretical Predispositions in Experimental Physics: Einstein and the Gyromagnetic Experiments, 1915–1925." *Hist. Stud. Phys. Sci.* 12 (1982): 285–323.

Gaunt, J. A. "The Stopping Power of Hydrogen Atoms for α-Particles According to the New Quantum Theory." *Cambridge Philos. Soc. Proc.* 23 (1925–27): 732–54.

Ginzburg, Carlo. *The Cheese and the Worms: The Cosmos of a Sixteenth-Century Miller.* Translated by John and Anne Tedeschi. New York: Penguin Books, 1983.

Glashow, S. L. "Partial-Symmetries of Weak Interactions." *Nucl. Phys.* 22 (1961): 579–88.

Glashow, S. L. "Towards a Unified Theory: Threads in a Tapestry." *Rev. Mod. Phys.* 52 (1980): 539–43.

Glashow, S. L., and Georgi, H. "Unified Weak and Electromagnetic Interactions without Neutral Currents." *Phys. Rev. Lett.* 28 (1972): 1494–97.

Glashow, Sheldon L., Iliopoulos, I., and Maiani, L. "Weak Interactions with Lepton-Hadron Symmetry." *Phys. Rev. D* 2 (1970): 1285–92.

Glasser, Otto. *Wilhelm Conrad Röntgen and the Early History of the Roentgen Rays.* Springfield, IL: Charles C. Thomas, 1934.

Goldsmith, M., and Shaw, E. *Europe's Giant Accelerator: The Story of the CERN 400-GeV Proton Synchrotron*. London: Taylor & Francis, 1977.

Gurr, H. S., Reines, F., and Sobel, H. W., "Search for $\nu_e + e^-$ Scattering." *Phys. Rev. Lett.* 28 (1972): 1406–9.

Haas, W. J. de. "Further Experiments on the Moment of Momentum Existing in a Magnet." *Koninklijke Akademie van Wetenschappen Te Amsterdam* 18 (1916): 1281–99.

Haas, W. J. de. "Le moment de la quantité de mouvement dans un corps magnétique." *Atomes et Electrons.* Institut Internationale de Physique, Solvay. Rapports et discussions tenu à Bruxelles du ler au 6 avril 1921, pp. 206–27. Paris: Gauthier-Villars et Cie, 1923.

Haas, W. J. de. "Resistance of Crystallised Antimony." Abstracted in *Sci. Abstracts* 17 (1914): 551 and published in *Koninklijke Akademie van Wetenschappen Te Amsterdam* 16 (1914): 1110–23.

Haas, W. J. de, and Drapier, P. "Zur Messung der absoluten Suszeptibilität von Flüssigkeiten." *Deutsche Physikalische Gesellschaft Verh.* 14 (1912): 761–63.

Haas, W. J. de, and Haas, Geertruida de (née Lorentz). "Een Proef van Maxwell en de Moleculaire Stroomen van Ampère." *Amsterdam Koninklijke Akademie Verslag Wissen Naturkuunde* 24, 1 (1915): 398–404.

Hacking, Ian. *Representing and Intervening.* Cambridge: Cambridge University Press, 1983.

Hanson, N. R. *The Concept of the Positron.* Cambridge: Cambridge University Press, 1963.

Hanson, N. R. *Patterns of Discovery.* Cambridge: Cambridge University Press, 1958.

Harman, P. M. *Energy, Force, and Matter: The Conceptual Development of Nineteenth-Century Physics.* Cambridge: Cambridge University Press, 1982.

Harré, Rom. *Great Scientific Experiments: Twenty Experiments that Changed Our View of the World.* Oxford: Phaidon, 1981.

Hartmann-Kempf. "Resonance Instruments." In *German Educational Exhibition World's Fair, St. Louis 1904. Scientific Instruments,* pp. 56–57. Berlin: W. Büxenstein, 1904.

Hasert, F. J., et al. "Observation of Neutrino-like interactions without Muon or Electron in the Gargamelle Neutrino Experiment." *Nucl. Phys. B* 73 (1974): 1–22. (Full reference in appendix.)

Hasert, F. J., et al. "Observation of Neutrino-like Interactions without Muon or Electron in the Gargamelle Neutrino Experiment." *Phys. Lett. B* 46 (1973): 138–40. (Full reference in appendix.)

Hasert, F. J., et al. "Search for Elastic Muon-Neutrino Electron Scattering." *Phys. Lett. B* 46 (1973): 121–24. (Full reference in appendix.)

Heilbron, J. L. *H. G. J. Moseley: The Life and Letters of an English Physicist.* Berkeley: University of California Press, 1974.

Heilbron, J. L. *H. G. J.* "A History of the Problem of Atomic Structure from the Discovery of the Electron to the Beginning of Quantum Mechanics." Ph.D. thesis, University of California, Berkeley, 1964.

Heilbron, J. L. *H. G. J.* "The Scattering of α and β Particles and Rutherford's Atom." *Arch. Hist. Exact Sci.* 4 (1968): 247–307.

Heilbron, J. L., and Kuhn, T. S. "The Genesis of the Bohr Atom." *Hist. Stud. Phys. Sci.* 1 (1969): 211–90.

Heilbron, J. L., Seidel, R. W., and Wheaton, B. R. *Lawrence and His Laboratory: Nuclear Science at Berkeley, 1931–1961.* Berkeley: Office for History of Science and Technology, University of California, 1981.

Heilbron, J. L., and Wheaton, B. R. *Literature on the History of Physics in the 20th*

Century. Berkeley: Office for History of Science and Technology, University of California, 1981.
Heims, S. P., and Jaynes, E. T. "Theory of Gyromagnetic Effects and Some Related Phenomena." *Rev. Mod. Phys.* 34 (1962): 143–65.
Heitler, W. "Über die bei sehr schnellen Stössen emittierte Strahlung." *Z. Phys.* 84 (1933): 145–67.
Heitler, W., and Sauter, F. "Stopping of Fast Particles with Emission of Radiation and the Birth of Positive Electrons." *Nature* 132 (1933): 892.
Henderson, G. H. "The Decrease of Energy of α Particles on Passing through Matter." *Philos. Mag.* 44 (1922): 680–88.
Hermann, Armin, ed. *Albert Einstein/Arnold Sommerfeld, Briefwechsel*. Basel, Stuttgart: Schwabe & Co., 1968.
Hermann, A.; Krige, J.; Pestre, D.; and Mersits, U. *The History of CERN*. Vol. 1, *Launching the European Organization for Nuclear Research* (forthcoming).
Hine, M. G. N. "Record of a Meeting on Projects for Large Heavy Liquid Bubble Chambers Held at CERN on 9 April, 1964." CERN-Arch. Dir/AP/137, DG 20568.
Hoddeson, Lillian. "Establishing KEK in Japan and Fermilab in the U.S.: Internationalism and Nationalism in High Energy Accelerators." *Soc. Stud. Sci.* 13 (1983): 1–48.
Hoffmann, Dieter. "Albert Einstein und die Physikalisch-Technische Reichsanstalt." *Wirkung von Albert Einstein und Max von Laue*. Akademie der Wissenschaften, Berlin, Institut für Theorie, Geschichte und Organisation der Wissenschaftlichen, *Kolloquien*, 21, pp. 90–102. Berlin, 1980.
Hofstadter, Richard. *Social Darwinism in American Thought*. Boston: Beacon Press, 1959.
Holton, Gerald. "Johannes Kepler's Universe: Its Physics and Metaphysics." First published in *Am. J. Phys.* 24 (1956): 340–51. Reprinted in *Thematic Origins of Scientific Thought*. Cambridge: Harvard University Press, 1973.
Holton, Gerald. "Subelectrons, Presuppositions, and the Millikan-Ehrenhaft Dispute." In *The Scientific Imagination: Case Studies*. Cambridge: Cambridge University Press, 1978.
Holton, Gerald. "Über die Hypothesen, welche der Naturwissenschaft zu Grunde liegen." *Eranos Jahrbuch* 31. Zurich: Rhein-Verlag, 1963, pp. 351–425.
Hughes, Thomas Parke. *Elmer Sperry, Inventor and Engineer*. Baltimore: Johns Hopkins University Press, 1971.
Imlay, R. "Neutrino and Antineutrino Interactions at High Energy." *Am. Phys. Soc. Bull.* 19 (1974): 58.
Imlay, R. "Punchthrough." University of Wisconsin, TM, 29 November 1973.
International Conference on Physics, London, 1934. Nuclear Physics 1 (1935): 171–87.
Jackson, John David. *Classical Electrodynamics*. 2d ed. New York: Wiley, 1975.
Jeans, James Hopwood. *Problems of Cosmogony and Stellar Dynamics*. Cambridge: At the University Press, 1919.
Jenkin, F., ed. *Reports of the Committee on Electrical Standards*. Appointed by the British Association for the Advancement of Science. London: E. & F. N. Spon, 1873.
Johnson, Thomas H. "The Azimuthal Asymmetry of the Cosmic Radiation." *Phys. Rev.* 43 (1933): 834–35.

Kabir, P. K., ed. *The Development of Weak Interaction Theory*. New York: Gordon & Breach, 1963.

Kargon, R. "Birth Cries of the Elements: Theory and Experiment along Millikan's Route to Cosmic Rays." In *The Analytic Spirit*, edited by Harry Woolf, pp. 309–29. Ithaca: Cornell University Press, 1981.

Kargon, R. *The Rise of Robert Millikan, Portrait of a Life in American Science*. Ithaca: Cornell University Press, 1982.

Kevles, Daniel Jerome. *The Physicists: The History of a Scientific Community in Modern America*. 4th ed. New York: Knopf, 1978.

Kevles, Daniel Jerome. "Robert A. Millikan." *Sci. Am.*, January 1979, 142–51.

Kim, J. E.; Langacker, P.; Levine, M.; and Williams, H. H. "A Theoretical and Experimental Review of the Weak Neutral Current: A Determination of the Structure and Limits on Deviations from the Minimal $SU(2)_L \times U(1)$ Electroweak Theory." *Rev. Mod. Phys.* 53(1981):211–52.

Kirsten, C., and Treder, Hans-Jürgen, eds. *Albert Einstein in Berlin, 1913–1933*. 2 vols. Berlin: Akademie Verlag, 1979.

Klein, Martin J. "Einstein and the Wave-Particle Duality." *The Natural Philosopher* 3 (1964):5–49.

Klein, Martin J. *Paul Ehrenfest*. Vol. 1. *The Making of a Physicist*. Amsterdam: North-Holland Publishing Co., 1970.

Knudsen, O. "From Lord Kelvin's Notebook: Ether Speculations." *Centaurus* 16 (1972): 41–53.

Kowarski, L. "General Survey: Automatic Data Handling in High Energy Physics." In *Conference on Automatic Acquisition and Reduction of Nuclear Data, Karlsruhe, 1964* 26–38. Karlsruhe: Ges. für Kernforschung m.b.H. Karlsruhe, 1964.

Koyré, A. *Etudes Galiléenes*. Paris: Hermann, 1939.

Kuhn, T. S. *Black-Body Theory and the Quantum Discontinuity, 1894–1912*. Oxford: Oxford University Press, 1978.

Kuhn, T. S. "The Caloric Theory of Adiabatic Compression." *Isis* 49 (1958): 132–40.

Kuhn, T. S. "The Function of Measurement in Modern Physical Science." *Isis* 52 (1961): 161–93.

Kuhn, T. S. "The History of Science." Reprinted in *The Essential Tension*. Chicago: University of Chicago Press, 1977.

Kuhn, T. S. *The Structure of Scientific Revolutions*. 2d ed. Chicago: University of Chicago Press, 1970.

Lagarrigue, A., Musset, P., and Rousset, A. "Projet de chambre à bulles à liquides lourds de 17m3." Draft project proposal for bubble chamber, Ecole Polytechnique, February 1964. MP.

Landé, A. "Über den anomalen Zeemaneffekt I." *Z. Phys.* 5 (1921):231–41.

Landé, A. "Über den anomalen Zeemaneffekt II." *Z. Phys.* 7 (1921):398–405.

Landé, A. "Zur Theorie der anomalen Zeeman- und magneto-mechanischen Effekte." *Z. Phys.* 11 (1922):353–63.

Ledoux, Y., Musset, P., and Quéru, P. "Spécification concernant la régulation de la détente de la chambre à bulles Gargamelle." Département Saturne Sedap-Gargamelle SEDAP 67-12. 19 January 1967. MP. GGM binder "Détente."

Lee, B. W. "Perspectives on Theory of Weak Interactions." In *Proceedings of the XVI International Conference on High Energy Physics, 6 September–13 September 1972*. Vol. 4, *Plenary Sessions: Mostly Currents and Weak Interactions*, pp. 249–305. Batavia: National Accelerator Laboratory, 1972.

Lee, B. W. "The Process $\nu_\mu + p \rightarrow \nu_\mu + p + \pi^0$ in Weinberg's Model of Weak Interactions." *Phys. Lett. B* 40 (1972):420–22.

Lee, T. D., and Yang, C. N. "Implications of the Intermediate Boson Basis of the Weak Interactions: Existence of a Quartet of Intermediate Bosons and Their Dual Isotopic Spin Transformation Properties." *Phys. Rev.* 119 (1960): 1410–19.

Lee, T. D., and Yang, C. N. "Theoretical Discussions on Possible High-Energy Neutrino Experiments." *Phys. Rev. Lett* 4 (1960):307–11.

Lee, W. "Experimental Limit on the Neutral Current in the Semileptonic Processes." *Phys. Lett. B* 40 (1972):423–25.

Lee, W. "Observation of Muonless Neutrino Reactions." Columbia-Illinois-Rockefeller-Brookhaven Collaboration. In *XVII International Conference on High Energy Physics, London, 1974,* edited by J. R. Smith, pp. IV-127–28. Chilton, Didcot, Oxon: Rutherford Lab, 1974.

Lévy-Mandel, R. "Note intérieure objet: Groupe de travail–Gargamelle." 3 September 1965. MP. GGM binder "Organisation."

Livingston, M. S. "Early History of Particle Accelerators." *Adv. Electronics Electron Phys.* 50 (1980): 1–88.

Locke, John. *An Essay concerning Human Understanding*. 2 vols. New York: Dover, 1959.

Lutz, J. "Note." DPh-SS/Adj. 67–43, 9 February 1967. MP. GGM binder "Organisation."

Lutz, J. "Note à MM. les Responsables de postes G.G.M. Travail Gargamelle." CEA Service EDAP No. SEDAP/68-586, 18 December 1968. MP. GGM binder "Organisation."

Lyman, T. "Application for Grant from Milton Fund: The Study of Cosmic Rays." 6 January 1933. LP. File "Milton Fund."

Lyman, T., and Street, J. C. "Milton Fund Application, 8 January 1934." LP. File "Milton Fund."

Lyman, T., and Street, J. C. "Physics Department Milton Fund Applications—January 1938." LP. File "Milton Fund."

Mann, A. K. "Present Status of Inelastic and Elastic Hadronic Weak Neutral Currents." In *Unification of Elementary Forces and Gauge Theories*. Papers presented at the Ben Lee Memorial International Conference on Parity Nonconservation, Weak Neutral Currents and Gauge Theories, Fermi National Accelerator Laboratory, 20–22 October, 1977, edited by D. Cline and F. Mills, pp. 19–54. London: Harwood Academic Publishers, 1980.

Mann, A. K. "Summary of Rescan of 300 GeV $\bar{\nu}$ Run for *N/C* Experiment." University of Pennsylvania, TM, with spark-chamber photographs, 26 January 1974.

Mann, A. K. Untitled list. 9 December [1973]. AMP.

Mann, A. K. "*W* Searches with High-Energy Neutrinos and High-Z Detectors." *National Accelerator Laboratory, 1969 Summer Study.* Vol. 4, *Experiments*, pp. 201–7. Batavia: National Accelerator Laboratory, no date.

Marckworth, M. L., compiler. *Dissertations in Physics, 1861–1959*. Stanford: Stanford University Press, 1961.

Mark, Herman F. "Questions of Relativity." Interview with A. Rabinovich in *Jerusalem Post,* 22 March 1979, 7.

Marshak, R. E., Riazuddin, and Ryan, C. P. *Theory of Weak Interactions in Particle Physics*. New York: Wiley, Interscience, 1969.

Marx, K. *Capital*. Translated by Ben Fowkes. Vol 1. New York: Vintage Books, 1977.

Maxwell, J. Clerk. "General Considerations concerning Scientific Apparatus." In *Handbook to the Special Loan Collection of Scientific Apparatus, 1876*, South Kensington Museum, pp. 1–21. London: Chapman & Hall, 1876.
Maxwell, J. Clerk. "Molecules." *The Scientific Papers of James Clerk Maxwell*, vol. 2, edited by W. D. Niven. New York: Dover Publications, 1965.
Maxwell, J. Clerk. *A Treatise on Electricity and Magnetism*. Oxford: Clarendon Press, 1881.McCormmach, Russell. "Cavendish, Henry." *Dictionary of Scientific Biography*, edited by C. C. Gillispie. New York: Charles Scribner's Sons, 1971.
McGucken, William. *Nineteenth-Century Spectroscopy: The Development of the Understanding of Spectra, 1802–1897*. Baltimore: Johns Hopkins University Press, 1969.
Melcher, H. "Albert Einstein und die Experimentelle Physik." *Physik in der Schule* 17 (1979): 1–19.
Messing, F. *A Search for Weak Neutral Currents in Semileptonic Interactions*. Ph.D. thesis, University of Pennsylvania, 1975.
Michelson, A. A. "On the Relative Motion of the Earth and the Luminiferous Ether." *Am. J. Sci.* 22 (1881): 120–29.
Miller, Arthur I. *Albert Einstein's Special Theory of Relativity: Emergence (1905) and Early Interpretation (1905–1911)*. Reading, MA: Addison-Wesley, 1981.
Millikan, R. A. *Evolution in Science and Religion*. New York: Kennikat Press, 1973. Reprinted from original. New Haven: Yale University Press, 1927.
Millikan, R. A. "New Techniques in the Cosmic-Ray Field and Some of the Results Obtained with Them." *Phys. Rev.* 43 (1933): 661–69.
Millikan, R. A. "The Present Status of the Evidence for the Atom-Annihilation." *Rev. Mod. Phys.* 21 (1949): 1–13.
Millikan, R. A. "Sur les rayons cosmiques." *Annales de l'Institut Henri Poincaré* 3 (1932): 447–64.
Millikan, R. A. *Science and Life*. Boston: Pilgrim Press, 1924.
Millikan, R. A., and Anderson, C. D. "Cosmic-Ray Energies and Their Bearing on the Photon and Neutron Hypotheses." *Phys. Rev.* 40 (1932): 325–28.
Millikan, R. A., and Bowen, I. S. "High Frequency Rays of Cosmic Origin I: Sounding the Balloon Observations at Extreme Altitudes." *Phys. Rev.* 27 (1926): 353–61.
Millikan, R. A., and Cameron, G. Harvey. "Evidence for the Continuous Creation of the Common Elements out of Positive and Negative Electrons." *Proc. Natl. Acad. Sci.* 14 (1928): 445–50.
Millikan, R. A., and Cameron, G. Harvey. "Evidence That the Cosmic Rays Originate in Interstellar Space." *Proc. Natl. Acad. Sci.* 14 (1928): 637–41.
Millikan, R. A., and Cameron, G. Harvey. "High Frequency Rays of Cosmic Origin III: Measurements in Snow-fed Lakes at High Altitudes." *Phys. Rev.* 28 (1926): 851–68.
Millikan, R. A., and Cameron, G. Harvey. "New Precision in Cosmic Ray Measurements; Yielding Extension of Spectrum and Indications of Bands." *Phys. Rev.* 31 (1928): 921–30.
Millikan, R. A., and Cameron, G. Harvey. "The Origin of the Cosmic Rays." *Phys. Rev.* 32 (1928): 533–57.
Millikan, R. A., and Otis, R. M. "High Frequency Rays of Cosmic Origin II: Mountain Peak and Airplane Observations." *Phys. Rev.* 27 (1926): 645–58.
Morfín, J. G. "Purely Leptonic Neutral Currents." Bound with H. J. Weerts, "Hadronic Neutral Currents: $1\pi^0$ Channel," as *The Search for Neutral Currents in Gargamelle*. Writeup of presentations to the Deutsche Physikalische Gesellschaft,

21–23 February 1973. III. Physikalisches Institut der Rheinisch-Westfälischen Technischen Hochschule, PITHA Aachen (1973), no. 69.

Musset, P. "List of the NC Events > 1 GeV Controlled at CERN on the 12 & 13 April 73." CERN-TCL/PA/PM/ju, 17 April 1973.

Musset, P. "Neutrino Interactions." In 2nd International Conference on Elementary Particles, Aix-en-Provence, 6–12 September 1973. Published in *Journal de Physique* 34 (1973): C1-23–42, Supplement to no. 10, Colloques.

Musset, P. "Observation of Neutrino-like Interactions without Muon or Electron in the Gargamelle Neutrino Experiment." *Phys. Lett. B*. 46 (1973): 138–40. Drafts of *Phys. Lett.* paper: "Observation of Interactions without Charged Muon or Electron in the Gargamelle Neutrino Experiment," first draft 4 July 1973. "Observation of Neutrino-like Interactions without Charged Muon or Electron in the Gargamelle Neutrino Experiment," second draft undated (before 18 July 1973), third draft 18 July 1973, final (fourth) draft 23 July 1973.

Musset, P. "Study of Hadronic Neutral Currents." CERN-TCL, 19 March 1973.

Musset, P. Transparencies from presentation to American Physical Society Meeting, Janu-ary 1973, New York. MP.

Musset, P., and Vialle, J. P. "Gargamelle Collaboration, 20 November 1973." CERN-TCL/BC/PM/fv, 20 November 1973.

Myatt, G. "Neutral Currents." In *Proceedings of the 6th International Symposium on Electron and Photon Interactions at High Energies*. Physikalisches Institut, University of Bonn, Federal Republic of Germany, August 27–31, 1973, edited by H. Rollnik and W. Pfeil, pp. 389–406. Amsterdam and London: North-Holland Publishing Co., 1974.

NAL Staff. "The NAL Accelerator and Future Plans." In *Proceedings of the 9th International Conference on High Energy Accelerators*, pp. 7–18. Stanford Linear Accelerator Center, 1974. Stanford: SLAC, 1974.

National Academy of Sciences, National Research Council, Committee on Science and Public Policy. *Physics in Perspective*, vol. 1 and 2. Washington: National Academy of Sciences, 1972.

Neddermeyer, S. H. "The Penetrating Cosmic-Ray Particles." *Phys. Rev.* 53 (1938): 102–3.

Neddermeyer, S. H., and Anderson, C. D. "Note on the Nature of Cosmic-Ray Particles." *Phys. Rev.* 51 (1937): 884–86.

Needell, Allan A. "Nuclear Reactors and the Founding of Brookhaven National Laboratory." *Hist. Stud. Phys. Sci.* 14 (1983): 93–122.

Neher, H. Victor. "Some Reminiscences of the Early Days of Cosmic Rays." In Brown and Hoddeson, *Birth* (1983).

Nishina, Y., Takeuchi, M., and Ichimiya, T. "On the Nature of Cosmic-Ray Particles." *Phys. Rev.* 52 (1937): 1198–99.

Nye, Mary Jo. *Molecular Reality: A Perspective on the Scientific Work of Jean Perrin*. New York: American Elsevier Publishing Co., 1972.

Okun, L. B. *Weak Interaction of Elementary Particles*. Oxford: Pergamon Press, 1965.

Oppenheimer, J. R. "Are the Formulae for the Absorption of High Energy Radiations Valid?" *Phys. Rev.* 47 (1935): 44–52.

Oppenheimer, J. R., and Serber, R. "Note on the Nature of Cosmic-Ray Particles." *Phys. Rev.* 51 (1937): 1113.

Pais, Abraham. "Einstein and the Quantum Theory." *Rev. Mod. Phys.* 51 (1979): 863–914.

Pais, Abraham. "Particles." *Phys. Today* 21 (1968):24–28.

Pais, Abraham. *'Subtle Is the Lord . . .': The Science and the Life of Albert Einstein.* Oxford: Oxford University Press, 1982.

Pais, A., and Treiman, S. B. "Neutral-Current Effects in a Class of Gauge Field Theories." *Phys. Rev. D* 6 (1972):2700–2703.

Palmer, Ralph Ronald, and Rice, William Maxwell. *Modern Physics Buildings, Design and Function.* New York: Reinhold Publishing Corporation, 1961.

Palmer, Robert. "A Calculation of Semileptonic Neutral Currents Assuming Partons and Weinberg's Renormalizable Theory." *Phys. Lett. B* 46 (1973):240–44.

Palmer, Robert. "Very Preliminary Results of Neutral Current Search in the Neutrino -Freon Exp." Photocopied TM, May 1972. PP.

Paschos, E. A. "Theoretical Interpretations of Neutrino Experiments." Invited talk at the New York meeting of the American Physical Society, January 1973. NAL-Conf-73/27-THY, April 1973.

Paschos, E. A., and Wolfenstein, L. "Tests for Neutral Currents in Neutrino Interactions." *Phys. Rev. D* 7 (1973):91–95.

Perkins, D. H. "Draft Gargamelle Proposal." Draft Gargamelle proposal, 4 February 1970. MP.

Perkins, D. H. "Neutral Currents." TM addressed to Gargamelle collaboration, undated but before 28 April 1972. Personal papers, D. C. Cundy.

Perkins, D. H. "Neutrino Interactions." In *Proceedings of the XVI International Conference on High Energy Physics, 6 September—13 September 1972.* Vol. 4, *Plenary Sessions: Mostly Currents and Weak Interactions,* pp. 189–247. Batavia: National Accelerator Laboratory, 1972.

Perkins, D. H. "Neutrino Physics with Gargamelle." *The Gargamelle Users' Meeting, Milan, 11 and 12 October, 1968,* edited by E. Fiorini (chairman). CERN-TCC/68-40 NPA-GAR/69-1, pp. 1–16.

Perry, John. *Spinning Tops and Gyroscopic Motions.* New York: Dover, 1957. Originally *Spinning Tops.*

Pétiau, P. "Spécification concernant le système optique de la chambre à bulles Gargamelle." Département de Saturne SEDAP 66–102. 4 August 1966. MP. GGM binder "Optique."

Pickering, A. "Against Putting the Phenomena First." *Stud. Hist. Philos. Sci.* 15 (1984): 85–117.

Pickering, A. "Constraints on Controversy: The Case of the Magnetic Monopole." *Soc. Stud. Sci.* 11 (1981):63–93.

Pickering, A. *Constructing Quarks: A Sociological History of Particle Physics.* Chicago: University of Chicago Press, 1984.

Pickering, A. "The Hunting of Quark." *Isis* 72 (1981):216–36.

[Pilcher, J., and Rubbia, C.] "Time Schedule and Funding for El." HUEP-18, ca. July 1971.

Pontecorvo, B. "Electron and Muon Neutrinos." *Soviet Phys. JETP* 10 (1960): 1236–1240. Translated from *J. Exptl. Theoret. Phys.* (USSR) 37 (1959):1751–57.

Popper, Karl R. *The Logic of Scientific Discovery.* New York: Harper & Row, 1968.

Pullia, A. "Search for Neutral Currents in 'Gargamelle.'" In *Neutrino '72, Balatonfured, 11–17 June 1972,* vol. 1, pp. 229–37. Hungary: OMKDK–Technioinform, 1972.

Putnam, H. *Mathematics, Matter and Method*. Cambridge: Cambridge University Press, 1975.
Quigg, Chris. *Gauge Theories of the Strong, Weak and Electromagnetic Interactions*. Reading, MA: Benjamin/Cummings Publishing Co., 1983.
Quine, W. V. O. *From a Logical Point of View*. New York: Harper Torchback, 1963.
Reeder, D. "Report of Bonn Conference." Internal report, copies to all members of E1A, 4 September 1973. Includes photocopied transparencies from Bonn. SuP.
Reeder, D.; Mann, A. K.; Rubbia, C.; and Pilcher, D. "Minutes of [Neutrino] Meeting." 3 October 1970 at Brookhaven National Laboratory. Personal papers, D. Reeder.
Richardson, O. W. *The Electron Theory of Matter*. Cambridge: Cambridge University Press, 1914.
Richardson, O. W. "A Mechanical Effect Accompanying Magnetization." *Phys. Rev.* 26 (1908): 248–53.
Richardson, O. W. "Projected Researches." Notebook, 74 pp. Microfilm: reel 18, manuscript W-0624. Owen W. Richardson Papers, American Institute of Physics, Niels Bohr Library, n.d.
Richardson, O. W., and Brown, F. C. "Kinetic Energy of Positive Electrons Emitted by Hot Bodies." *Philos. Mag.* 16 (1908):353–76.
Rigden, John S. "Molecular Beam Experiments on the Hydrogens during the 1930's." *Hist. Stud. Phys. Sci.* 13 (1983):335–73.
Rollnik, H., and Pfeil, W., eds. *Proceedings of the 6th International Symposium on Electron and Photon Interactions at High Energies*, Bonn, 27–31 August 1973. Amsterdam and London: North-Holland Publishing Co., 1974.
Röntgen, W. C. "Über eine neue Art von Strahlen (vorläufige Mittheilung)." *Sitzb. Würzb. Phys. Ges.* (1895):132–41 and ibid., II. Mittheilung (1896):11–16.
Rossi, Bruno. *Cosmic Rays*. New York: McGraw-Hill, 1964.
Rossi, Bruno. "The Decay of 'Mesotrons' (1939–1943): Experimental Particle Physics in the Age of Innocence." In Brown and Hoddeson, *Birth* (1983).
Rossi, Bruno. "Directional Measurements on the Cosmic Rays near the Geomagnetic Equa-tor." *Phys. Rev.* 45 (1934):212–14.
Rossi, Bruno. "Über die Eigenschaften der durchdringenden Korpuskularstrahlung im Meeres-niveau." *Z. Phys.* 82 (1933):151–78.
Rossi, Bruno. *High-Energy Particles*. Englewood Cliffs: Prentice-Hall, 1961.
Rossi, Bruno. "On the Magnetic Deflection of Cosmic Rays." *Phys. Rev.* 36 (1930):606.
Rossi, Bruno. "Method of Registering Multiple Simultaneous Impulses of Several Geiger's Counters." *Nature* 125 (1930):636.
Rousset, A. "Calcul du bruit de fond de neutrons." CERN-TCL/BC/AR/ju, 22 May 1973.
Rousset, A. "Neutral Currents." In *Neutrinos—1974*. American Institute of Physics Conference Proceedings, 26–28 April 1974, Philadelphia, edited by C. Baltay. No. 22, Particles and Fields, subseries no. 9, pp. 141–65. New York: American Institute of Physics, 1974.
Rousset, A. "Schedule of Neutrino Experiments in Gargamelle in 1973." CERN-TCL, memorandum to Professor Cresti, 19 February 1973.
Rubbia, C., and Sulak, L. "Analysis of Neutrino Events with No Associated Muon." Harvard, TM, 18 August 1973.
Ruhlig, A. J., and Crane, H. R. "Evidence for a Particle of Intermediate Mass." *Phys. Rev.* 53 (1938):266.

SAAB. *Annual Report 1968*. Linköping: Stälhammer/Zetterquist Boktryckeri AB, 1969.
Sakurai, J. J. "Remarks on Neutral Current Interactions." In *Neutrino—1974*. American Institute of Physics Conference Proceedings, 26–28 April 1974, Philadelphia, edited by C. Baltay. No. 22, Particles and Fields, subseries no. 9, pp. 57–63. New York: American Institute of Physics, 1974.
Salam, A. "Gauge Unification of Fundamental Forces." *Rev. Mod. Phys.* 52 (1980): 525–38.
Salam, A. "Weak and Electromagnetic Interactions." In *Elementary Particle Theory,* Proceedings of the Eighth Nobel Symposium held 19–25 May 1968 at Aspenäsgarden, Lerum, in the county of Älvsborg, Sweden, edited by N. Svartholm, pp. 367–77. Stockholm: Almquist & Wiksell, 1968.
Salam, A., and Ward, J. C. "Electromagnetic and Weak Interactions." *Phys. Lett.* 13 (1964):168–71.
Schreiner, P. "Results from the Argonne 12-Foot Bubble Chamber Experiment." Argonne-Concordia-Purdue Collaboration. In *XVII International Conference on High Energy Physics, London, 1974,* edited by J. R. Smith, pp. IV-123–26. Chilton, Didcot, Oxon: Rutherford Lab, 1974.
Schuster, A. "A Critical Examination of the Possible Causes of Terrestrial Magnetism." *Proc. Phys. Soc. London* 24 (1911–12):121–37.
Schwartz, M. "Feasibility of Using High Energy Neutrinos to Study the Weak Interactions." *Phys. Rev. Lett.* 4 (1960):306–7.
Sciences. "Mort du physicien nucléaire André Lagarrigue." 16 January 1975.
Sciulli, F. "An Experimenter's History of Neutral Currents." D. Wilkinson, ed., *Prog. Particle Nucl. Phys.* 2 (1979):41–87.
Scott, G. G. "Review of Gyromagnetic Ratio Experiments." *Rev. Mod. Phys.* 34 (1962):102–9.
Segrè, Emilio. *From X-Rays to Quarks: Modern Physicists and Their Discoveries.* San Francisco: W. H. Freeman & Co., 1980.
Seidel, Robert W. "Accelerating Science: The Postwar Transformation of the Lawrence Radiation Laboratory." *Hist. Stud. Phys. Sci.* 13 (1983):375–400.
Seidel, Robert W. *Physics Research in California: The Rise of a Leading Sector in American Physics.* Ph.D. thesis, University of California, Berkeley, 1978.
Serber, R. "Particle Physics in the 1930s: A View from Berkeley." In Brown and Hoddeson, *Birth* (1983).
Shamos, M. H., ed. *Great Experiments in Physics*. New York: Holt-Dryden Books, 1959.
Shapere, Dudley. "The Concept of Observation in Science and Philosophy." *Philos. Sci.* 49 (1982):485–525.
Shapin, Steven. "History of Science and Its Sociological Reconstructions." *Hist. Sci.* 20 (1982):157–211.
SLAC Notebook. Stanford Linear Accelerator Center, Lawrence Berkeley Laboratory. Log books, 3–25 November 1974. SLAC Archives.
Smith, Alice, and Weiner, Charles. *Robert Oppenheimer, Letters and Reflections*. Cambridge: Harvard University Press, 1980.
Smith, Crosbie, and Wise, M. Norton. *Energy and Empire*. Cambridge: Cambridge University Press, forthcoming.
Smith, M B., and Fleming, J. A. "Statement Showing Expenditures for, by or on Behalf of Dr. S. J. Barnett for Equipment, Expenses, and Services, Chiefly in Connection with Experimental Work in Magnetism." Department of Terrestrial Magnetism, 28 November 1922. BP.

SOPELEM (Societé d'Optique de Précision d'Electronique et de Mécanique). "Periscope Aiming Simulator." *French-American Commerce* (November–December 1973): 34.

Sopka, K. R. *Quantum Physics in America, 1920–1935*. New York: Arno Press, 1980.

Spitzer, Leo. *Linguistics and Literary History*. Princeton: Princeton University Press, 1948.

Standard and Poor's Corporation. *Standard and Poor's Statistical Service: Current Statistics, Basic Statistics, Price Index Record*. New York: Standard and Poor's Corp., 1982.

Stevenson, E. C., and Street, J. C. "Cloud Chamber Photographs of Counter Selected Cosmic-Ray Showers." *Phys. Rev.* 49 (1936):425–28.

Stevenson, E. C., and Street, J. C. "Nature of the Penetrating Cosmic Radiation at Sea Level." *Phys. Rev.* 47 (1935):643. Abstract 32.

Stewart, J. Q. "The Moment of Momentum Accompanying Magnetic Moment in Iron and Nickel." *Phys. Rev.* 11 (1918):100–120.

Street, J. C. "Cloud Chamber Studies of Cosmic Ray Showers and Penetrating Particles." *J. Franklin Inst.* 227 (1939):765–88.

Street, J. C. "Developments in Cosmic Radiation, 1945–1950." In American Association for the Advancement of Science, *The Present State of Physics: Symposium Pre-sented on December 30, 1949, at the New York Meeting of the American Associa-tion for the Advancement of Science*. Washington: AAAS, 1954.

Street, J. C., and Beams, J. W. "The Fall of Potential in the Initial Stages of Electrical Discharges." *Phys. Rev.* 38 (1931):416–26.

Street, J. C., and Stevenson, E. C. "Design and Operation of Counter-Controlled Cloud Chambers." *Rev. Sci. Instr.* 7 (1936):347–53.

Street, J. C., and Stevenson, E. C. "Design and Operation of the Counter Controlled Cloud Chamber." *Phys. Rev.* 49 (1936):638. Abstract 7.

Street, J. C., and Stevenson, E. C. "New Evidence for the Existence of a Particle Mass Intermediate between the Proton and Electron." *Phys. Rev.* 52 (1937):1003–4.

Street, J. C., and Stevenson, E. C. "Penetrating Corpuscular Component of the Cosmic Radiation." *Phys. Rev.* 51 (1937):1005. Abstract 40.

Street, J. C., and Woodward, R. H. "Production and Absorption of Cosmic-Ray Showers." *Phys. Rev.* 47 (1935):800. Abstract 75.

Street, J. C., Woodward, R. H.; and Stevenson, G. C. "The Absorption of Cosmic-Ray Electrons." *Phys. Rev.* 47 (1935):891–95.

Strutt, Robert John. *Life of John William Strutt*. Madison: University of Wisconsin Press, 1968.

Stuewer, R. H. "Artificial Disintegration and the Cambridge-Vienna Controversy." In *Observation, Experiment and Hypothesis in Modern Physical Science*, edited by P. Achinstein and O. Hannaway. Cambridge: MIT Press, 1985.

Stuewer, R. H. *The Compton Effect*. New York: Science History Publications, 1975.

Stuewer, R. H. "Nuclear Physicists in a New World: The Emigrés of the 1930s in America." *BerWissenschaftsgesch* 7 (1984):23–40.

Stuewer, R. H. ed. *Nuclear Physics in Retrospect, Proceedings of a Symposium on the 1930's*. Minneapolis: University of Minnesota Press, 1979.

Sucksmith, C. N., and Bates, L. F. "On a Null Method of Measuring the Gyromagnetic Ratio." *Proc. R. Soc.* 104 (1923):499–511.

Sudarshan, C. G., and Marshak, R. E. "Chirality Invariance and the Universal Fermi Interaction." *Phys. Rev.* 109 (1958):1860–62.

[Sulak, L. R.] "Consistency Check of NAL and Harvard Monte Carlo Programs for Experiment 1A." Harvard, TM, HUEP 51, 5 March 1974.
Sulak, L. R. "Early Study of $\bar{\nu}$ Run, Nov. '73." Harvard, TM, 17 November 1973.
Sulak, L. R. "Evaluation of Muonless Events." Harvard, TM, 3 September 1973.
Sullivan, D.; Koester, D.; White, D. H.; and Kern, R. "Understanding Rapid Theoretical Change in Particle Physics: A Month-by-Month Co-Citation Analysis." *Scientometrics* 2 (1980):309–19.
Swenson, Lloyd S., Jr. *The Etherial Aether: A History of the Michelson-Morley-Miller Aether-Drift Experiments, 1880–1930.* Austin: University of Texas, 1972.
Taylor, J. C. *Gauge Theories of Weak Interactions.* Cambridge: Cambridge University Press, 1976.
Teng, L. C. "Status of the NAL Synchrotron," pp. 20–32. In Yuzo Kojima, ed., *U.S.–Japan Seminar on High Energy Accelerator Science,* Tokyo and Tsukuba, Japan, 5–9 November 1973. Ibaraki, Japan: National Lab for High Energy Physics, 1974.
Thomson, J. J. "Ionization by Moving Electrified Particles." *Philos. Mag.* 23 (1912): 449–57.
't Hooft, G. "Prediction for Neutrino-Electron Cross-Sections in Weinberg's Model of Weak Interactions." *Phys. Lett. B* 37 (1971):195–96.
't Hooft, G. "Renormalization of Massless Yang-Mills Fields." *Nucl. Phys. B* 33 (1971):173–99.
Tolman, R. C., Karrer, S., and Guernsey, E. W. "Further Experiments on the Mass of the Electric Carrier in Metals." *Phys. Rev.* 21 (1923):525–39.
Tolman, R. C., and Stewart, T. D. "The Electromotive Force Produced by the Acceleration of Metals." *Phys. Rev.* 8 (1916):97–116.
Treder, H. J. "A. Einstein: 'Einfache Methode zum Nachweis der Ampèreschen Molekularströme.'" *Wissenschaft und Fortschritt* 2 (1979):53.
Trenn, Thaddeus J. *The Self-Splitting Atom: The History of the Rutherford-Soddy Collaboration.* London: Taylor & Francis, 1977.
Trigg, G. L. *Landmark Experiments in Twentieth-Century Physics.* New York: Crane, Russak & Co., 1975.
Van den Bos, M. G., and Janse, B. "Neuerung an Schiffscompassen." Kaiserliches Patentamt No. 34513. Patented in the German Reich 19 April 1885, issued 19 February 1886.
Veltman, M. "Gauge Field Theories." In Rollnik and Pfeil, *Symposium,* pp. 429–47.
Venard, M. "Groupe de Travail Gargamelle Repartition des Tâches." 29 June 1966. MP. GGM binder "Organisation."
[Vialle, J. P., and Blum, D.] "Principe de simulation du bruit de fond de neutrons dans Gargamelle." Orsay, TM, 15 May 1973.
Wachsmuth, H. "Neutron Cascade Calculations in Iron and Freon Using Ranft's Program Tranka." CERN-TCL/PA/HW/fv, 24 May 1973.
Weill-Brushwicg, Adrienne R. "Paul Langevin." *Dictionary of Scientific Biography,* edited by C. C. Gillispie. New York: Charles Scribner's Sons, 1974.
Weinberg, Steven. "Conceptual Foundations of the Unified Theory of Weak and Electromagnetic Interactions." *Rev. Mod. Phys.* 52 (1980):515–23.
Weinberg, Steven. "Effects of a Neutral Intermediate Boson in Semileptonic Processes." *Phys.Rev. D* 5 (1972):1412–17.
Weinberg, Steven. "A Model of Leptons." *Phys. Rev. Lett.* 19 (1967):1264–66.

Weinberg, Steven. "Recent Progress in Gauge Theories of Weak, Electromagnetic, and Strong Interactions." In 2nd International Conference on Elementary Particles, Aix-en-Provence, 6–12 September 1973, published in *Journal de Physique* 34 (1973): Cl-45–67, Supplement to no. 10, Colloques.

Weisskopf, V. "Comments to the Scientific Policy Committee on the Report of the Track Chamber Committee on Large Bubble Chambers (CERN/SPC/194)." Scientific Policy Committee, Thirty-Fourth Meeting, 16 February 1965. CERN/SPC/195, 10 February 1965.

Weizsäcker, C. F. v. "Ausstrahlung bei Stössen sehr schneller Elektronen." *Z. Phys.* 88 (1934): 612–25.

Wheaton, Bruce. "Impulse X-rays and Radiant Intensity: The Double Edge of Analogy." *Hist. Stud. Phys. Sci.* 11 (1981): 367–90.

Wheaton, Bruce. *The Tiger and the Shark.* Cambridge: Cambridge University Press, 1983.

Wheeler, John Archibald. "Some Men and Moments in the History of Nuclear Physics: The Interplay of Colleagues and Motivations." In *Nuclear Physics in Retrospect, Proceedings of a Symposium on the 1930's,* edited by Roger H. Stuewer, pp. 213–322. Minneapolis: University of Minnesota Press, 1979.

Whittaker, E. *A History of the Theories of Aether and Electricity.* 2 vols. New York: Humanities Press, 1973.

Wiersma, E. C. "W. J. de Haas, 1912–1937." The Hague: Martinus Nijhoff, 1937. Reprinted from *Nederlands Tijdschrift voor Natuurkunde* 4 (1937).

Williams, E. J. "Applications of the Method of Impact Parameter in Collisions." *Proc. R. Soc. London, Ser. A* 139 (1933): 163–86.

Williams, E. J. "Nature of the High Energy Particles of Penetrating Radiation and Status of Ionization and Radiation Formulae." *Phys. Rev.* 45 (1934): 729–30.

Williams, E. J., and Pickup, E. "Heavy Electrons in Cosmic Rays." *Nature* 141 (1938): 684–85.

Williams, L. Pearce. "Why Ampère Did Not Discover Electromagnetic Induction." *Am. J. Phys.* 54 (1986): 306–11.

Woodward, R. H. *The Interaction of Cosmic Rays with Matter.* Ph.D. thesis, Harvard University, 1935.

Woolgar, L. "Interests and Explanations in the Social Study of Science." *Soc. Stud. Sci.* 11 (1981): 365–94.

World Almanac Book of Facts. Edited by H. Hansen. New York: New York World-Telegram and the Sun, 1964 edition, 1965 edition, 1968 edition.

Young, Enoch C. M. "High-Energy Neutrino Interactions." CERN Yellow Report 67–12 (1967).

Yukawa, H. "On the Interaction of Elementary Particles I." *Proc. Phys.-Math. Soc. Jap.* 17 (1935): 48–57.

索　　引

H

J

M

N

O

P

Q

R

S

T

V

W

X

Y

Z

译后记

彼得·伽里森(1955—)是美国当代科学史领域新生代的领军人之一,他对20世纪微观物理学史的研究工作,以“实践”的视角展示了“仪器”作为一种物质文化载体在科学发展中的特殊作用。在此基础上,其提出的“交易区”(trading zone)理论成为极具解释力的跨文化协作模型,被广泛应用于各领域的研究。伽里森现为哈佛大学科学史系、物理系教授,由于其作出的杰出贡献,曾获得麦克阿瑟天才奖(1997)、普菲策尔图书奖(1998),以及马克斯·普朗克科学奖(1999)。2007年,伽里森获得哈佛大学最高荣誉教授席位——约瑟夫·佩雷戈里诺教授席位。

迄今为止,伽里森共有四部著作,《实验是如何终结的?》是彼得·伽里森的第一部著作,主要基于其在哈佛期间攻读科学史方向博士论文的研究工作。书中,伽里森以实验为主题,仪器为叙事主线,再现了现代物理学实验室中发生的争论,以及实验如何开始、如何进行、如何得到实验者们认为正确的结果并得到业界认可,最终以新发现的形式被载入史册的历史进程。

书中选取了微观物理学史中的三组著名实验“测量旋磁率实验”、“发现μ介子实验”和“发现弱中性流实验”，每组实验分别对应着20世纪微观物理学的一个发展阶段。其中，“测量旋磁率实验”对应的是物理学的宏观时期，其发生在20世纪初期，物理学对微观世界的探索刚刚开始，还没有专门的仪器来探索粒子，只能由宏观现象通过理论推演出微观活动；“发现μ介子实验”对应的是物理学的中观时期，其始于20世纪30年代，盖革计数器和云室出现，物理学家能够通过仪器探测到微观粒子的运动和相互作用过程；“发现弱中性流实验”对应的是物理学的微观时期，在这一时期，大型气泡室和对撞机成为探测粒子的主要仪器，通过这些规模空前的巨型仪器，人们能够测量粒子的动量、质量、衰变产物甚至原初粒子的身份。

通过对三组实验实践活动的微观考察，伽里森揭示了不同时期，随着物理学仪器的变化所展现出的实验者与仪器、实验步骤、所采取的计算方法之间，以及实验者之间，实验者与理论家甚至社会舆论和社会资助等各个方面所发生的相互作用的变化。正是在此种意义上，仪器被作为一种物质文化载体引入传统科学史的研究视域。自此基础上，伽里森将仪器视作与理论、实验地位相同的第三种亚文化，对科学发展中的理论、实验和仪器三种亚文化互相交织与影响的微观机制进行了探索式的研究。

从以上的论述中可以看出，《实验是如何终结的?》具有以下几个方面的重要意义。第一，其对实验实践与仪器的关注与文化研究弥补了长久以来科学史学研究中对实验与仪器的忽视。第二，其展现了物理学发展中多种亚文化的交互作用，这与科学知识社会学所倡导的“科学是亚文化的集合”不谋而合，从而成为科学文化研究的一部力作。第三，其为伽里森之后的相关研究奠定了坚实的基础。此后，伽里森基于理论、实验与仪器三者之间的交互作用，提出了科学发展的分立模型，部分解决了长久以来理论和实验二分所带来的弊端，描绘出继库恩科学革命之后关于科学发展的新图景。同时，他还基于亚文化之间的交互作用微观机制提出其核心思想“交易区”理论，建立起被各领域广泛应用的跨文化协作模型。

这些均成为翻译和出版这本书的重要动力。

本书的出版是许多人的推动和辛勤付出的结果。首先，感谢清华大学的李正风教授，通过李老师的推荐，本书有幸被收录至“科学文化译丛”。李老师也是本书的审稿专家，对于一部包含物理学史、科学文化与科学哲学等多领域综合研究，同时涉及英语、德语和拉丁语等多种语言的专著，审校难度可想而知。同时，感谢清华大学的刘兵教授和王巍教授，两位老师是我接触和翻译本书的缘起。刘老师作为博士生导师指导了我在博士论文期间对伽里森的研究，王老师的鼓励促使我开始本书的翻译工作。更要感谢本书的作者彼得·伽里森，通过他的帮助，我作为访问学者到哈佛对其进行多次深入访谈，这对正确理解本书的内容具有关键作用。感谢中国科学技术协会的资助，以及中国科协的王丽慧博士、上海交大出版社的李逢源编辑、科学出版社的钱俊编辑和为本书提供大量支持的工作者，本书能够在短时间内顺利付梓离不开大家的倾力付出。此外，感谢我的家人和同事，他们是我能够全心工作的坚实后盾和重要伙伴。

最后，感谢各位师长、同行和读者对本书的关注，疏漏之处，敬请拨冗指正(Dongll0806@163.com)，这将对本书以及我之后的研究工作提供重要的帮助。

董丽丽

2016 年 12 月 15 日